Peter Mertens | Marco C. Meier

Integrierte Informationsverarbeitung 2

Peter Mertens | Marco C. Meier

Integrierte Informationsverarbeitung 2

Planungs- und Kontrollsysteme
in der Industrie

10., vollständig überarbeitete Auflage

GABLER

Bibliografische Information der Deutschen Nationalibliothek
Die Deutsche Nationalbibliothek verzeichnet diese Publikation in der
Deutschen Nationalbibliografie; detaillierte bibliografische Daten sind im Internet über
<http://dnb.d-nb.de> abrufbar.

Prof. Dr. Dr. h.c. mult. Peter Mertens arbeitet als emeritierter Professor am Lehrstuhl Wirtschaftsinformatik I der Universität Erlangen-Nürnberg.

Prof. Dr. Marco C. Meier ist Inhaber der Professur für Betriebswirtschaftslehre, insbesondere
Wirtschaftsinformatik und Management Support, an der Universität Augsburg

SAP R/2, R/3, R/3-PP (Production Planning), SAP APO, mySAP und weitere im Texte erwähnte SAP-
Produkte und -Dienstleistungen sind Warenzeichen oder eingetragene Warenzeichen der SAP
Aktiengesellschaft Systeme, Anwendungen, Produkte in der Datenverarbeitung, Neurottstraße 16,
D-69190 Walldorf. Die SAP AG ist nicht Herausgeberin des vorliegenden Titels oder sonst dafür
presserechtlich verantwortlich.

1. Auflage 1972

.

.

8. Auflage 2000
9. Auflage 2002
1.–9. Auflage unter der Autorenschaft von Peter Mertens | Joachim Griese
10. Auflage 2009

Alle Rechte vorbehalten
© Gabler | GWV Fachverlage GmbH, Wiesbaden 2009

Lektorat: Jutta Hauser-Fahr | Renate Schilling

Gabler ist Teil der Fachverlagsgruppe Springer Science+Business Media.
www.gabler.de

Umschlaggestaltung: Ulrike Weigel, www.CorporateDesignGroup.de
Druck und buchbinderische Verarbeitung: Krips b.v., Meppel
Gedruckt auf säurefreiem und chlorfrei gebleichtem Papier
Printed in the Netherlands

ISBN 978-3-8349-1001-1

Vorwort zur zehnten Auflage

Nachdem im ersten Band das Konzept und der Inhalt einer integrierten Informationsverarbeitung (IV) auf der Ebene der operativen Systeme bzw. Administrations- und Dispositionssysteme beschrieben wurden, ist der zweite Band den Planungs- und Kontrollsystemen (PuK-Systeme) sowie den Informationssystemen im engeren Sinn (u. a. Führungsinformationssysteme, Management-Informationssysteme, MIS, Business Intelligence, BI) gewidmet. Diese Materie unterscheidet sich von der im ersten Band behandelten vor allem dadurch, dass PuK-Systeme höhere Ebenen der Führungshierarchie unterstützen als die operativen Systeme. Die Entscheidungen auf diesen Ebenen sind in der Regel schlechter strukturiert als die Operationen und Dispositionen auf den unteren Führungsebenen und daher schwieriger in einem IV-System abzubilden.

Unser Gegenstand hat seit der 9. Auflage stark an Bedeutung gewonnen. Die Investmentbank Goldman Sachs stellte eine Untersuchung über die IT-Ausgaben im Jahr 2007 an, wobei 100 Verantwortliche in den so genannten Fortune-1000-Unternehmen befragt wurden. Danach planten 78 Prozent Ausgaben für Business Intelligence. Das bedeutet die vierthöchste Priorität, noch vor der so genannten Enterprise-Resource-Planning-Software und nach Investitionen in die Integration, die Sicherheit der IT und die Kostensenkung. Auch eine vom Business Application Research Center (BARC) durchgeführte Studie zu „Business Intelligence im Mittelstand" zeigt eine große Nachfrage [Köthner, D., IT follows Business Strategy, is report 11 (2007) 4, S. 3].

Leider hat dieser „Boom" auch zu einer Sprachverwirrung geführt, die Autoren eines Buches wie dem vorliegenden schier verzweifeln lässt.

Nach einer Umfrage von BARC werden unter anderem die folgenden Begriffe mehr oder weniger synonym für Systeme benutzt, die wir in diesem Buch unter „Planungs- und Kontrollsysteme" subsumieren: Berichtswesen – Reporting – Management-Informationssystem – Planungssystem – Business Intelligence – Data-Warehouse-Kennzahlensystem – Management Cockpit – Balanced-Scorecard – OLAP – Führungsinformationssystem – Dashboard – Corporate Performance Management – Business Performance Management.

Die Reihenfolge unserer Aufzählung stimmt mit der Häufigkeit überein, mit der die Begriffe genannt wurden [Friedrich, D., Einfach soll es sein – Bei hoher Datenqualität, is report 11 (2007) 4, S. 28-29].

Ein weiteres Problem, das zu Irritationen führen mag, ist die Änderung gängiger Bezeichnungen für Softwareprodukte durch die Hersteller, beispielsweise statt SAP R/3 nun SAP ERP.

Inhaltlich ist Band 2 (10. Auflage) mit der 16. Auflage von Band 1 abgestimmt. Die in Band 1 beschriebenen Administrations- und Dispositionsprogramme liefern einen großen Teil der von den in Band 2 skizzierten PuK-Systemen benötigten Daten. Dies ist in entsprechenden Übersichtstabellen beschrieben. Der umgekehrte Datenfluss ist weit schwächer, sodass sich eine systematische Darstellung erübrigt. Durch diese „lose Kopplung" der beiden Bände wird ein getrenntes Studium ermöglicht, man kann also durchaus Band 2 auch ohne Kenntnis von Band 1 lesen.

Es ist unser Anliegen, diese Schrift von anderen über Management-Informationssysteme dadurch abzuheben, dass wir einen deutlichen Schwerpunkt auf die Darstellung des Informationsinhaltes („Content") legen.

Nachdem seit der 13. Auflage des ersten Bandes den „Funktionsbereich- und Prozess-übergreifenden Integrationskomplexen" Lifecycle Management, Customer Relationship Management, Computer Integrated Manufacturing und Supply Chain Management mehr Gewicht gegeben und eigene Abschnitte gewidmet wurden, haben wir die Struktur von Band 2 analog modifiziert.

Spannende methodische Entwicklungen waren seit Erscheinen der 9. Auflage beim Filtern von Informationen zu beobachten. Ihnen wurde durch ein eigenes größeres Teilkapitel Rechnung getragen. Generell spielen jetzt die Entwicklung des Internets und damit auch der externen unstrukturierten Informationen bei Planungs- und Kontrollsystemen eine größere Rolle.

Die Beispiele aus der Industrie wurden auf Aktualität überprüft bzw. durch neue ersetzt.

Insgesamt kann man konstatieren, dass ca. ein Drittel des Inhaltes dieser 10. Auflage völlig neu ist und die übernommenen Abschnitte aktualisiert und teilweise stark überarbeitet wurden.

Die schwierige Aufgabe, uns bei der Neuauflage wissenschaftlich und technisch zu begleiten, übernahmen diesmal vor allem Frau Dr. Dina Barbian, Frau Elvira Erdt, Frau Marga Stein, Frau Stefanie Wagner sowie Herr Stefan Pfosser.

Besonderen Dank schulden wir vielen Fachleuten aus deutschen und schweizerischen Betrieben, die uns Informationen über die in ihrem Hause eingeführten Systeme überließen und teilweise einige Textpassagen durchgesehen und auf Aktualität geprüft haben.

Es sind dies die Damen H. Kaßler (DATEV eG), H. Kritikos (BMW Group), R. Leipold (Schenck Process GmbH), T. Lumpp-Rißler (Adolf Würth GmbH & Co. KG), L. May (Microsoft Presseservice Fink & Fuchs Public Relations AG), H. Trautmann (Schenck Process GmbH) sowie die Herren M. Adler (Rödl Consulting AG), Chr. Albrecht (Boehringer Ingelheim GmbH), N. Bissantz (Bissantz & Company GmbH), H. Brecheis (ABB Asea Brown Boveri, Ltd.), G. Butterwegge (Bissantz & Company GmbH), W. Conrady (Daimler AG), V. Christ (Rosewitz-Christ-Informatik), D. Dippel (Regionales Rechenzentrum Erlangen), V. Grunenberg (Saarstahl AG), J. Haase (Volkswagen Coaching GmbH), M. Hau (DATEV eG), K. Heptner (VDI-Fachbereich Logistik und Senior Consultant), P. Horváth (Horváth&Partners AG), J. Junker (Deutsche BP AG), H. Kalmbach (Volkswagen AG), M. Kieninger (Horváth AG), W. Kottmann (ZF Lenksysteme GmbH), K. Rechkemmer (ERP Eppinger & Rechkemmer), E. Schilling (Transtec AG), P. Schmitt (BMW Group), Chr. Schneider (Dr. Städtler Transport Consulting GmbH & Co. KG), W. Schneider (Volkswagen AG), H.-W. Schroiff (Henkel KGaA), P. Seren (Schaeffler-Gruppe), H. Simon (Simon-Kucher & Partners), Th. Wedel (IBM Deutschland GmbH), A. Wenzlawe (Daimler AG) und P. Zimmermann (Volkswagen AG).

Ferner haben uns Mitarbeiter bei der Aktualisierung der Praxisbeispiele geholfen, die an der Gestaltung der skizzierten IV-Systeme maßgeblich beteiligt waren, aber in dem betreffenden Unternehmen zum Zeitpunkt der Drucklegung nicht mehr beschäftigt waren. Es sind dies die Herren J. Dickersbach (ehemals SAP AG), B.-U. Kaiser (ehemals Bayer AG) sowie H. Schallenberg (ehemals SAPPI Alfeld GmbH).

Auch aus dem Hochschulbereich erhielten wir wertvolle Hinweise, und zwar von den Herren T. M. Fischer (Universität Erlangen-Nürnberg), N. Gronau (Universität Potsdam), G. Knolmayer (Universität Bern), F. Lehner (Universität Passau), M. Ponader (FH Deggendorf), G. Prockl (Universität Erlangen-Nürnberg), B. Zirkler (Universität Erlangen-Nürnberg) und E. Zwicker (TU Berlin).

Joachim Griese konnte nach seiner Pensionierung die Neuauflage nicht mehr mitgestalten. Er hat das Buch mitkonzipiert und von der ersten bis zur neunten Auflage gepflegt. Wir danken ihm herzlich dafür.

Wir haben versucht, immer dann, wenn Begriffe wie Benutzer, Anwender u. Ä. vorkommen, die entsprechende weibliche Form hinzuzufügen. Als Folge davon wären aber viele Passagen so schwerfällig geworden, dass wir uns unter Zurückstellung eigener Bedenken auf die kürzere männliche Form beschränken. Unsere Leserinnen bitten wir herzlich um Verständnis.

Nürnberg / Augsburg im August 2008   Peter Mertens

                                                       Marco C. Meier

Inhaltsverzeichnis

1 Typen von Planungs- und Kontrollsystemen

1.1 Einordnung

Die in diesem zweiten Band beschriebenen Anwendungssysteme haben die Aufgabe, Entscheidungsträgern Informationen und Entscheidungsvorschläge zu präsentieren, die ihnen bei der Unternehmensplanung und -kontrolle helfen. Wir bezeichnen sie daher als **Planungs- und Kontrollsysteme** (PuK-Systeme). Die hierzu benötigten Daten stammen zum großen Teil aus den operativen Systemen bzw. den Administrations- und Dispositionssystemen, die in Band 1 dargestellt sind. Immer mehr werden aber auch Informationen aus externen Quellen zugeführt.

Die Abbildung 1.1/1 soll die Gesamtkonzeption der „Integrierten Informationsverarbeitung" erklären. Die Figur ist mit einer entsprechenden Abbildung in Band 1 abgestimmt. Der obere Bereich zeigt die im vorliegenden Buch behandelten Gegenstände.

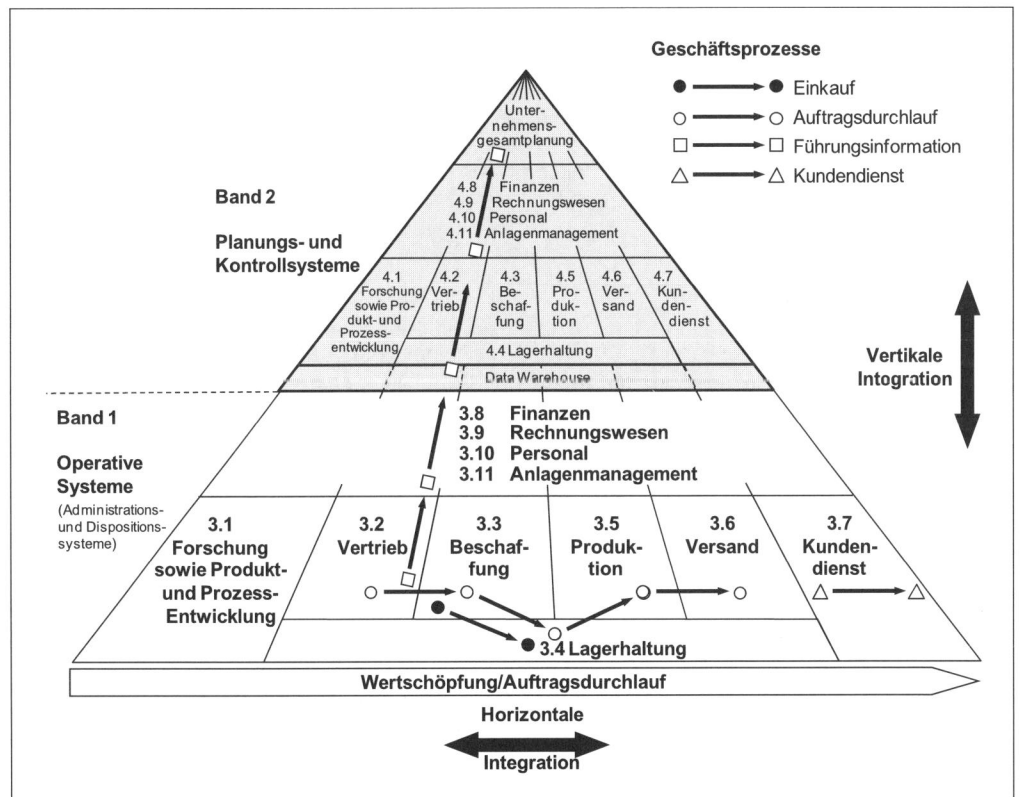

Abb. 1.1/1   Gesamtkonzeption der „Integrierten Informationsverarbeitung"

Die am Fuß des oberen Pyramidenabschnitts stehenden PuK-Systeme beziehen sich auf jene Funktionsbereiche, die unmittelbar zur Wertschöpfung beitragen (Kapitel 4.1 – 4.7). Darüber sind, wie in Band 1, die PuK-Systeme für die Querschnittsfunktionen (Kapitel 4.8 – 4.11) gelagert.

Analog zu Band 1 grenzen wir auch in diesem Buch größere Integrationskomplexe ab, die die Funktionsbereiche und auch Prozesse übergreifen (vgl. Abbildung 1.1/2).

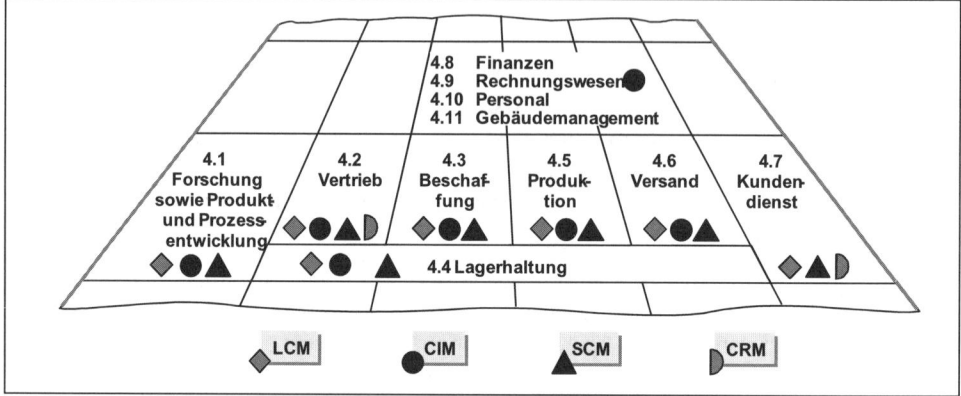

Abb. 1.1/2   Funktionsbereich- und Prozess-übergreifende Integrationskomplexe

An der Pyramidenspitze finden wir die Unternehmensplanung. Sie ist Hilfsmittel der oberen Führung. Eine strenge Zuordnung zu Funktionsbereichen (oder auch zu Sparten oder Regionen) ist nicht möglich und wäre auch nicht anzustreben.

Es hat sich eine große Zahl von Gestaltungsvarianten der PuK-Systeme ausgeprägt. Sie werden in den folgenden Abschnitten in Bezugsrahmen systematisiert.

1.2   Morphologischer Kasten

Abbildung 1.2/1 enthält eine nach Art eines Morphologischen Kastens zusammengestellte Merkmalssammlung. Sie wird in der Folge nur insoweit erläutert, als die Einträge nicht selbsterklärend sind.

PuK-Systeme können ausgelöst („getriggert") werden, wenn besondere Datenkonstellationen auftreten. Man spricht auch von **daten-, ereignis- oder signalgetriebenen** Systemen oder von „Alerts". Die wichtigste Erscheinungsform sind Berichte, die dem Prinzip „Information by Exception" folgen: Abweichungen von Plan-, Soll-, Vergangenheits- und anderen Vergleichs- werten über eine bestimmte Toleranz (Schwellenwert) hinaus lösen Aktivitäten des Systems aus.

Ausnahmeberichte sind eines der wichtigsten Mittel, um die Informationsverarbeitungs- kapazität von Führungskräften nicht zu sprengen. Brynjolfsson schrieb: „In der digitalen Gesellschaft ist nicht mehr die Information selbst das knappste Gut, sondern die begrenzte Kapazität der Menschen, sie zu verarbeiten – ein Problem, das mit jeder Hierarchieebene zunimmt." [OV 03]

Die Auffassungen in Literatur und Praxis über Berichtssysteme mit Ausnahmemeldungen sind geteilt. Szyperski merkt an, dass Schwellenwerte nicht absolut, sondern nur relativ zu- einander gesehen werden können. Er schreibt: „Festgeschriebene Schwellenwerte, verbun- den mit der Management-by-Exception-Fiktion, sind daher gefährlich. Das Management sollte neugierig sein, d. h. neue Informationsverknüpfungen suchen und nicht nur wie eine Kontrollperson auf einer Schaltbühne aufmerksam dösen" [SZY 84]. Dieser Auffassung ist zuzustimmen; allerdings bietet sich in der Praxis oft nicht die Alternative zwischen einem Ausnahmeberichtssystem und einem perfekten Entscheidungshilfsmittel, sondern die Wahl liegt zwischen einem Berichtssystem, das die Aufmerksamkeit der Führungskräfte auf Daten lenkt, die eine gefährliche oder Erfolg versprechende Entwicklung anzeigen könnten, und einer weit gehend unbeachteten Dokumentation.

Auslöser	Signale / Ereignisse / Datenkonstellationen	Kalender-termine	Benutzer-wunsch	Entscheidungs-bedarf
Berichtszweck	Kontrolle / Dokumentation	Anstoß zur Entscheidung	Entscheidungs-Unterstützung	
Adressatenzahl	Einzelpersonen		Gruppen	
Adressatenhierarchie	Untere Führungsebenen	Mittlere Führungsebenen	Obere Führungsebenen	Aufsichtsrat
Rollen- und/oder Benutzermodell	Nicht vorhanden		Vorhanden	
Informationsherkunft	Interne Quellen		Externe Quellen	
Informationsart	Quantitative Informationen		Qualitative Informationen	
Präsentationsform	Meldungen	Tabellen	Grafiken	Verbale Berichte	Expertisen
Abfragemodus	Standardabfragen	Standardabfragen mit Parametervariation	Freie Abfragen	
Informationsdistribution	Pull-Verfahren		Push-Verfahren	
Dialogsteuerung	Rein benutzer-gesteuert	Kritiksysteme, adaptive Dialoge	Lotsensysteme	Rein system-gesteuert
Entscheidungsmodell	Nicht vorhanden	Entscheidungs-modell mit statistischen Methoden	Entscheidungs-modell mit Operations-Research-Methoden	Entscheidungs-modell mit Methoden der Künstlichen Intelligenz
Simulation	Nicht simulativ	Empfindlichkeitsanalysen (What-if?)	Zielrechnungen (How-to-achieve?)	
Phase im Lösungsprozess	Symptom-erkennung	Diagnose	Therapie	Prognose	Kontrolle

Abb. 1.2/1　　　　Morphologischer Kasten

Das Überwachen (Monitoring) von Objekten, bei denen ein Ausnahme-Tatbestand eingetreten sein könnte, in kurzen Abständen mag das System sehr belasten. Wenn z. B. nur 4.000 Produkte auf die Merkmale Absatzmenge, Lagerbestände, verspätete Auslieferungen und Reklamationen überwacht werden müssen, ergibt dies bereits 16.000 „Kontrollpunkte". Insbesondere Systeme, die in einem Intranet operieren, wurden oft genug nicht mit dem Ziel konzipiert und programmiert, derartige Überwachungen möglichst ressourcenschonend zu bewerkstelligen. Hier ist an Informationsbeschaffungs-Agenten zu denken, welche zwischen der übermäßigen Belastung des Systems durch zu häufige Kontrollen einerseits und den Schäden durch zu späte Benachrichtigung von Führungskräften andererseits abwägen können [REY 01]. Zu diesem Zweck müssen die Führungskräfte über die Toleranzschwellen, die eine Ausnahme markieren, hinaus die maximal tolerierbare Verzögerung der Meldung als Parameter definieren.

Eine Ausprägung der signalgetriebenen Berichte sind auch Frühwarnsysteme: Man muss dann Indikatoren bzw. Indikatoren-Kombinationen hinterlegen, mit denen das Management zum Ausdruck bringt, unter welchen Bedingungen es sehr früh auf bemerkenswerte Datenkonstellationen hingewiesen werden will.

Ein Grenzfall eines Signalsystems ist die Echtzeit-Information des Empfängers. Z. B. erhält der Fuhrparkleiter des **Papierverarbeiters PAPSTAR** auf seinem Bildschirm Daten der rund zwölf in Europa fahrenden LKW. Es sind dies technische Messwerte wie ausgefallene Birnen oder eine zu hohe aktuelle Geschwindigkeit. So kann er z. B. mit dem Fahrer telefonieren, wenn dieser unnötig viel Treibstoff zu verbrauchen im Begriff ist, eventuell weil er sich an einem so genannten Elefantenrennen beteiligt. Mit diesem System und dem System **Fleetboard des Daimler-Konzerns** gelang es, den Flottenverbrauch mit ca. 25 ltr./100 km unter dem Durchschnitt zu halten [PRE 07].

Technisch gibt es diverse Varianten solcher Echtzeit-Signalsysteme. Z. B. setzt der PDA-Hersteller **Blackberry** darauf, dass Manager zunehmend nicht nur Fakten, sondern ganze Analysen im Sinne der Business Intelligence (vgl. Abschnitt 2.4.1) per e-Mail auf ihr Gerät gespeichert bekommen, sodass sie z. B. auch während einer Reise den Betrieb feinnervig überwachen können. Auch das Dashboard (siehe Abschnitt 3.4.4), das ja einer Cockpit-Anzeigetafel im Fahrzeug nachempfunden ist, kann in diesen Zusammenhang gestellt werden.

Naturgemäß ist die „Echtzeit-Philosophie" nicht unbedenklich, weil Führungskräfte auch alarmiert werden, wenn vorübergehend eine Abweichung eintritt, die bald durch eine entgegengesetzte kompensiert wird, sodass „sich das Problem von selbst erledigt". Eine große Bedeutung hat sie jedoch dort, wo die sofortige Reaktion entscheidend ist. Zu denken ist etwa daran, dass im Rahmen des Supply Chain Event Management (Band 1) sehr kurzfristig ein Ersatzlieferant mit freien Kapazitäten verpflichtet werden muss, um eine gravierende Störung zu beheben [FLE 04]. Hier ergeben sich neue Herausforderungen in Gestalt einer Kombination von Echtzeitdatenerfassung und Data Mining.

Die wohl häufigsten Erscheinungsformen von Management-Informationssystemen sind solche, bei denen zu bestimmten **Kalenderterminen** (z. B. zum Monats- oder Quartals-wechsel) Berichte generiert werden. Mit derartigen Berichtssystemen wird man relativ ein-fach einen großen Teil des Informationsbedarfs abdecken können. Hauptinhalte sind Infor-mationen über den laufenden Geschäftsbetrieb und solche, die den Fortschritt auf dem Weg zu einem Ziel zeigen. Bei ausgeprägtem „Management by Objectives" dienen die Computer-berichte dazu, den Grad der Zielerreichung aufzuzeigen.

Führungsinformationen werden aus dem System auch abgerufen, wenn der **Benutzer** es möchte, z. B. um eine überraschende Kontrollmaßnahme zu starten, oder wenn eine **Ent-scheidung** vorzubereiten ist.

In vielen Fällen ist die Berichterstattung auf **einzelne Personen**, insbesondere Verantwor-tungs- bzw. Rollenträger, zugeschnitten. Bei **Group-Decision-Support-Systemen** kommu-niziert eine Gruppe von Benutzern untereinander und mit dem System. Die Entschei-dungsunterstützung kann u. a. darin liegen, dass man die Prognosen der einzelnen Teil-nehmer (z. B. zur Konjunkturentwicklung oder zu strukturellen Veränderungen) mithilfe der Delphi-Methode zur Konvergenz bringt und die Mitglieder eines Entscheidungsgremiums gemeinsam im Rahmen einer Nutzwertanalyse Gewichte und Punkte vergeben, wobei das IV-System über den Stand der Analyse und vor allem über die bisher gerechneten Alternati-ven Buch führt, Beiträge der Konferenzteilnehmer nach Sachzugehörigkeit ordnet oder Mehr-Kriterien-Modelle nutzt. Ein wichtiges Beispiel ist das in Abschnitt 4.3.2.3 behandelte **C**ollaborative **P**lanning, **F**orecasting, and **R**eplenishment (CPFR).

Im Regelfall sind die Adressaten eines PuK-Systems Mitglieder der **mittleren Führungsebe-nen**. Den Bedarf an Informationen und Methoden zur Entscheidungshilfe auf den **oberen Führungsebenen** deckt man teilweise mit Verfahren zur Unternehmensplanung. Es dominieren Dialoge unter Verwendung von Simulationsmodellen, die das Gesamtunter-nehmen aus der Sicht des Rechnungswesens und der Finanzierung behandeln. Deterministische Modelle werden dabei stochastischen vorgezogen (vgl. Kapitel 6.2). Vorstandsmitglieder an der Spitze von großen Konzernen pflegen sich nach wie vor nur selten direkt aus dem Rechner zu informieren. Die Informationen passieren stattdessen die Zwischenstationen von Stäben und werden dort für das Top-Management persönlichkeits- und situationsgerecht aufbereitet [REC 02].

Erwägenswert sind Systeme, die speziell selektierte und hochverdichtete Informationen für Mitglieder eines **Aufsichtsrats** bereitstellen (siehe Kapitel 6.3).

Rollen- und Benutzermodelle (vgl. Abschnitt 3.2.2) sollen helfen, IV-Systeme besonders gut auf den Informationsbedarf, die Entscheidungsgewohnheiten, Vorkenntnisse und persönliche Präferenzen (z. B. bei der Informationsdarstellung) der Benutzer auszurichten. Einem relativ hohen Stand der Theorie der Informatik steht freilich eine noch nicht befriedigende Diffusion in die Praxis gegenüber.

Viele Schätzungen von Wissenschaftlern und Führungskräften deuten darauf hin, dass **externe Informationen** für sie einen gleich hohen oder sogar beträchtlich höheren Stellen-wert haben als **interne** [BAU 96]. Im Zusammenhang mit der Informationsverarbeitung ge-winnt dieser Sachverhalt in dem Maße größere Bedeutung, in dem Online-Datenbanken und insbesondere das Internet Möglichkeiten bieten, externe Informationen in maschinenlesbarer Form zu beschaffen. Damit reduziert sich wiederum der Aufwand, die externen Informationen im Planungs- und Kontrollsystem zu integrieren. Es ergeben sich neue Herausforderungen, entscheidungsunterstützende Planungs- und Kontrollmodelle zu schaffen, die davon vollen Gebrauch machen. Ein Beispiel für eine intensive Verknüpfung von internen und externen Informationen ist das prototypische System **INTEX** (vgl. Abschnitt 4.2.2.9).

Eine Herausforderung liegt darin, in PuK-Systemen Informationen aus internen und externen Quellen, **quantitative und qualitative** (z. B. Pressemeldungen) Informationen zu verbinden. Das Bestreben, all diese Informationsformen und -quellen in ein System zu bringen, bezeichnet man auch als **Wissensmanagement** (vgl. Abschnitt 3.2.1).

Als **Präsentationsform** dominieren **Tabellen**. Es besteht die Gefahr, dass durch zu wenig sorgfältige Konzeption von PuK-Systemen, insbesondere solcher, bei denen zu fixen Kalen-derterminen Managementinformationen generiert werden, die gefürchteten „Zahlenfriedhöfe" entstehen. Moderne Berichtsgeneratoren gestatten es, das Zahlenmaterial der Tabellen automatisch in **Grafiken** aufzubereiten. Anspruchsvoller ist die Aufgabe, aus den Zahlen-konstellationen heraus **verbale Berichte** abzuleiten („Text Generation"). Systeme, bei denen analysiertes Datenmaterial in Gutachten (Expertisen) zusammengestellt wird, bezeichnen wir als **Expertisesysteme** (vgl. Abschnitt 3.4.6). Die Resultate müssen situationsabhängig und nach Möglichkeit unter Verwendung von Benutzermodellen in geeigneter Form präsentiert werden, wobei die Gutachten Zahlentabellen, Grafiken und verbale Passagen integrieren. In Sonderfällen mag es sinnvoll sein, die Medien Audio und Video zu ergänzen. Beispielsweise sieht ein Vorstandsmitglied im Rahmen der Wettbewerbsbeobachtung (siehe unten) am Bild-schirm Ausschnitte aus der Pressekonferenz eines Konkurrenten oder die Messevorführung einer neuen Produktionstechnik, die dieser entwickelt hat.

Soweit ein Benutzer eine Datenbank abfragt, kann die Abfrage **standardisiert** und vorprogrammiert sein, was letztlich bedeutet, dass zumindest der Typ der Abfrage bereits bei der Systemplanung bekannt sein muss. Auch kommerzielle Software-Pakete bieten die Möglichkeit, Abfragen, die sich wiederholen, zu standardisieren. Speziell auf den Bedarf von höheren Führungskräften zugeschnittene Berichte auf der Grundlage von Standardabfragen werden auch als vordefinierte Berichtsmappen oder Briefing Book bezeichnet. Die Grenzen zwischen **standardisierten** und **freien Abfragen** können immer weniger genau gezogen werden. Beispielsweise erlauben Abfrage- oder Berichtsgeneratoren eine flexible interaktive Navigation (Slice and Dice, Drill Down, Roll up), mit der man ohne speziell geschult sein zu müssen oder mithilfe so genannter Assistenten andere Ausschnitte, Details und Übersichten aus dem ursprünglich am Bildschirm angebotenen Bericht ableiten kann [GLU 06]. Einen Mittelweg stellen auch vorgegebene Berichtsschablonen dar, die durch den Benutzer durch **Parametervariation** auf den jeweiligen Informationszweck zugeschnitten werden können (Beispiel: Auswahl der Exportländer, für die Umsätze gezeigt werden sollen). Wenn die einmal parametrierten Schablonen für künftige Abfragen gespeichert bleiben sollen, spricht man auch von einer Reportbank [GLU 08a, S. 70-71]. Bei Abfragesystemen mit **freier Recherche** fallen die Standardisierungsbeschränkungen weg und der Benutzer kann seinen Informationswunsch dadurch zum Ausdruck bringen, dass er angibt, welche Merkmale (Deskriptoren) (vgl Abschnitt 2.2.2.2) die gesuchte Information auf sich vereinigen soll.

In Bezug auf die **Informationsdistribution** lassen sich **Pull-** von **Push-Verfahren** trennen. Mit Pull-Verfahren (aus der Sicht des Systems passiv) holt sich der Benutzer die benötigten Informationen. Bei Push-Methoden (Aktive Führungs- bzw. Management-Informationssysteme (**Aktive MIS**)) bestimmt das System, wann welche Fach- und Führungskräfte verständigt werden sollen. Eine vor allem in der **Chemieindustrie** verbreitete Sonderform sind SDI (**S**elective **D**issemination of **I**nformation)-Systeme (vgl. Abschnitt 3.2.1.2.8). Auch Frühwarnsysteme (siehe oben) können den Push-Verfahren zugeordnet werden.

Bei **rein benutzergesteuerten Dialogen** führt der Mensch den Prozess. Er ist quasi „Herr des Dialogs". Der Benutzer beauftragt den Computer dann, wenn er Daten aus der Datenbank benötigt oder arithmetische bzw. logische Operationen an die IV-Anlage delegieren will. Die meisten Management-Informationssysteme sind technisch so gestaltet.

Kritiksysteme und adaptive Dialoge enthalten Komponenten, die sich einschalten, wenn Aktionen des Benutzers kritikwürdig erscheinen [MER 94]. Sie beschränken sich darauf, Verbesserungsvorschläge zu unterbreiten, die der Benutzer berücksichtigen oder ignorieren kann. Kritiksysteme unterstützen vorwiegend die Lösung einmalig auftretender Probleme (z. B. Auswahl eines Prognoseverfahrens aus einer Methodenbank, vgl. Abschnitt 3.2.6), wobei sie wie ein mit konzentriertem Spezialwissen ausgestatteter Berater agieren, welcher einem relativen Laien, der sich ungeschickt verhält, einen entscheidenden Tipp gibt. Adaptive Dialoge sind als Fortsetzung von Kritiksystemen in jenen Fällen vorstellbar, in denen der Benutzer das PuK-System nicht nur einmal heranzieht. Beispielsweise möge er eine Datenbank immer wieder mit ineffizienten Suchbefehlen abfragen. Das Dialogsystem weist ihn darauf hin, dass ein mächtiges Makro zur Verfügung steht.

Lotsensysteme übertragen die Steuerung zum Teil an den Benutzer, ohne jedoch die Dialoggestaltung abzugeben. Im Sinne einer empfängergerechten Informationsaufbereitung filtern sie immense Datenvolumina auf wesentliche Aussagen [MER 94].

Bei **rein systemgesteuerten Dialogen** bestimmt der Rechner den Ablauf. Den Menschen schaltet er ein, wenn der Computer Daten benötigt, die bisher nicht gespeichert sind, wenn Zwischenergebnisse beurteilt werden müssen, wenn nicht programmierte Fälle eintreten oder wenn besondere Konstellationen auftauchen bzw. Zwischenstationen erreicht werden, bei denen der Benutzer unterrichtet sein soll.

Generell erlauben es Dialogsysteme, die Vorzüge des Menschen und des Computers gleichzeitig zur Geltung zu bringen, wobei sowohl der Partner Mensch als auch der Partner Computer jeweils die Aufgaben übernimmt, für die er relativ besser geeignet ist. Die Rechenanlage ist im Vorteil durch ihre hohe Verarbeitungsgeschwindigkeit und -sicherheit und durch die Möglichkeit, eine große Menge von quantitativen Daten zu speichern. Der Mensch ist überlegen durch seine Kreativität, seine Lernfähigkeit, seine Möglichkeiten, Muster zu erkennen, durch seine Fähigkeit, relevante Informationen durch Assoziation aufzufinden, und durch die Eigenschaft, Unsicherheiten relativ gut abwägen und in Wahrscheinlichkeitszahlen umdeuten zu können.

In einfachen Führungsinformationssystemen werden nur Daten geliefert. Viele PuK-Systeme geben allerdings Entscheidungshilfen (siehe unten die Ausführungen zu EUS/DSS). Der Einbau von wissensbasierten Elementen als Erscheinungsformen der so genannten **Künstlichen Intelligenz** in konventionelle PuK-Systeme verspricht Nutzeffekte überall dort, wo die Probleme in sich relativ schlecht strukturiert, aber verhältnismäßig gut abgrenzbar sind. Man bezeichnet solche Verfahren auch als „intelligente Entscheidungsunterstützungssysteme". Ein Beispiel ist das bei [RAO 94] beschriebene „**I**ntelligent **D**ecision **S**upport **S**ystem"(IDSS).

In vielen Entscheidungssituationen ist es zweckmäßig, Alternativen mithilfe der **Simulation** zu untersuchen. Mit **Empfindlichkeitsanalysen bzw. Wirkungsrechnungen** will man die Auswirkung einer quantifizierbaren Maßnahme („What-if?") abschätzen. Beispiel: „Um wie viel Prozent wächst die Rentabilität einer Sparte, wenn es gelingt, den Preis der von ihr betreuten Produkte um ein Prozent zu erhöhen, ohne dass die Absatzmenge zurückgeht?" Bei **Zielrechnungen** werden alternative Maßnahmen untersucht, mit denen dieses Ziel erreicht werden könnte (How-to-achieve?). Beispiel: „Um wie viel Prozent müssen durchschnittlich die Deckungsbeiträge der Produkte einer Sparte erhöht werden, um die Spartenrentabilität um ein Prozent zu steigern?" Marsden und Mathiyalakan haben gefunden, dass What-if-Rechnungen nicht überschätzt werden sollten, was ihren Beitrag zur Güte einer Entscheidung betrifft [MAR 97]. Wie Rosenkranz zeigt, spielen derartige Verfahren vor allem bei der Unternehmensplanung eine beträchtliche Rolle [ROS 99].

Eine letzte Kategorisierung richtet sich nach der **Phase im Problemlösungsprozess**. Hierbei bietet es sich an, eine Analogie zur Medizin zu suchen, wie das folgende Beispiel verdeutlichen soll: Ein Signal- oder ein Expertisesystem möge darauf hinweisen, dass der Lieferbereitschaftsgrad auf g Prozent zurückgegangen ist (**Symptomerkennung**). Aus dem Datenmaterial heraus werden **Diagnosen** erstellt. Diese mangelhafte Lieferbereitschaft sei auf zu niedrige Sicherheitsbestände bei bestimmten Artikeln zurückzuführen. Im Anschluss daran kann das System aufgrund einer Optimierungsrechnung empfehlen, den Sicherheitsbestand um n Stück zu erhöhen. Damit ist der Übergang von der Diagnose zur **Therapie** vollzogen. Es ist vorstellbar, dass automatisch eine **Prognose** über die Wirkung dieser Therapie gestellt wird, z. B. dass die Erhöhung des Sicherheitsbestands um n Stück den Lieferbereitschaftsgrad auf h Prozent steigern wird. Schließlich wäre nach einiger Zeit zu überprüfen, ob die Maßnahme eingeleitet wurde und die vorhergesagten Effekte eingetreten sind (**Kontrolle**). Abbildung 1.2/2 [LIA 01] zeigt ein Beispiel für mehrere Diagnoseschritte.

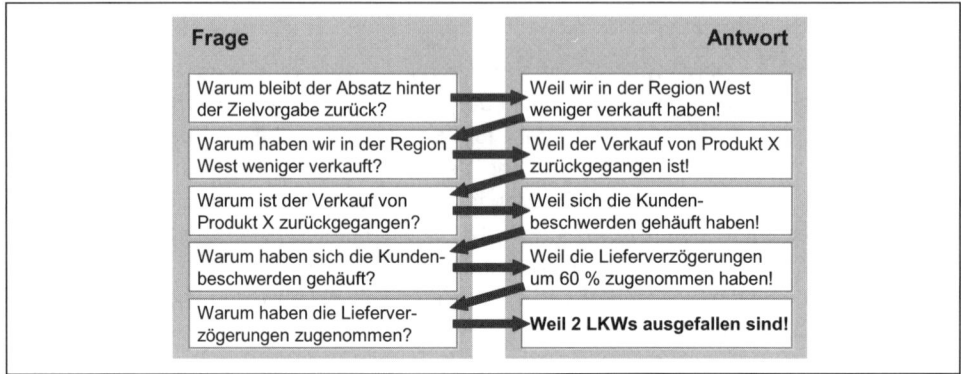

Abb. 1.2/2   Analyse von Grundursachen [LIA 01]

Systeme, die weder an Funktionen noch an Prozessen, sondern an Analyse- und/oder Entscheidungsproblemen ausgerichtet sind, bezeichnet man auch als Analytische Informationssysteme (vgl. Abschnitt 2.4.2).

Aus dieser Merkmalssystematik kann sich ein Unternehmen die für es interessanten Systeme konfigurieren, wie die folgenden Beispiele zeigen:

1. „Klassisches Berichtswesen": Aus den internen Datenbeständen werden monatlich Berichte über die Vertriebserfolge an alle Leiter von Geschäftsfeldern gegeben. Grundlage ist eine interne Datenbank, in der die Auftragseingänge und Umsätze als Abbild der Artikelzeilen (bei **SAP** so genannte Einzelposten) gespeichert sind. In der Präsentation herrschen Tabellen vor (siehe Abbildung 1.2/3).

2. „Frühwarnsystem zur Konkurrenzbeobachtung": Ein Unternehmen arbeitet in einem dynamischen/turbulenten Markt. Der Vorstandsvorsitzende hat seinen Stab beauftragt, die fünf wichtigsten Konkurrenten intensiv zu beobachten und hierzu die Informationsverarbeitung auszubeuten (vgl. zu Branchen- und Konkurrenzanalysen sowie Benchmarking mittels elektronischer Informationsdienste, insbes. Abschnitt 3.2.1.2.7). Es wurde ein Redaktionsleitstand (vgl. Abschnitt 2.2.2.2) eingerichtet, der sich auch der Techniken „Rollenmodellierung", „Benutzermodellierung" und „Suchmaschinen" (vgl. Abschnitte 3.2.2 und 3.2.3) bedient.
Das System entdeckt im World Wide Web (WWW) viele Informationen, die mit dem Namen des Konkurrenten verbunden sind, und verständigt den Vorstandsvorsitzenden bzw. seinen Assistenten aktiv, sobald bestimmte Kriterien erfüllt sind (siehe Abbildung 1.2/4). Solche Filtermerkmale können z. B. die Deskriptoren „Aufkauf", „Fusion", „Name von Vorstandsmitgliedern" oder „Pressekonferenz" sein.

Auslöser	Signale / Ereignisse / Daten-konstellationen	Kalender-termine		Benutzer-wunsch	Entscheidungs-bedarf
Berichtszweck	Kontrolle / Dokumentation	Anstoß zur Entscheidung		Entscheidungs-Unterstützung	
Adressatenzahl	Einzelpersonen			Gruppen	
Adressatenhierarchie	Untere Führungsebenen	Mittlere Führungsebenen	Obere Führungsebenen		Aufsichtsrat
Rollen- und/oder Benutzermodell	Nicht vorhanden			Vorhanden	
Informationsherkunft	Interne Quellen			Externe Quellen	
Informationsart	Quantitative Informationen			Qualitative Informationen	
Präsentationsform	Meldungen	Tabellen	Grafiken	Verbale Berichte	Expertisen
Abfragemodus	Standardabfragen		Standardabfragen mit Parametervariation	Freie Abfragen	
Informationsdistribution	Pull-Verfahren			Push-Verfahren	
Dialogsteuerung	Rein benutzer-gesteuert	Kritiksysteme, adaptive Dialoge	Lotsensysteme		Rein system-gesteuert
Entscheidungsmodell	Nicht vorhanden		Entscheidungs-modell mit statistischen Methoden	Entscheidungs-modell mit Operations-Research-Methoden	Entscheidungs-modell mit Methoden der Künstlichen Intelligenz
Simulation	Nicht simulativ		Empfindlichkeitsanalysen (What-if?)	Zielrechnungen (How-to-achieve?)	
Phase im Lösungsprozess	Symptom-erkennung	Diagnose	Therapie	Prognose	Kontrolle

Abb. 1.2/3   Morphologischer Kasten „Klassisches Berichtswesen"

Auslöser	Signale / Ereignisse / Daten-konstellationen	Kalender-termine		Benutzer-wunsch	Entscheidungs-bedarf
Berichtszweck	Kontrolle / Dokumentation	Anstoß zur Entscheidung		Entscheidungs-Unterstützung	
Adressatenzahl	Einzelpersonen			Gruppen	
Adressatenhierarchie	Untere Führungsebenen	Mittlere Führungsebenen	Obere Führungsebenen		Aufsichtsrat
Rollen- und/oder Benutzermodell	Nicht vorhanden			Vorhanden	
Informationsherkunft	Interne Quellen			Externe Quellen	
Informationsart	Quantitative Informationen			Qualitative Informationen	
Präsentationsform	Meldungen	Tabellen	Grafiken	Verbale Berichte	Expertisen
Abfragemodus	Standardabfragen		Standardabfragen mit Parametervariation	Freie Abfragen	
Informationsdistribution	Pull-Verfahren			Push-Verfahren	
Dialogsteuerung	Rein benutzer-gesteuert	Kritiksysteme, adaptive Dialoge	Lotsensysteme		Rein system-gesteuert
Entscheidungsmodell	Nicht vorhanden		Entscheidungs-modell mit statistischen Methoden	Entscheidungs-modell mit Operations-Research-Methoden	Entscheidungs-modell mit Methoden der Künstlichen Intelligenz
Simulation	Nicht simulativ		Empfindlichkeitsanalysen (What-if?)	Zielrechnungen (How-to-achieve?)	
Phase im Lösungsprozess	Symptom-erkennung	Diagnose	Therapie	Prognose	Kontrolle

Abb. 1.2/4   Morphologischer Kasten „Frühwarnsystem zur Konkurrenzbeobachtung"

3. „Konkurrenzanalyse": In dem unter Punkt 2 beschriebenen System erhält der Vorstands-vorsitzende ein Signal, demzufolge ein Konkurrent möglicherweise Übernahmeverhand-lungen mit einem bekannten Zulieferer Z begonnen hat. Er beauftragt seinen Assisten-

ten, zusätzliche Informationen zu dem Vorgang zu beschaffen und eine Vorlage für die gemeinsame Sitzung des Vorstands mit dem Aufsichtsrat zu schreiben. Der Assistent recherchiert vorwiegend in externen Datenquellen und macht sich beispielsweise darüber kundig, welche Lieferanteile Z bei den großen Unternehmen der Branche hat. Er informiert sich aber auch aus internen Daten, welche Einkaufsumsätze das eigene Unternehmen im letzten Jahr mit Z getätigt hat (siehe Abbildung 1.2/5).

Der Assistent verarbeitet die erhaltenen qualitativen Daten mithilfe von Tools wie z. B. MS-Excel zu Tabellen und Grafiken, die er zusammen mit durchdachten Formulierungen zur Vorstandsvorlage verbindet. In diesem Zusammenhang stellt er auch einige What-if-Rechnungen an, z. B.: „Wie könnte sich der Einkaufsumsatz mit anderen Zulieferern gestalten, wenn die Geschäftsbeziehung zu Z abgebrochen werden müsste (Diagnose/Therapie) und die Komponenten nach einer bestimmten Proportion auf andere Zulieferer aufgeteilt würden?"

Auslöser	Signale / Ereignisse / Datenkonstellationen	Kalendertermine	Benutzerwunsch		Entscheidungsbedarf
Berichtszweck	Kontrolle / Dokumentation	Anstoß zur Entscheidung		Entscheidungs-Unterstützung	
Adressatenzahl	Einzelpersonen			Gruppen	
Adressatenhierarchie	Untere Führungsebenen	Mittlere Führungsebenen	Obere Führungsebenen		Aufsichtsrat
Rollen- und/oder Benutzermodell	Nicht vorhanden			Vorhanden	
Informationsherkunft	Interne Quellen			Externe Quellen	
Informationsart	Quantitative Informationen			Qualitative Informationen	
Präsentationsform	Meldungen	Tabellen	Grafiken	Verbale Berichte	Expertisen
Abfragemodus	Standardabfragen	Standardabfragen mit Parametervariation		Freie Abfragen	
Informationsdistribution	Pull-Verfahren			Push-Verfahren	
Dialogsteuerung	Rein benutzergesteuert	Kritiksysteme, adaptive Dialoge	Lotsensysteme		Rein systemgesteuert
Entscheidungsmodell	Nicht vorhanden	Entscheidungsmodell mit statistischen Methoden	Entscheidungsmodell mit Operations-Research-Methoden		Entscheidungsmodell mit Methoden der Künstlichen Intelligenz
Simulation	Nicht simulativ	Empfindlichkeitsanalysen (What-if?)		Zielrechnungen (How-to-achieve?)	
Phase im Lösungsprozess	Symptomerkennung	Diagnose	Therapie	Prognose	Kontrolle

Abb. 1.2/5   Morphologischer Kasten „Konkurrenzanalyse"

4. „Briefing Book": Der Leiter einer Produktionsstätte in einer Unternehmensgruppe lässt sich täglich über die aggregierten Kennzahlen der Fertigung informieren. Er hat hierzu folgende Größen ausgewählt: Zahl der Fertigungsaufträge, die mehr als fünf Tage verspätet sind, Kapazitätsauslastung an den drei teuersten Engpass-Aggregaten, Prozentsatz der Krankmeldungen, Neuzugang an Betriebsaufträgen, Maschinenstörungen mit mehr als 30 Minuten bis zum Wiederanlauf. Als nette Ergänzung listet ihm das System die Mitarbeiter auf, die Geburtstag haben, sodass er gratulieren kann.
Wenn er morgens seinen Arbeitsplatzrechner anschaltet, erhält er eine so genannte Good-Morning-Message, in der die entsprechenden Informationen in tabellarischer Form aufgelistet sind (siehe Abbildung 1.2/6).

Auslöser	Signale / Ereignisse / Daten-konstellationen	Kalender-termine	Benutzer-wunsch	Entscheidungs-bedarf	
Berichtszweck	Kontrolle / Dokumentation	Anstoß zur Entscheidung	Entscheidungs-Unterstützung		
Adressatenzahl	Einzelpersonen		Gruppen		
Adressatenhierarchie	Untere Führungsebenen	Mittlere Führungsebenen	Obere Führungsebenen	Aufsichtsrat	
Rollen- und/oder Benutzermodell	Nicht vorhanden		Vorhanden		
Informationsherkunft	Interne Quellen		Externe Quellen		
Informationsart	Quantitative Informationen		Qualitative Informationen		
Präsentationsform	Meldungen	Tabellen	Grafiken	Verbale Berichte	Expertisen
Abfragemodus	Standardabfragen		Standardabfragen mit Parametervariation	Freie Abfragen	
Informationsdistribution	Pull-Verfahren		Push-Verfahren		
Dialogsteuerung	Rein benutzer-gesteuert	Kritiksysteme, adaptive Dialoge	Lotsensysteme	Rein system-gesteuert	
Entscheidungsmodell	Nicht vorhanden	Entscheidungs-modell mit statistischen Methoden	Entscheidungs-modell mit Operations-Research-Methoden	Entscheidungs-modell mit Methoden der Künstlichen Intelligenz	
Simulation	Nicht simulativ	Empfindlichkeitsanalysen (What-if?)		Zielrechnungen (How-to-achieve?)	
Phase im Lösungsprozess	Symptom-erkennung	Diagnose	Therapie	Prognose	Kontrolle

Abb. 1.2/6   Morphologischer Kasten „Briefing Book"

5. „Entscheidungsunterstützung": Ein Unternehmen, das Markenartikel herstellt und über eigene Filialen vertreibt, ist sich unschlüssig, ob die Dichte des Filialnetzes optimal ist. Die Geschäftsleitung gibt in der Marketingabteilung eine Vorstudie in Auftrag, in der sowohl eng- als auch weitmaschigere Netze untersucht werden sollen. In der ersten Phase werden zahlreiche Informationen über den absoluten und den relativen Erfolg der einzelnen Verkaufsstätten zusammengetragen (z. B. Deckungsbeitrag Stufe I nach variablen Vertriebs- und Produktionskosten und Stufe II, definiert als Deckungsbeitrag I abzüglich Fixkosten des regionalen Vertriebs). Gleichzeitig gewinnt man aus externen Quellen Daten über die Dichte des Filialnetzes und den Umsatz bei zwei hinsichtlich Größe und Sortiment vergleichbaren Häusern. Soweit im eigenen Vertriebskanal überdurchschnittlich gute und schlechte Verkaufsstellen vorhanden sind, analysiert das System Detaildaten bis hinunter zu bemerkenswerten Konstellationen mithilfe des Data Mining (vgl. Abschnitt 3.3.4), etwa wenn an einem bestimmten Ort einzelne Produkte in auffälliger Menge an wenige Kunden verkauft oder wenn bei bestimmten Versand-relationen gehäuft die Soll-Kosten überschritten werden. Die Resultate der Analyse werden automatisch zu Expertisen aufbereitet (vgl. Abschnitt 3.4.6).

In einer zweiten Phase simuliert der Analysestab die voraussichtliche Kosten- und Erlös-situation bei Schließung bestimmter Filialen und bei Neueröffnung anderer auf der Grundlage sozio-demografischer Daten und der Umsatzhistorie.

Soweit Analytiker selbst Alternativlösungen andenken, warnt das System im Sinne eines Kritiksystems vor Konfigurationen des Netzes, die wenig Erfolg versprechend sind, z. B. weil in der betreffenden Region die Konkurrenz zu stark vertreten ist (siehe Abbildung 1.2/7).

Auslöser	Signale / Ereignisse / Datenkonstellationen	Kalendertermine		Benutzerwunsch	Entscheidungsbedarf
Berichtszweck	Kontrolle / Dokumentation	Anstoß zur Entscheidung		Entscheidungs-Unterstützung	
Adressatenzahl	Einzelpersonen			Gruppen	
Adressatenhierarchie	Untere Führungsebenen	Mittlere Führungsebenen		Obere Führungsebenen	Aufsichtsrat
Rollen- und/oder Benutzermodell	Nicht vorhanden			Vorhanden	
Informationsherkunft	Interne Quellen			Externe Quellen	
Informationsart	Quantitative Informationen			Qualitative Informationen	
Präsentationsform	Meldungen	Tabellen	Grafiken	Verbale Berichte	Expertisen
Abfragemodus	Standardabfragen	Standardabfragen mit Parametervariation		Freie Abfragen	
Informationsdistribution	Pull-Verfahren			Push-Verfahren	
Dialogsteuerung	Rein benutzergesteuert	Kritiksysteme, adaptive Dialoge	Lotsensysteme		Rein systemgesteuert
Entscheidungsmodell	Nicht vorhanden	Entscheidungsmodell mit statistischen Methoden	Entscheidungsmodell mit Operations-Research-Methoden		Entscheidungsmodell mit Methoden der Künstlichen Intelligenz
Simulation	Nicht simulativ	Empfindlichkeitsanalysen (What-if?)		Zielrechnungen (How-to-achieve?)	
Phase im Lösungsprozess	Symptomerkennung	Diagnose	Therapie	Prognose	Kontrolle

Abb. 1.2/7   Morphologischer Kasten „Entscheidungsunterstützung"

1.3   Bezugsrahmen für Management-Support-Systeme

Auch im deutschsprachigen Raum stark verbreitet sind amerikanische Begriffe bzw. ihre Übersetzungen ins Deutsche. In der Folge wird versucht, diese in eine Systematik zu bringen (vgl. [HOL 99/KRA 01]), wobei wir uns stark an Abbildung 1.3/1 anlehnen und so genannte **Management-Support-Systeme (MSS)** zum Ausgangspunkt nehmen [GAB 02 u.a.]. Unter MSS versteht man alle Einsatzformen zur IV-Unterstützung unternehmerischer Aufgaben.

Unter **Entscheidungsunterstützenden Systemen (EUS)** bzw. **Decision Support Systems (DSS)** werden interaktive Systeme begriffen, die Verantwortlichen in semi- oder unstrukturierten Entscheidungssituationen mit Methoden, Modellen und Daten helfen [GLU 08b]. In diesen Situationen ist es nicht möglich bzw. nicht wünschenswert, den gesamten Entscheidungsprozess durch ein automatisiertes System ausführen zu lassen, da im Wesentlichen die Urteilskraft und die Erfahrungen des Managers gefordert sind. Charakteristisch für EUS sind der aktive Gebrauch unmittelbar durch den Entscheidungsträger (Linie, Stab, Unternehmensleitung) und die funktionale Beschränkung des DSS auf einzelne (Teil-)Aufgaben bzw. Aufgabenklassen.

EUS konzentrieren sich auf ein bestimmtes Problem oder eine Klasse von Aufgaben. Darunter sind sowohl Einzel- und Gruppen- als auch Ad-hoc- und institutionalisierte, also ablauforganisatorisch geregelte, repetitive Entscheidungen zu verstehen. Decision Support basiert auf formalen, computergestützten Modellen, die von einfachen Definitions- bis zu komplexen Verhaltensgleichungen reichen (vgl. Abschnitt 6.2.2). Sie erlauben die Beantwortung von What-if- und How-to-achieve-Fragestellungen. Je nach Problemklasse können sie als Tabellenkalkulations-, Optimierungs-, Simulations- oder Wissensbasierte Systeme realisiert sein.

Relativ anspruchsvolle DSS werden bereits im Web angeboten. So liefert der **NEOS-Optimierungsdienst** eine Sammlung von Optimierungsalgorithmen. Benutzer können sie von ihrem eigenen Rechner aus aufrufen. Sie müssen dann mit einem interaktiven Werkzeug problemspezifische Informationen ergänzen [BHA 07].

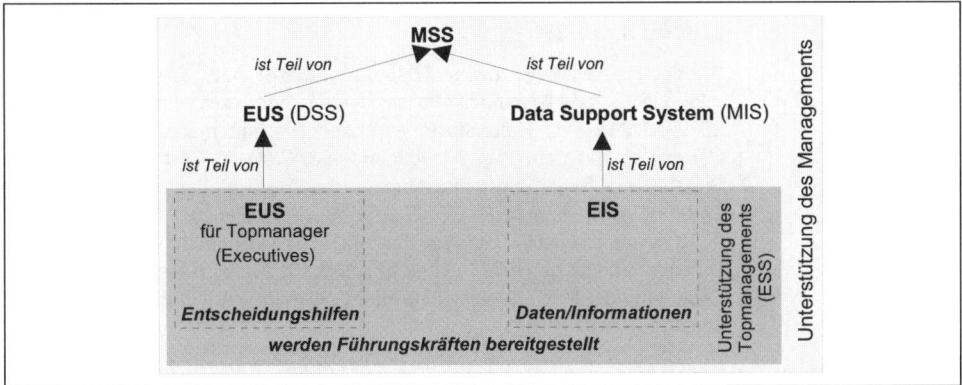

Abb. 1.3/1   Systematik der Management-Unterstützung [HOL 99/KRA 01]

Ein weiterer Teil des MSS, der als Pendant zu EUS zu sehen ist, ist der **Data Support**. Darunter wird die Versorgung der Führungskräfte mit Informationen verstanden. Datenquellen sind hierbei neben externen, öffentlichen oder privaten Datenbanken, etwa im WWW, auch die operativen Data Warehouses (vgl. Abschnitt 2.3.1) und Datenbasen innerhalb von Unternehmen. Für den Data Support ist international keine „Drei-Buchstaben-Abkürzung" gebräuchlich, jedoch besteht eine sehr enge Verwandtschaft zu **Management-Informationssystemen** (**MIS**) bzw. **Executive Information Systems** (**EIS**).

Ferner grenzt man von den EUS noch **Executive Support Systems** (**ESS**) ab, wobei die Executives eine Teilmenge des Managements sind, und zwar die Mitglieder der oberen Führungsebene. Ähnlich wie generell die Unterstützung der Führungskräfte durch Datenanlieferung einerseits und durch Entscheidungshilfen andererseits auseinandergehalten werden können, mag man EIS und spezielle EUS für höhere Führungskräfte trennen; für die letztgenannte Systemklasse hat sich noch kein eigener Name oder keine Abkürzung eingebürgert.

Die gewählte Systematik ist nicht zwingend. Zum Beispiel ordnen Gluchowski, Gabriel und Dittmar [GLU 08c] die Management-Informationssysteme eher den unteren, die Decision Support Systems den mittleren und die Executive Information Systems den oberen Führungsebenen zu.

1.4   Anmerkungen zu Kapitel 1

[BAU 96]   Bauer, M., Altbekanntes in neuer Verpackung?, Business Computing o. Jg. (1996) 4, S. 46.

[BHA 07]   Bhargava, H. K., Power, D. J. und Sun, D., Progress in Web-based decision support technologies, Decision Support Systems 43 (2007) 4, S. 1083-1095, hier S. 1086.

[FLE 04]   Fleischer, M., Maximizing Value from a Real-Time Enterprise, in: Woods, D. (Hrsg.), REALTIME. A Tribute to Hasso Plattner, Indianapolis 2004, S. 267-276, hier S. 268-269.

[GAB 02 u.a.]   Gabriel, R., Knittel, F., Tarlay, H. und Reif-Mosel, A.-K., Computergestützte Informations- und Kommunikationssysteme in der Unternehmung, Berlin u.a. 2002, S. 214-217; Haberstock, P., Executive Information Systems und Groupware im Controlling, Wiesbaden 2000, S. 44-56; Turban, E., Decision Support and Expert Systems: Management Support Systems, Englewood Cliffs 1995; Krallmann, H. und Rieger, B., Vom Decision Support System (DSS) zum Executive Support System (ESS), Handbuch der modernen Datenverarbeitung (HMD) 24 (1987) 138, S. 28-38; Keen, P. G. W. und Scott Morton, M. S., Decision Support Systems: An Organizational Perspective, Reading 1978.

[GLU 06]   Gluchowski, P., Techniken und Werkzeuge zum Aufbau betrieblicher Berichtssysteme, in: Chamoni, P. und Gluchowski, P. (Hrsg.), Analytische Informationssysteme, 3. Aufl., Berlin u.a. 2006, S. 207-226.

[GLU 08a]   Gluchowski, P., Gabriel, R. und Dittmar, C., Management Support Systeme und Business Intelligence, 2. Aufl., Berlin-Heidelberg 2008, insbes. S. 70-71.

[GLU 08b]   Ebenda, S. 63.

[GLU 08c]   Ebenda, S. 87.

[HOL 99/KRA 01] Holten, R., Entwicklung von Führungsinformationssystemen - Ein methoden-orientierter Ansatz, Wiesbaden 1999; Krallmann, H., Mertens, P. und Rieger, B., Management Support Systeme, in: Mertens, P. u.a. (Hrsg.), Lexikon der Wirtschaftsinformatik, 4. Aufl., Berlin u.a. 2001, S. 287-288.

[LIA 01]   Liautaud, B., E-Business Intelligence, Landsberg/Lech 2001, S. 129.

[MAR 97]   Marsden, J. R. und Mathiyalakan, S., An Empirical Investigation into the Relation Between Performance and Perception of Users with a What-If Facility, Journal of Organizational Computing and Electronic Commerce 7 (1997) 4, S. 305-326.

[MER 94]   Mertens, P., Neuere Entwicklungen des Mensch-Computer-Dialoges in Berichts- und Beratungssystemen, Zeitschrift für Betriebswirtschaft 64 (1994) 1, S. 35-56.

[OV 03]   Ohne Verfasser, Vertagte Revolution, blue line o.Jg. (2003) 2, S. 37-41, hier S. 40.

[PRE 07]   Preuß, T., Die Kostenkiller, LOG o.Jg. (2007) 3, S. 24-25.

[RAO 94]   Rao, H. R., Seidhar, R. und Narain, S., An Active Intelligent Decision Support System – Architecture and Simulation, Decision Support Systems 12 (1994) 1, S. 79-91.

[REC 02]   Rechkemmer, K., Information Systems for the Strategic Management of Complex Corporate Groups, in: Kötzle, A. (Hrsg.), Strategisches Management: Theoretische Ansätze, Instrumente und Anwendungskonzepte für Dienstleistungsunternehmen, Stuttgart 2002, S. 111-124.

[REY 01]   Rey-Long, L., Meng-Jung, S. und Yu-Fen, K., Adaptive Exception Monitoring Agents for Management by Exceptions, Applied Artificial Intelligence o.Jg. (2001) 15, S. 397-418.

[ROS 99]   Rosenkranz, F., Unternehmensplanung: Grundzüge der modell- und computergestützten Planung mit Übungen, 3. Aufl., München-Wien 1999.

[SZY 84]   Szyperski, N., Realisierung von Informationssystemen in deutschen Unternehmungen, in: Müller-Merbach, H. (Hrsg.), Quantitative Ansätze in der Betriebswirtschaftslehre, München 1984, S. 67-86, insbes. S. 77.

2 Bestandteile von Planungs- und Kontrollsystemen

2.1 Überblick

Das erste Kapitel offenbarte, dass mehrere in Zusammenhang mit PuK-Systemen relevante Begriffe nicht einheitlich und klar abgegrenzt sind. Dies führt zu Verwirrung und Missverständnissen bei Praktikern, Wissenschaftlern und Studierenden. Deshalb behandeln wir in diesem Abschnitt das Verständnis der Bestandteile von PuK-Systemen und deren Beziehungen zueinander, so wie es diesem Buch zugrunde liegt.

Im Sinne einer effizienten und präzisen Wissensvermittlung vermeiden wir bewusst langatmige Begriffserörterungen, die für die Gestaltung und Anwendung von PuK-Systemen kaum Nutzen stiften. So mag es aufgrund der im Kapitel 1 erläuterten Divergenzen durchaus andere Sichtweisen geben. Für den Zweck dieser Schrift erscheinen uns eine Gliederung und Abgrenzungen nach folgender Systematik (Abbildung 2.1/1) logisch und sinnvoll.

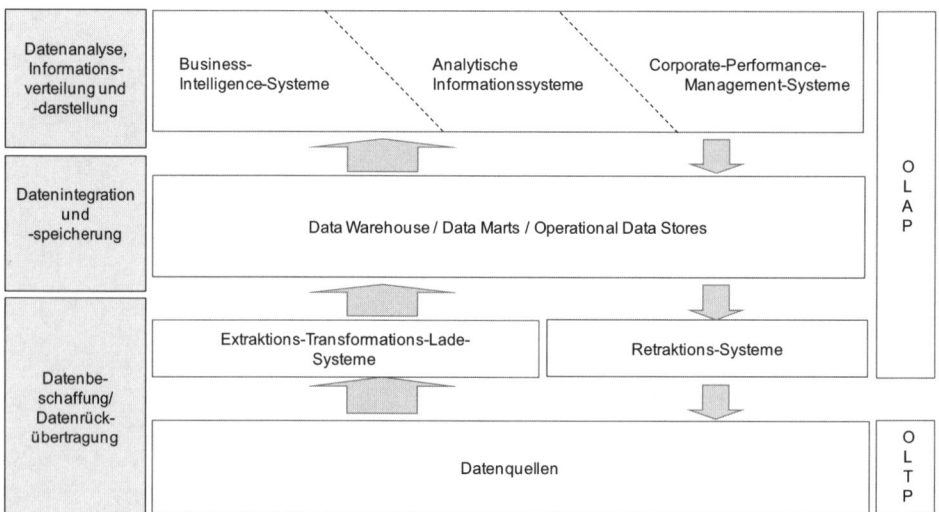

Abb. 2.1/1   Typische Architektur von Planungs- und Kontrollsystemen

In einer ersten Annäherung unterscheiden wir transaktionale und analytische Informationsverarbeitung. Damit einher gehen die Bezeichnungen **Online Transaction Processing (OLTP)** und **Online Analytical Processing (OLAP)**. Den Begriff OLAP prägte Edgar F. Codd im Jahr 1993. Er definierte Regeln, die eine interaktive, intuitive, multidimensionale Datenanalyse durch Fach- und Führungskräfte, die keine IT-Spezialisten sind, sicherstellen sollen [COD 93]. Wesentliche Merkmale von OLTP- und OLAP-Systemen stellt Abbildung 2.1/2 einander gegenüber.

Merkmale		OLTP	OLAP
Benutzer	Primäres Ziel	Abwicklung von Geschäftsprozessen	Information für das Management, Entscheidungsunterstützung
	Benutzertyp	Ein-/Ausgabe durch Sachbearbeiter	Auswertungen für die Unternehmensleitung durch Führungskräfte, Assistenten, Controller, Analysten etc.
	Anwenderzahl	sehr viele	wenige (bis einige Hundert)
Abfragen	Fokus	aktualisieren (anlegen, ändern, löschen)	analysieren
	Datenmenge pro Anfrage	gering (meist nur ein Datensatz, z. B. Bestellung, Flugbuchung)	hoch (bis mehrere Millionen Datensätze, z. B. alle Bestellungen des letzten Quartals)
	Antwortzeit	Millisekunden - Sekunden	Sekunden - Minuten
Daten	Aggregationsgrad	Detaildaten	Summendaten
	Zeitbezug	Zeitpunkt	Zeitraum
	Volatilität	Veränderlich bei Ereignissen	ab einem bestimmten Zeitpunkt fixiert
	Aktualität	aktuell	aktuell und historisch
	Datenvolumen	Megabyte - Gigabyte	Gigabyte - Terabyte
	Datenbankkonzept	komplex, hohe Normalisierung	einfach, häufig nur geringe Normalisierung mit Redundanzen

Abb. 2.1/2   Unterschiede zwischen transaktionaler und analytischer Informationsverarbeitung – in Anlehnung an [BAU 04/KEM 06]

Eng verbunden mit dem Begriff **OLAP** sind Darstellungen der Analysemöglichkeiten mithilfe eines Würfels. In den Zellen des Würfels finden sich die so genannten Fakten, also quantitative Daten (Kennzahlen, Metriken), die Antworten auf Fragen nach „Wie viel?"/„Wie hoch?" liefern, beispielsweise: „Wie viel Umsatzerlöse wurden erzielt?" oder „Wie hoch war die Anzahl der Reklamationen?" Hierbei handelt es sich um Bewegungsdaten. Die Kanten des Würfels (Dimensionen) repräsentieren Stammdaten, die dazu dienen, die Fakten bestimmten Auswertungsobjekten zuzuordnen. Sie beantworten typischerweise Fragen nach: „Womit? (Produkte, Dienstleistungen, …), Wann? (Kalendermonate, Geschäftsjahre, …), Wer? (Kunden, Mitarbeiter, Lieferanten, …), Wie? (Werbeaktionen, Vertriebskanäle, …)". Zu beachten sind hierarchische Beziehungen zwischen diesen Merkmalen, die bei der Analyse zur Verdichtung bzw. Aufspaltung führen. Dies entspricht den OLAP-Funktionen „Roll up" bzw. „Drill down"/„Aufreißen". Hinzu kommen so genannte „Slice"- und „Dice"-Operationen. Hier schneidet der Benutzer bildlich eine „Scheibe" bzw. einen

„Teilwürfel" aus dem Gesamtwürfel, um so unterschiedliche individuelle Perspektiven einzunehmen (siehe Abb. 2.1/3). Der Leiter der Vertriebsregion Süd eines Zweirad-Herstellers mag so die Umsatzerlöse für alle Produkte im letzten Monat in seinem Gebiet erhalten, während der Produktverantwortliche für Rennräder lediglich deren Umsätze sieht, jedoch über alle Vertriebsregionen.

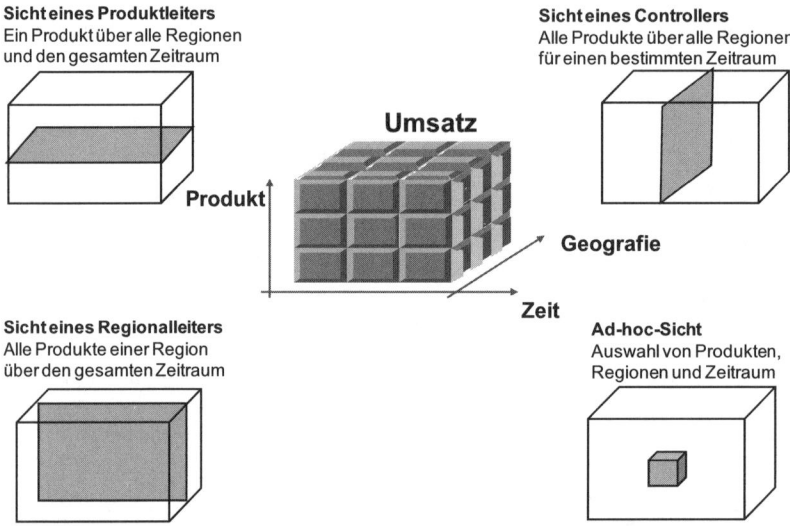

Abb. 2.1/3   Navigation in multidimensionalen Datenräumen

Die Würfeldarstellung dient lediglich als grafische Visualisierungshilfe. In der Praxis werden im Regelfall mehr als drei Dimensionen verwendet. Als Ansatz zur Datenmodellierung sind daher so genannte Stern-Schemas (Star-Schemas) weit verbreitet, bei denen die Zellen des Würfels zentral in einer Faktentabelle abgebildet werden. Sternförmig um diese herum sind Kanten des Würfels in Dimensionstabellen angeordnet. Die Kombination der Primärschlüssel aus den Dimensionstabellen im oberen Teil der Faktentabelle entspricht den „Koordinaten" einer Zelle im Datenwürfel (siehe Abbildung 2.1/4).

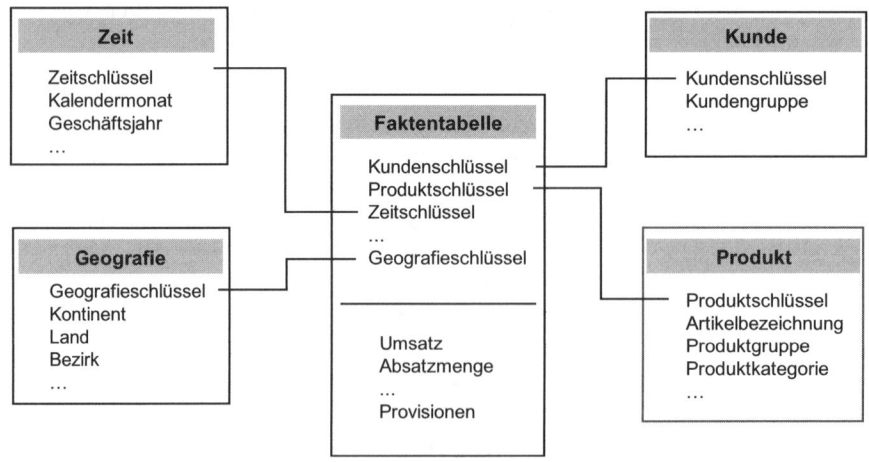

Abb. 2.1/4   Stern-Schema

Diese Art der Speicherung ermöglicht es, spezielle Algorithmen für eine besonders schnelle Verarbeitung zu nutzen. Die logische und physische Datenmodellierung sind jedoch keine Schwerpunkte dieses Buchs. Weiterführende Informationen dazu findet man beispielsweise bei [GLU 08].

Zur detaillierteren Betrachtung sind bei PuK-Systemen die Ebenen „**Datenbeschaffung und Datenrückübertragung**", „**Datenintegration und -speicherung**" sowie „**Datenanalyse, Informationsverteilung und -darstellung**" zu unterscheiden (siehe Abb. 2.1/1).

Datenquellen (vgl. Abschnitt 2.2.1) können unternehmensintern oder -extern sein. In ihnen entstehen originär die Daten, die später zu Führungsinformationen verdichtet und aufbereitet werden. Meist handelt es sich dabei um OLTP-Systeme.

Im Zuge der Datenbeschaffung übernehmen **Extraktions-, Transformations- und Lade-Systeme (ETL-Systeme)** (vgl. Abschnitt 2.2.2) die Aufgabe, Inhalte aus heterogenen Quellen zusammenzuführen, zu bereinigen, ggf. anzureichern und sowohl Stamm- als auch Bewegungsdaten in die entsprechenden Speicherbereiche in **Data Warehouses** bzw. **Data Marts** oder **Operational Data Stores** (vgl. Kapitel 2.3) weiterzuleiten. Hier werden die führungsrelevanten Stamm-, Bewegungs- und Metadaten integriert. Darauf greifen primär lesend – im Falle der Planung teilweise auch schreibend – Programme zu, die den Kategorien Business Intelligence (BI) (vgl. Abschnitt 2.4.1), **Analytische Informationssysteme** (vgl. Abschnitt 2.4.2) oder **Corporate-Performance-Management-Systeme (CPM-Systeme)** (vgl. Abschnitt 2.4.3) zuzuordnen sind. **ETL-Systeme**, **Data Warehouses/Data Marts** sowie **BI-Systeme**, **Analytische Informationssysteme** und **CPM-Systeme** sollten den Anforderungen für **OLAP** (vgl. oben) genügen. Sofern bestimmte Ergebnisse, etwa durch Simulation gewonnene neue Preise für Produkte, Dienstleistungen oder interne Verrechnungen, aus OLAP-Systemen in **OLTP**-Systeme übertragen werden sollen, lassen sich **Retraktions-Systeme** (vgl. Abschnitt 2.2.3) einsetzen.

Abbildung 2.1/5 stellt die wesentlichen Merkmale für eine präzise Abgrenzung komprimiert dar, indem sie jeden Begriff zunächst einer Klasse zuordnet und durch spezifische Merkmale konkretisiert.

Begriff	Klasse	Spezifische Merkmale
Datenquellen	Dokumente, Dateien oder Datenbanken	mit potenziell führungsrelevanten, aber noch nicht vollständig integrierten und nicht für Zwecke der Unternehmensführung aufbereiteten Inhalten
ETL-Systeme	Anwendungssoftware	für die Integration, Bereinigung und Anreicherung von Inhalten aus Datenquellen
Retraktions-Systeme	Anwendungssoftware	für die Rückübertragung von Daten aus OLAP-Systemen in operative Systeme
Data Warehouses	Datenbanken	für Zwecke der Unternehmensführung, unternehmensweit integriert, zeitabhängig und nicht-volatil
Data Marts	Datenbanken	wie Data Warehouses, jedoch nicht unternehmensweit, sondern bereichsbezogen (z. B. für Abteilung oder Region)

Begriff	Klasse	Spezifische Merkmale
Business Intelligence	Anwendungssoftware	für Zwecke der Unternehmensführung Fokus liegt auf datenorientierter Aufklärung
Analytische Informationssysteme	Anwendungssoftware	für Zwecke der Unternehmensführung Fokus liegt auf durchgängiger Abwicklung der Funktionen und Prozesse zur Managementunterstützung
Corporate-Performance-Management-Systeme	Anwendungssoftware	für Zwecke der Unternehmensführung Fokus ist ähnlich dem der Analytischen Informationssysteme mit besonderer Betonung der Steigerung der Unternehmensleistung, die jedoch sehr unterschiedlich definiert wird
OLAP	Regeln/Anforderungen	für die Gestaltung und Nutzung von Systemen für die Unternehmensführung
OLTP	Regeln/Anforderungen	für die Gestaltung und Nutzung von Systemen für die Abwicklung von Geschäftsprozessen

Abb. 2.1/5   Überblick zur Begriffsabgrenzung

2.2   Datenbeschaffung/Datenrückübertragung

2.2.1   Datenquellen

2.2.1.1   Interne Datenquellen

Den inhaltlichen Schwerpunkt der innerbetrieblichen Datenbanken machen Inhalte aus, die von operativen Systemen eingespeist werden. Viele dieser Daten sind „Nebenprodukte" anderer IV-Prozeduren und entsprechend kostengünstig.

Wesentlich ist dabei, dass Entscheidungen im mittleren und oberen Management kaum fundiert auf der Grundlage von Daten aus nur einem Funktionsbereich getroffen werden können. Gilt es beispielsweise zu planen, an welchen Standorten und in welchem Ausmaß Fertigungskapazitäten ausgebaut werden sollen, dann benötigt man dazu nicht nur Daten aus den Produktionsplanungs- und -steuerungssystemen (PPS-Systemen), sondern neben anderen ebenso Prognosen zur Bedarfsentwicklung aus Computer-Aided-Selling-Systemen (CAS-Systemen) sowie Informationen über neue Produkte aus Computer-Aided-Design-Systemen (CAD-Systemen) (vgl. Band 1).

Da für Führungsinformationen auf höherer Managementstufe – in Ergänzung zu internen Daten – zunehmend externe Informationen relevant sind, legen wir im Folgenden einen Schwerpunkt auf die Datenbeschaffung aus externen Quellen.

2.2.1.2 Externe Datenquellen

2.2.1.2.1 Wesen und Erscheinungsformen

Erscheinungsformen externer Datenquellen sind:

1. Nach dem Inhalt:

   a) Überbetriebliche Datensammlungen bzw. Faktendokumentationen. Hierher gehört das Datenangebot von Forschungseinrichtungen, die z. B. Ergebnisse physikalischer oder werkstoffwissenschaftlicher Versuchsreihen speichern, vor allem aber auch das von wirtschaftswissenschaftlichen Forschungsinstituten, Marktforschungsunternehmen und Statistischen Ämtern, die ökonomische Zeitreihen, Querschnittsdaten und Kennzahlen offerieren.

   b) Stellen, die vorwiegend Literatur bzw. Literaturzitate sammeln, aufbereiten und zur Verfügung stellen. Wichtige Beispiele sind die Chemie- und Rechtsdokumentation; auch die Pressedokumentation wäre hier einzuordnen.

      Man kann wieder in zwei Typen gliedern:

      - Referenz-Datenbanken (Bibliografische Datenbanken): Gespeichert werden nicht vollständige Texte, sondern die üblichen bibliografischen Angaben, evtl. ergänzt um Zusammenfassungen und Deskriptorenlisten.

      - Volltext-Datenbanken: Sie enthalten nicht nur Hinweise auf Dokumente, sondern den gesamten Text. Von dieser Möglichkeit wird vor allem bei kürzeren Darstellungen Gebrauch gemacht, etwa bei Informationen über bestimmte Unternehmen aus Zeitungen.

2. Nach dem Methodenangebot: Institutionen,

   a) die lediglich Erschließungssoftware vorrätig halten,

   b) die für die Auswertung der formatierten Daten Methodenbanken anbieten.

3. Nach dem Serviceangebot: Institutionen,

   a) die genau spezifizierte Anfragen im Wege der Stapelverarbeitung beantworten,

   b) die es dem Benutzer ermöglichen, in der Informationsbank per Online-Dialog zu recherchieren,

   c) die SDI-Dienste (vgl. Abschnitt 3.2.1.2.8) anbieten,

   d) die neben bibliografischen Hinweisen auch Originaldokumente bzw. Kopien liefern.

4. Nach der Gerätetechnik:

   a) inländische oder internationale Einzelzentren,

   b) inländische oder internationale Verbundnetze.

Da die angeführten Merkmale miteinander kombiniert werden können, ergibt sich eine Vielzahl von Varianten.

Typische Informationswünsche, die mit externen Daten- und Informationsbanken zumindest teilweise befriedigt werden können, sind:

1. Die Steuerabteilung will sich über Urteile des Bundesfinanzhofs zu internationalen Verrechnungspreisen informieren.

2. Die Forschung und Entwicklung muss vor dem Start einer neuen Produktentwicklung sicherstellen, dass keine wichtigen, bereits dokumentierten Ergebnisse von Versuchsreihen unberücksichtigt bleiben.

3. Die Marktforschung versucht, Zusammenhänge zwischen der Differenz des eigenen Preises zu dem von Konkurrenzerzeugnissen und Marktanteilsverlusten aufzudecken.

4. Die Stabsstelle, die die Investitions- und die damit verbundenen Finanzierungsentscheidungen vorbereitet, möchte sich einen Überblick über die aktuellen staatlichen Förderungsprogramme verschaffen.

Die im letzten Jahrzehnt verschärften Auflagen für die Rechnungslegung börsennotierter Aktiengesellschaften haben zur Folge, dass Konkurrenten mehr Einblick nehmen können. Effing und Henselmann ([EFF 02], [HEN 05]) haben gezeigt, dass so ergiebige Informationsquellen über die Wettbewerber entstehen, was die Vertretung in einzelnen Branchen, die Reaktionsfähigkeit und die Erfolgsfaktoren angeht. Auch ihre Marktanteils-Marktwachstums-Portfolios können in erster Näherung geschätzt werden.

Bekannte einschlägige Datenlieferanten aus den USA sind die Firmen **Thomson Corp.** mit ihrem Datenbankservice **DIALOG** (mit einem Angebot von über 900 Datenbanken, an die monatlich ca. 700.000 Suchanfragen gestellt werden) [THO 08], **New York Times Company** (Pressedokumentation) und **Global Insight, Inc.** (Datenbank zu weltweiter und regionaler Industrie, Finanzmärkten und internationalem Handel) [GIN 08].

Ein Beispiel für eine leistungsfähige Quelle von externen Daten, die generell für die Beurteilung von Geschäftspartnern und Konkurrenten – speziell der Kreditwürdigkeit – herangezogen werden, ist die Unternehmens- und Branchendatenbank von **Dun&Bradstreet (D&B)**. Sie beinhaltet Informationen über ca. 120 Millionen Betriebe aus über 200 Ländern und Unternehmensverbindungen (Family-Trees) mit mehr als 1,5 Millionen Konzernen und ihren etwa 7,5 Millionen Tochtergesellschaften [DUN 08]. Für die tägliche Anreicherung der Datenbank nutzt der Anbieter unterschiedliche Quellen, z. B. aktuelle Eintragungen in den Handels-, Umzugs-, Schuldner- und Insolvenzregistern. Darüber hinaus werden jährlich über 200.000 Presse- und Internetinformationen verarbeitet und mehr als 800.000 Unternehmensbefragungen in eigenen Recherchezentren durchgeführt. Es werden verschiedene Berichtsformen angeboten. Der Benutzer kann Datenelemente mit speziellen Programmen (**D&B-Access**) oder direkt über einen Internet-Browser einzeln oder im Paket abfragen. Folgende Informationen sind erhältlich und lassen sich gesammelt in einer Vollauskunft anfordern:

1. Merkmale: DUNS (**D**ata **U**niversal **N**umbering **S**ystem), Adresse, Rechtsform, Grün-
    dungsjahr, Handelsregisterkennung, Tätigkeit, Muttergesellschaft/Inhaber, Filialen bzw.
    Zweigniederlassungen und Minderheitsbeteiligungen, Geschäftsführer, Branche (mittels
    Standard **I**ndustrial **C**lassification Code (SIC-Code)).

2. Kennzahlen (auch im Branchenvergleich mit Historie): Bilanz, GuV-Rechnung, Anzahl
    der Mitarbeiter, Zahlungsverhalten, empfohlener Kreditrahmen, Rating und Risikoindika-
    tor.

Eine Besonderheit ist die DUNS-Nummer, ein neunstelliger Zahlencode zur weltweit eindeutigen Identifikation, die für jeden Betrieb vergeben wird. Mit ihr dokumentiert **D&B** Konzern-
verflechtungen und Beteiligungen über fünf Hierarchieebenen. Eine wichtige Kenngröße ist
das Rating, das die Unternehmensstabilität und die damit verbundenen Insolvenzrisiken
innerhalb der nächsten 12 Monate beurteilt. Dieser Indikator setzt sich zusammen aus einer
Kapitaleinschätzung, welche die finanzielle Situation bewertet, und einer Risikoklassifizie-
rung, in die verschiedene Faktoren, wie Rechtsform, Branche, Standort, Finanzzahlen und
Firmenalter, einfließen. Nach Aussagen des Anbieters beträgt die Vorhersagegenauigkeit bei
negativen Fällen 80 Prozent. So seien beispielsweise die Entwicklung und der Konkurs der
Schiffbaugesellschaft **Bremer Vulkan** im Jahr 1997 prognostizierbar gewesen [CLA 98]. Ein
so genannter Länder-Risiko-Bericht erteilt Auskünfte über die regional üblichen Zahlungsfris-
ten und -arten, über die Dauer bis zum Eintreffen der Beträge, die Währung und ihre Stabili-
tät sowie das wirtschaftliche Wachstum. Außerdem erläutert er Risikofaktoren, wie etwa die
politische Situation.

In der Bundesrepublik stellen vor allem die großen **Marktforschungsinstitute** externe
Marktinformationen in maschinell les- und verarbeitbarer Form sowie die **Fachinformations-
systeme und -zentren** bibliografische Informationen zur Verfügung. Diese mit öffentlichen
Mitteln geförderten Fachinformationszentren (FIZ) und -systeme sollen in der Bundesrepublik
die Informationsnachfrage von Wissenschaft, Forschung und Wirtschaft in den wichtigsten
Bereichen decken. Beispiele sind Medizin (Deutsches Institut für medizinische Dokumentation und Information (DIMDI) und die Deutsche Zentralbibliothek für Medizin (ZBMed)), Chemie (FIZ CHEMIE in Berlin), Technik (Technische Informationsbibliothek (TIB) in Hannover
und das FIZ Technik in Frankfurt/M.), Wirtschaftswissenschaften (Deutsche Zentralbibliothek
für Wirtschaftswissenschaften (ZBW)) sowie Sozialwissenschaften (IZ Sozialwissenschaften). Durch die jeweiligen FIZ und Bibliotheken werden relevante Fachinformationen gebündelt und z. B. unter www.vascoda.de zur Verfügung gestellt. Daneben existieren noch fach-
spezifische Plattformen, wie z. B. www.chem.de für Chemie oder www.io-port.net für
Informatik [FIZ 06]. In Ergänzung zu den Fachinformationszentren existieren Datenbanken
für Spezialzwecke, etwa Schnittwertdatenbanken für die spanende Bearbeitung [BER 94].

Das **Statistische Bundesamt** bietet eine Reihe von Auskunftsdiensten an, mit deren Hilfe
das verfügbare Material der amtlichen Statistik via Internet selektiv und aufbereitet abgerufen
werden kann [STA 08].

Wichtige **Patentdatenbanken** sind: **WPI** - **W**orld-**P**atent-**I**ndex, der vom britischen Unternehmen **Derwent** produziert wird, **INPADOCDB** (**In**ternational **Pat**ent **Doc**umentation
Database) sowie die **PATDPA** (**Pat**entdatenbank des **D**eutschen **Pat**entamts) [STN 08].

JURIS (www.gesetzesportal.de) ist ein durch die öffentliche Hand stark gefördertes System
mit Datenbanken für Rechtsprechung, Rechtsliteratur, Verwaltungsvorschriften und Rechts-

normen des Bundes. Die **DATEV eG** liefert mit **LEXINFORM** tagesaktuelle Fachinformationen zum Steuerrecht, Wirtschaftsrecht, Zivilrecht und EU-Recht sowie betriebswirtschaftliches Beratungswissen, z. B. Branchenkennzahlen, Standort- und Finanzinformationen oder öffentliche Förderprogramme [KAS 08].

Die Wirtschaftsdatenbanken der **GBI-GENIOS Deutsche Wirtschaftsdatenbank GmbH** umfassen mehr als 80 Firmendatenbanken (z. B. Bundesanzeiger), Volltextausgaben von 180 Tages- und Wochenzeitungen (z. B. FAZ, SZ, Spiegel) und 420 Fachzeitschriften sowie über 36 Mio. Informationen über Namen, Marken und Personen. Außerdem können Bonitätsauskünfte der **Creditreform** für Deutschland, Österreich und die Schweiz abgerufen werden. Wichtige Datenbanken, auf die ebenfalls zugegriffen werden kann, sind **BLISS** (**B**etriebswirtschaftliches **Literatursuchs**ystem) und **KOBRA** (**Ko**operation **Bra**nchenzeitschriften) [GEN 08].

Eine besondere Variante einer externen Datenbank ist die PIMS-Datenbank (PIMS steht für „**P**rofit **I**mpact of **M**arket **S**trategies"). Etwa 400 Unternehmen melden dem Trägerinstitut (**Strategic Planning Institute** in Cambridge, Mass.) Finanz-, Markt- und Wettbewerbsdaten für eine Anzahl ihrer Divisionen und Produkte und erhalten als Gegenleistung aus der Datenbank eine Vielfalt von Berichten, die es erlaubt, die eigene Position im Wettbewerb mithilfe von Vergleichskennzahlen abzuschätzen. PIMS dient vor allem der strategischen Planung und der Wirkungsprognose von absatzpolitischen Maßnahmen. [MAL 08]

Eine zukunftsträchtige Alternative mag darin liegen, dass die Entscheidungsunterstützungssysteme der Industriebetriebe einen speziellen Informationsbedarf entdecken. Beispielsweise wird für die Aufteilung eines aggregierten Absatzplanes auf Verkaufsbezirke das regionale Marktpotenzial benötigt. Das System würde dann lediglich diese relativ wenigen Informationen beim Marktforschungsinstitut einkaufen und dafür nur einen geringen Preis bezahlen. Der Informationsbedarf kann mehreren Marktforschungsinstituten per elektronischer Datenübertragung oder im Internet angezeigt und ein Angebot zur Lieferung der Daten in einer bestimmten Zeit und in einer bestimmten statistischen Qualität erbeten werden; es handelt sich also um eine Art Ausschreibung. In weiteren Verfeinerungen ist an die Personalisierung unter Hinzunahme von Rollen- und Benutzermodellen (vgl. Abschnitt 3.2.2) zu denken. Dieser Einkauf von Informationen in kleinen Mengen heißt „Micro Purchasing". Voraussetzungen sind eine geeignete Organisation der Marktforschungsdaten, z. B. in einem Data Warehouse, verbunden mit Meta-Informationen über das Angebot nach Inhalt und Datenorganisation, die rationelle Abwicklung des Beschaffungsvorgangs auf der Seite des Industriebetriebs sowie der Lieferung und Fakturierung aufseiten des Marktforschungshauses und schließlich auch effiziente Transaktionen beim Bezahlen („Micro Payment").

2.2.1.2.2 Eigenfertigung oder Fremdbezug?

Soweit für ein Sachgebiet überhaupt eine externe Daten- und Informationsbank verfügbar ist, stellt sich die Frage, ob man auf diese zurückgreifen oder ein eigenes System errichten soll.

Das eigene System kommt vor allem dann infrage, wenn die einzelnen Informationen sehr oft benutzt werden, wenn starke Integrationsbeziehungen mit anderen innerbetrieblichen Systemen existieren (z. B. wenn volkswirtschaftliche Daten als Vergleichsbasis für betriebswirtschaftliche Daten eines innerbetrieblichen Management-Informationssystems dienen) oder wenn die Chance besteht, die selbst erarbeiteten Informationen anderen Betrieben zur Verfügung zu stellen und dadurch Beiträge zur Deckung der Fixkosten des eigenen Systems zu erwirtschaften.

Zuweilen wird auch befürchtet, dass die Zugriffe auf ein externes System von Dritten überwacht und dadurch Schlüsse auf eigene Aktivitäten und Pläne im Forschungs- und Entwicklungs- sowie im Vertriebsbereich gezogen werden könnten.

In allen anderen Fällen dürfte es nicht einfach sein, den Nutzen eines innerbetrieblichen Systems im Vergleich zu einer Beteiligung an einem überbetrieblichen System nachzuweisen, immer vorausgesetzt, dass das überbetriebliche System den eigenen Bedarf an Information und gegebenenfalls an Methoden abzudecken in der Lage ist.

Nur eine untergeordnete Rolle wird in der „Make-or-buy-Entscheidung" die Verfügbarkeit qualifizierten Personals spielen, denn auch die Nutzung externer Informationsbanken setzt voraus, dass sehr fähige Mitarbeiter ausgebildet werden. Wenn der Informationsbedarf nicht durch ein einziges externes System abzudecken ist, sondern mehrere in Anspruch zu nehmen sind, muss dieser Mitarbeiter einen entsprechenden Überblick haben und sich in die unterschiedlichsten Abfragesprachen, Thesauri (kontrollierte Wortnetze zu einem Themengebiet) usw. gleichzeitig einarbeiten. Zwar wird angestrebt, einheitliche Kommandosprachen, Abrechnungsregeln u. Ä. zu implementieren, jedoch ist der Weg zu einer solchen Normung in der Praxis noch weit, abgesehen davon, dass durch die Benutzung der genormten Schnittstellen statt der ursprünglichen Systeme Effizienzverluste eintreten können.

2.2.1.2.3 Auswahl einer externen Datenquelle

Neben den selbstverständlichen Kriterien, wie Eignung des Inhalts der Daten- und Informationsbanken, Kosten und komfortabler Zugang, muss nach Möglichkeit herausgefunden werden, wie ausgereift das zur Auswahl stehende System in dem Sinne ist, dass nicht mit Änderungen in kurzen Zeitabständen zu rechnen ist, die seine Benutzung sehr erschweren können. Andererseits wird der Benutzer großen Wert darauf legen, dass die Inhalte stets auf den neuesten Stand gebracht werden. Es ist zu prüfen, wie die Unterstützung aussieht, wenn Probleme mit der Hardware oder Software auftreten, und ob eine Benutzerorganisation dafür sorgt, dass berechtigte Wünsche der Benutzerschaft nicht zu lange unbeachtet bleiben.

Will man den Informationsbedarf durch Recherche in mehreren externen Informationsbanken decken, so stellt sich die Frage, wo zuerst gesucht werden soll. Diese Entscheidung wird in vielen Fällen noch dadurch überlagert, dass die gleichen Datenbanken auf mehreren Hosts verfügbar sind. Zum Teil gibt es elektronische Register (Referenz-Datenbanken) als Nachfolger der „papiernen" Sammelwerke. Bei der **DATEV eG** läuft der Prozess wie in Abbildung 2.2.1.2.3/1 skizziert ab [KAS 08].

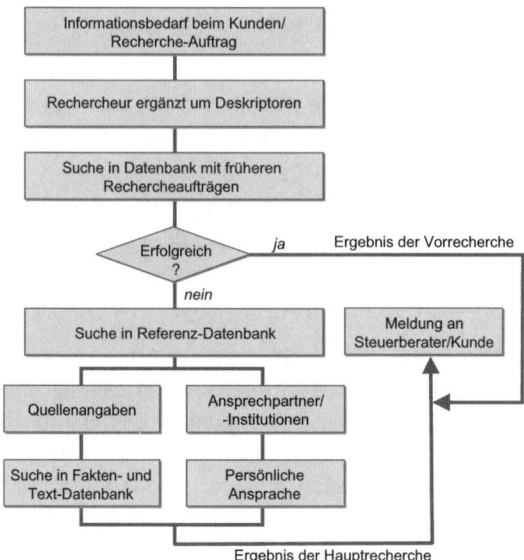

Abb. 2.2.1.2.3/1   Prozessablauf einer Recherche bei der DATEV eG

2.2.2   Extraktions-Transformations-Lade-Systeme

ETL-Systeme übernehmen die Aufgabe, Daten aus heterogenen Quellen so zu filtern und aufzubereiten, dass sie in einer Zieldatenbank, im Regelfall ein Data Warehouse bzw. Data Mart (vgl. Abschnitt 2.3.2), integriert und meist auch verdichtet gespeichert werden können (vgl. Abbildung 2.2.2/1).

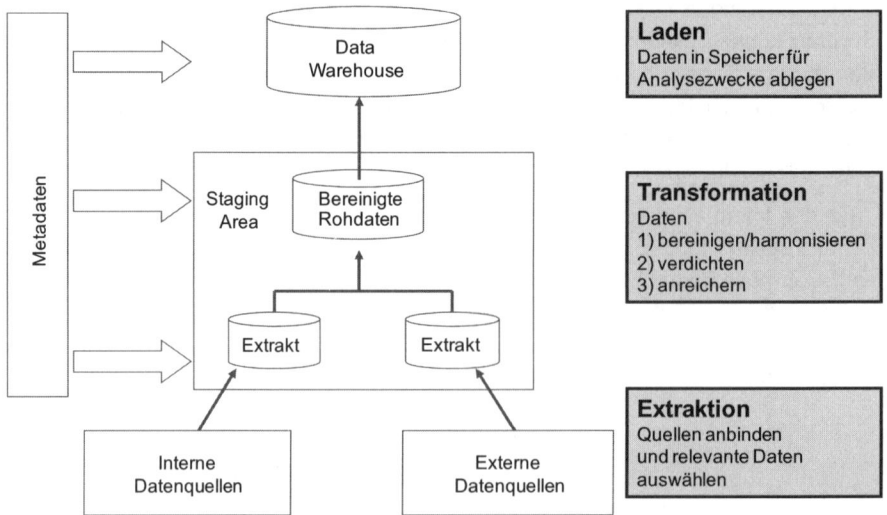

Abb. 2.2.2/1   ETL-Systeme im Überblick [BAU 04/KEM 06]

Dabei unterscheidet man die folgenden Phasen:

1. **Extraktion**

   Das ETL-System stellt eine physische Verbindung zu den **Datenquellen** her. Die Administratoren definieren dazu relevante Bereiche, z. B. Verkaufsdaten der EU-Länder. Deren Inhalte übergibt das Extraktionsprogramm termingesteuert oder bei bestimmten Ereignissen, etwa die Freigabe des Monatsabschlusses, als 1:1-Kopie in einen temporären Zwischenspeicher (**Extrakt**), der sich in der so genannten **Staging Area** befindet. So belasten die folgenden Verarbeitungsschritte die Quellsysteme nicht zusätzlich und führen nicht zu unakzeptablen Antwortzeiten, etwa bei der Eingabe von Bestellungen im operativen Quellsystem.

2. **Transformation**

   Damit die Extrakte aus den verschiedenen Quellen sinnvoll in Kombination auswertbar und vergleichbar sind, muss sie das ETL-System sowohl strukturell als auch inhaltlich in einen geeigneten Zustand bringen. Typische Probleme, die hierbei auftreten, und Lösungsansätze bei strukturierten und bei unstrukturierten Datenbeständen sind Gegenstand der beiden folgenden Abschnitte. Zusätzlich zu dieser Bereinigung und Harmonisierung werden die Daten im Regelfall auch verdichtet, z. B. von Kunden zu Kundengruppen oder von Tagesumsätzen zu Wochen- und Monatsumsätzen. Schließlich können die Daten auch angereichert, d. h. zusätzliche Kennzahlen berechnet werden, die in den Quellsystemen nicht originär vorhanden sind, beispielsweise Deckungsbeiträge oder Reklamationsquoten.

3. **Laden**

   Die derart bereinigten **Rohdaten** leitet die Ladekomponente an das **Data Warehouse** bzw. die Data Marts weiter. Es mag durchaus vorkommen, dass bestimmte Fakten dort mehrfach in verschiedenen Speicherbereichen für Analysezwecke vorgehalten werden. So können beispielsweise die Umsätze eines Vertriebsmitarbeiters verdichtet nach Kundengruppen für Vertriebserfolgsanalysen herangezogen werden und gleichzeitig aggregiert nach Monaten mit den daraus abgeleiteten Provisionszahlungen in das Personalberichtswesen eingehen.

In allen Phasen sind Metadaten relevant, d. h. Daten, die u. a. Datentypen, Feldlängen, Datenstrukturen und Gültigkeitszeiträume beschreiben.

2.2.2.1 Typische Probleme und Lösungen bei strukturierten Datenbeständen

Bei Daten, die bereits strukturiert in Quellsystemen vorliegen, ergeben sich meist folgende Anforderungen [BAU 04]:

1. Anpassung von Datentypen

   Beispiel: Datum in Form einer Zeichenkette wird in Typ „Date" umgewandelt, mit dem unter anderem Zeiträume berechnet werden können.

2. Vereinheitlichung von Datumsangaben

   Beispiel: „29.02.2008" im Buchhaltungssystem wird einheitlich zu „2008-02-29" im Konzernberichtswesen.

3. Umrechnung von Währungen und Maßeinheiten

Beispiel: Regionale Transaktionswährungen sind in die Konzernwährung umzurechnen, etwa indische Rupien in Euro. Problematisch dabei ist unter anderem, welcher Kurs zu welchem Stichtag oder welcher Durchschnittskurs über welchen Zeitraum zugrunde gelegt werden soll. Analog gilt es, Maßeinheiten zu vereinheitlichen, z. B. 39,37 Inches in einen Meter verkauften Stoff.

4. Kombination bzw. Trennung von Attributwerten

Beispiel: Zur eindeutigen Identifikation eines Lagerorts ist es nötig, die Lagernummer mit der Werksnummer zu verknüpfen, weil es in verschiedenen Werken identische Lagerbezeichnungen gibt. Andererseits mag es vorkommen, dass ein komplexer Produktschlüssel so zerlegt werden muss, dass Produktgruppe und Variantenmerkmale separat auswertbar werden.

5. Überprüfung der Plausibilität

Beispiel: Anhand von Regeln prüft das System, ob die Reklamationskosten realistisch sind. Ebenso lassen sich dazu auch Data-Mining-Verfahren (siehe Abschnitt 3.3.4) einsetzen, die Ausreißer identifizieren, bei denen zu klären ist, ob ein betriebswirtschaftliches oder ein informationstechnisches Problem vorliegt.

6. Vereinheitlichung von Zeichenketten/Dublettenbereinigung

Beispiel: Bei einer Tochtergesellschaft A wird ein Kunde mit der Bezeichnung „Südland AG" und bei einer Tochtergesellschaft B mit der Bezeichnung „Suedland AG" geführt. Ziel ist es, ein unternehmensweit einheitliches Vokabular aufzubauen und so unter anderem Redundanzen zu beseitigen. Hierbei können zwei Arten von Fehlern auftreten: Bei Homonym-Fehlern setzt das System verschiedene Objekte gleich und bei Synonym-Fehlern werden identische Objekte getrennt.

2.2.2.2 Typische Probleme und Lösungen bei unstrukturierten Datenbeständen

Bei unstrukturierten Datenbeständen, also beispielsweise Pressemeldungen oder Projektberichten, liegt die Herausforderung in der Informationserschließung. Darunter verstehen wir hier die Vergabe von Deskriptoren bzw. die Einordnung eines Dokuments in ein gewähltes Klassifikationsschema.

Eine einfache, aber weit verbreitete Methode computergestützter Erschließung ist die maschinelle Freitext-Indexierung. Dabei wird ein Text in Wörter (zusammenhängende Zeichenketten) unterteilt. Mithilfe einer vom Anwender definierten Stoppwortliste eliminiert das Programm alle nicht aussagefähigen Trivialwörter, wie z. B. Artikel und Bindewörter. Die verbleibenden Zeichenketten werden als Deskriptoren aufgefasst und vom Rechner um Fundortangaben wie Dokument-Nummer und gegebenenfalls noch Abschnitts-, Satz- und Wortposition ergänzt. Die so entstehenden Stichwörter werden in ein vom Computer gepflegtes Wörterbuch eingefügt, das nach dem Prinzip der invertierten Datei organisiert ist. Tritt beim Einspeichern eine Zeichenkette auf, die noch nicht im Wörterbuch bekannt ist, so kann das neue Wort entweder zu einer Neueintragung führen oder aber auf ein Protokoll ausgegeben werden, damit der Mensch prüft, ob es sich wirklich um ein neues Stichwort oder nur um einen Schreibfehler handelt.

Die im Originaltext vorkommenden vielfältigen Flexionsformen eines Wortes führen zur Zersplitterung des Stichwortschatzes. So kann z. B. das Stichwort „Unternehmung" auch in den Formen „Unternehmen" oder „Unternehmungen" vorkommen. Ein Weg zur Beseitigung dieses Mangels besteht in der Anwendung der Rootword-Methode. Dabei werden die dem Text entnommenen Stichwörter auf einen Wortstamm („Unternehm") reduziert, der als Bedeutungsträger keinen weiteren Veränderungen mehr unterliegt. In aufwändigeren Erschließungsprogrammen wird versucht, Flexionsformen auf eine Normalschreibweise zurückzuführen und nur diese im Wörterbuch zu speichern. Dazu pflegt man z. B. Stammwortlisten. Jedem Stammwort werden zusätzlich Angaben über die Wortart (um z. B. Plurale mit Umlaut in die Singular-Stammform transferieren zu können) und die möglichen Endungsformen des Worts hinzugefügt.

Speziell für die Erschließung von Führungsinformationen aus dem Internet wurde am **FORWISS** (Bayerisches Forschungszentrum für Wissensbasierte Systeme) zusammen mit der **SAP AG** ein so genannter Redaktionsleitstand konzipiert und prototypisch implementiert, der im Rahmen der SAP-Strategic-Enterprise-Management-Initiative teilweise zum Produkt weiterentwickelt wurde [MEI 00].

Auf der Grundlage von Wissen über den Informationsbedarf an den Entscheidungsstellen werden gezielt relevante Fakten der Unternehmensumwelt aus dem Internet erfasst, mit internen Werten inhaltlich abgeglichen, kombiniert und mit internen Daten integriert.

Das Anwendungsfeld lässt sich in folgendem Beispiel veranschaulichen: Ein Mitarbeiter, der im Rahmen des Beteiligungscontrolling eine brasilianische Tochtergesellschaft beurteilen soll, bekommt aus dem internen Berichtswesen die Information, dass der Auftragseingang im Vergleich zum Vorjahr um zehn Prozent zurückgegangen ist. Ihre volle Aussagekraft erhält diese Zahl jedoch erst, wenn sie mit der allgemeinen Entwicklung des brasilianischen Markts verglichen wird. Angenommen, das Marktvolumen wäre dort um 18 % gefallen, dann würde dies einen Marktanteilsgewinn bedeuten. Um weitere Hintergründe für die schlechte Entwicklung und das relativ gute Ergebnis der Tochtergesellschaft herauszufinden, werden Kommentare des Außendienstes, Mitteilungen der Bundesstelle für Außenhandelsinformationen sowie lokale Pressemeldungen analysiert, aufbereitet und dem Bericht für die Führungskraft beigefügt. Der Redaktionsleitstand unterstützt den Controller bei der Beschaffung und Aufbereitung der externen sowohl quantitativen als auch qualitativen Daten.

Zur Bearbeitung von externen Informationen in Textform in Verbindung mit der Informationslogistik für Zwecke der Unternehmensführung gibt es noch erheblichen Forschungs- und Entwicklungsbedarf. Ein Ziel hierbei ist es beispielsweise, die redaktionellen Tätigkeiten, die in ähnlicher Form von verschiedenen Stellen mit unterschiedlicher Software erledigt werden, auf einer integrierten Plattform abzuwickeln. Ein entsprechendes Konzept hierzu ist beispielsweise ein multifunktionaler Informationsleitstand, der Elemente des oben beschriebenen Redaktionsleitstands mit Funktionen eines Leitstands zur Information von Anspruchsgruppen (Stakeholder-Leitstand) und einem Beratungsleitstand kombiniert, welcher hilft, die Meinungen von Experten zu einem Sachverhalt einzuholen [MER 05].

2.2.3 Retraktions-Systeme

Im Gegensatz zu ETL-Werkzeugen sind Retraktions-Systeme dazu bestimmt, Daten aus Planungs- und Kontrollsystemen in operative Systeme zurückzuübertragen. Dieser Fall tritt beispielsweise dann ein, wenn eine durch Simulation gewonnene Verteilung eines Plan-Investitionsbudgets auf einzelne Kostenstellen erfolgen soll.

Retraktions-Systeme führen nicht nur die Allokation der Daten durch, sondern dienen u. a. auch dazu, Planwerte aus der Unternehmenswährung in die Währung der lokalen Niederlassungen umzurechnen.

2.3 Datenintegration und -speicherung

2.3.1 Data Warehouse

Zu Beginn der neunziger Jahre reifte die Erkenntnis, dass sich die Datenspeicherung für Zwecke der Unternehmensführung grundsätzlich von der im Rahmen der Transaktionsverarbeitung unterscheiden muss. Es entstand der Begriff des „Data Warehouse", auch „Information Warehouse" genannt.

Ein Data Warehouse bildet die integrative Schicht zwischen Informationssystemen für die Unternehmensführung und den meist sehr heterogenen Daten aus Systemen zur Abwicklung von Geschäftsvorfällen und externen Quellen. Durch die weit reichende Speicherung historischer Vorgänge, die Kombinationsvielfalt aufgrund verschiedener Arten der Gruppierung sowie durch die Integration externer Daten erreichen Data-Warehouse-Systeme einen Umfang von bis zu mehreren Terabytes [OEH 06].

Bill Inmon, der als einer der Väter des Data-Warehouse-Gedankens gilt, definiert ein Data Warehouse als „ … a subject-oriented, integrated, non-volatile, time-variant collection of data in support of management's decision" [INM 05]. Daraus lassen sich folgende Merkmale ableiten:

1. Themenorientierung (subject-oriented):

Die Auswertung von Daten richtet sich nach dem Informationsbedarf der Unternehmensführung und nicht nach Funktionsbereichen oder Geschäftsprozessen. In operativen Systemen ist die Sicht im Regelfall auf kleinere Anwendungsbereiche und wenige Auswertungsdimensionen begrenzt.

2. Unternehmensweite Integration (integrated):

Bei der Zusammenführung der Daten in einem zentralen Speicher liegt das größte Problem in Struktur- und Formatvereinheitlichungen. Das Data-Warehouse-Konzept erreicht eine konsistente Datenhaltung durch verschiedene Vorkehrungen im Rahmen der Datenübernahme (vgl. ETL-Systeme, Abschnitt 2.2.2).

3. Dauerhaftigkeit (non-volatile):

In der Datenbankterminologie bezeichnet die Volatilität das Ausmaß, in dem sich Daten bei normaler Nutzung ändern. Im Gegensatz zu den häufigen Änderungen einzelner Datensätze in operativen Systemen wird ein Data Warehouse (tendenziell) nur in bestimmten Zeitabständen mit größeren Mengen aktueller Daten befüllt. Die eigentliche Aktualisierung erfolgt in den operativen Systemen. Insofern ist ein Data Warehouse eine „Sekundärdatenbank". Durch die Nicht-Volatilität sollen Auswertungen jederzeit nachvollziehbar und reproduzierbar sein.

4. Zeitorientierung (time-variant):

Das Erkennen von Trends steht im Vordergrund. Der Horizont eines Data Warehouses beträgt daher häufig bis zu zehn Jahre. Damit bei einer Änderung von Klassifikationskriterien (z. B. bei Umorganisationen) Auswertungen nach verschiedenen (historischen) Ständen der Klassifikationskriterien möglich sind, müssen die Daten Zeitattribute (gültig von, gültig bis) mitführen.

Data Warehouses unterscheiden sich von den Datenbanken für Administrations- und Dispositionssysteme darin, dass man Detailänderungen nicht kurzfristig nachführt. Eine gewisse Entkoppelung ist also gewollt. Dadurch soll erreicht werden, dass Abfragen, Analysen und Diagnosen oder auch Planungsrechnungen, die an unterschiedlichen Tagen durchgeführt werden, die gleichen Ergebnisse bringen, auch wenn zwischendurch kleinere Änderungen der Datenlage eingetreten sind, etwa durch zusätzliche Kundenaufträge oder Auftragsstornierungen.

Operative Systeme stellen besonders hohe Anforderungen an die Behandlung von Problemen bei Dateneingaben und -änderungen. Deshalb sind hier die Datenstrukturen im Regelfall „normalisiert", d. h. nach bestimmten Regeln in kleine Elemente zerlegt, die der Rechner für Auswertungen wieder zusammensetzt. Im Rahmen von Data Warehouses verzichtet man teilweise darauf, um trotz der hohen Datenvolumina kurze Antwortzeiten zu erreichen. Ein grundlegendes Konzept der Datenmodellierung ist hier das so genannte Star-Schema (vgl. Kapitel 2.1).

Ein Data Warehouse umfasst neben den Daten im engeren Sinne eine Meta-Datenbasis und einen Data-Warehouse-Manager. Die Meta-Datenbasis verwaltet Angaben über Semantik, Aktualität, Qualität, Quelle und Extraktionsmechanismus der Daten sowie über Änderungen des Datenmodells. Die Komponente „Data-Warehouse-Manager" ist verantwortlich für den automatischen Datenimport aus den operativen Systemen und aus externen Datenbasen. Aufgaben sind Filterung, Datenmodellierung, Aggregation sowie das Auslagern älterer Daten auf kostengünstigere, langsamere Speichermedien, z. B. optische Datenträger.

Data Marts sind fachlich begrenzte Data Warehouses oder aufgabenbezogene Teilmengen.

Die innerbetriebliche Nutzung eines Data Warehouse geschieht heute häufig über ein Intranet. So können die rund 350.000 Mitarbeiter der **Ford Motor Corp.** folgende Informationen über das Ford-Intranet abrufen [LEH 08]:

1. Im so genannten Corporate Directory unter anderem sämtliche Mitarbeiter mit Telefon, Adresse, Abteilung, E-Mail und Foto,

2. Stand gegenwärtiger Forschungsarbeiten im Industrial Design,

3. Übersicht über neue Technologien und Prozesse,

4. Dokumentation von Fahrzeugen der Wettbewerber.

Damit können die Designer des Unternehmens ungeachtet von räumlichen und zeitlichen Distanzen als virtuelle Abteilung über das Intranet zusammenarbeiten [LEH 00].

IBM setzt weltweit ein integriertes Datenlagerhaus **FIW** (**F**inancial **I**nformation **W**arehouse), basierend auf **Lotus-Domino**-Datenbanken, ein. Die Daten werden zum großen Teil aus operativen **SAP ERP**-Systemen zur Verfügung gestellt [DEV 92/WED 08].

Die Gesamtarchitektur besteht aus den vier Teilen:

1. Anwendungsarchitektur,

2. Datenarchitektur,

3. Netzarchitektur und

4. Unterstützungssystemarchitektur.

Aus einer Reihe von Gründen werden bei **IBM** die Informationen, die den Endbenutzern allgemein zugänglich sind, von den Daten der Administrationssysteme als Quelle streng getrennt:

1. Die Effizienz der administrativen Systeme soll nicht durch Ad-hoc-Abfragen oder Analysen im Rahmen der PuK-Systeme beeinträchtigt werden.

2. Während der Benutzung, z. B. also während der Zeit, in der man Simulationen oder What-if-Analysen durchführt, soll sich die Datengrundlage nicht ändern, wie es bei der Verwendung administrativer Daten der Fall sein könnte (siehe oben).

3. Die Datenbasen der operativen Systeme, die für Massenprozesse gestaltet sind, eignen sich von ihrer Organisation her oft nicht für unvorhergesehene Abfragen.

Die Sicht des Anwenders auf das Datenlagerhaus mag man sich als eine Menge von Tabellen vorstellen. Physisch können die Daten an den verschiedensten Orten gespeichert sein. Obwohl es grundsätzlich möglich ist, im System dafür zu sorgen, dass eine Abfrage an die logische Gesamtheit des Datenlagerhauses aus geografisch verstreuten Datenbeständen bedient wird, ist man bei FIW teilweise einen anderen Weg gegangen: Ein Systemelement DDM (**D**ata **D**istribution **M**anager) sorgt mithilfe eines so genannten Copy-Management-Mechanismus dafür, dass häufig benötigte Daten geografisch dorthin geleitet werden, wo man sie abfragt.

Eine Funktion BDD (**B**usiness **D**ata **D**irectory) speichert und verwaltet die Beschreibung der Daten in dem Datenlagerhaus ebenso wie diejenige zugehöriger Auswertungsprozeduren. Das BDD kann man sich aus einem allgemeinen Datenverzeichnis (Data Dictionary) des Gesamtunternehmens abgeleitet denken, wobei eine spezielle BDD-Ladeeinrichtung diesen Übergang bewerkstelligt.

Eine „**Table Update Facility**" nimmt Veränderungen der administrativen Systeme entgegen und bringt dann die Tabellen auf den neuesten Stand, beispielsweise indem neue Zeilen eingefügt werden.

Einen Eindruck von der Einbettung des Datenlagerhauses in die IV-Organisation von **IBM** vermittelt Abbildung 2.3.1/1. Es handelt sich um eine von uns leicht modifizierte und ins Deutsche übersetzte Abbildung aus [DEV 92/WED 08].

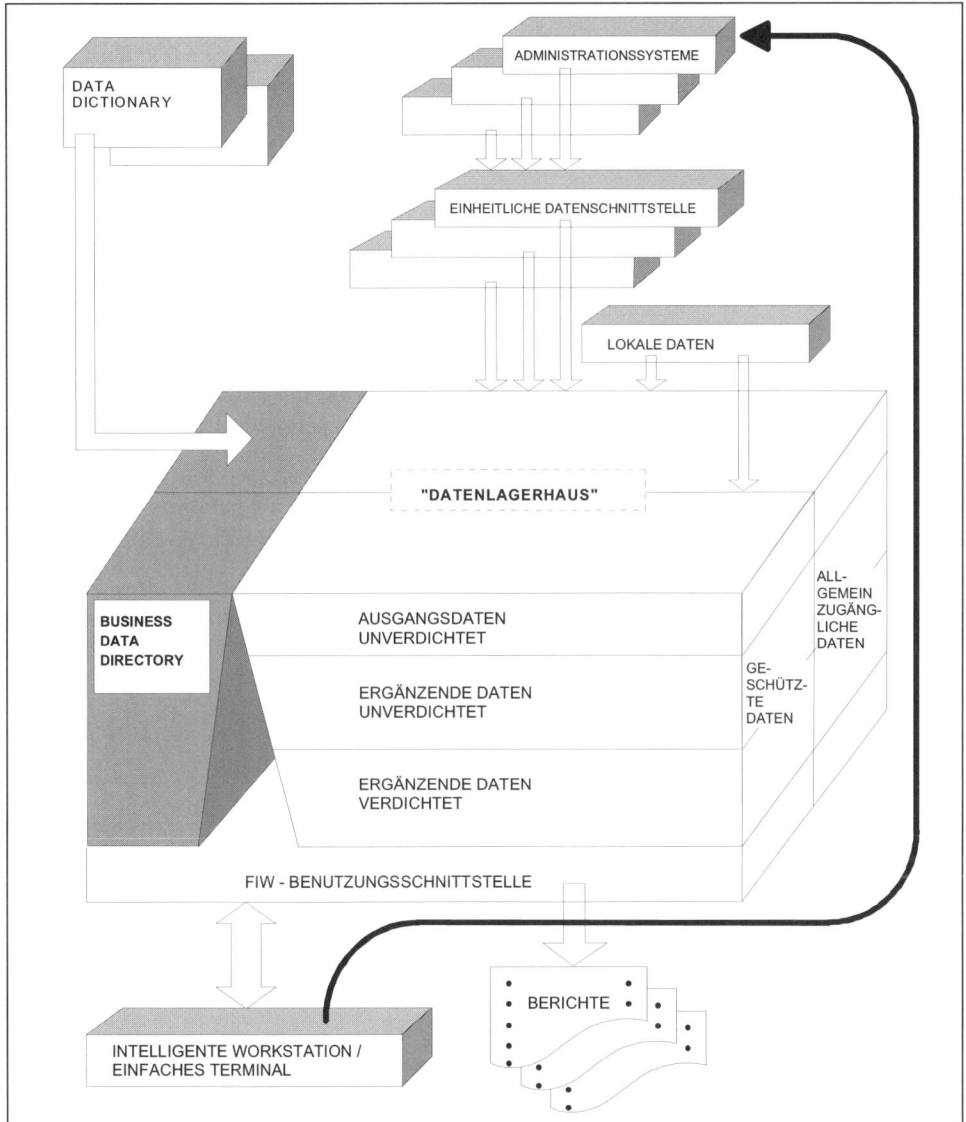

Abb. 2.3.1/1   Datenlagerhaus mit ausgewählten Integrationsbeziehungen

Die Entwickler der administrativen Systeme sind dafür verantwortlich, dass sie dem Datenlagerhaus die Informationen über eine Schnittstelle liefern, auf deren Gestaltung sich diese Entwickler mit der Fachabteilung geeinigt haben.

Vielfach wurden formatierte und unformatierte Datenbestände in Unternehmen, aber auch in externen Datenbanken (vgl. Abschnitt 2.2.1.2), getrennt aufgebaut. Oft ist es jedoch für PuK-Systeme erforderlich, quantitative und qualitative sowie interne und externe Datenbestände zusammenzuführen. Wenn beispielsweise ein Unternehmen der **Chemieindustrie** eine Prognose des Faserverbrauchs in Lateinamerika wünscht, so sind einmal Zeitreihen über die eigenen bisherigen Faserverkäufe in der Region erforderlich, die man aus dem Vertriebsinformationssystem des Unternehmens gewinnen kann. Zum anderen wird man z. B. Gutachten nationaler oder supranationaler Institutionen (OECD, Weltbank, usw.) über latein-amerikanische Textilmärkte und Zeitreihen über die Einkommensentwicklung in diesen Ländern aus statistischen Handbüchern oder volkswirtschaftlichen Aufsätzen heranziehen wollen, die als Dokumente in einer Literaturdatenbank enthalten sind. Solche umfassenden Speicher bezeichnet man auch als „Knowledge Warehouse".

2.3.2 Data Marts

Die Forderung, dass alle potenziell entscheidungsrelevanten Daten für alle Bereiche und Ebenen eines Unternehmens zentral modelliert werden sollen, führte häufig zu Projektlaufzeiten von mehreren Jahren bzw. zum Scheitern der Vorhaben. Außerdem ist ein zentrales Data Warehouse in einigen Fällen für schnelle und flexible Analysen zu wenig geeignet.

Daher teilen die Unternehmen den Datenbestand häufig in bereichsspezifische Segmente. Als Abgrenzungskriterien können unter anderem räumliche Gesichtspunkte wie Standorte oder Regionen, organisatorische Aspekte wie Funktions-/Verantwortungsbereiche oder Angebotskriterien wie Produkt-/Dienstleistungsgruppen dienen.

Abbildung 2.3.2/1 fasst typische Unterscheidungsmerkmale zu zentralen Data Warehouses zusammen [BAU 04].

Merkmal	Data Mart	Data Warehouse
Anwendungsbezug	bereichsorientiert	bereichsneutral
Reichweite	Abteilung/Bereich	Unternehmen/Konzern
Aggregationsgrad	niedrig	hoch
Datenmengen	niedrig	hoch
Menge historischer Daten	niedrig	hoch
Anzahl im Unternehmen	mehrere	eins oder wenige

Abb. 2.3.2/1   Abgrenzung Data Mart vs. Data Warehouse

Es finden sich verschiedene Varianten, wie Data Marts und Data Warehouses zusammenwirken. Abbildung 2.3.2/2 fasst vier Grundtypen zusammen. In der betrieblichen Praxis gibt es durchaus Mischformen.

Bei einem **zentralen Data Warehouse mit abhängiger Data-Mart-Schicht** speichert man Auszüge aus dem Gesamtdatenbestand nochmals separat ab. Diese Variante wird auch Hub-and-Spoke-Architektur genannt, weil die Anordnung an eine Nabe mit Speichen erinnert. Im Gegensatz zu diesen vom **Data Warehouse abhängigen Data Marts** finden sich auch Data Marts, die direkt aus den Datenquellen gespeist werden und ihre Inhalte in stärker verdichteter Form an ein unternehmens- bzw. konzernweites Datenlager weiterleiten, also ein **zentrales Data Warehouse mit unabhängigen Data Marts**. Meist sind solche Architekturen historisch gewachsen. In einigen Fällen entfällt die zentrale Datenhaltung, sodass lediglich unabhängige Data Marts vorliegen. Die Variante d) ist dadurch gekennzeichnet, dass die Stammdaten, nach denen man auswertet (Dimensionen), zentral aufbereitet werden, bevor sie in die Data Marts fließen. Hierbei handelt es sich um einen so genannten **Data Mart Bus mit aufbereiteten Dimensionen**.

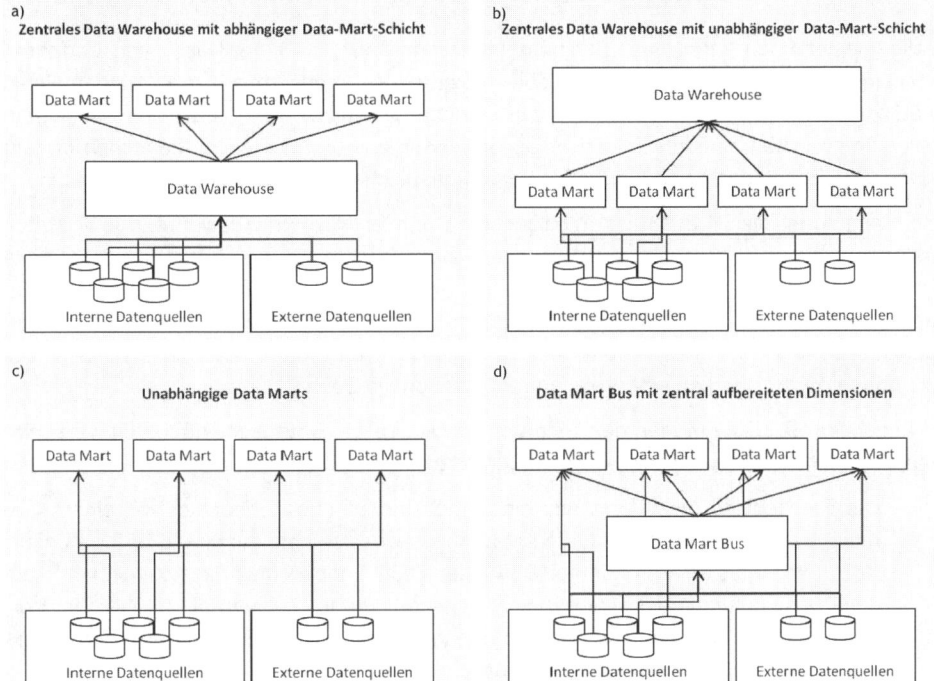

Abb. 2.3.2/2   Architekturvarianten für die Data Warehouses und Data Marts – in Anlehnung an [GLU 08, S. 130]

2.3.3   Operational Data Store

Mit Data Warehouses und Data Marts sind im Vergleich zu OLTP-Systemen rasche und flexible Abfragen auf Massendatenbestände möglich. Da die Daten im Regelfall in verdichteter Form vorliegen, entfällt jedoch die Möglichkeit, bis zu dem Kern eines Problems, das sich mitunter erst auf Belegebene finden lässt, vorzudringen.

Als Alternative zu direkten Durchgriffen auf operative Systeme, welche diese belasten würden, mag man einen so genannten **Operational Data Store (ODS)** aufbauen. Die Daten sind hier ebenso vom operativen System entkoppelt und mithilfe von ETL-Systemen bereinigt und harmonisiert. Jedoch sind die Daten für einen kürzeren Zeitraum kaum oder nicht verdichtet, also auf Belegebene und nicht multidimensional abgespeichert. Derart lassen sich auch Belange eines operativen Berichtswesens realisieren.

2.4   Datenanalyse, Informationsverteilung und -darstellung

2.4.1   Business-Intelligence-Systeme

In allgemeiner Form kann man „Business Intelligence" (BI) als eine Klasse von Verfahren bezeichnen, mit deren Hilfe Betriebe anstreben, „mehr aus den Datenmassen herauszuholen", um die Situation des Unternehmens „aufzuklären". Zuweilen sucht man Analogien zwischen der „Intelligenz" eines Unternehmens und der eines Menschen in dem Sinne, dass Fakten gezielt gesammelt, geeignet gespeichert und genutzt werden.

Eine Variante ist die „E-Business Intelligence". Darunter wird die Auswertung jener Daten verstanden, die beim Besuch von Webseiten, insbesondere über Kunden und potenzielle Kunden, festzuhalten sind. Beispielsweise stellt ein System Zusammenhänge zwischen der Folge von „Klicks" (Clickstream) (vgl. Abschnitt 4.2.1) und Bestellungen über das Internet fest. Aufschlussreich sind in diesem Zusammenhang etwa Befunde, wonach ein großer Teil der Kunden nach Anklicken einer bestimmten Position die Seite verlässt.

Die folgenden Beispiele mögen den Eindruck vermitteln, wie BI Entscheidungen in verschiedenen betrieblichen Funktionsbereichen unterstützt:

1. Der Pressedienst des Vorstands eines Industriebetriebes I berichtet von einem Gerücht, wonach ein wichtiger Lieferant L möglicherweise bald mit dem größten Konkurrenten von I fusionieren könnte. Da dieser Zusammenschluss die Position von I auf dem Beschaffungsmarkt sehr beeinträchtigen würde, beauftragt man einen Vorstandsassistenten, aus dem Material-Management-System Daten über die Entwicklung des Einkaufsumsatzes mit L zu beschaffen.

2. Ein großer deutscher Automobilhersteller A weiß, dass ein japanischer Konkurrent J mit einer Neuentwicklung eine wichtige Produktlinie von A angreifen will. Es werden daher alle Testberichte und -daten aus der Fachliteratur gesammelt. Zwei Artikel über Tests mit einem Probefahrzeug des Wettbewerbers J landen in der Mailbox einer Mitarbeiterin aus der Abteilung Marktbeobachtung. Den ersten Artikel hält sie für unwichtig, weil er aus einer unseriösen Quelle stammt, und speichert ihn im Dokumenten-Management-System ab. Hingegen stuft sie den zweiten Beitrag als besonders aufschlussreich ein und kennzeichnet ihn mit einer entsprechenden Bewertung. Daraufhin wird er vom Wissensmanagement-System des Automobilunternehmens A automatisch in die Mailboxen mehrerer Fach- und Führungskräfte verteilt.

3. Ein Anbieter von Spezialgetrieben S hat alle historischen Aufträge gespeichert und findet bei Anfragen die verwandten Konstruktionen aus früheren Aufträgen. Relativ geringe Modifikationen am ähnlichsten Erzeugnis genügen, um rasch ein Angebot zu erstellen. Hierzu benutzt man ein System des fallbasierten Schließens (Case-Based Reasoning).

Darüber hinaus gibt es unterschiedliche Methoden, die man als BI im engeren Sinne bezeichnen mag. Eine erste Methodengruppe ist das Data Mining (siehe Abschnitt 3.3.4). In einem weiteren Verständnis bezeichnet es die gezielte Navigation in großen Datenbeständen. Der Anspruch an das Data Mining im engeren Sinn ist noch höher: Während beim Navigieren die Pfade bereits markiert sind und das System nur entscheiden muss, welchen Weg es an Gabelungen nimmt, geht es beim Data Mining im engeren Sinn „unvoreingenommen" an die Analyse heran, um auffällige Datenkonstellationen, die man bisher nicht vermutet hatte, zu finden. Man bezeichnet derartige Systeme daher auch als „Verdachts-moment-Generatoren". Auf diese Weise werden z. B. Kombinationen von Artikeln oder Produktmerkmalen identifiziert, die man bestimmten Kundengruppen anbieten kann. Ein anderes Einsatzgebiet sind Frühwarnungen, etwa wenn das System Besonderheiten im Verhalten jener Kunden entdeckt, die mit einer hohen Wahrscheinlichkeit bald „abspringen". Damit ist eine Grundlage für eine Kundenbindungsstrategie (Customer-Retention-Strategie) geschaffen.

Da der Mensch der Maschine noch immer bei der Erkennung grafischer Muster überlegen ist, versucht man im Rahmen des so genannten Visual Analytics zu einer sinnvollen Arbeitsteilung zu kommen, indem der Rechner große Datenmengen abarbeitet und in eine für den Benutzer erfassbare optische Darstellung überführt. Dieser soll sich anschließend auf die Erkennung von Mustern und deren Bewertung konzentrieren. Bei den Grafiken handelt es sich nicht nur um gängige Diagramme, sondern um mehrdimensionale und dynamische Darstellungen. Am Fraunhofer-Institut für Graphische Datenverarbeitung (Fraunhofer IGD) wurde dazu beispielsweise ein Anwendungsszenario zur Beteiligungsanalyse implementiert. Das System erkennt aus einer Datenbank mit mehr als 225.000 Unternehmensprofilen Kontrollmöglichkeiten über mehrere Beteiligungen hinweg. Das Resultat ist eine Grafik, in der Betriebe als Knoten und deren Verbindungen als Kanten dargestellt werden. Über interaktive Komponenten lassen sich weitere Informationen zu den Beteiligungsbeziehungen abrufen. Dieses Vorgehen lässt sich auch in anderen Bereichen anwenden, z. B. im Supply Chain Management , in der Biochemie oder im Prozessmanagement [KOH 08].

Das Pendant zum Data Mining ist das Text Mining (siehe Abschnitt 3.3.5). Mithilfe von linguistischen Analysen werden nicht nur Texte daraufhin überprüft, ob sie dem Informationsbedarfsprofil von Mitarbeitern entsprechen; vielmehr konnten auch interessante Erfolge bei Versuchen erzielt werden, aus längeren Texten weit gehend automatisch die Quintessenz zu ziehen oder Artikel, die zu unterschiedlichen Zeitpunkten aus verschiedenen Quellen bezogen wurden, aber den gleichen Sachverhalt betreffen, einander zuzuordnen. Dies ist für die kompakte Management-Information außerordentlich wichtig. Beispielsweise lassen sich so individuelle Zeitungen („Newsletter") erzeugen, die in Inhalt und Präsentationsstil dem Informationsbedarf und den Informationsgewohnheiten der Fach- und Führungskräfte entsprechen.

Hilfreich für diese Formen der „aktiven Informationssysteme" ist die Speicherung von Rollen- und Benutzerprofilen bzw. -modellen (siehe Abschnitt 3.2.2). Während die Rolle eher die objektive Seite eines Arbeitsplatzes beschreibt, etwa die Tätigkeit eines Marktforschers, eines Prozesskosten-Controllers oder eines Leiters der Patent-Abteilung, reflektiert das Benutzermodell subjektive Präferenzen. So schätzen Manager mit einem Ausbildungshinter-grund als Ingenieur oft Grafiken, solche mit Banklehre Bilanz-Darstellungen usw. Bei dieser Form von Personalisierung ist noch erhebliche Forschungs- und Entwicklungsarbeit zu leis-ten.

Samtleben und Hess kommen in ihrer Studie zu dem Ergebnis, dass Mitarbeiter in den Fachabteilungen durch den Einsatz von Business Intelligence zunehmend Controlling-aktivitäten selbst wahrnehmen („Selbstcontrolling"). Grund hierfür ist primär die einfache Bedienbarkeit der Systeme, die dazu befähigt, Controllingaufgaben direkt vor Ort auszuüben [SAM 07].

2.4.2 Analytische Informationssysteme

Im Unterschied zum datenorientierten Vorgehen bei Business-Intelligence-Systemen stehen bei Analytischen Informationssystemen vorgefertigte Komplettlösungen („Closed-Loop-Systeme") für typische Prozesse zur Informationsversorgung des Managements im Vordergrund: Die Definition von unternehmensweiten, gruppenbezogenen oder individuellen Zielen bzw. Meilensteinen, die Koordination der Planung und Budgetierung, die Identifikation und Bewertung von Handlungsalternativen, eine Leistungsmessung inklusive Konzernkonsolidierung sowie eine Rückkopplung, die zur Anpassung der Maßnahmen oder der Ziele führen kann.

Der Bedarf, schnell auf unterschiedliche Fragen reagieren zu können, stellt besondere Anforderungen an eine flexible und einfache Modellierung von Problemen. Ein wesentlicher Vorteil von Analytischen Informationssystemen ist, dass sie nicht auf den starren Ist-Strukturen von operativen Systemen basieren. Dadurch ermöglichen sie es, im Sinne einer „Spielwiese", die Auswirkungen alternativer Szenarios, etwa Organisations- oder Prozessvarianten, zu analysieren.

Bei der Leistungsmessung spielen unter anderem automatische Warnfunktionen, die den Entscheidungsträger beim Überschreiten bestimmter Toleranzschwellen informieren (z. B. über E-Mail oder Voice-Mail) eine zunehmend wichtige Rolle.

Eine weitere Anforderung an Analytische Informationssysteme liegt darin, dass sie selbstständig Verbesserungsvorschläge generieren. So mag das System von sich aus Alternativen aufzeigen, z. B. den Sicherheitsbestand eines Erzeugnisses um einen Prozentsatz X zu erhöhen, wenn ein Artikel häufig ausverkauft ist. Vorgefertigte Metriken bilden die für eine betriebswirtschaftliche Domäne relevanten Kennzahlen und Dimensionen ab. Darüber hinaus schränken voreingestellte Filter diese Lösungen schon auf bestimmte Informationssegmente ein, beispielsweise Produktlinien, Regionen oder Funktionsbereiche. Die Standardmodelle lassen sich an die individuellen Bedürfnisse des Benutzers anpassen.

Neben den dazu erforderlichen Funktionen sowie Methoden umfassen Analytische Informationssysteme die Aggregation und Integration relevanter Fakten aus verschiedenen internen und externen Quellen. Beispielsweise merkt sich die Software für ein elektronisches Marktplatzsystem, welche Seiten ein Kunde aufgerufen hat und welche Produkte er in den Warenkorb legte. Ein Customer-Relationship-Management-System (vgl. Band 1) betrachtet das Kaufverhalten der Konsumenten über verschiedene Zeiträume und ermittelt so deren Wert für den Verkäufer. Ergänzt werden diese Daten durch statistische Auswertungen zur Bevölkerungsentwicklung und Einkommensverteilung. Daher findet man auch die Bezeichnung „Multi-Channel-Auswertungs-System".

Zusätzlich zu der betriebswirtschaftlich orientierten Funktionalität bieten Analytische Informationssysteme im Regelfall eine ausgefeilte technische Infrastruktur, sodass sie über leistungsfähige Adapter schnell auf die Daten vieler Quellen zugreifen sowie endgültige Analyseergebnisse, z. B. Plan-Werte, in operative Systeme zurückspielen können. Eine Voraussetzung für die reibungslose Integration ist eine einheitliche Definition der Metadaten auf allen Unternehmensebenen.

Ein praktisches Beispiel für ein Analytisches Informationssystem ist SAP **S**trategic **E**nterprise **M**anagement (SAP SEM). Mit ihm strebt die **SAP AG** an, die in vielen Unternehmen zu beobachtende Lücke zwischen der strategischen und der operativen Planung und Entscheidungsunterstützung mithilfe einer durchgängigen Integration der Informationsverarbeitung zu füllen. Die operative Planung konkretisiert die strategischen Vorgaben. Umgekehrt liefert die Messung operativer Erfolge und Fehlschläge Impulse für die Unternehmensstrategie.

Abbildung 2.4.2/1 zeigt die Zusammenhänge. Bei Strategic Enterprise Management liegt der Fokus auf der strategischen Planung und Kontrolle, bei Business Analytics mehr auf der operativen. Letzteres ist damit das Bindeglied zwischen der Strategie- und der Transaktionsebene.

Das „Scharnier" bzw. auch den Puffer zwischen den operativen Systemen und den Planungs- und Kontrollsystemen stellt, wie in dem unseren Bänden 1 und 2 zugrunde liegenden Konzept, ein Datenlager, das SAP Business Information Warehouse (SAP BW) in Verbindung mit dem SAP Knowledge Warehouse, dar.

Die Business-Analytics-Komponenten sind teilweise nach Funktionen (Finanzierung, Personalwirtschaft / Human Resources) und teilweise nach funktionsbereichs- und prozess-übergreifenden Komplexen (CRM, SCM, PLM, vgl. Band 1) gegliedert.

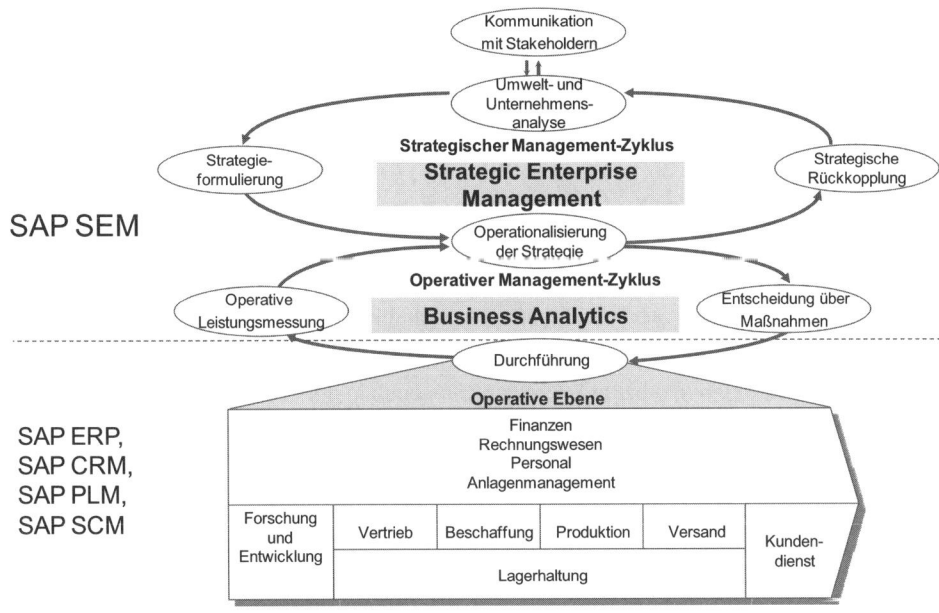

SAP SEM:	SAP Strategic Enterprise Management
SAP CRM:	SAP Customer Relationship Management
SAP SCM:	SAP Supply Chain Management
SAP PLM:	SAP Product Lifecycle Management

Abb. 2.4.2/1: Betriebswirtschaftliche Einordnung der SAP-Produkte

Die SAP SEM-Komponente Business Planning and Simulation (SEM BPS) ermöglicht es, auch in komplexen dezentralen Organisationen aufeinander abgestimmte Pläne zu erstellen. **SAP** unterscheidet generische Planungsfunktionen, die in jedem betriebswirtschaftlichen

Kontext sinnvoll erscheinen, z. B. Umbuchungen, Währungsumrechnungen oder Zeitreihenprognosen, von anwendungsspezifischen Planungsfunktionen, die nur in bestimmten Bereichen relevant sind. Beispielsweise verwendet man Gegenbuchungen zwar in der Bilanz- und Ergebnisplanung, jedoch nicht im Absatzmengenplan.

Weitere Beispiele für anwendungsspezifische Planungsfunktionen sind: Diverse Abschreibungsmethoden, Kalkulation von Kapitalwert und internem Zinsfuß oder Verweilzeit-Funktionen, die die zeitliche Verschiebung zwischen zwei betriebswirtschaftlichen Vorgängen, welche inhaltlich zusammenhängen, in der Planung abbilden (vgl. dazu die Ausführungen zur Liquiditätsdisposition in Band 1).

Damit alle Entscheidungsträger und deren Mitarbeiter in gleicher Weise einbezogen werden können, definiert SAP Benutzungsoberflächen, die einerseits in der Optik und in der Standardisierung ähnlich oder gleich, andererseits aber für verschiedene Rollen konfiguriert sind. Web-Oberflächen eignen sich für eine gemeinsame Planung unter Nutzung eines Intranets bzw. des Internets. So kann die Planung auch über die Unternehmensgrenzen hinweg, beispielsweise durch Anbinden von Kunden und Lieferanten, erfolgen.

Grundlage für alle Planungsaktivitäten ist die Modellierung von Planungsstrukturen. Es ist festzulegen, für welche Unternehmensbereiche und auf welchen Ebenen geplant werden soll.

Im Planungsgebiet wählt der Benutzer die Kategorien (Dimensionen) aus, die für die jeweilige betriebswirtschaftliche Planung relevant sind. Es mag sich beispielsweise um Produkte, Kunden, Distributionskanäle oder die Zeit handeln. Mit der Planungsebene legt man den Aggregationsgrad bzw. die Granularität für die im Planungsgebiet selektierten Merkmale fest, also etwa ob für einzelne Produkte, Produktgruppen oder ganze Sparten für Monate oder für Quartale geplant werden soll.

Mithilfe von Planungsdokumenten kann auf qualitative Informationen, die in einer inhaltlichen Beziehung zu den Kennzahlen eines Planes stehen, zugegriffen werden. Verbale Begründungen für Planzahlen sind z. B. volkswirtschaftliche Wachstums- oder Branchenbewertungen.

Diese Planungskomponente bietet **SAP** zusätzlich auch in dem Data-Warehouse-Produkt als **SAP BW-BPS** bzw. **SAP BI Integrated Planning** an [KNÖ 06]. Der **Keramikhersteller Villeroy & Boch AG** verwendet ein auf **SAP BW-BPS** basierendes Planungs-Cockpit zur Umsatzplanung. Vor der Einführung des neuen Planungssystems gab es Schwierigkeiten bei der Integration der zahlreichen inländischen und ausländischen Planungseinheiten sowie bei Anpassungen an geänderte Rahmenbedingungen. Nun sind die Planungsabläufe und die Daten der wertorientierten Budgetplanung durch die Controllingabteilung sowie die der mengenorientierten Vertriebsplanung so integriert, dass sie zu einem detaillierten abgestimmten Gesamtbild führen. Neben einer Gesamtjahresplanung sind jetzt auch mehrere Planungen während des Jahrs mit vertretbarem Aufwand möglich [OV 08].

Die Komponente Business Consolidation (SEM BCS) liefert Führungsinformationen im Zusammenhang mit der Konzernkonsolidierung und erlaubt Alternativrechnungen für unterschiedliche Konsolidierungshierarchien (vgl. Band 1).

In dem SAP SEM-Baustein Corporate Performance Management - Strategy Management (SEM CPM) spielt die Balanced Scorecard (vgl. Abschnitt 6.2.5) eine zentrale Rolle. Hierzu kann das Unternehmen einen Vorrat an Scorecard-Elementen (Strategien, Ziele und Kennzahlen) anlegen. Aus dem Vorrat wählt der Anwender für den Aufbau einer Karte relevante Bestandteile aus und verknüpft sie durch kausale Beziehungen in einer „Strategy Map". Ebenso finden sich hier Hilfen für ein Risikomanagement. Potenzielle Risiken, die ein Unternehmen identifiziert und mit einem Editor (Risk Builder) in eine Hierarchie gebracht hat, werden mit Frühwarnindikatoren versehen. Mithilfe einer Art What-if-Analyse (vgl. Kapitel 1.2) kann das System abschätzen, wie sich bestimmte Risiken auf die Werte von Kennzahlen auswirken. Über diese Kennzahlen wird auch die Verbindung zur Balanced Scorecard hergestellt. Voraussetzung ist eine Risikobewertung in dafür vorgesehenen Feldern, die z. B. in einem Web-Browser dargestellt werden. In der SAP SEM-Komponente Corporate Performance Management - Performance Measurement findet der Benutzer neben Funktionen zur Definition von Kennzahlen ein Management Cockpit, wie es in Abschnitt 3.4.3 beschrieben ist [SAP 08a].

Durch die Veränderungen auf dem Markt für PuK-Systeme treten rasch aufeinander folgende Namensänderungen ein. So werden beispielsweise Teile aus **SAP SEM** unter der Bezeichnung **SAP Strategy Management (SAP SSM)** weiterentwickelt [SAP 08b].

Die **Henkel KGaA**, ein Hersteller von **Wasch- und Reinigungsmitteln, Körperpflege- und Kosmetikprodukten**, legt besonderen Wert auf ein einheitliches, nicht redundantes Datenlager („single point of truth") auf Basis von SAP SEM. Ein hauseigenes klassisches, periodisches (Konzern-)Berichterstattungssystem TOPAS (Top Accounting and Reporting System) ist mit einem Management Cockpit (vgl. Abschnitt 3.4.3) integriert; zusätzlich werden dezentral genutzte Persönliche Digitale Assistenten vom Typ **Blackberry** eingebunden. Das Ganze heißt nun **Henkel Decision Support Tool**.

Man hat besondere Anstrengungen unternommen, die relativ heterogene Unternehmensstruktur, in der sich rechtlich selbstständige Untergliederungen („Legal Entities"/"Financial Reporting Units") und unter betriebswirtschaftlichen Gesichtspunkten gebildete Organisationseinheiten („Business Segments"/„Management Reporting Units") teilweise überschneiden, im System abzubilden. Hierzu müssen externes und internes Rechnungswesen integriert werden. Die Wertorientierung des Gesamtsystems kommt unter anderem in einer mehrstufigen Deckungsbeitragsrechnung zum Ausdruck.

Bereits am dritten Arbeitstag nach Monatsschluss ist die Ergebnis- und Vermögensrechnung der verbundenen Unternehmen abgeschlossen (vgl. Abschnitt 6.2.8) und am vierten Arbeitstag auch geprüft und im System hinterlegt. Von nun an ist sie über 500 weltweit tätigen Führungskräften und Controllern jeweils für ihren Tätigkeitsbereich zugänglich. Danach werden die um erste Kommentare aus den Unternehmensbereichen ergänzten Daten für das Management Cockpit aufbereitet.

Angeschlossen sind zahlreiche „Transferprodukte", wie etwa die Gewinn- und Verlustrechnung sowohl nach dem Umsatzkosten- als auch nach dem Gesamtkostenverfahren, eine Cashflow-Rechnung und Funktionskostenrechnungen [KNO 08].

2.4.3 Corporate-Performance-Management-Systeme

Fasst man typische Aussagen, die zu Corporate Performance Management bzw. Performance Measurement (CPM) in Literatur und Praxis getroffen werden, zusammen, dann fällt eine klare Abgrenzung schwer. Die Corporate Performance wird sehr unterschiedlich definiert [GRÜ 02], beispielsweise als:

1. Grad der Erfüllung aller - nicht weiter differenzierten - Unternehmensziele

2. Jahresüberschuss

3. Wertentwicklung eines Unternehmens bzw. eines Investitionsobjekts

4. Verhältnis von Ertrag und Risiko eines Unternehmens bzw. eines Investitionsobjekts

5. Langfristige Überlebensfähigkeit des Unternehmens

6. Erfüllung von Ansprüchen verschiedener Anspruchsgruppen (Stakeholder)

Entsprechend vielfältig ist das Verständnis von CPM. Ein gewisser Entwicklungspfad ist jedoch wie folgt erkennbar: Populär wurde der Begriff in Zusammenhang mit dem Thema Shareholder Value (Performance als Steigerung des Unternehmenswerts). Hier stand die Diskussion um verschiedene, primär finanzielle Kennzahlen, wie Discounted Cashflow (DCF), Economic Value Added (EVA®), Cashflow Return on Investment (CFROI) etc. im Vordergrund (Details dazu finden sich u. a. bei [GLA 05]). Erweitert wurde der Fokus durch die stärkere Berücksichtigung nicht-monetärer Einflüsse. Dies ist unter anderem eng verbunden mit dem Balanced-Scorecard-Ansatz [SER 07] (siehe Abschnitt 6.2.5). Vor dem Hintergrund von Wirtschaftskrisen und der damit einhergehenden Einführung bzw. Verschärfung einschlägiger Vorschriften, etwa des Sarbanes-Oxley Act (SOX), der Eigenkapitalhinterlegungsvorschriften des Baseler Ausschusses für Bankenaufsicht (BASEL II) oder des Gesetzes zur Kontrolle und Transparenz im Unternehmensbereich (KontraG), kommen nun vermehrt Aspekte des Risikomanagements hinzu.

So mag man zusammenfassen, dass es sich bei CPM-Systemen grundsätzlich um Analytische Informationssysteme handelt, deren besonderer Fokus darauf liegt, durch geeignete Definition und Auswertung monetärer und nicht-monetärer Indikatoren ein angemessenes Verhältnis von Ertrag und Risiko aufzuzeigen und langfristig sicherzustellen.
Folgende typische Probleme sind bei der Einführung bzw. Weiterentwicklung von CPM-Systemen zu beachten [BUS 08]:

1. unterschiedliche Interpretationen gleicher Begriffe und Konzepte,

2. Verwendung irrelevanter Kennzahlen,

3. kurzfristige Sichtweise,

4. mangelnde strategische Ausrichtung,

5. lokale statt globale Optimierungen,

6. geringe Berücksichtigung kontinuierlicher Verbesserungen,

7. überwiegende Nutzung von Spät- statt Frühwarnindikatoren,

8. unterentwickelte Prognosefunktionen,

9. Strategie und Berichtswesen sind nicht eng verbunden,

10. keine explizite Berücksichtigung von Stakeholder-Interessen,

11. keine Verbindung zwischen finanziellen und nicht-finanziellen Kennzahlen,

12. viele isolierte und nicht kompatible Kennzahlen,

13. keine systematische Aggregation von Kennzahlen der operativen Ebene auf der strategischen Ebene.

2.5   Anmerkungen zu Kapitel 2

[BAU 04/KEM 06]   Bauer, A. und Günzel, H. (Hrsg.), Data Warehouse Systeme – Architektur, Entwicklung, Anwendung, 2. Aufl., Heidelberg 2004, S. 8-11; Kemper, H-G., Mehanna, W. und Unger, C., Business Intelligence – Grundlagen und praktische Anwendungen, 2. Aufl., Wiesbaden 2006, S. 14.

[BAN 08/DAN 08]   Bange, C., SAP „schenkt reinen Wein ein", is report 12 (2008) 4, S. 30-31; Danner, G. und Bardoliwalla, N., Wir bieten eine Vielzahl von Migrationswerkzeugen, is report 12 (2008) 5, S. 36-39.

[BER 94]   Bertling, L., Informationssysteme als Mittel zur Einführung neuer Produktkategorien, Dissertation, Braunschweig 1994.

[BUS 08]   Busi, M., Supply Chain Flows through Improved Performance Measurement of Extended Processes, in: Wang W. Y. C., Heng, M. S. H. und Chau, P. Y. K. (Hrsg.), Supply Chain Management, Hershey u.a. 2008, S. 330-332.

[CLA 98]   Clark, M., D&B-Access für das SAP System R/3, Vortrag der Dun&Bradstreet Deutschland GmbH auf der CeBIT, Hannover 1998.

[COD 93]   Codd, E. F., Codd, S. B. und Salley, C. T., Providing OLAP (Online Analytical Processing) to User Analysts: An IT Mandate, White Paper, Arbor Software Corporation, o.O. 1993.

[DEV 92/WED 08]   Die ursprüngliche Version des Systems ist beschrieben bei: Devin, B. A. und Cabena, P., Data Warehouse Implementation Experiences in IBM Europe, Document Number IISL-DW-IMPL-002, o.O. 1992; persönliche Auskunft von Herrn Th. Wedel, IBM Deutschland GmbH, 2008.

[DUN 08]   Dun&Bradstreet Corp., http://www.dnb.com, Abruf am 2008-07-28.

[EFF 02]   Effing, W., Jahresabschlussbasierte Konkurrenzanalyse, Aachen 2002.

[FIZ 06]   Bundesforschungsbericht 2006, http://www.bmbf.de/pub/bufo2006.pdf, Abruf am 2008-07-28.

[GEN 08]   GENIOS – Datenbanken, http://www.genios.de/i_produktepreise/datenbanken.html?WID=59942-7610238-00602_28, Abruf am 2008-07-28.

[GIN 08]   About Global Insight, http://www.globalinsight.com/About, Abruf am 2008-07-28.

[GLA 05]   Gladen, W., Performance Measurement – Controlling mit Kennzahlen, 3. Aufl., Wiesbaden 2005.

[GLU 08]   Gluchowski, P., Gabriel, P. und Dittmar, C., Management Support Systeme und Business Intelligence, 2. Aufl., Berlin-Heidelberg 2008.

[GRÜ 02]   Grüning, M.: Performance Measurement-Systeme, Messung und Steuerung von Unternehmensleistung, Wiesbaden 2002.

[HEN 05]   Henselmann, K., Value Reporting und Konkurrenzanalyse, Betriebswirtschaftliche Forschung und Praxis 57 (2005) 3, S. 296-305.

[INM 05]   Inmon, W. H., Building the Data Warehouse, 4. Aufl., New York u.a. 2005.

[KAS 08]   Persönliche Auskunft von Frau H. Kaßler, DATEV eG, 2008.

[KNO 08]   Knobel, C. und Mayer, S., Managementorientiertes Reporting der Henkel KGaA, Controlling 20 (2008) 3, S. 125-130.

[KNÖ 06]   Knöll, H.-D., Schulz-Sacharow, C. und Zimpel, M., Unternehmensführung mit SAP BI, Wiesbaden 2006, S. 105-116.

[KOH 08]   Kohlhammer, J., Teskusova, T. und Bange, C., Visual Business Intelligence, is report 12 (2008) 7 und 8, S. 20-25.

[LEH 00]   Lehner, F., Organizational Memory, München 2000, S. 414-418.

[LEH 08]   Lehner, F., Wissensmanagement - Grundlagen, Methoden und technische Unterstützung, 2. Aufl., München, Wien 2008, S. 280- 283.

[MAL 08]   Malik Management Zentrum, St. Gallen (Hrsg.), PIMS® – Profit Impact of Market Strategy,
                http://www.malik-mzsg.ch/consulting/htm/745/de/
                Consulting_&_Education.htm, Abruf am 2008-08-04

[MEI 00]   Meier, M. C., Integration externer Daten in Planungs- und Kontrollsysteme - Ein Redaktions-Leitstand für Informationen aus dem Internet, Wiesbaden 2000.

[MER 05]   Mertens, P., Stößlein, M., Meier, M. C. und Gilleßen, S., Synergien eines Multifunktionalen Informations-Leitstands für die Unternehmensführung, Information Management & Consulting 20 (2005) Sonderausgabe, S. 27-33.

[OEH 06]   Oehler, K., Corporate Performance Management - mit Business Intelligence Werkzeugen, München 2006.

[OV 08]   Ohne Verfasser, Villeroy und Boch plant mit SAP BW-BPS, is report o.Jg. (2008) Sonderausgabe März, S. 16.

[SAM 07]   Samtleben, M. und Hess, T., Move-To-The-User? Eine Analyse der verlagernden Wirkung von Business Intelligence im Controlling, in: Oberweis, A., Weinhardt, C., Gimpel, H., Koschmider, A., Pankratius, V. und Schnizler, B. (Hrsg.), eOrganisation: Service-, Prozess-, Market-Engineering, 8. Internationale Tagung Wirtschaftsinformatik, Karlsruhe 2007, S. 641-657.

[SAP 08a]   SAP Strategic Enterprise Management, Release, eigene Recherche am System SAP SEM 6.0/SAP NetWeaver BI 7.0.

[SAP 08b]   SAP Strategy Management: Strategien unternehmensweit abstimmen und umsetzen,
                http://www12.sap.com/germany/solutions/performancemanagement/
                strategy/index.epx, Abruf am 2008-07-28.

[SER 07]   Servatius, H.-G., Performance Management der dritten Generation, Information Management & Consulting 22 (2007) 4, S. 78-83.

[STA 08]   Statistisches Bundesamt, http://www.destatis.de, Abruf am 2008-07-28.

[STN 08]   STN (Hrsg.), Übersicht: Suchmöglichkeiten in den Patentdatenbanken, http://www.stn-international.de/training_center/patents/patguide/easy_de/ Uebersicht.pdf, Abruf am 2008-07-28.

[THO 08]   About Thomson Scientific, http://www.dialog.com/about/, Abruf am 2008-07-28.

3 Instrumente zur Datenanalyse, Informationsverteilung und -darstellung

Letztlich bestimmen die Anforderungen der Aktionsstellen (Entscheidungsträger und Stabstellen) an die Datenanalyse sowie die Verteilung und Darstellung der daraus gewonnenen Informationen, wie das gesamte PuK-System aufgebaut wird. Deshalb liegt der Fokus dieses Buchs neben den konkreten Inhalten im Kapitel 4 auf entsprechenden Instrumenten. Nach einer Bestandsaufnahme der praktischen Probleme behandeln wir sie differenziert nach den Kategorien „Informationstechnische Hilfsmittel" (siehe Kapitel 3.2), „Exemplarische (teil-) automatische Analysearten" (siehe Kapitel 3.3) sowie „Ansätze zur Informationsdarstellung" (siehe Kapitel 3.4).

3.1 Praktische Probleme

Solange ein Berichtswesen nicht „aus einem Guss" gestaltet ist, bestehen in der Praxis vielfältige Probleme. Gluchowski [GLU 06] nennt unter anderem:

1. Dateninkonsistenzen (zeitlich unterschiedliche Zugriffe auf die Daten von Administrationssystemen, nicht abgestimmte betriebswirtschaftliche Begriffe für die gleichen Dateninhalte bzw. gleiche Begriffe für unterschiedliche Dateninhalte, wie etwa die Berechnung des Absatzes auf der Grundlage von Fakturen oder Erlösen, unterschiedlich gepflegte Datenquellen).

2. Produktivitätsprobleme (z. B. mangelnder Automationsgrad und dadurch zu starke Befassung von Mitarbeitern mit der redaktionellen Bearbeitung von Berichten).

3. Mangelnde Verfügbarkeit (z. B. zu frühes Löschen historischer Daten).

Ein weiterer großer Problemkomplex entsteht durch das Phänomen der „Datenüberflutung". In einer Studie von Farhoomand und Drury gaben 79 % der Führungskräfte an, dass sie mit übermäßigen Informationsmengen konfrontiert wären, wovon für 53 % das meiste unwichtig sei [FAR 02]. Eine Untersuchung mit dem Titel „Dying for Information", die von **Benchmark Research** im Auftrag von **Reuters Limited** weltweit mit mehr als 1.300 Managern durchgeführt wurde, kommt zu dem Ergebnis, dass sich diese Informationsüberflutung wie folgt auswirkt:

a) Die Massen an Daten und Dokumenten, die in einer bestimmten Zeitspanne zu sichten sind, werden als Bedrohung empfunden.

b) Es herrscht Angst davor, weniger als die Kollegen zu wissen, sowie vor kostenintensiven Fehlentscheidungen durch Informationsdefizite.

c) Stress entsteht durch Unsicherheit darüber, ob zu einem bestimmten Sachverhalt Informationen existieren oder nicht.

d) Es kommt zu Frustration, wenn bekannt ist, dass es Fakten zu einem Thema gibt, aber das Wissen fehlt, wie man schnell an sie herankommt [REU 96].

In einer weiteren von **Reuters** herausgegebenen Studie der **Ronin Corporation** zeigte sich, dass mehr als 50 % der rund 1.000 befragten Führungskräfte die Informationen ignorieren, die ihre persönliche Verarbeitungskapazität übersteigen. 84 % davon halten die Dokumente für die Zukunft vor. Sie bauen so ein *„nicht mehr beherrschbares Informationslager"* auf [REU 97].

Die umfangreichen Studien von **Reuters** sind zwar schon einige Jahre alt, die Situation scheint sich aber eher verschlechtert als verbessert zu haben. Dies belegt unter anderem die Erklärung von Experten der Beratung **Basex**, „Information Overload" sei das „Problem des Jahrs 2008" [SCHL 08]. Einen umfassenden Literaturüberblick bieten [EPP 04].

3.2 Informationstechnische Hilfsmittel

Informationstechnische Hilfsmittel im weiten Sinne finden sich im Kontext des Wissens-managements (siehe Abschnitt 3.2.1). Fokussiert man sich auf explizites Wissen und die verschiedenen Informationsempfänger, dann bildet die Benutzer- und Rollenmodellierung (siehe Abschnitt 3.2.2) eine wichtige Grundlage für die bedarfsgerechte Auswahl relevanter Inhalte. Ergänzt wird diese durch Ansätze zum Information Retrieval, Information Filtering und Recommender Systems (siehe Abschnitt 3.2.3) sowie zur Verdichtung (siehe Abschnitt 3.2.4) und zur Bestimmung und Darstellung von Ausnahmesituationen (siehe Abschnitt 3.2.5). Neben den eigentlichen Inhalten gilt es auch, die situations- und problemgerechte Methode bzw. Methodenkombination zu bestimmen. Hierbei helfen Methoden- bzw. Modellbanken (siehe Abschnitte 3.2.6 und 3.2.7).

3.2.1 Wissensmanagement

3.2.1.1 Wesen und Ziele

Das Spektrum der Inhalte, die Autoren aus Wissenschaft und Praxis dem Wissensmanage-ment zuordnen, ist extrem breit (vgl. z. B. [LEH 08], insbes. Kapitel 2.1). Bernd-Ulrich Kaiser, der für das zentrale Wissensmanagement des **Bayer-Konzerns** verantwortlich war, drückt sein Verständnis in Abbildung 3.2.1.1/1 aus [KAI 08b]. Wissen und „Unternehmens-intelligenz" werden hier als elegante Weiterentwicklungen von Daten- und Informations-verarbeitung begriffen.

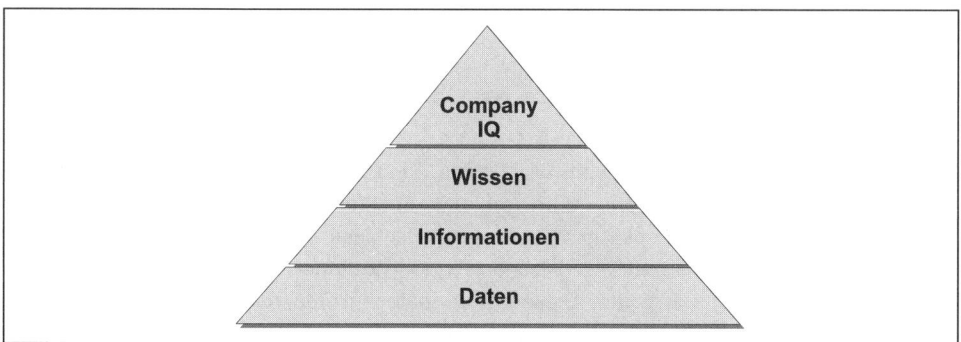

Abb. 3.2.1.1/1   Wissen und „Unternehmensintelligenz"

Hingegen verstehen andere Autoren Wissensmanagement eher als eine Kollektion von inzwischen recht bekannten und beherrschten Techniken, wie Groupware, Dokumenten-management oder Workflowmanagement bis hin zu Auftragserfassungssystemen (vgl. dazu etwa die Beiträge in dem von Bach, Vogler und Österle herausgegebenen Sammelwerk „Business Knowledge Management" [BAC 02]).

Für Chamoni, Gluchowski und Schulze ist „Aktives Wissensmanagement die fünfte und letzte Stufe ihres ‚Business Intelligence Maturity Model'"). Sie verstehen darunter „die Zusammenführung der herkömmlichen Data-Warehouse-Datenbasis mit den im Unternehmen vorhandenen unstrukturierten, quantitativen Informationen", um eine „ganzheitliche Sicht auf die relevanten Geschäftsobjekte" zu erreichen [CHA 04].

Andere Autoren differenzieren weiter; siehe z. B. das Schema von Hayes [HAY 93] in Abbildung 3.2.1.1/2.

Begriff	Erläuterung
Fakten	Repräsentieren die Realität, sind nachvollziehbar
Daten	Aufgezeichnete Symbole
Information	Verändern im Unternehmen Wissen
Verstehen	Resultat aus Erkennen, Vergleichen, Bewerten …
Wissen	Resultat aus Verstehen und Integration in vorhandenen Wissensbestand

Abb. 3.2.1.1/2   Schema von Hayes

Wir gehen hier davon aus, dass Wissensmanagement-Systeme eine intelligente Kombination von menschlichen und Computer-Stärken bzw. das wechselseitige Beheben der jeweiligen Schwächen anstreben. Diese Systeme tragen auch der Tatsache Rechnung, dass oft die wertvollste Ressource von Führungskräften die Zeit ist. Die Manager können nicht lange in Dokumenten recherchieren, sondern suchen gezielt nach Personen, die in der Lage sind, in knapper und kontextabhängiger Form die wesentlichen entscheidungsrelevanten Informationen zu liefern.

North [NOR 05] schlägt eine dreistufige Infrastruktur für das Wissensmanagement vor (Abbildung 3.2.1.1/3). Die erste Stufe beinhaltet Informationen, die auf die Frage „Wer weiß was im Unternehmen, bei den Lieferanten, bei den Kunden, in Hochschulen, Forschungsinstituten usw.?" Antworten geben. Solche Speicher bezeichnet man auch als „Know-who-Datenbanken". Andere verwenden in diesem Zusammenhang den Begriff „Knowledge-Mapping-Systeme". Bodendorf schreibt: „… dienen Knowledge-Mapping-Systeme primär der transparenten Identifikation des vorhandenen Wissens durch den Aufbau von Kompetenz- und Erfahrungsnetzwerken" [BOD 06, S. 142]. North nennt diese Ebene die „Gelbe Seiten des Wissens".

Know-who-Informationen sind sowohl wichtig als auch schwer zu beschaffen, wenn sich Konzernstrukturen rasch ändern, z. B. laufend Tochtergesellschaften zugekauft oder abgestoßen werden. Ein Beispiel ist der Zusammenschluss des deutschen **Pharmaunternehmens Hoechst AG** mit der französischen **Rhône-Poulenc-Gruppe** zu dem neuen Unternehmen mit der Firma **Aventis**. Dieses ging später im französischen **Pharmakonzern Sanofi** als **Sanofi-Aventis Gruppe** auf. Die Labors sind nun in Deutschland, Frankreich, USA und Japan ansässig. Die Forscher des Konzerns kennen sich nicht persönlich und treffen sich kaum.

Eine Lösung besteht darin, dass ein Softwaresystem (z. B. **Knowledge Mail** von **Tacit**) Bildschirminhalte an den Arbeitsplätzen analysiert und so automatisch Wissens- bzw. Interessenprofile aufbaut. Wichtig ist, dass der Angestellte einen „gelben Knopf" drücken kann, wenn er will, dass „das System ihm bei einer bestimmten Aktion (z. B. beim Abfassen einer vertraulichen E-Mail) nicht über die Schulter schaut" [BOD 06].

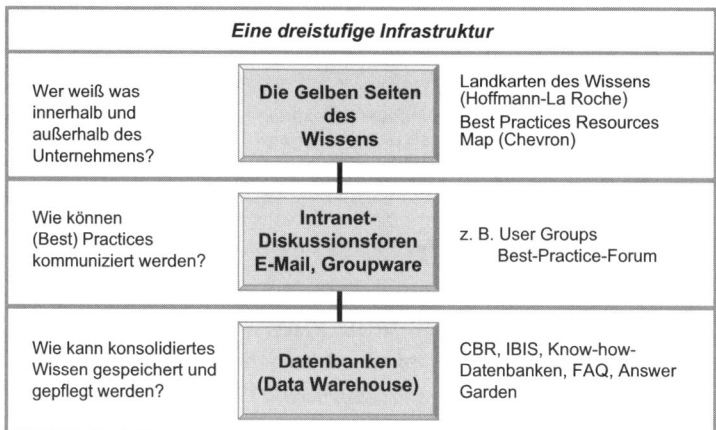

Abb. 3.2.1.1/3   Dreistufige Informationstechnische Infrastruktur für das Wissensmanagement (in Anlehnung an [NOR 05])

Die nächste Stufe stellen Internet- und Intranet-Anwendungen dar, durch die Wissensan-
bieter und Wissensnachfrager untereinander in Kontakt treten können. Beispielsweise
werden in Diskussionsforen spezifische Themen erörtert und Fachleute, die an ähnlichen
Problemen arbeiten, lernen sich auf elektronischem Wege kennen.

Auf der dritten Ebene wird Wissen nach klar definierten Kriterien, möglicherweise in
redaktionell bearbeiteter Form, abgelegt. Beispiele sind so genannte **I**ssue-**B**ased **I**nformation **S**ystems (IBIS), Know-how-Datenbanken oder die Abbildung von FAQ (**F**requently **A**sked
Questions), siehe Abschnitt 3.2.1.2.6.

Ein gutes Wissensmanagement verbessert die Wissensbilanz des Unternehmens, unter der
das Vermögen („Intellektuelles Kapital") verstanden wird, welches nicht unmittelbar materiell,
aber für den wirtschaftlichen Erfolg der Zukunft wichtig ist. Einige Anregungen zur
Quantifizierung findet man in [BMW 04].

3.2.1.2 Methodische Hilfsmittel

Es gibt eine ganze Anzahl von methodischen Hilfsmitteln des Wissensmanagements, von
denen solche, die mit der IV zusammenhängen, in der Folge skizziert werden.

3.2.1.2.1 Wissenskarten

Abbildung 3.2.1.2.1/1 bringt einen Überblick über ihre Erscheinungsformen.

So genannte Human-Resource-Module betriebswirtschaftlicher Standardsoftwarepakete sind
prinzipiell dazu geeignet, als Basis für Wissenskarten, vor allem Wissensträgerkarten, zu
dienen.

| Wissens**träger**karten („Wer weiß was?") | Wissens**bestand**skarten („Wo und wie sind bestimmte Wissensbestände gespeichert?") | Wissens**struktur**karten („Welche Struktur hat das Wissen?") |

Abb. 3.2.1.2.1/1   Wissenskarten (in Anlehnung an [WAR 98] und [PRO 06])

Im Rahmen des **Microsoft**-Programms **SPUD** (**S**kills **P**lanning **u**nd **D**evelopment) wurde 1995 in einer Pilotabteilung eine Skills-Datenbank aufgebaut, die später ausgeweitet worden ist. Das Wissen aller Mitarbeiter ist auf komplizierte Weise verschlüsselt. Es sind vier Wissensstufen definiert: Grundwissen, lokale/einzigartige Kernkompetenzen (fortgeschrittene Fähigkeiten, die man für bestimmte Jobtypen benötigt), globales Wissen (wichtig für alle Angestellten in einer bestimmten Funktion oder Organisation) und universelle Kompetenzen (umfassendes Branchen-, Produkt-, Geschäftswissen etc.). Für jede Stufe gibt es Wissens-kategorien: explizite – z. B. Expertise in bestimmten Werkzeugen oder Methoden, wie Excel – und implizite – etwa abstraktes Denk- und Urteilsvermögen, z. B. die Fähigkeit, Anfor-derungen zu definieren. Jeder einzelnen Kompetenz wiederum lassen sich vier Quali-fikationsstufen zuordnen: Basis-, Arbeits-, Führerschafts- und Expertenwissen.

SPUD hat zum Ziel, die Fähigkeiten von Mitarbeitern bzw. Arbeitsteams besser mit den Aufgaben („Jobs") abzustimmen. Daneben soll es ein Anreiz für die Angestellten sein, inter-ne Fortbildungsmaßnahmen zu besuchen. Die Kompetenzen sind mit Kursangeboten ver-knüpft. Manager, die Projektteams zusammenstellen, haben die Möglichkeit, die Skill-Daten-bank abzufragen und die für spezielle Aufgaben am besten qualifizierten Mitarbeiter zu finden [MAY 08].

BP (British Petroleum) verwendet für unternehmensweite Informationen Content-Management-Systeme (CMS) auf Basis von SQL-Servern, die per Internet Browser abrufbar sind. Zusätzlich stehen für virtuelle Teams so genannte Collaborative Sharepoints (webbasierte Wissensdatenbanken, die interaktiv gepflegt werden) in Verbindung mit Dokumenten-Management-Systemen (DMS) zur Verfügung. [JUN 08]

Dem Charakter des Wissensmanagements, sowohl Wissen, über das Menschen verfügen, als auch solches, das in Maschinen gespeichert ist, zu finden und zu verwalten, trägt das System **Contact Finder** Rechnung [KRU 95]. Mit ihm wird nicht Wissen aus Texten extrahiert; vielmehr recherchiert es in Texten, um Kontaktadressen zu finden, die dann gespeichert und im weiteren Wissenserwerbsprozess genutzt werden können. Der Contact Finder vereint diverse Ideen aus Fragen-Beantwortungs-Systemen (Question Answering), automatischer Filterung von E-Mail und IR-Techniken. **Contact Finder** beinhaltet eine Reihe von Regeln und Heuristiken, die es ihm z. B. erlauben, den Vornamen vom Familiennamen zu unterscheiden, Telefonnummern zu identifizieren usw. Das System betrachtet beispiels-weise die Überschrift zu Dokumenten getrennt vom Dokumententext. In ähnlicher Weise geht es vor, wenn es den Bezug zum Sachgebiet herstellen muss. Beispielsweise werden die bei vielen Fachaufsätzen angegebenen Stichwortlisten, das Feld, in dem üblicherweise der Autorenname steht, und Rumpfsätze (Hinweis auf Stichwortaufzählungen) separat analysiert.

3.2.1.2.2 Intranet

Als betriebliche Informations-, Kommunikationsplattformen zum Wissensaustausch dienen auch Intranets. Dabei handelt es sich um nicht-öffentliche Rechnernetzwerke, die auf den Techniken und Standards des Internets basieren. Hier finden sich u. a. Verzeichnisdienste und Suchmaschinen, die auf interne Dokumentenmanagement-Systeme zugreifen.

Den Mitarbeitern der **Schaeffler-Gruppe**, einem Zulieferer für die **Automobil- und Maschinenbauindustrie** sowie für Betriebe der **Luft- und Raumfahrt**, stehen über das weltweite Intranet unter anderem ein „Schaeffler-Glossar" mit den unternehmenseigenen Benennungen und Abkürzungen sowie eine Methodenbank, etwa mit Kreativitätstechniken, zur Verfügung. Besonders innovativ ist das „Schaeffler-Wiki", ein internes System, welches in der Unternehmensgruppe nach dem großen Erfolg von Wikipedia eingeführt wird. Auslöser für die Nutzung von Wiki-Mechanismen war die vernetzte Wissensdokumentation, die erfahrene Experten anlegen, welche in absehbarer Zeit in den Ruhestand gehen. Diese „Wissens-Keimzellen" wirken nun im Sinne des Wikipedia-Ansatzes über den reinen einmaligen Dokmentationszeitpunkt hinweg: Ein Entwicklungsingenieur beschreibt z. B. positive Erfahrungen mit dem Verhalten eines neuen Wälzlager-Typs bei hohen Betriebstemperaturen in diesem Wissensfundus, ein Fertigungsfachmann ergänzt die Passage um ein von ihm beobachtetes Problem und die zugehörige Vorsichtsmaßnahme; Vertriebsmitarbeiter tragen eine Beobachtung zum Erfolg eines Konkurrenten bei bestimmten Kundengruppen ein, die Wettbewerbsbeobachter des Unternehmens ergänzen um weitere öffentlich bekannte Aktivitäten bei den Wettbewerbern. In der Schaeffler-Gruppe überträgt man Spezialisten die „Gärtnerschaft" in bestimmten Fachgebieten. Sie müssen darauf achten, dass nicht durch allzu beliebige und zufallsbedingte Ergänzungen in den Texten „Unkraut" wuchert.

Als eine besonders elegante Hilfe für den Zugriff auf die unterschiedlichen Wissensquellen hat sich in der **Schaeffler-Gruppe** die Glossar-Plattform **Babylon** herausgestellt. Mit dieser Software kann der Nutzer aus beliebigen IV-Systemen mit einem einfachen Klick z. B. zwischen elektronischer Post, Schaeffler-Glossar und Schaeffler-Wiki rasch wechseln, z. B. indem er in einer empfangenen Mail auf eine ihm unbekannte Abkürzung klickt und daraufhin die Erläuterung aus unterschiedlichen externen und internen Glossaren auf dem Bildschirm sieht. [SER 08/WUN 08]

3.2.1.2.3 Case-Based Reasoning (CBR)

Vor allem für die Nachverkaufsphase haben sich Help-Desk- und Call-Center-Systeme bewährt, die auf dem CBR-Prinzip beruhen ([SCHR 93 u.a.], vgl. auch Band 1): Es werden historische Fälle gespeichert und mit einer „intelligenten" Prozedur diejenigen gefunden, die zumindest teilweise Lösungselemente zu einem gegebenen Problem bieten [BAR 01/ALT 96].

In einem Prototyp für die **KSB AG** konnte gezeigt werden, wie sich das Wissen, das Konstrukteure und Vertriebsingenieure im Kraftwerksbau generiert haben, für neue Aufgaben mithilfe von CBR reaktivieren lässt [BUT 99].

Die Vorteile von CBR-Systemen sind deren Flexibilität, Robustheit und die Fähigkeit zu inkrementellem, beständigem Lernen: Jedesmal, wenn ein Problem gelöst wird, kann das Tupel „Problem - Lösung" als neue Erfahrung abgespeichert werden.

3.2.1.2.4 Issue-Based Information Systems (IBIS)

IBIS bauen strukturierte Argumentationsnetze aus Fragen, Meinungen, Beispielen sowie Pro- und Kontra-Argumenten auf [HOS 95]. Ein Beispiel für ein solches Netz ist in Abbildung 3.2.1.2.4/1 zu sehen. IBIS dienen vorwiegend der Wissensentwicklung, aber auch der Speicherung und Verteilung.

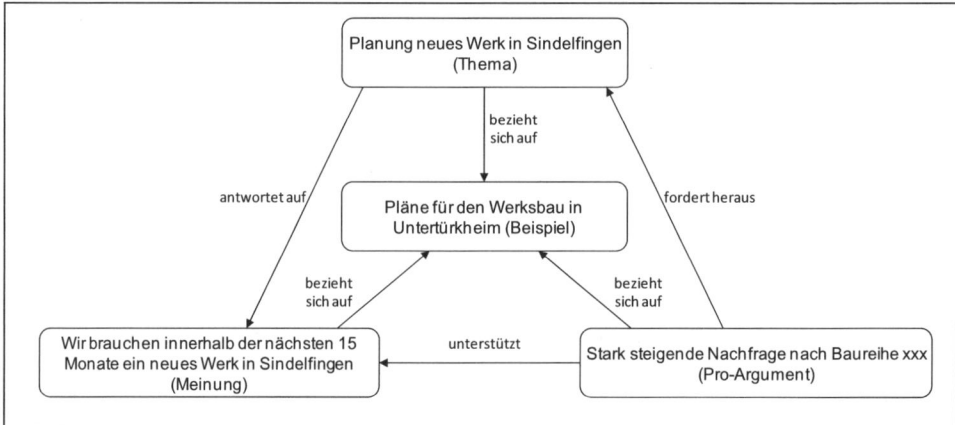

Abb. 3.2.1.2.4/1   Beispiel für ein Argumentationsnetz (in Anlehnung an [WAR 98] und [PRO 06])

Man kann diese Form von Wissensbeschreibung als Spielart von semantischen Schemata oder auch Ontologien ansehen (vgl. [BOD 06, Kapitel 4.1]).

3.2.1.2.5 Know-how-Datenbanken

Know-how-Datenbanken in Industrieunternehmen kann man als geordnete Sammlung von Anwendungslösungen begreifen. Dabei steht insbesondere bei **Investitionsgüterherstellern** nicht mehr das physische Produkt im Vordergrund, sondern der Beitrag zu einer bestimmten Problemlösung beim Kunden im Sinne einer integrierten Dienstleistung. Besonders sinnvoll ist ein solches System für Unternehmen der **Investitionsgüterindustrie**, die auftragsindividuelle Produkte in großer Variantenzahl fertigen.

Die Bearbeitung der Informationen erfolgt über Module zur Erfassung, Klassifikation und zum „Retrieval" der Anwendungsbeschreibungen. Ein Vertriebsmitarbeiter oder ein Konstrukteur erfasst die Daten dezentral am Arbeitsplatz, wenn das Unternehmen für einen Kunden die ersten Muster entwickelt und freigegeben hat oder wenn ein Angebot ausgearbeitet ist. Angestellte in Forschung, Entwicklung, Fertigung und Vertrieb können bei einem konkreten Anwendungsfall in der Datenbank recherchieren, um bereits vorhandene oder ähnliche

Problemlösungen ausfindig zu machen. Damit wird insbesondere bei international operie-renden Unternehmen der Gefahr entgegengewirkt, dass das Anwendungswissen zu stark zersplittert.

Ergänzt man die Know-how-Datenbank um Informationen, warum Angebote nicht zu Aufträ-gen geführt haben („Lost-Order-Statistik"), so hat man eine wichtige Grundlage für die stra-tegische Unternehmensplanung. Mithilfe dieser Frühwarnindikatoren erhält man z. B. sehr schnell Hinweise auf Verschiebungen im Markt durch veränderte Technologien oder einen neuen aggressiven Konkurrenten (vgl. auch Abschnitt 4.2.2.9.1).

Know-how-Datenbanken erzeugen Nutzeffekte auf der administrativen Ebene (z. B. raschere Beantwortung von Kundenanfragen), unterstützen aber auch die Planung und Kontrolle auf den höheren Führungsebenen. Beispiele hierfür sind:

-   Durch Erkennen häufig vorhandener Spezifikationen erhält man Hinweise auf wünschenswerte Standardprodukte, die an die Stelle von kostentreibenden Varianten treten.
-   Es entsteht eine Datenbasis mit vielen Informationen für die Unternehmensleitung, z. B. über die Wettbewerbssituation, technologische Verschiebungen oder veränderte Kun-denpräferenzen.

3.2.1.2.6 Frequently Asked Questions

Mit Frequently-Asked-Questions-Systemen (FAQ-Systeme) bezeichnet man solche, die Antworten (meist von Experten) auf häufig gestellte Fragen speichern. Im Internet findet sich eine Vielzahl von öffentlichen FAQ-Systemen.

Das Konzept **Answer Garden** von Ackerman [ACK 94/ACK 96] kombiniert zwei Aufgaben in Zusammenhang mit Organisationsgedächtnissen (Organizational Memory Information Systems (OMIS)):

1.   Wiederfinden von Wissen, und zwar sowohl mithilfe der Datenbank- als auch mit der Kommunikationstechnik.
2.   Gezielte Vermittlung des Zugangs zu menschlichen Experten.

Informationen im Answer Garden wachsen „organisch" als Frucht der Interaktionen von Experten und Benutzern mit dem System (vgl. Abbildung 3.2.1.2.6/1).

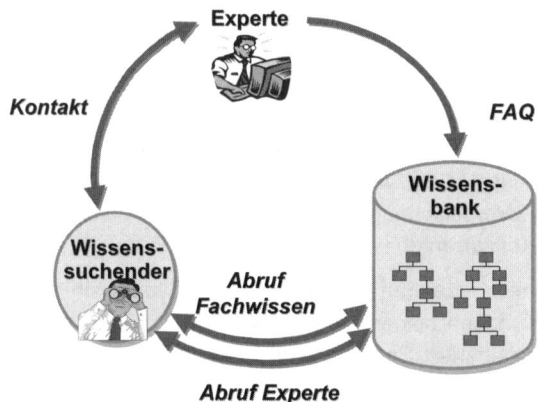

Abb. 3.2.1.2.6/1   Funktionsweise von Answer Garden

Der erste Ansatz der Suche beinhaltet eine hierarchisch gestaltete Fragenliste, die interaktiv abgearbeitet werden muss. Im zweiten Ansatz bekommt der Interessent eine Grafik der diagnostischen Fragen und navigiert darin („Bäume im Garten"). Wenn der Benutzer an einem Knoten nicht weiterkommt, bedient er den „I'm-Unhappy-Knopf", woraufhin das System per E-Mail den „Knoten-Experten" einschaltet. Dieser erhält mit der elektronischen Post eine „Geschichte" der Suche durch den Anfragenden. Der Experte antwortet nicht nur, sondern speichert die Problemlösung im Answer Garden, vorausgesetzt, die Frage ist von allgemeinem Interesse („Wachstum im Garten").

3.2.1.2.7 Wettbewerbsbeobachtung / Competitive Intelligence

Wettbewerbsbeobachtung (Competitive Intelligence / CI) ist nach einer Definition der Society of Competitive Professionals „der Prozess, ohne Verletzung ethischer Maßstäbe genaue, relevante, spezielle, aktuelle und verwertbare Informationen zu sammeln, zu analysieren und zu verteilen. Gegenstand sind unter anderem Patente, Produkte, Technologien, die Kapazitätsauslastung, der Cashflow, der Kauf anderer Betriebe, das Wachstum und die Gewinnentwicklung [HUM 08]. Dabei sind die Auswirkungen auf die Umgebung des Unternehmens, Konkurrenten und das Unternehmen selbst zu beachten" (übersetzt nach [SCI 08]). Nach einer anderen Definition [BON 03] ist auch Bedingung, dass die gesammelten Informationen öffentlich zugänglich sind. Daher kommt als Informationsquelle vor allem das Internet infrage, wo man z. B. Produktübersichten, Organisationspläne, Jahresberichte, Presseerklärungen, Lebensläufe von Führungskräften und Stellenanzeigen findet. Das Web hat weiter den Vorteil, dass die Informationen meist nicht bezahlt werden müssen und keine proprietäre Software erforderlich ist, wie es beim Zugriff auf kommerzielle Datenbanken der Fall wäre.

Wie die Existenz einer speziellen Fachgesellschaft zeigt, hat sich CI zu einer eigenen Disziplin entwickelt.

Charakteristisch für CI ist auch das Profil eines "Manager Competitive Intelligence", wie es der **Landmaschinenhersteller John Deere** im Jahr 2008 ausschrieb: „This position manages and supervises all CI activities and provides CI information for Europe, Africa and Middle East. This includes coordination of activities with the Information Knowledge Services and the worldwide CI departments, the management of the European CI database and the reviewing of results of the CI reporting tool. Creation of regular field reports, responsibility for the third party supplier management, and design and supervision of all external surveys are also part of this position. Frequent analysis and evaluation of CI information and the management of the CI workshops as well as the strong collaboration and interaction with John Deere CI experts worldwide are part of this position." [FAZ 08]

Bei der Wettbewerbsanalyse der **BMW Group** wertet man in erster Linie öffentlich zugängliche, zu Papier oder auf elektronische Medien (CD-ROM, Internet) gebrachte Informationen über Wettbewerber, deren Programme und Fahrzeuge aus. Neben den intern erfassten Daten wird das Informationsangebot durch die Integration zugekaufter Datenbanken erweitert. Über eine Datenbank zu technischen Fahrzeugdaten und Ausstattungen hinaus konnten in einer weiterentwickelten Version des Informationssystems auch Datenbanken von Fahrzeugzerlegungen und Automobilsalonbildern eingebunden werden. Dadurch sollen Handlungsbedarfe frühzeitig erkannt und Anregungen für neue eigene Projekte und Strategien gegeben werden. Die Betrachtungen konzentrieren sich im Wesentlichen auf Gesamtfahrzeugbelange und kundenrelevante Technikthemen, während Komponenten und Technikdetails in speziellen Fachbereichen analysiert werden. Fahrzeugzerlegungen und Komponentenbewertungen werden in Zusammenarbeit mit einer Zerlegewerkstatt durchgeführt. Nutzer der Auswertungen sind überwiegend Forschungs- und Entwicklungsabteilungen inklusive der Projektgruppen für neue Fahrzeuge, außerdem Produktstrategiestellen und das Marketing. Im Aufgabenbereich „Prognose Wettbewerber" werden Modell-, Produkt- und Innovationsstrategien – exemplarisch seien die Termine des Serienanlaufs und geplante Karosserievarianten genannt – der konkurrierenden Automobilkonzerne prognostiziert. In einem Unternehmen der **Automobilindustrie** benötigen nahezu alle Fachstellen Informationen über Neuvorstellungen der Konkurrenten auf internationalen Automobilsalons. Für diesen Zweck werden rechnergestützt umfassende Berichte über die aktuellen Ausstellungen angefertigt und archiviert, um auch zu späteren Zeitpunkten noch schnellen Zugriff auf diese Dokumente zu haben, etwa um Vergleiche anzustellen oder Produkt-Evolutionen transparent zu machen. Diese Berichte behandeln sowohl herstellerübergreifende Produkttrends als auch detaillierte Abhandlungen über besonders interessante Wettbewerberfahrzeuge [SCHM 08]. (Weiterführende Literatur, unter anderem zu Checklisten und Kriterienkatalogen, findet sich in [NAV 08].)

3.2.1.2.8 Selektive Informationsverteilung und Frühwarnsysteme

Die selektive Informationsverteilung (**S**elective **D**issemination of **I**nformation, SDI) ist eine Weiterentwicklung der Informationserschließungsverfahren. Die Mitarbeiter des Unternehmens melden ihre speziellen Informationswünsche in Gestalt einer „permanenten Anfrage" („Dauerauftrag", „Informationsbedarfsprofil") an das elektronische System, wobei diese Anfrage in der gleichen Form, also z. B. als Kombination von Deskriptoren, abgefasst wird wie bei den gewöhnlichen Recherchen. Bei jeder Neueinspeicherung wird maschinell geprüft, ob für die diesem Dokument beigegebene Deskriptorenkombination ein innerbetrieblicher Interessent existiert. Wenn ja, so erhält dieser Mitarbeiter einen Hinweis. Moderne SDI-Verfahren versuchen, das Benutzerprofil über die Zeit zu verbessern, indem der Benutzer die gefundenen Dokumente bewertet („Relevance Feedback") und dadurch seine Deskriptorenkombination anpasst.

Als Sonderfall von SDI-Systemen kann man Früherkennungs- bzw. Frühwarnsysteme ein-stufen. Dabei werden die Informationen nicht nur an die Aktionsstellen im Betrieb geleitet, an denen sie wahrscheinlich von Interesse sind; vielmehr ergänzt man die Dokumente vor ihrer Einspeicherung um Bewertungen, mit denen zum Ausdruck gebracht wird, mit welcher Dring-lichkeit die Informationen gelesen bzw. bearbeitet werden sollen (vgl. u. a. [HAZ 98]).

Es lassen sich unterschiedliche Verfeinerungsstufen bzw. „Generationen" von Früherken-nungssystemen differenzieren [HOR 06]. Bei solchen der ersten Generation basiert das System auf Kennzahlen des Rechnungswesens und den zugehörigen Plan-Ist-Vergleichen. Die zweite Generation will mithilfe von Indikatoren Umweltveränderungen, z. B. die Auftrags-lage einer ganzen Branche, als Vergleichsgrößen einbeziehen. Voraussetzung ist, dass auch externe Informationen (vgl. Abschnitt 2.2.1.2) beschafft und gespeichert werden. Früherken-nungssysteme der dritten Generation sollen auch so genannte „schwache Signale", etwa erste Meinungsäußerungen von Politikern, auffangen. Die IV kann hier allenfalls über moderne Instrumente, beispielsweise einen Redaktionsleitstand (vgl. Abschnitt 2.2.2.2), unterstützen.

Zuweilen kommt es darauf an, neues Wissen „in Echtzeit" an eine große Zahl von Adressaten zu vermitteln, weil diese von Kunden und anderen Interessenten angesprochen werden; in diesem Zusammenhang wird auch von „zero latency" gesprochen. Anlässe sind beispielsweise überraschende Pressemeldungen über eine neue Erfindung oder Gerüchte über Sicherheitsmängel bei einem Erzeugnis, eine Unternehmenskrise o. Ä. Um das Unter-nehmen nach außen günstig darzustellen, wird die Geschäftsleitung zweckmäßigerweise Wissen zu dem Thema zusammentragen und durch elektronische Post verteilen. Interessant ist in diesem Zusammenhang ein digitales Unternehmensfernsehen (Business TV, vgl. [JÄG 99]). Die Digitaltechnik bringt den Vorteil mit, dass sich bestimmte Empfängergruppen ansteuern lassen. Die Signale werden verschlüsselt und mit einem Decoder am Arbeitsplatz dechiffriert. Als Empfangsgeräte in den Büros kommen nicht nur herkömmliche Fernseher, sondern auch PCs infrage.

Die **Valeo Klimasysteme GmbH** entwickelt und produziert **Klimasysteme für Automobile**. Im Rahmen des Reklamations-Managements wurde auf der Plattform **IBM Lotus Notes/Domino** und mit den Produkten der **Pavone AG** eine so genannte Befundungsdaten-bank eingerichtet. Sie dient der Bearbeitung und Analyse von Garantieansprüchen und Bandausfällen. Das System erlaubt eine Volltextsuche. Im Rahmen eines so genannten integrierten Vorlagemanagements können Prüfungskonfigurationen zentral vordefiniert und somit bereichsübergreifend eingesetzt werden. Eine Workflow-Komponente sorgt dafür, dass die Benutzergruppen per E-Mail informiert werden, wenn Bearbeitungszeiten überschritten werden oder sich bestimmte Qualitätsmängel häufen. Über einer Schnittstelle zu Kunden- und Lieferantenportalen wird der weit gehend automatische Informationsaustausch mit Partnerbetrieben erleichtert. So können Daten unmittelbar aus Kundenportalen importiert werden; eine personelle Datenerfassung entfällt insoweit [BAN 08].

3.2.2 Benutzer- und Rollenmodellierung

Ein plausibles Szenario für die Weiterentwicklung von Planungs- und Kontrollsystemen bein-haltet, dass sich die Wirtschaftsinformatik – wie viele Fächer – stärker ausdifferenziert. Bei den Betrieben bieten sich Branchen, Betriebstypen und Lebensphasen an, bei den Nutzern

die Individualisierung nach Rollen und Präferenzen bzw. Aversionen, wie sie in Benutzermodellen dokumentiert sind. Im Idealfall könnten dann Software- bzw. Systemhäuser vorgefertigte Systeme ausliefern, welche anhand der Betriebs- und Mitarbeitermerkmale zu para-
metrierende Methoden, Programme und Inhalte („Content") umfassen. Es ergäbe sich
folgender Bezugsrahmen (Abbildung 3.2.2/1):

Branche und Betriebstyp sowie Lebensphasen des Betriebs (die „Situierung", z. B. Grün-
dungsphase, Krisenbewältigung, Akquisitionen, Zusammenschlüsse) determinieren typische
Entscheidungen. Diese werden durch entscheidungsunterstützende Methoden bzw. Systeme
(EUS) vorbereitet. Diese EUS bestimmen einen gewissen Informationsbedarf, für den sich
oft spezifische Aufbereitungen anbieten, z. B. in Gestalt spezieller Kennzahlen.

Die Wahl der Kennzahlen und ihre Präsentation sind auch beeinflusst durch Pflichten aus
Rollen und Präferenzen von Entscheidern (Personalisierung). Schließlich sind die so deter-
minierten Daten von innen und/oder außen, also z. B. aus internen und/oder externen Datenbanken, zu beschaffen.

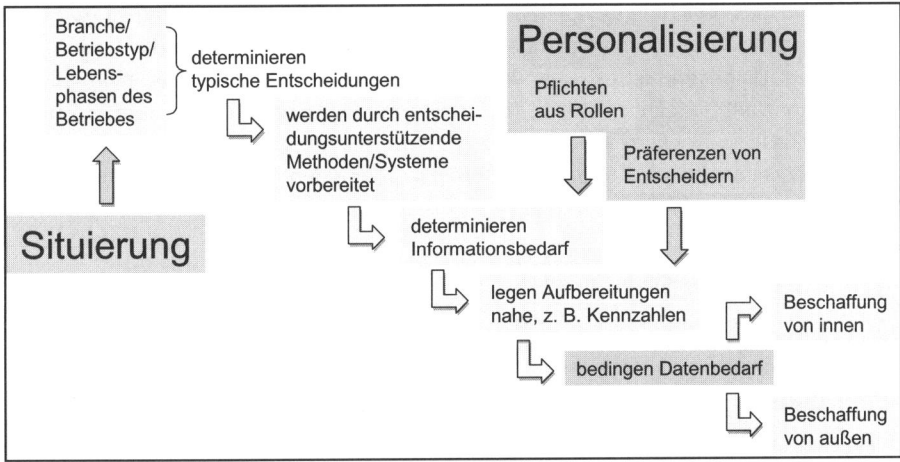

Abb. 3.2.2/1   Szenario für die Weiterentwicklung von Planungs- und Kontrollsystemen

Die enge Verknüpfung bis hin zur Kapselung von Entscheidungsmodellen mit den zugehörigen internen und externen Informationen ist charakteristisch für Analytische Informationssysteme (vgl. Abschnitt 2.4.2) [MEI 06]. Anbieter von Standardsoftware beginnen, derartige
integrierte Systeme auszuliefern.

3.2.3 Information Retrieval, Information Filtering und Recommender Systems (Empfehlungssysteme)

Wesen der Recherche ist es, Inhalte von Informationsspeichern mit in Suchanfragen
formulierten Informationswünschen zu vergleichen. Mit dem Aufkommen des Internet prägt
sich die Unterscheidung **Information Retrieval** (IR) (im engeren Sinn) versus **Information
Filtering** (IF) aus (siehe Abbildung 3.2.3/1 und 3.2.3/2, vgl. auch [OAR 97] und [WED 01]).

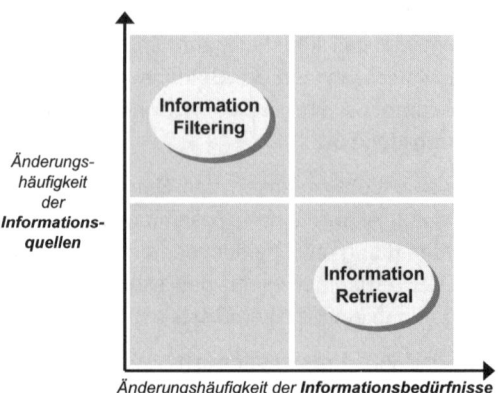

Abb. 3.2.3/1   Varianten der Informationssuche

Demnach werden beim Information Retrieval stets wechselnde Anfragen an einen „stabilen" Dokumentenfundus gerichtet. Beispielsweise recherchiert die Patentabteilung im Auftrag von Entwicklungsingenieuren in den Datenbanken der Patentämter immer wieder nach anderen Schutzrechten. Umgekehrt ist es beim Information Filtering: Hier bleibt der Informationsbedarf relativ konstant, jedoch entstehen mit großer Frequenz neue Dokumente. So benötigt etwa die Stabsstelle Konkurrenzbeobachtung immer dann Hinweise, wenn Pressemeldungen, Fachzeitschriftenbeiträge und selbst Gerüchte über einen bestimmten Wettbewerber im Internet auftauchen.

Information Retrieval	Information Filtering
betrifft die einmalige Nutzung des Systems durch Benutzer mit einem konkreten, kurzfristigen Ziel	betrifft die wiederholte Nutzung des Systems durch Personen mit dauerhaften Zielen bzw. Interessen
erkennt Probleme, ob die Abfrage des Anwenders seine Zielvorstellung adäquat wiedergibt	geht von der Annahme aus, dass ein Profil den konkreten Informationsbedarf widerspiegelt
stellt das Sammeln und Organisieren von Dokumenten in den Vordergrund	stellt die Verteilung von Dokumenten in den Vordergrund
selektiert Dokumente typischerweise aus eher statischen Datenbanken	selektiert oder eliminiert Dokumente aus einem dynamischen Datenstrom
reagiert auf die Interaktion des Benutzers mit Ausgabetext innerhalb eines Suchprozesses	reagiert nur langfristig auf Veränderungen über mehrere Suchprozesse hinweg

Abb. 3.2.3/2   Unterschiede von IR und IF

Auch methodisch bestehen sehr enge Beziehungen zwischen IR und IF: Die durch Klassifikationen oder Kollektionen von Suchanfragen bzw. Profilen beschriebenen Informationsbedarfe vergleicht das Filtersystem mit den gespeicherten Objekten, und zwar sowohl beim inhaltsbasierten als auch beim so genannten Collaborative Filtering (siehe unten).

Der Morphologische Kasten der Abbildung 3.2.3/3 soll einen Überblick über die Fassetten der Informationsfilterung schaffen.

Gegenstand	Quantitative Daten (Data Mining)	Texte (Text Mining)	Halb-strukturierte Informationen
Ort der Filterung	An der Informationsquelle	Informationsmittler (Broker)	Beim Informations- empfänger
Filterungstechnik	Kognitiv (inhaltsbasiert)	Soziologisch	Collaboration via Content
Adressatensituation	Gleichbleibend		Situativ
Adressatenmodellierung	Rein objektiv (Rollenmodellierung)		Subjektive Einflüsse (Benutzermodellierung)
Präsentation	Einzelne Ergebnisse	Rangfolge der Bedeutung	Grafische Darstellung

Abb. 3.2.3/3: Morphologischer Kasten „Informationsfilterung"

Gegenstand können zunächst **quantitative Daten** sein. Diese Form der Filterung bezeichnet man auch als **Data Mining** (vgl. Abschnitt 3.3.4). Entsprechend versucht das **Text Mining** (vgl. Abschnitt 3.3.5), Wissenswertes aus umfangreichen Texten herauszufinden. Liegen **halb-strukturierte Informationen** vor, so lassen sich die Strukturelemente nutzen, um den Filterprozess zu rationalisieren und seine Zuverlässigkeit zu steigern. Ein wichtiges Beispiel ist das Filtern von E-Mails, wo das System die Absender-, Datums- und Betreff-Angaben separat analysiert. Die drei Techniken können auch verbunden werden. Gentsch [GEN 99] schildert folgendes Beispiel: „So befinden sich beispielsweise strukturierte Kundeninformationen wie Name, Anschrift, Telefonnummer und Anzahl der Kundenge-spräche in der relationalen Marketingdatenbank. Korrespondenz, Aktennotizen und Verträge sind jedoch in der dokumentenorientierten Datenbank auf Basis von **Lotus Notes** abgelegt. Auftragspositionen, aktuelle Umsatzzahlen und Auftragsbestätigungen befinden sich als strukturierte Informationen wiederum in einer relationalen Datenbank ... in der Buchhaltung ... Die neuesten Nachrichten und Börsennotierungen des Kunden kommen online über Internet und liegen damit als HTML-Dokumente vor. Gerade zwischen diesen unterschiedlich strukturierten Informationen können signifikante Relationen verborgen sein. Möglicherweise existieren interessante Beziehungen zwischen der Korrespondenz, welche die Beschwerden der Kunden zum Ausdruck bringt, und bestimmten Sachbearbeitern oder Produkten. Durch die Verbindung strukturierter Kundeninformationen wie Alter, Geschlecht oder Anzahl der Kinder mit textuellen Informationen wie Beschwerden über Produkte oder Serviceleistungen ... oder Verbesserungsvorschlägen kann wichtiges Wissen für die Produktentwicklung und das Marketing entwickelt werden. Integriertes Mining hilft dem Unternehmen, mehr über seine Kunden zu lernen, seine Beschwerden besser zu verstehen ... . "

Als **Ort der Filterung** kommt zunächst die **Informationsquelle** in Betracht. Von dort werden die Selektionsergebnisse gezielt an die Empfänger geleitet, bei denen ein Bedarf zu vermuten ist. Es bestehen enge Bezüge zu den aktiven Führungsinformationssystemen nach dem Push-Prinzip (vgl. Kapitel 1.2). Umgekehrt kann sich der **Empfänger** ein Filtersystem bauen. Dazwischen liegen **Informationsmittler** (**Broker**); es handelt sich um Freiberufler oder darauf spezialisierte Unternehmen, also aus Sicht eines Betriebes externe Mittler, aber auch um unternehmensinterne Stellen.

Die **Filterungstechnik** mag zunächst die **kognitive bzw. inhaltsbasierte (Cognitive oder Content Based Filtering)** sein. Hierbei wird vor allem der Inhalt der Botschaft mit den Informationsbedarfen potenzieller Empfänger verglichen, und auf dieser Grundlage erfolgen Zuordnungen („Matching"). Im angelsächsischen Sprachraum bezeichnet man die Technik als Content Based Filtering. Abbildung 3.2.3/4 verdeutlicht das Prinzip.

Eine zweite Möglichkeit liegt im **Social bzw. Collaborative Filtering** (auch Empfehlungs-systeme oder „Recommender Systems", vgl. [MER 97/RES 97], [SCHE 04]). Hier versucht das System, Benutzer in „Communities" einzuordnen, und empfiehlt Lösungen, die anderen Mitgliedern dieser Interessengemeinschaften weiterhelfen [OAR 97].

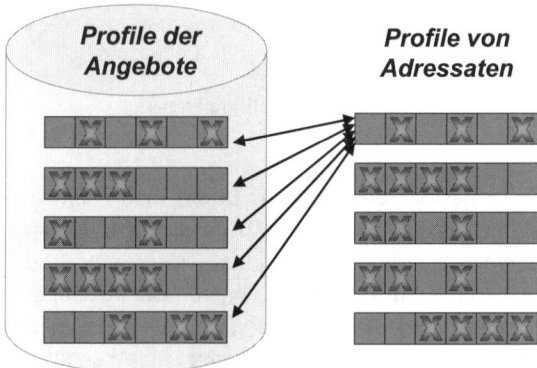

Abb. 3.2.3/4:   Content Based Filtering

Abbildung 3.2.3/5 skizziert den Ablauf beim Empfehlungssystem. Zunächst teilt ein Benutzer (in der Grafik: A) dem System seine Präferenzen mit, indem er Informationen auswählt und/oder beurteilt (❶). Beispielsweise könnte er in einem Newsletter bewerten, welche Nachrichten für ihn besonders interessant waren. Ein Algorithmus sucht nun nach dem Benutzer mit den ähnlichsten Vorlieben (in der Grafik: B), dessen Präferenzen (bzw. Auswahl) sich am stärksten mit denen des ersten Benutzers überschneiden (❷). Als Ergebnis des **Collaborative Filtering** werden Informationen empfohlen, die dem zweiten Anwender (B) über die Präferenzen des ersten (A) hinaus zusagten (❸).

Die Ähnlichkeit zwischen den Benutzern kann über demografische Merkmale (z. B. gleiche Rolle im Unternehmen) oder über das Benutzerverhalten (ähnliche Auswahl von Informationen aus vergleichbaren Quellen) quantifiziert werden. Ein wichtiger Spezialfall ist der Vergleich von Verhaltensweisen beim Besuch von Webseiten bzw. beim „Webbrowsing". Diese Wege bzw. „Klick-Folgen" lassen sich durch Grafiken abbilden, die wiederum automatisch verglichen werden können. Die Pfade von ähnlichen Benutzern werden dann vom System dem neuen Benutzer vorgeschlagen („intelligente Navigationshilfen") [WAN 08]. Ändert das IV-System die ursprünglich vom Gestalter der Seiten („Web-Designer") aufgebauten „Sitemaps" in Abhängigkeit von veränderten Navigationsverhalten des Nutzers, so spricht man von „Adaptiven Websites" bzw. „Dynamischen Sitemaps" [WAN 06/ZHO 04].

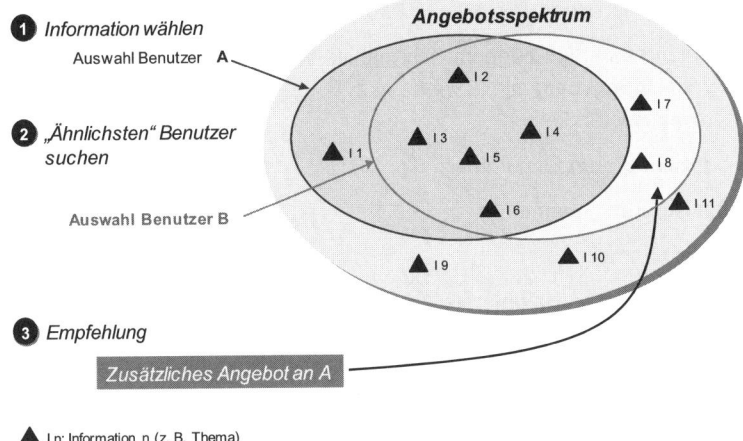

Abb. 3.2.3/5   Collaborative Filtering

Das **Cognitive** und das **Collaborative Filtering** werden im **Collaboration via Content (CvC)** kombiniert [SCHA 01]: Das im Cognitive Filtering beobachtete Nutzerverhalten liefert die Informationen für ein Profil. Mit diesem berechnet man das Ähnlichkeitsmaß für das Collaborative Filtering.

Da Dokumente in Empfehlungssystemen durch Annotationen der Leser repräsentiert werden, kann man erst Vorschläge erzeugen, wenn genügend Datensätze gespeichert sind. Fehlen Hinweise früherer Rechercheure, so sinkt die Motivation, ein solches System zu benutzen („Henne-Ei-Problem"). Man diskutiert deshalb über Anreize, die potenzielle Erstanwender anregen sollen, Collaborative-Filtering-Software mit Startwerten zu versorgen.

Insgesamt konnte gezeigt werden, dass sich durch Empfehlungssysteme die Informationsüberflutung aufhalten und die Zufriedenheit der Benutzer erhöhen lässt ([LIA 06/LIA 08]). Anders ausgedrückt: Das Empfinden des „Being lost in hyper-space" wird zurückgedrängt.

Die **Adressatensituation** kann **gleichbleibend** sein oder sich **ändern**. Im Zusammenhang mit PuK-Systemen würde im Idealfall ein System Entscheidungssituationen erkennen, die wiederum von der Lebensphase des Unternehmens abhängen. Beispielsweise erhielten Führungskräfte in einer Phase, in der es gilt, eine feindliche Übernahme abzuwehren, andere Informationen als nach einer Fusion („Post Merger Integration") oder während einer Restrukturierung.

Die Filterungsverfahren setzen voraus, dass die Adressaten modelliert sind, also ein **Rollen-** und/oder **Benutzermodell** vorliegt (vgl. Abschnitt 3.2.2).

Während in einfachen Fällen **einzelne Ergebnisse** ungeordnet präsentiert werden, ordnen elegantere Systeme die Treffer nach dem Grad der Übereinstimmung von Informationswunsch und Information in eine **Rangfolge** ein oder veranschaulichen gar die Beziehungen zwischen gefundenen Dokumenten durch **Grafiken**.

3.2.4 Verdichtung

Jeder Datenbestand kann (sortiertechnisch mithilfe eines Klassifikationsschlüssels) in unterschiedlicher Verdichtung dargestellt werden; z. B. gestattet der Aufbau eines Erzeugnisschlüssels aus den Bestandteilen

1. Erzeugnishauptgruppennummer,

2. Erzeugnisgruppennummer,

3. Erzeugnisnummer

eine dreistufige Hierarchie: Die unterste Ausgabe enthält als Überblick Meldungen über eine Erzeugnisgruppe und im Detail solche über die Erzeugnisse einer Erzeugnisgruppe; die mittlere Verdichtungsstufe weist im Überblick Informationen über eine Erzeugnishauptgruppe, im Detail Angaben zu allen Erzeugnisgruppen, die zu dieser Erzeugnishauptgruppe gehören, aus; die höchste Verdichtungsstufe zeigt im Überblick die Summe aller Erzeugnishauptgruppen, im Detail Informationen über die einzelnen Erzeugnishauptgruppen (vgl. Abbildung 3.2.4/1).

Verarbeitet man einen Datenbestand, der in verschiedenen Verdichtungsstufen dargestellt werden kann, so ergeben sich durch Kombination dieser Verdichtungsstufen vielfältige Darstellungsmöglichkeiten, die für unterschiedliche Analysen nutzbar sind. Gliedert man z. B. Kunden und Erzeugnisse vom Schlüsselaufbau her in die Kategorien

1. Erzeugnishauptgruppen,

2. Erzeugnisgruppen,

3. Erzeugnisse,

4. Kundenhauptgruppen,

5. Kundengruppen,

6. Kunden,

so sind alle Kombinationen, z. B. die in Abbildung 3.2.4/2 durch Pfeile symbolisierte Verdichtung der Erzeugnisse zu Erzeugnisgruppen, der Erzeugnisgruppen zu Erzeugnishauptgruppen und der Erzeugnishauptgruppen zur Summe aller Erzeugnisse für die Lieferungen an einen Kunden, sinnvoll. Eine Verdichtung, bei der konsequent das Prinzip eingehalten wird, dass die Einzelinformation einer Stufe gleich der Summeninformation der vorgelagerten Stufe ist, bezeichnen wir als Verdichtung vom Typ I.

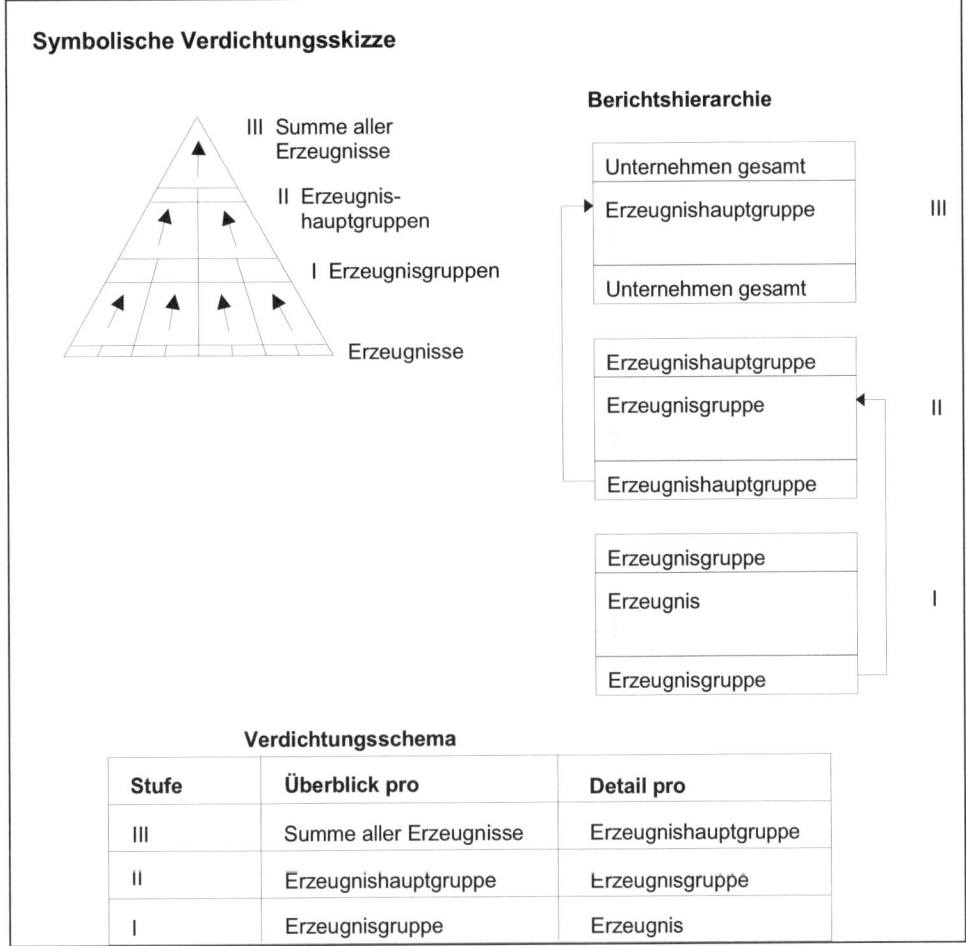

Abb. 3.2.4/1   Beispiel der Verdichtung eines Datenbestands

Muss man dagegen die Summeninformationen einer Verdichtungsstufe erst noch weiterverarbeiten (z. B. akkumulieren), ehe sie zur Einzelinformation der darüberliegenden Stufe werden, so sprechen wir vom Typ II (vgl. die gestrichelten Pfeile in Abbildung 3.2.4/2: Um die an eine Kundengruppe verkaufte Erzeugnisgruppe ausweisen zu können, gilt es, zuerst die Zahlen dieser Erzeugnisgruppe bei allen Kunden einer Kundengruppe zu summieren).

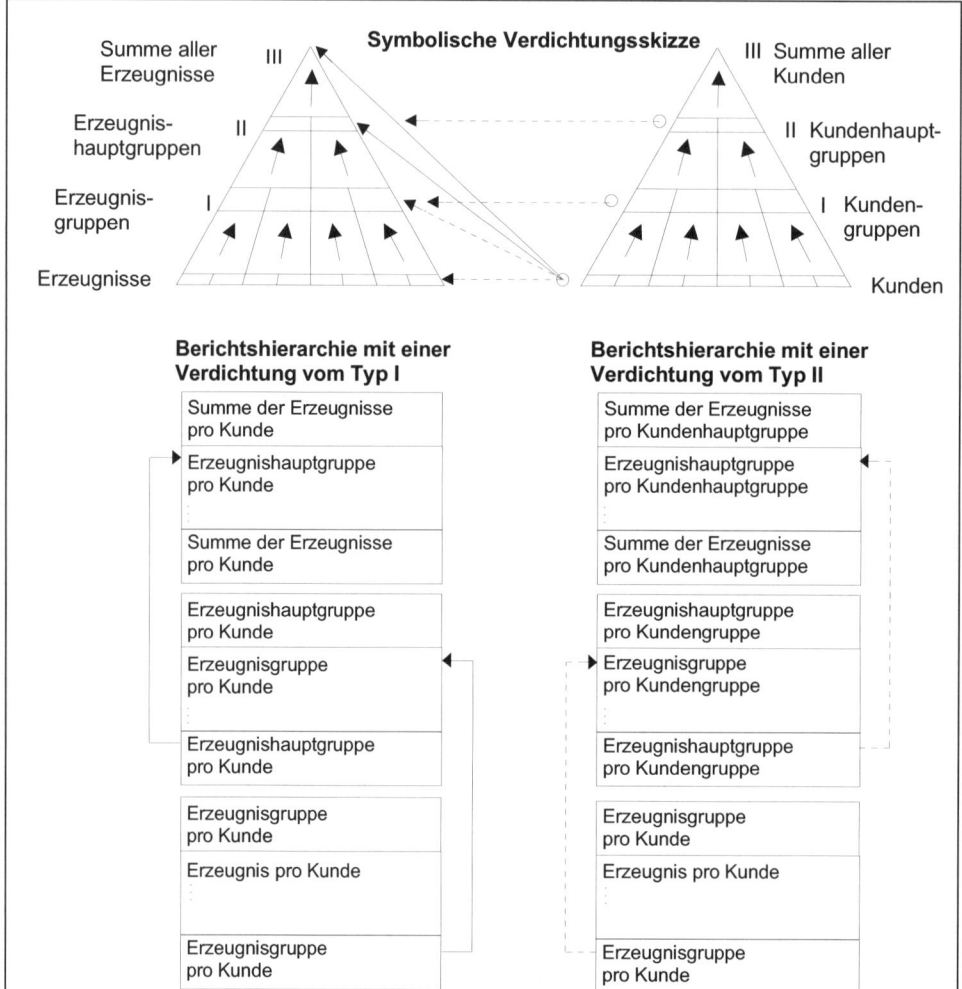

Abb. 3.2.4/2   Beispiel für die Kombination verschiedener Verdichtungsstufen bei über-schneidungsfreier Klassifikation (jeder Kunde kann jedes Erzeugnis be-stellen)

Abbildung 3.2.4/3 zeigt einen Datenbestand, bei dem eine sinnvolle Kombination nur auf der untersten Ebene möglich ist: Hier ist die Zuordnung Außendienstmitarbeiter/Kunde eindeutig geregelt, sodass man die in Abbildung 3.2.4/3 dargestellte Berichtshierarchie aufbauen kann. Dagegen lässt sich z. B. die (überregional definierte) Kundengruppe „Einzelhändler" nicht mehr sinnvoll mit dem Verkaufsbezirk „Hessen" verbinden.

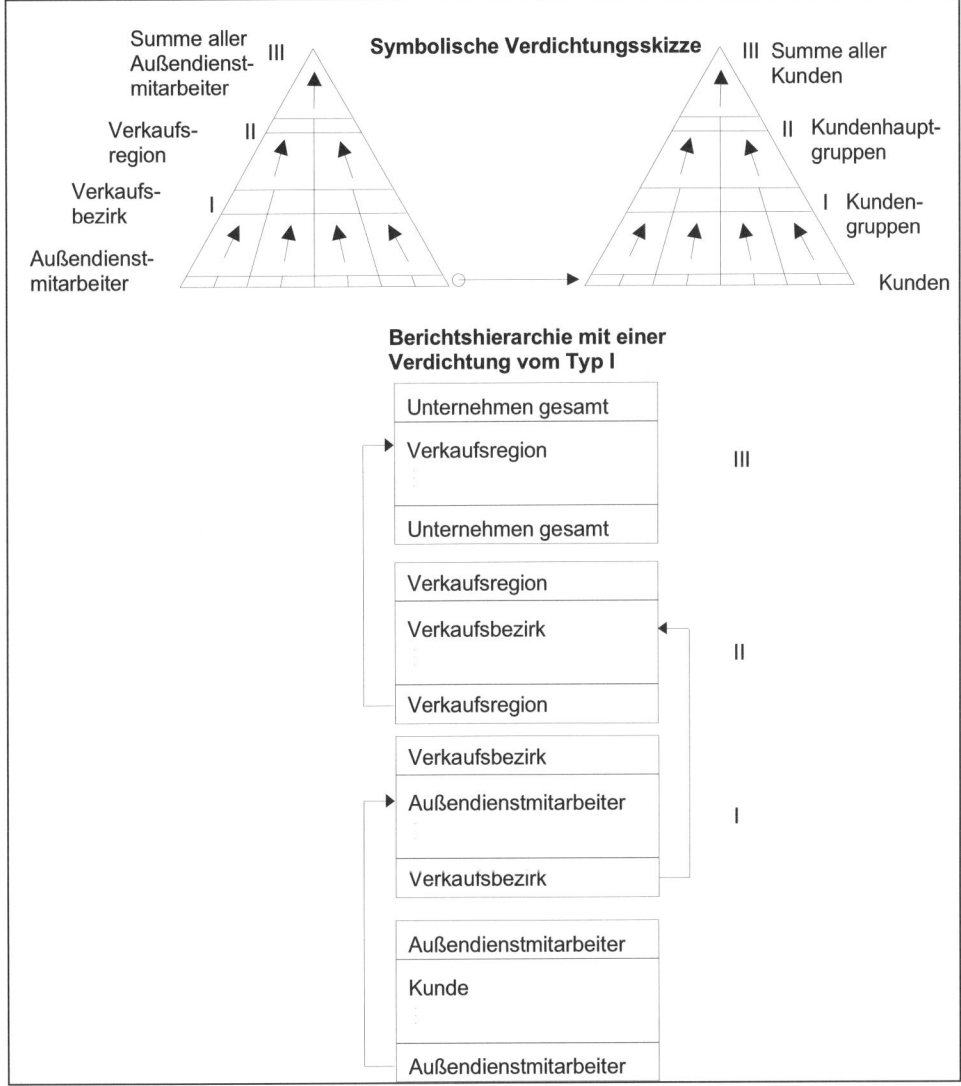

Abb. 3.2.4/3   Beispiel für die Kombination der Verdichtungsstufen bei überschneidungsfreier Klassifikation (jeder Kunde kann jedes Erzeugnis bestellen)

Die Verdichtung von Inhalten aus einem oder mehreren Datenbeständen wird man nach Möglichkeit der Organisationshierarchie eines Unternehmens anpassen, um die Zuordnung von Informationen und Verantwortung zu gewährleisten.

3.2.5   Bestimmung und Darstellung von Ausnahmesituationen

Ausnahmesituationen sind Abweichungen von bisher üblichen, erwarteten (prognostizierten) oder vorgegebenen (geplanten) Ergebnissen. Das Interesse des Benutzers kann sich entweder auf außergewöhnliche Abweichungen bei allen ihm ausgegebenen Daten (z. B. allen Artikelumsätzen) richten, oder er hält nur einen Teil der Daten (z. B. Umsätze von A- und B-Artikeln) für wesentlich.

Um Abweichungen festzustellen, existieren prinzipiell drei Ansätze:

1. Zeitvergleich

2. Objektvergleich (z. B. Gegenüberstellung von Kennzahlen verschiedener Vertriebs-niederlassungen oder Durchschnittswerte einer Branche)

3. Planvergleich [PEE 05]

Welche Abweichung schon eine Ausnahme darstellt, lässt sich auf zwei Arten feststellen: Einmal mag man über einen Parameter für eine Größe (z. B. Abweichung vom Planumsatz) Toleranzen vorgeben, deren Überschreitung dazu führt, dass diese Abweichung eine Aus-nahme wird. Die Toleranz kann absolut, z. B. „20.000 € Abweichung vom Planumsatz", oder prozentual, z. B. „5 % Abweichung vom Planumsatz", angegeben werden. Zum anderen ist es möglich, die Ausnahme variabel zu definieren. Das hieße etwa, jeweils die zehn größten Abweichungen als „Ausnahme" zu bezeichnen.

Gibt man einen absoluten oder prozentualen Schwellenwert vor, so werden auf den unteren Verdichtungsstufen weit mehr Abweichungen ausgewiesen als auf den oberen, weil sich an der Spitze der Verdichtungspyramide die positiven und negativen Abweichungen der unteren Verdichtungsebenen weit gehend ausgleichen (eine zehnprozentige Schwankung eines Arti-kelumsatzes ist natürlich, die zehnprozentige Abweichung des Konzernumsatzes dagegen ungewöhnlich). Vertiefende Betrachtungen zu diesen Phänomenen findet man bei Vetschera [VET 02]. Dies führt zur Überlegung, Mittelwert und Standardabweichung der Differenzen zu berechnen und z. B. nur die Abweichungen als Ausnahmen auszuweisen, die außerhalb des Bereichs (Mittelwert +/- zwei Standardabweichungen) liegen.

Orientiert sich die Definition der Ausnahmen an der Verteilung der tatsächlich auftretenden Abweichungen, so hat das den Vorteil, dass die Darstellung an Aussagekraft gewinnt; füh-rungspsychologisch ist jedoch als Nachteil zu werten, dass z. B. bei einer Toleranz von nur einer Standardabweichung infolge der variablen Definition einer Ausnahme nur selten ein Zustand eintritt, in dem keine Ausnahmen ausgegeben werden, es kann sozusagen „Voll-kommenheit" nur schwer erreicht werden.

Der Effekt, dass die Häufigkeit, mit der Abweichungen auftreten, von der Verdichtung ab-hängt, begegnet uns auch, wenn Ist-Daten beurteilt werden müssen, die über die Zeitachse kumuliert sind. Zum Beispiel wird der aufgelaufene Umsatz eines Produkts im Januar um die Januar-Mittelwerte der vergangenen Jahre stärker schwanken als der bis September auf-addierte. Außerdem kann man im Januar eingetretene Umsatzeinbußen bis zum Jahresende (= angenommener Planungshorizont) leichter kompensieren als Abweichungen, die man erst im September registriert. Huch [HUC 84] und Zentes [ZEN 98] haben hierfür einen sich ge-gen Jahresende hin verengenden (trichterförmigen) Korridor vorgeschlagen (vgl. Abbil-dung 3.2.5/1). Die Funktionen der Toleranzlinien $T^+(t)$ und $T^-(t)$ lauten:

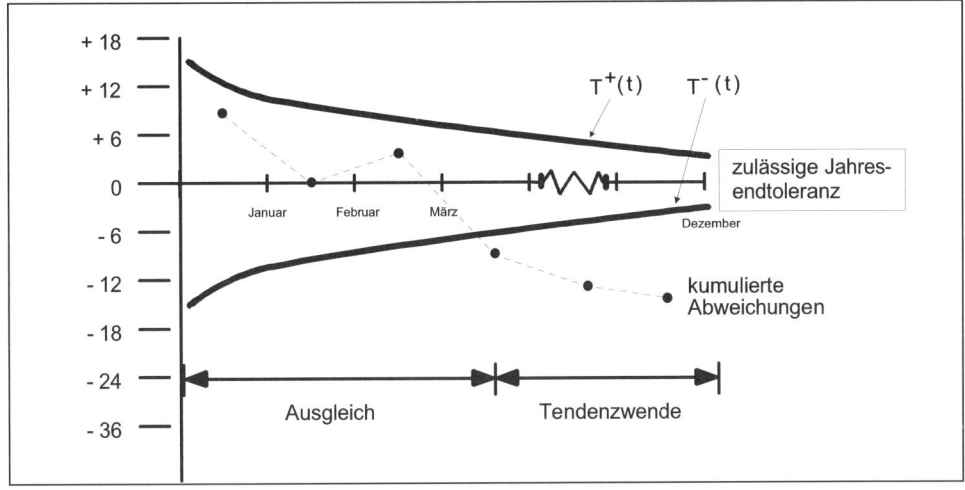

Abb. 3.2.5/1   Trichterförmiger Korridor zur Abweichungsanalyse

$$F(t) \quad = \quad \sqrt{12/t}$$
$$T^+(t) \quad = \quad F(t) \times T^+(12)$$
$$T^-(t) \quad = \quad F(t) \times T^-(12)$$

Legende:

$F(t)$	=	Faktor zur Bestimmung des aktuellen Schwellenwerts
t	=	Anzahl der vergangenen Monate
$T^+(12)$	=	Positive Jahresendtoleranz
$T^-(12)$	=	Negative Jahresendtoleranz
$T^+(t)$	–	Aktueller positiver Schwellenwert
$T^-(t)$	=	Aktueller negativer Schwellenwert

Für die Darstellung von Ausnahmen sind folgende Varianten möglich:

1. Hervorhebung im Berichtsteil durch Unterstreichung, Blinken, inverse Darstellung, Sternzusatz o. Ä., wobei allerdings die Unterstreichung drucktechnisch ungünstig sein kann;

2. Kennzeichnung am Bildschirm mit unterschiedlichen Farben. Beliebt ist die Ampelfunktion, wobei gefährliche Sachverhalte mit roter, erfreuliche mit grüner und neutrale mit gelber Farbe gekennzeichnet werden; intuitiver ist dagegen eine Darstellung, bei der alle Werte mit dem selben farblichen Hintergrund dargestellt werden, bei Hervorhebungen jedoch die Farbintensität erhöht wird;

3. Getrenntes Ausweisen der Ausnahmezeile im Berichtsteil (z. B. Wiederholung der Druckzeile);

4. Hinweis durch eine Textkonserve mit variablem Teil (z. B. 17 % PLANABWEICHUNG BEI DECKUNGSBEITRÄGEN DES ARTIKELS 4711);

5. Hinweis durch eine Textkonserve bei gleichzeitiger Ausgabe von Details auf Zusatzblättern bzw. zusätzlichen Bildschirminhalten (z. B. werden in dem oben erwähnten Fall neben der Textkonserve noch Umsatzzahlen des Berichtszeitraums für den Artikel 4711 ausgewiesen). Der Aufwand für die Erstellung der Zusatzblätter hält sich in Grenzen, wenn man hierfür die Berichtsblätter anderer Verdichtungsstufen verwendet;

6. in Abbildung 3.2.5/2 ist als Beispiel eine Berichtshierarchie mit Zusatzblättern aus dem Vertriebsbereich dargestellt. Man sieht (gestrichelte Linie), dass die Details des Zusatzblatts aus einer um zwei Verdichtungsstufen niedrigeren Berichtsebene stammen: Das Zusatzblatt für den Verkaufsdirektor (VD) ist identisch mit dem Übersichtsblatt für den Verkaufsbezirksleiter (BL);

7. durch den Einsatz von Expertisesystemen (vgl. Abschnitt 3.4.6) können darüber hinaus noch Bewertungen von Ausnahmen einfließen (z. B. „Weicht erheblich vom Ziel ab");

8. Beschränkung des Berichtswesens auf Ausnahmesituationen (so genanntes Exception Reporting).

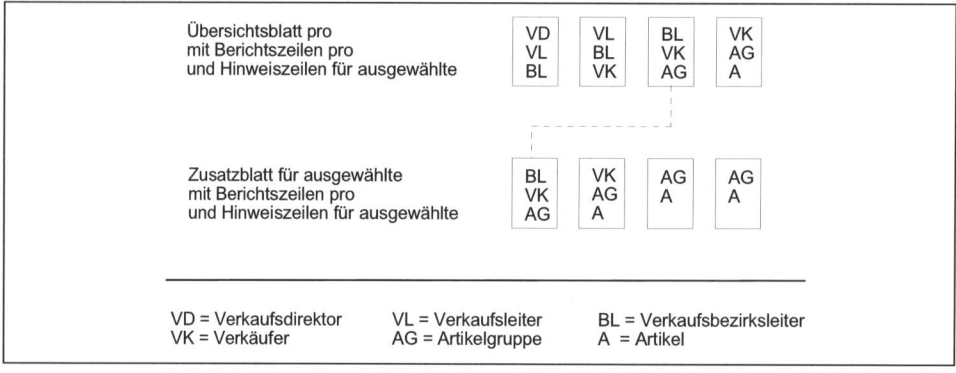

Abb. 3.2.5/2   Beispiel für eine Berichtshierarchie bei Ausgabe von Details auf Zusatzblättern

Es ist möglich, die Berichtszeilen nach der Bedeutung der Abweichungen zu sortieren. Voraussetzung ist die Vergabe von Rangstufen für die Berichtsobjekte, etwa für die Artikel oder Kunden. Letztere können beispielsweise in Rangplätze klassifiziert werden, wenn man aufgrund der mit ihnen im Vorjahr erzielten Deckungsbeiträge und aufgrund ihres Einkaufspotenzials Punkte vergibt und dann die (eventuell gewichtete) Punktesumme ermittelt. Hat man die Rangstufen festgestellt, so muss durch die Bildung eines gewichteten Mittelwertes oder durch Multiplikation ein Kriterium für die Sortierfolge errechnet werden, sodass an der Spitze wichtige Berichtsobjekte mit großen Toleranzüberschreitungen stehen, am Ende weniger wichtige Gegenstände mit geringen Toleranzüberschreitungen und in der Mitte wichtige Berichtsobjekte mit geringen und weniger wichtige mit großen Toleranzüberschreitungen rangieren.

Objekte (z. B. Produktumsätze) mit einem hohen Anteil an der Gesamtmenge (beispielsweise alle Umsätze eines Geschäftsfeldes) schwanken im Allgemeinen um höhere **absolute** Beträge als weniger bedeutende. Das kann dazu führen, dass nur Abweichungen dieser „starken" Betrachtungsgegenstände ausgewiesen und dadurch neu einsetzende Trends übersehen werden. Der Einsatz von **relativen** Abweichungen würde dem entgegenwirken, hätte aber zur Folge, dass nun vor allem Objekte mit kleinem Volumen (z. B. neue Produkte mit noch sehr kleinen, stark oszillierenden Periodenverkäufen) als auffällig herausgestellt würden. Es ist daher plausibel, das Produkt aus relativer und absoluter Abweichung als Maß für die Interessantheit eines Informationsgegenstands zu benutzen [HAG 96]. Aus der Informationstheorie nach Shannon und Weaver lässt sich dafür die Formel:

Abweichungssignifikanz = c * ln c/p + p - c

herleiten [SHA 49 u.a.]. Dabei sind c der Anteil in der aktuellen Periode und p der in der Vergleichsperiode (bzw. im Plan). Wie Hawkes gezeigt hat, entspricht in erster Näherung das Produkt aus relativer und absoluter Abweichung dieser Informationsfunktion [HAW 89].

Wichtige Aussagen resultieren, wenn sowohl der Trend einer Abweichung als auch der Abweichungswert herangezogen werden. In Abbildung 3.2.5/3, Teil I, ist trotz des Abwärtstrends beim Istwert die Abweichung noch nicht alarmierend, weil der Wert über der Norm liegt. Anders verhält es sich im Teil II.

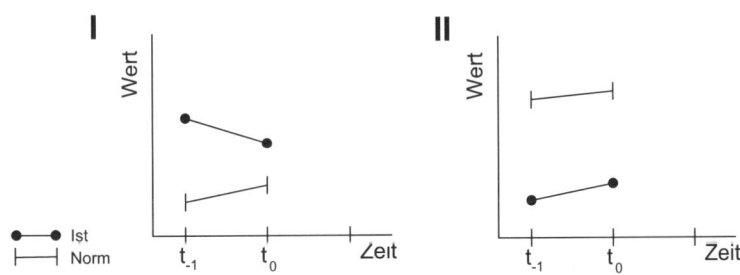

Abb. 3.2.5/3   Abweichungsformen (in Anlehnung an [BIS 96])

Wenn man noch weiter gehen will, wird ab einem bestimmten Wert des Sortierkriteriums „abgeschnitten", sodass z. B. die unteren 30 % der Berichtsobjekte nicht ausgegeben werden. Dabei kann man sich des Prinzips der ABC-Analyse (vgl. Abschnitt 3.3.1) bedienen und z. B. nur die A-Berichtsobjekte liefern. Eine Liste der unter Zugrundelegung eines bestimmten Kriteriums wichtigsten Objekte heißt auch Hitliste.

Abbildung 3.2.5/4 gibt ausschnittsweise ein Beispiel aus einer Fahrradproduktion. Es ist ersichtlich, dass als Sortierkriterium die absolute Abweichung zwischen Plan und Ist herangezogen wurde.

Treten für ein Berichtsobjekt (etwa Mitarbeiter) gleichzeitig mehrere Ausnahmen auf (z. B. außergewöhnliche Personalkostensteigerung und überdurchschnittliche Fluktuation), so kann man in Anlehnung an die Abweichungsanalyse der Plankostenrechnung verfeinerte Interpretationshilfen geben (vgl. Abbildung 3.2.5/5). Die jeweilige Textkonserve wird dabei in Abhängigkeit von bestimmten Kombinationen der einzelnen Ausnahmetypen angesteuert.

ERGEBNISBERICHT GJ 2001		SPART ARTGR	* *			
SPART	ARTGR	ARTK	DB I PLAN	IST	ABW (ABS)	ABW (%)
STRASSE	Fahrrad	Stra	133.859	81.833	52.026-	39-
HINAULT	Fahrrad	Hina	269.441	257.721	11.720-	4-
GELÄNDE	Fahrrad	Gela	502.569	491.280	11.288-	2-
COPPI	Fahrrad	Copp	46.567	36.236	10.331-	22-
SUMME						

Abb. 3.2.5/4   Ausschnitt aus der Hitliste

Informationsart	Toleranzgrenzenüberschreitung (+ = positiv, − = negativ, ++ = sehr positiv, − − = sehr negativ)									
Trend des Mitarbeiterbestands	+ +	+ +	+	−	−	−	−			
Fluktuationsrate							+	+		
Abwesenheit IST als % vom SOLL									−	+
Trend der Abwesenheit IST als % vom SOLL										
Personalkosten IST als % vom SOLL									+	−
Trend der Personalkosten IST als % vom SOLL	+ +	+	−	−	−	+		+		
Hinweisschlüssel	01	02	03	04	05	06	07	08	09	10

Hinweisschlüssel:

01 = Kosten steigen schneller als die Mitarbeiterzahlen

02 = Kosten steigen schwächer als die Mitarbeiterzahlen

03 = Kosten sinken bei steigenden Mitarbeiterzahlen

04 = Kosten sinken stärker als die Mitarbeiterzahlen

05 = Kosten sinken schwächer als die Mitarbeiterzahlen

06 = Kosten steigen bei sinkenden Mitarbeiterzahlen

07 = Mitarbeiterzahlen sinken bei hoher Fluktuationsrate

08 = Kosten steigen bei hoher Fluktuationsrate

09 = Hohe Kosten bei niedriger Anwesenheitszeit

10 = Niedrige Kosten bei hoher Anwesenheitszeit

Zusätzliche Schlüssel können Kombinationen der angeführten

Hinweisschlüssel kennzeichnen, z. B. 11 = 04 + 07.

Abb. 3.2.5/5   Beispiel für verfeinerte Aussagen über Ausnahmesituationen

Es gilt, Abweichungsanalysen so zu gestalten, dass Verantwortlichkeiten klar zugewiesen werden. Zwicker schlägt ein Verfahren vor, bei dem man als Resultat das in Abbildung 3.2.5/6 skizzierte Ist-Plan-Abweichungstableau für das Betriebsergebnis erhält.

Vollverantwortung		Bereiche	Abweichungs- beitrag	Prozent
	Erfüllungs- verantwortung	Bereich 1 … Bereich n	…	…
	Prognose- verantwortung	Bereich 1 … Bereich n	…	…
	Realisierungs- verantwortung	Bereich 1 … Bereich n	…	…
Mitverantwortung			…	…
		Summe	…	100

Abb. 3.2.5/6   Ist-Plan-Abweichungstableau des Betriebsergebnisses [ZWI 08]

Erfüllungsverantwortung trägt derjenige, der für bestimmte Größen, z. B. die Absatzmenge oder die Fixkosten, in einem Bereich zuständig ist. Dazu legt der Rollenträger verschiedene Entscheidungsparameter fest, etwa den Absatzpreis. Diesen gilt es auch am Markt durchzusetzen. Damit verbunden ist die so genannte **Realisierungsverantwortung**. Die **Prognoseverantwortung** bezieht sich dagegen auf Parameter, die vom Unternehmen nicht beeinflussbar sind, aber für die Planung des Betriebsergebnisses eingeschätzt werden müssen. Zwicker argumentiert, dass zwar auch der Einfluss durch falsche Prognosen, etwa der Wechselkurse, beträchtlich sein mag, aber man die Verantwortung für eine Fehlprognose einem „Prognostiker nicht so anlasten" könne, wie die Nichteinhaltung der Basisziele durch einen Erfüllungsverantwortlichen [ZWI 08].

3.2.6 Methodenbanken

3.2.6.1 Wesen und Ziele

Die für betriebliche PuK-Systeme relevanten Methoden (z. B. Prognosealgorithmen) lassen sich in einer **Methodenbank** zusammengefasst vorstellen, wobei – ähnlich wie im Falle der Datenbank – zum Begriff „Methodenbank" neben der Sammlung von Verfahren noch Software-Bestandteile zur Organisation, Benutzung und Sicherung der Methodenbank zählen. Die Unterstützung eines Benutzers kann sich auf folgende Teilgebiete erstrecken:

1. Dokumentation der Methoden. Die einzelnen Verfahren werden aufgrund von alphabetischen Verzeichnissen oder mithilfe eines Informationserschließungssystems über Deskriptorengarnituren nachgewiesen. Beispielsweise wird der Algorithmus nach Winters aufgefunden, wenn man mit den Deskriptoren „Prognose" und „Saisonschwankung" recherchiert. Es sollte möglich sein, die Methodenbeschreibungen mit unterschiedlichem Detaillierungsgrad zu erhalten.

2. Selektives Angebot von Methoden. Diese Funktion hängt eng mit der gemäß Punkt 1) zusammen, weil das System die Verfahren nur aufgrund einer Beschreibung der zu lösenden Aufgabe, z. B. also eines Prognoseproblems mit saisongeprägten Zeitreihen, offerieren kann. Zum Angebot von Methoden gehört auch der Hinweis auf bestimmte Eigenschaften, wie z. B. Genauigkeit der Ergebnisse.

3. Auswahl von Methoden. Das IV-System soll die Auswahl möglichst eingrenzen (dann besteht ein enger Zusammenhang mit dem Methodenangebot) und im Grenzfall automatisch treffen.

4. Warnung vor der Benutzung einer Methode. Es lässt sich im Sinne eines Kritiksystems (vgl. Kapitel 1.2) etwa davor warnen, ein Verfahren zu verwenden, wenn die Datengrundlage nicht gegeben ist. Beispielsweise darf der Chi-Quadrat-Test nicht benutzt werden, wenn ein Randsummenelement Null ist.

5. Verknüpfung der ausgewählten Methoden zu Modellen. Hierbei geht es in der Regel um die IV-technische Realisierung der Parameterübergabe zwischen Programmen (vgl. auch die Ausführungen über Modellbanken in Abschnitt 3.2.7).

6. Versorgung der Methoden und Modelle mit Parametern und Daten. Zu denken ist hier zunächst an Startwerte, etwa für den Reaktionsparameter beim exponentiellen Glätten, oder an die statistische Auslegung von Simulationsexperimenten. Diese Funktionen können teilweise automatisiert werden (so beinhalten z. B. Standardprogramme zur Lagerdisposition Routinen, mit denen aufgrund einer Analyse historischer Zeitreihen die Parameter zu Beginn der Modellläufe eingestellt werden). Jedoch lässt sich auch die Parameteränderung zwischen einzelnen Läufen automatisieren. Beispiele sind die Anpassungen der Parameter bei der Steuerung von Simulationen nach dem Verfahren des steilsten Anstiegs [MER 82] und die Adaption der Glättungsparameter bei Prognosen nach Chow [CHO 65].

7. Start des Laufs (Methodendurchrechnung).

8. Hilfeleistungen. Diese können sich auf die Erklärung von Begriffen aufgrund gespeicherter Lexikontexte, auf Hinweise zu möglichen Operationen bei der Benutzung der Methodenbank selbst oder auf die Interpretation der Ergebnisse beziehen; beispielsweise wird dem Benutzer nach der Berechnung eines Korrelationskoeffizienten mitgeteilt, zwischen welchen Grenzen dieser Koeffizient definiert ist, sodass der Anwender den aktuellen Wert zwischen Ober- und Untergrenze einstufen kann. Eine besonders weit gehende Hilfeleistung ist ein Dialog zum Üben des Umgangs mit der Methodenbank oder mit einzelnen Methoden nach Art eines computergestützten Unterrichts.

9. Methodenbezogener Datenschutz. Bei kombinierten Daten- und Methodenbanken tritt zuweilen folgendes Problem auf: Ein einzelnes Datum (z. B. das in einer Personaldatenbank gespeicherte Gehalt eines Mitarbeiters) darf von einem bestimmten Benutzer nicht abgefragt werden, wohl aber ist es zulässig, mehrere Daten mit einer bestimmten Methode zu behandeln und nur das Ergebnis auszugeben. Beispielsweise dürfen also Durchschnitte der Gehälter von Mitarbeitergruppen erfragt werden. Durch geschickte Methodenapplikation kann ein Anwender trotzdem an das gesperrte Datum gelangen. In unserem Beispiel müsste der Benutzer zwei Teilmengen von Angestellten bilden, wobei sich die zweite von der ersten Teilmenge nur

durch jenen Mitarbeiter unterscheidet, über dessen Gehalt er sich informieren will. Über den Unterschied der Durchschnittsgehälter in den beiden Teilmengen findet er dann das gewünschte Datum. Die Verwirklichung von Schutzmechanismen, die derartige Fälle einschließen, stellt ein sehr kompliziertes Problem dar [HÜB 78].

Methodenbanken spielen vor allem im Vertriebssektor eine beachtliche Rolle [SCHW 00].

3.2.6.2 Ausgewähltes Beispiel für Methodenbanksysteme: SAP Advanced Planner and Optimizer

Eine hochentwickelte Methodenbank stellt **APO** (**A**dvanced **P**lanner and **O**ptimizer) der **SAP AG** dar [DIC 06]. APO ist ein Baustein der SAP-Systeme zum Lieferkettenmanagement und enthält folgende Module:

1. Demand Planning (**APO-DP**) zur Vorhersage und Planung des Kundenbedarfs

2. Supply Network Planning (**APO-SNP**) zur Planung der Warenverteilung und der Wieder- auffüllung von Beständen in der internen Lieferkette ebenso wie eine grobe Produktions- planung

3. Production Planning and Detailed Scheduling (**APO-PP/DS**) für die Feinplanung auf der Ebene der Fabrikationsstätten

4. Global Available-to-Promise (**APO-ATP**) für die Bestätigung und Auswahl der Liefer- quellen für Kundenbestellungen

5. Transportation Planning and Vehicle Scheduling (**APO-TP/VS**) für die Terminierung und Kombination von Frachteinheiten

Darüber hinaus enthält APO Funktionen für kooperative Prozesse mit externen Partnern im Liefernetz; hierzu zählt auch die Bevorratung von Lägern durch den Lieferanten (VMI = **V**endor **M**anaged **I**nventory). Hinzu kommen spezielle Module, insbesondere die Planung der Wartung und der Ersatzteile für die Luftfahrtindustrie (Maintenance and Service Planning (**APO-MSP**)).

In der Folge werden ausgewählte Bausteine der Methodenbank kurz beschrieben:

1. **APO-DP**

    Dies ist eine Sammlung von statistischen Vorhersagemethoden, eingeschlossen ein Berichtswesen über die Genauigkeit der bisherigen Prognosen. Der Vorhersagehorizont liegt bei 12 bis 18 Monaten. Die Bedarfsvorhersage wird im Allgemeinen auf der Ebene von Gruppen (Produktgruppen, Kundengruppen, Regionen) durchgeführt. Die gewonnenen Prognosen werden dann wieder disaggregiert, z. B. auf Artikelebene. Im Kern handelt es sich um eine Zeitreihenprognose. Jedoch können interaktiv verschiedene Eingabegrößen und Methoden kombiniert werden, beispielsweise Schätzungen aus dem Vertrieb, die Geschichte der bisherigen Vorhersagen und vom Rechner generierte statistische Prognosen. Der Einfluss von Verkaufsaktionen (Promotions) wird auf der Grundlage historischer Erfahrungswerte zum Wirkungsverlauf von Verkaufsmaßnahmen berücksichtigt. Auf verschiedene Weise gewonnene Vorhersagen können zu einem gewichteten Mittel verdichtet werden. Für neu eingeführte Produkte wird die Vorhersage durch Analogieschlüsse auf frühere

Erzeugnisse gewonnen (Life Cycle Planning). Die Zeitreihenprognosen lassen sich – wie üblich – in univariate und kausale Modelle trennen. Bei ersteren ist eine Zeitreihe die wesentliche Grundlage, während bei der letzteren auch andere Einflussfaktoren eine Rolle spielen, beispielsweise über eine multiple lineare Regression. **APO-DP** hilft bei der teilautomatischen Auswahl einer Vorhersagemethode, indem es die Genauigkeiten der einzelnen Verfahren im konkreten Anwendungsfall vergleicht. Bei der Vorhersage einer Wirkung von Verkaufsförderungsmaßnahmen werden die Kannibalisierungseffekte (z. B. Abnahme des Verkaufs bei einem dem geförderten Erzeugnis verwandten Artikel) modelliert.

Eine besonders reizvolle Methode ist die merkmalsbasierte Vorhersage. Sie kommt vor allem infrage, wenn die Produkte konfigurierbar sind. Der Erfolg einzelner Merkmale (z. B. Leistungsfähigkeit eines eingebetteten Rechners, Farbe des Produkts, Qualität der Umhüllung, wie z. B. Kunststoff oder mattierter Chrom) werden zunächst getrennt vorhergesagt und daraus der Erfolg der Konfiguration abgeleitet. Eine weitere Besonderheit ist die Kombination von Vorhersagen mit Informationen über begrenzte Ressourcen, denn letztere können die Realisierung einer Prognose verhindern; daher darf in diesem Fall die Vorhersage nicht ohne weiteres in einen Plan übernommen werden. Das System löst dann Entscheidungen über die Ausweitung von Kapazitäten oder die Fokussierung auf bestimmte Marktsegmente aus. Für diese Art von Vorhersage müssen z. B. die Bestände an Vormaterialien bekannt sein.

2. **APO-SNP**

Methoden zum **APO-SNP** sind

a) die Berechnung von Sicherheitsbeständen abhängig von dem gewünschten Lieferbereitschaftsgrad;

b) die Berechnung von Nettobedarfen unter Berücksichtigung von Transportzeiten und Losgrößen; soweit mehrere Lieferquellen zur Auswahl stehen, wird eine Alternative empfohlen;

c) Unterstützung von Zuteilungsentscheidungen (vgl. Band 1) im Fall von Verknappungen.

Charakteristisch für **APO-SNP** ist die Beachtung ganz unterschiedlicher Restriktionen, so z. B. der Kapazitäten von Transportmitteln, Lagern oder Betriebsmitteln wie etwa Kränen zur Entladung von Schiffen.

Besonders anspruchsvoll ist der **SNP-Optimizer**. Er plant das gesamte interne Liefernetzwerk (Beschaffung – Produktion – Distribution) als System linearer Gleichungen. Die kostenminimale Lösung kann unter günstigen Umständen mit Linearer oder Gemischt-ganzzahliger Programmierung gefunden werden. Liegen solche günstigen Umstände nicht vor, so steht die **SNP-Heuristik** bereit. Für sie spricht ihre Einfachheit. Sie kommt vor allem infrage, wenn Kapazitätsrestriktionen nicht vorhanden sind oder vernachlässigt werden können. Die Heuristik berechnet Bevorratungen, um Nettobedarfe zu decken, und berücksichtigt dabei Sicherheitsbestände, Losgrößen und Transportdauern, aber keine Kapazitäten. Wegen dieser Vereinfachung treten im Netzwerk im ungünstigsten Fall Verspätungen ein, aber keine Lieferausfälle auf Dauer.

Eine weitere spezielle Methode ist Capable-to-Match (CTM). Hierbei handelt es sich um ein iteratives Verfahren, mit dem bestimmte Bedarfselemente priorisiert und mit den Liefermöglichkeiten verglichen werden („Highest priority – First serve-Approach").

Eine Verfeinerung ist das Deployment. Wenn der Bedarf die Liefermöglichkeiten übersteigt, hat das Verfahren zu entscheiden, welche Bedarfe von welchen Senken aus welchen Quellen in welchem Ausmaß gedeckt werden. Bei komplexen Liefernetzen sind auch diese Dispositionen sehr komplex und verlangen ein spezielles Optimierungsverfahren, während in anderen Situationen bloße Prioritätsregeln genügen.

3. APO-PP/DS

Diese Komponente enthält zahlreiche Heuristiken zur Produktionssteuerung, vor allem auch zur Reihenfolgeplanung, wie sie in Band 1 in den Abschnitten zur Durchlauf- und Kapazitätsterminierung beschrieben sind; dazu zählen auch die Überlappung von Fertigungsoperationen oder die Wahl zwischen alternativen Betriebsmitteln. Für einzelne Branchen, wie z. B. den **Werkzeugmaschinenbau** oder die **Automobilindustrie**, gibt es in der Methodenbank APO spezielle Algorithmen.

4. APO-ATP

Hauptzweck der **A**vailable-**t**o-**P**romise-Prüfung ist es, dem Kunden bei Anfrage für eine bestimmte Menge eines Produkts einen erreichbaren Liefertermin zu nennen. **ATP** beinhaltet drei grundlegende Methoden:

a) die Prüfung, ob ein noch nicht für einen anderen Kunden reserviertes Erzeugnis an einem bestimmten Ort verfügbar ist,
b) Vorhersagen, ob ein noch nicht physisch vorhandenes Erzeugnis rechtzeitig verfügbar sein wird, z. B. aufgrund offener Produktionsaufträge,
c) Überprüfung von Zuordnungen, damit sichergestellt wird, dass einem Kunden ein Anteil an Beständen im Falle von Verknappungen zugewiesen werden kann (Umreservierungen).

Die **ATP**-Komponente enthält ein relativ komplexes Regelwerk, das es z. B. erlaubt, ein nicht pünktlich lieferbares Erzeugnis durch ein anderes zu substituieren oder von einem alternativen Lager aus zu liefern.

Von **ATP** ist **CTP** (**C**apable-**t**o-**P**romise) zu unterscheiden. **CTP** ruft während der ATP-Prüfung das oben skizzierte Modul **PP/DS** auf, um die Verfügbarkeit von Produkten sicherzustellen. **CTP** plant Betriebsaufträge und prüft hierfür auch ab, ob die nötigen Kapazitäten und die eventuell zum Engpass werdenden Bauteile verfügbar sind. Mithilfe einer Stücklistenauflösung (vgl. Band 1) kann über mehrere Stufen festgestellt werden, ob diese Bauteile nicht nur vorhanden sind, sondern auch die Unterbaugruppen und Baugruppen unter Berücksichtigung der Vorlaufverschiebungen (vgl. Band 1) rechtzeitig montiert werden können („Multi-Level ATP"). Freilich berücksichtigt Multi-level ATP keine Kapazitäten; andererseits erlaubt es komplexe Prüfvorschriften (z. B. Kontingentierung von Komponenten).

5. **APO-TP/VS**

Diese Komponente plant entweder im Stapel- oder im Dialogbetrieb, ggf. mehrmals täglich, Auslieferungen einschließlich Einteilung von Fahrzeugen zu Routen (vgl. Band 1).

3.2.7 Modellbanken

Als Benutzer einer Methodenbank kommt außer dem Manager auch der Systemplaner in Betracht, wenn er mit Unterstützung der in diesem Speicher vorhandenen Programmmodule PuK-Systeme konzipiert. Man könnte also neben der Methodenbank noch eine „**Modell-bank**" definieren, welche die in einem Unternehmen vorhandenen PuK-Systeme enthält. Die Entwicklung eines Modells für eine Modellbank kann man sich am Beispiel einer Liquiditäts-prognose so vorstellen: Eine Führungskraft aus dem Finanzbereich möchte ein quantitatives Gerüst für eine Vorhersage der Zahlungsströme aus dem Umsatzgeschehen zur Verfügung haben (siehe Band 1). Sie setzt sich mit dem Systemplaner zusammen, um das Problem zu formulieren. Dabei ergibt sich, dass es für ein Modell der Liquiditätsprognose erforderlich ist, zuerst Aussagen über die zukünftigen Auslieferungen (Lagerabgangsprognose) zu finden und anschließend das Zahlungsverhalten der Kunden im Modell zu berücksichtigen. Der Systemplaner testet die (aus der Datenbank entnommenen) historischen Daten der Ausliefe-rungen und des Zahlungsverhaltens der Kunden mit den in der Methodenbank vorhandenen Prognoseverfahren und kommt zu dem Schluss, dass ein Verfahren der exponentiellen Glättung erster Ordnung für die Lagerabgangsprognose und das Verfahren der Verweilzeit-prognose [LAN 05] für die sich aus den Lieferungen an die Kunden ergebenden Zahlungs-ströme als Bausteine für ein Modell der Liquiditätsprognose geeignet sind. Er organisiert die Verbindung zwischen Daten- und Methodenbank in Form eines „Modells" und stellt es dem Manager zur Verfügung.

Eine strenge organisatorische Trennung zwischen Methoden- und Modellbank fällt oft schwer, zumal die Begriffe „Methoden" und „Modelle" nicht leicht isolierbar sind. Beispiels-weise ist es fraglich, ob die Verbindung einer Methode des exponentiellen Glättens mit ei-nem Verfahren zur Überwachung der Glättungsparameter bereits ein Modell oder noch eine Methode darstellt.

3.3 Exemplarische (teil-)automatische Analysearten

3.3.1 ABC-Analyse

Eine ABC-Analyse wird nicht allein deswegen unternommen, weil eine Rangfolge von Objekten hinsichtlich ihres Erfolgsbeitrags entstehen soll. Dazu würde eine absteigend sortierte Liste der Gegenstände genügen. Vielmehr geht es um eine Klassifikation der Objekte nach einem anderen als dem sonst genutzten Kriterium. Waren etwa Produkte nach ihrer Verwendbarkeit aus Sicht des Kunden in Produktgruppen eingeteilt, so führt eine ABC-Klassifikation dazu, aus unter Umständen ganz verschiedenen Produktgruppen Objekte mit ähnlicher Wichtigkeit für das Überleben des Unternehmens zu identifizieren. Die Analyse-sicht verschiebt sich damit von Einzelobjekten zu Gruppierungen bzw. Klassen. Erweist sich zudem die wichtigste Klasse, die der A-Produkte, als extrem dünn besetzt, so wird eine hohe

Konzentration auf wenige Erfolgsträger sichtbar, mit der ein erhebliches unternehmerisches Risiko verbunden ist. Entstehen Probleme mit einem der A-Objekte, so ist der Unternehmenserfolg wesentlich beeinträchtigt.

Daraus lassen sich wichtige Forderungen an eine maschinelle Unterstützung der ABC-Analyse ableiten. Die Abbildung 3.3.1/1 zeigt exemplarisch die Ausgabe eines ABC-Analysemoduls.

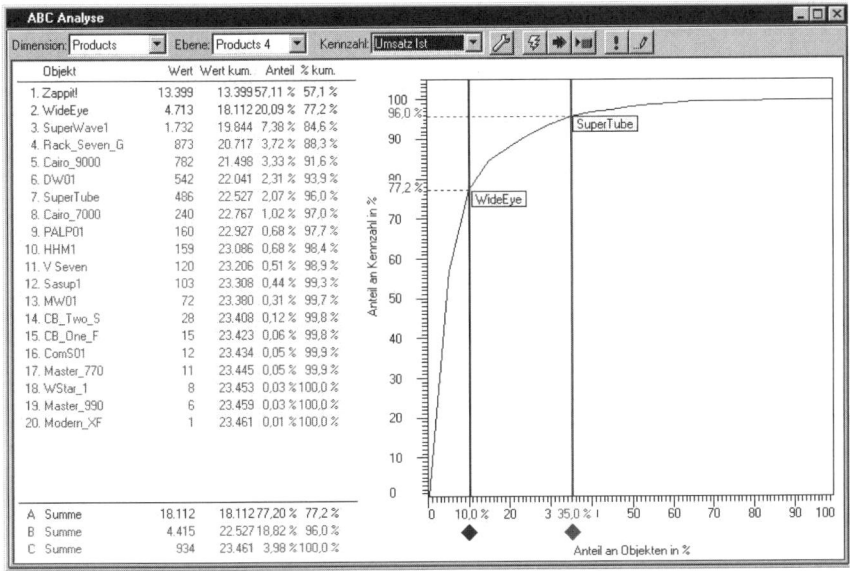

Abb. 3.3.1/1   Automatische ABC-Analyse

In diesem Beispiel wurde das Artikelsortiment eines **Unterhaltungselektronikherstellers** automatisch klassifiziert. Für die vom System vorgeschlagene Klasseneinteilung kommt eine Heuristik zum Einsatz, die in der Wertverteilung deutliche Knickstellen ermittelt und diese zur Trennung verwendet. Im rechten Teil der Bildschirmausgabe ist die Klassifikation anhand einer Konzentrationskurve dargestellt. Die senkrechten Linien geben die Klassengrenzen wieder. Deutlich wird die hohe Konzentration: Zwei Artikel bzw. 10 % des Sortiments verursachen fast 80 % des Umsatzes (77,2 %).

Wir hatten argumentiert, dass die ABC-Klassifikation eine neue (erfolgsorientierte) Analysesicht auf die Daten darstellt, die mit der ursprünglichen Produktsicht nur indirekt verwandt ist. Daher liegt die Forderung nahe, im Sinn einer Analysekettentechnik diese neue Sicht in die Datenstruktur zu übernehmen und mit ihren Elementen (Klassen A, B und C) ebenso arbeiten zu können wie mit anderen Merkmalen (z. B. Regionen, Branchen).

In Abbildung 3.3.1/2 ist eine Zeitreihenbetrachtung dargestellt, in der die zeitlichen Verläufe der A- und der C-Klasse hinsichtlich der Kennzahl Umsatz miteinander verglichen werden. Beide Elemente wurden in das Zeitreihenmodul übernommen. Wegen der deutlich unterschiedlichen Wertebereiche sind die beiden Reihen auf getrennten Y-Achsen skaliert, um sie ohne Verzerrungen vergleichbar zu machen. Aus dem Vergleich wird ersichtlich, dass die A-Produkte sehr deutlich vom Weihnachtsgeschäft im Dezember profitieren konnten, die C-Produkte hingegen nicht.

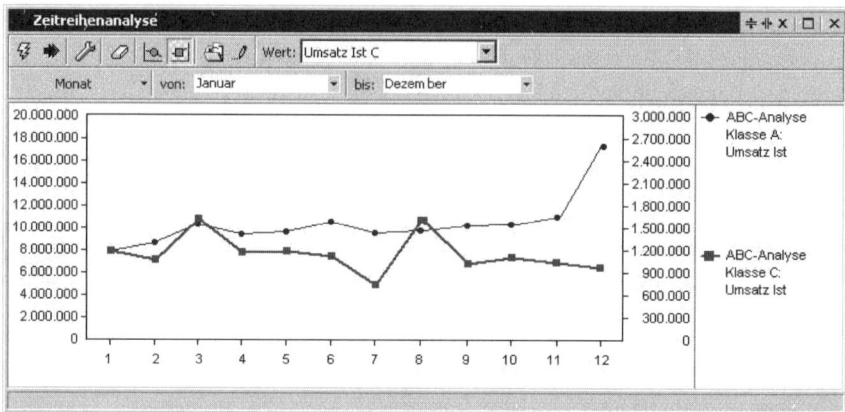

Abb. 3.3.1/2   Vergleich des Umsatzverlaufs der aus der ABC-Analyse gewonnenen Klassen A und C

3.3.2 Portfolioanalyse

Die Forderungen, die wir an eine automatisierte Form der ABC-Analyse gestellt haben, lassen sich widerspruchsfrei auch auf die ebenso klassische Analyseart der Portfolio-Klassifikation übertragen. Auch hier erwarten wir von einem Aktiven MIS (vgl. Kapitel 1.2) die Automation aller vorbereitenden Schritte und eine Unterstützung bei der Einteilung der Objekte in die üblichen vier Klassen (vgl. Abbildung 3.3.2/1).

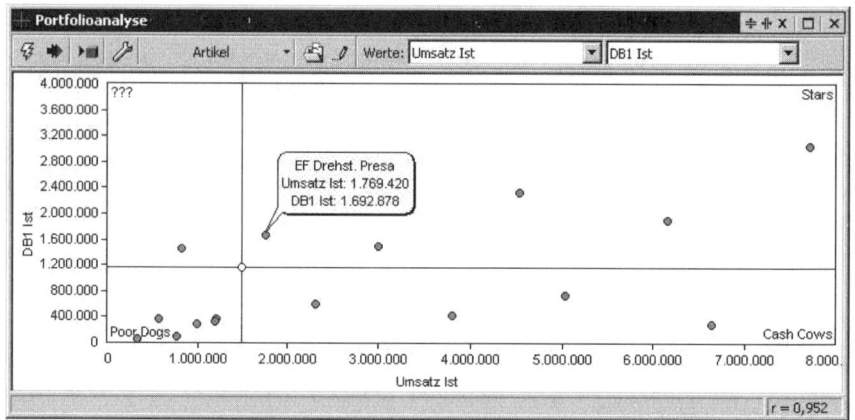

Abb. 3.3.2/1   Portfolioanalyse mit automatischer Klassengenerierung und Struktur übernahme

Des Weiteren sollen auch die Portfolioklassen als Elemente einer neuen Dimension ansprechbar sein. Damit sind dann Kombinationen möglich wie: „Umsatz der Stars in bestimmten Regionen".

3.3.3 RFM-Analyse

Die RFM-Analyse (RFM steht für **R**ecency - **F**requency - **M**onetary Value) ist ein Verfahren speziell zur Klassifikation von Kunden, sodass sich ein Unternehmen bei Vertriebsaktionen auf diejenigen Konsumenten konzentrieren kann, bei denen die Erfolgsaussichten am größten sind. Folgende Annahmen liegen zugrunde:

1. Recency (Aktualität): Es ist im Allgemeinen wahrscheinlich, dass ein Kunde, der erst kürzlich einen Kauf getätigt hat, eher wieder ein Produkt ordert als ein solcher, dessen letzte Bestellung schon eine längere Zeit zurückliegt.

2. Frequency (Häufigkeit): Je öfter ein Kunde kauft, desto wahrscheinlicher wird dieser auf ein neues Angebot reagieren.

3. Monetary Value (Umsatz/Deckungsbeitrag): Ein sinnvolles Kriterium ist hier der durchschnittliche Deckungsbeitrag, den der Kunde pro Kauf liefert. Über den Umsatz fließen auch Abnahmemenge und Preis der Produkte in die Bewertung des Kunden mit ein.

In einem typischen RFM-Modell teilt man die Kundendatenbank durch eine einfache Codierung auf. Die zunächst nach Datum sortierten Datensätze werden in fünf gleich große Segmente geteilt (Recency). Die oberen 20 % (also die zuletzt getätigten Käufe) werden mit einer 5 codiert, die nächsten 20 % mit einer 4 usw. bis 1. Die gleiche Vorgehensweise gilt für die Kriterien Häufigkeit und Umsatz (Hughes 2001). Als Ergebnis ist jedem Kunden ein Code zugeordnet, wobei der Wertebereich zwischen 555 (bester Kunde) und 111 (schlechtester Kunde) liegt. Es gibt insgesamt 5^3 = 125 verschiedene Kombinationsmöglichkeiten.

Auf dieser Grundlage mag man beispielsweise eine spezielle Werbekampagne für „555-Kunden" entwickeln [REI 06].

3.3.4 Data Mining

Data Mining ist neben dem Text Mining eine Verfahrensgruppe des „Knowledge Discovery in Databases" (zur Übersicht siehe [DÜS 06]).

Gegenstand des Data Mining (der Daten-Mustererkennung) sind große, strukturierte Bestände numerischer, ordinal- oder nominalskalierter Daten, in denen interessante, aber schwer aufzuspürende Zusammenhänge vermutet werden [GEB 94]. Allgemein verwendbare, effiziente Methoden sollen autonom aus großen Rohdatenmengen die bedeutsamsten und aussagekräftigsten Muster identifizieren und sie dem Anwender als interessantes Wissen präsentieren [MAT 93] (vgl. Abbildung 3.3.4/1).

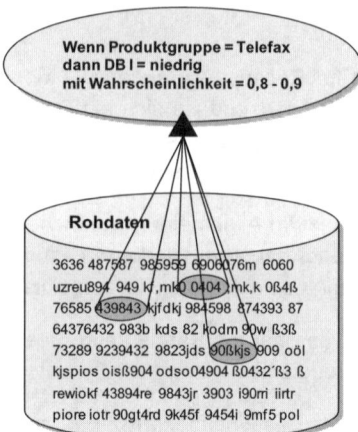

Abb. 3.3.4/1   Kern des Data Mining

Man kann beim Data Mining zwei Ansätze unterscheiden. Bei dem einen wird versucht, Modelle zu formulieren, z. B. ein Regressionsmodell zur Vorhersage. Ebenso zählen dazu die Ergebnisse einer Clusteranalyse und einer Diskriminanzanalyse, die eine größere Datenmenge aufteilen (vgl. auch Abschnitt 3.3.4.1). Bei dem anderen Ansatz, der Musterbildung, sucht man kleine, wenn auch wichtige Abweichungen von einer Norm, z. B. um ein ungewöhnliches Verhalten von Menschen zu erkennen („Informations-Goldklumpen in einer Menge von Sand").

Strittig ist, ob Data-Mining-Methoden ausschließlich für eine hypothesenfreie Mustererkennung zu verwenden sind, d. h. dass dem System keine Vermutung über das, was in den Datenbeständen entdeckt werden könnte, vorgegeben wird. Wir folgen hier dieser Ansicht. Eine kompakte Erörterung findet der Leser in [KEM 06].

Ein Muster ist eine Aussage über eine Untermenge der Daten. Die Aussage soll einfacher sein, als es die Aufzählung der Elemente einer Untermenge wäre. Diese Definition ist mit Absicht vage, um einen weiten Bereich von Ansätzen abzudecken. Muster umfassen damit jedwede Beziehungen zwischen Datensätzen, einzelnen Feldern und den Daten innerhalb eines Satzes.

Es gibt eine große Zahl von Methoden des Data Mining, das sich zu einer eigenen Disziplin im Grenzgebiet zwischen Informatik, Wirtschaftsinformatik und Statistik etabliert hat. Dazu zählen die Clusterung, um die einzelnen Datenmuster zu größeren Gruppen zu aggregieren, die Klassifizierung der gefundenen Auffälligkeiten in Entscheidungsbäumen, allgemeine Vorhersageverfahren und der Aufbau Künstlicher Neuronaler Netze, die dann Prognosen erlauben, welche Wirkung bestimmte Daten entfalten, etwa wie eine Investition in eine Werbekampagne den Umsatz erhöht. Eine Übersicht findet sich bei [BEE 06].

Eine neuere Klasse von Data-Mining-Methoden hat die Auswertung von Informationsbeständen im Internet, z. B. über Logfiles, zum Gegenstand („Web Mining", vgl. die Nutzung im Vertrieb, Abschnitt 4.2.1). Einschlägige Methoden sind das Web Log Mining (Auswertung von Protokolldateien), das Web Structure Mining (Schwerpunkt Analyse von Links), das Web Content Mining (Inhalte werden untersucht) und das Web Usage Mining (auch als

Clickstream Analysis bekannt) ([JAC 02], [KEM 06]). Letzteres kann auch als Grundlage von Empfehlungssystemen (Recommender Systems) (vgl. Abschnitt 3.2.3) dienen [ISH 02].

Um die Interpretation der Ergebnisse zu erleichtern, drängen sich moderne Visualisierungstechniken auf. In der Folge können nur einige Verfahren dargestellt werden. Wir wählen solche, die teilweise am **FORWISS** entwickelt wurden (vgl. [BIS 96]) und inzwischen unter der Bezeichnung **DeltaMaster** als integriertes Paket für Aktive Managementinformation und Data Mining am Markt sind. Elemente der Entwicklung fanden auch Eingang in das System **SAP ERP**. Als Anwendungsbeispiel steht das Ergebniscontrolling im Vordergrund.

3.3.4.1 Navigationsfilter

Für die Navigation durch komplexe Ergebnishierarchien (vgl. Abbildung 3.3.4.1/1) wurde das Modul **NAVIGATOR** geschaffen, welches das menschliche Vorgehen bei der Analyse mehrdimensional strukturierter Ergebnisdatenbestände, besonders bei der Erforschung von Abweichungsursachen, nachbildet. Kern ist eine Heuristik, die jeweils die „Hauptverursacher" einer übergeordneten Abweichung in einer feiner differenzierten Stufe ermittelt. Der entsprechende Navigationsmechanismus ist mehrstufig (vgl. Abbildung 3.3.4.1/2-4).

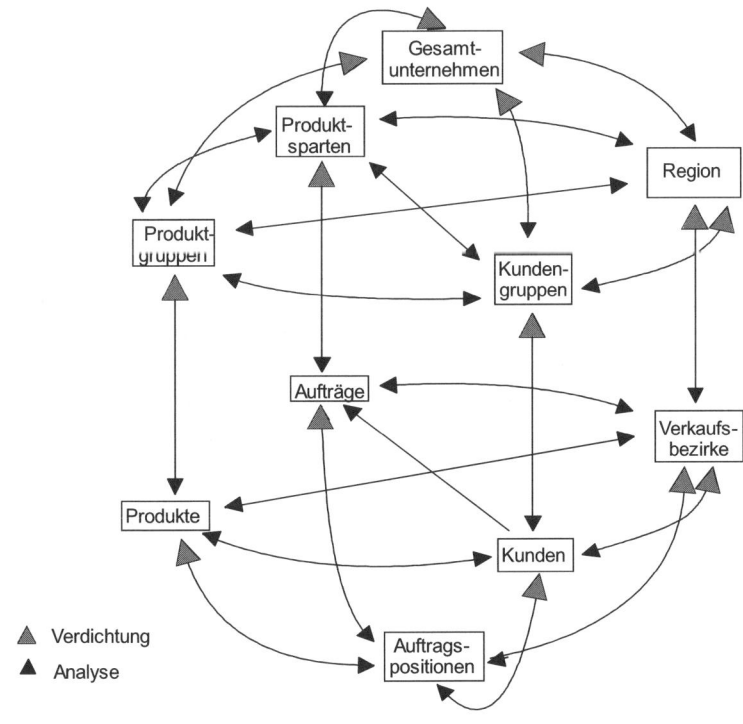

Abb. 3.3.4.1/1   Ergebnishierarchien

Zunächst ist ein Einstiegsobjekt auszuwählen, z. B. eine Produktsparte. Diese Wahl ist automatisierbar, indem man dem jeweiligen Berichtsempfänger gemäß seinem Verantwortungsbereich einen solchen Gegenstand fest zuordnet.

Im ersten Selektionsschritt entscheidet sich das System mithilfe eines so genannten Dimensionsfilters für die Analysedimension, die den größten Erklärungsbeitrag leistet (im Beispiel Produktgruppen und nicht Regionen oder Kundengruppen). Das Kriterium der Auswahl bildet die Streuung der betrachteten Kennzahlen, z. B. der Deckungsbeitragsabweichungen in den verschiedenen infrage kommenden Aufspaltungen. Der Grundgedanke ist, dass sich die übergeordnete Abweichung auf umso weniger einzelne Objekte zurückführen lässt, je größer die Streuung innerhalb der Dimension ist. Betriebswirtschaftlich ist das ebenfalls die interessanteste Suchrichtung, weil sie den höheren Erklärungsgehalt verspricht.

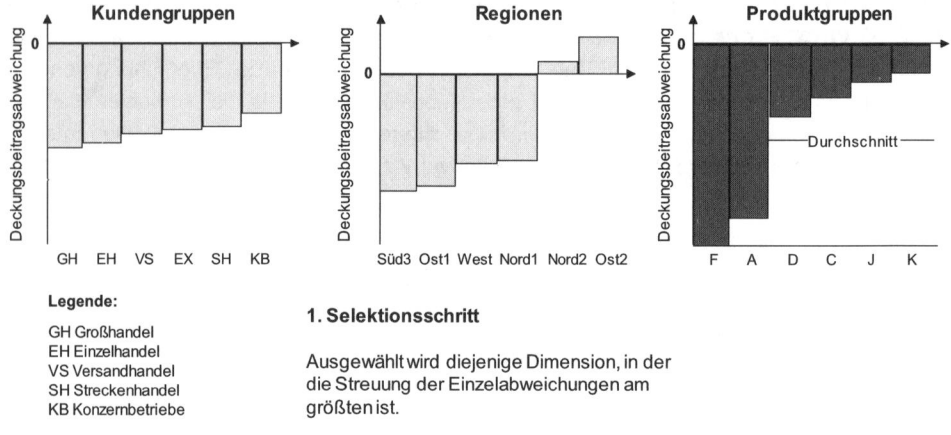

Legende:

GH Großhandel
EH Einzelhandel
VS Versandhandel
SH Streckenhandel
KB Konzernbetriebe

1. Selektionsschritt

Ausgewählt wird diejenige Dimension, in der die Streuung der Einzelabweichungen am größten ist.

Abb. 3.3.4.1/2   Dimensionswahl

Im **zweiten und dritten Selektionsschritt** werden nun die weiter zu untersuchenden Objekte bestimmt. Hier kommt eine Heuristik zur Anwendung, die den Anteil des Objekts an der übergeordneten Deckungsbeitragsabweichung und ein so genanntes Abstandsmaß berücksichtigt. Grundsätzlich wird ein bestimmter Prozentsatz (z. B. 80 %) der Abweichung in der Hierarchie absteigend weiterverfolgt, es sei denn, die Deckungsbeitragsabweichung fällt zwischen zwei Objekten um mehr als das Abstandsmaß, beispielsweise 50 %, ab. Die interessanten Bezugsobjekte (hier die Produktgruppen F und A) können anschließend ihrerseits weiter aufgespalten werden.

Jedes Objekt auf dem Analysepfad lässt sich näher untersuchen. So werden Zusammenhänge im Kennzahlengerüst, Strukturverschiebungen bei Produkten oder Kunden, Auswirkungen auf übergeordnete Objekte und auffällige Unterschiede zu gleichrangigen Objekten betrachtet.

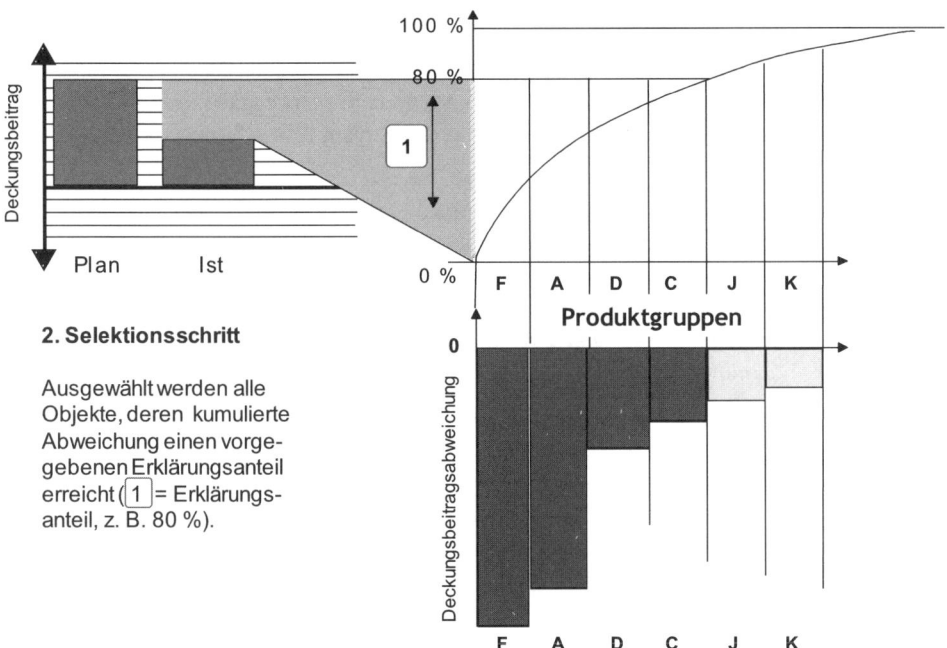

2. Selektionsschritt

Ausgewählt werden alle
Objekte, deren kumulierte
Abweichung einen vorge-
gebenen Erklärungsanteil
erreicht (1 = Erklärungsanteil, z. B. 80 %).

Abb. 3.3.4.1/3   Erklärungsanteil

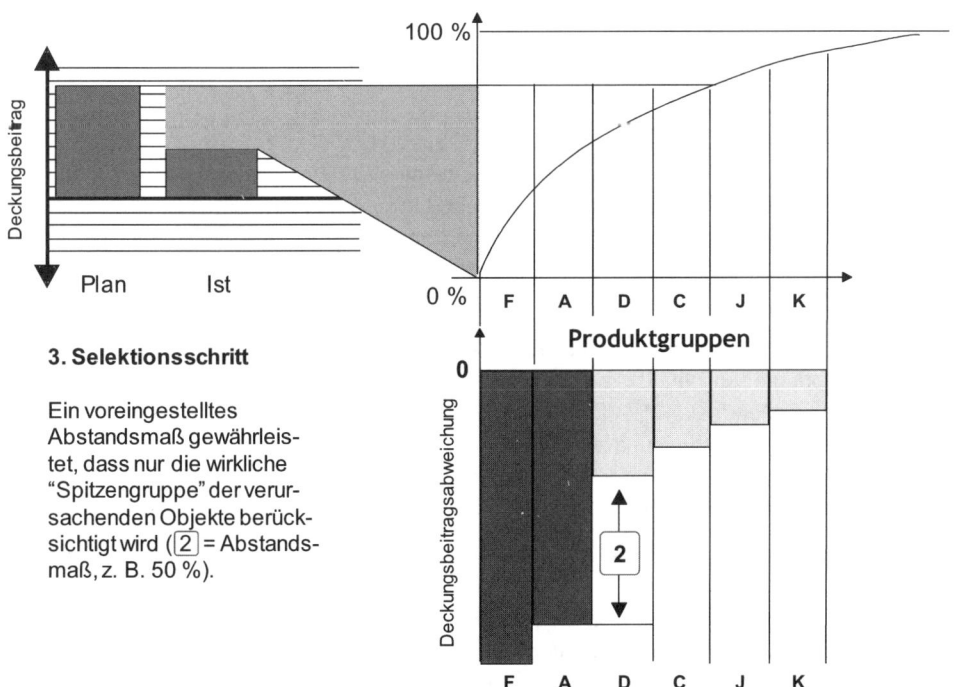

3. Selektionsschritt

Ein voreingestelltes
Abstandsmaß gewährleis-
tet, dass nur die wirkliche
"Spitzengruppe" der verur-
sachenden Objekte berück-
sichtigt wird (2 = Abstandsmaß, z. B. 50 %).

Abb. 3.3.4.1/4   Abstandsmaß

3.3.4.2 Daten-Mustererkennung

Die soeben beschriebene automatisierte Abweichungsanalyse stellt für den Anwender bereits eine erhebliche Unterstützung dar. Neben der skizzierten Navigation in klassischen Bezugsobjekthierarchien ist aber auch eine völlig andere, nicht hierarchische Sicht von Ergebnisdatenbeständen denkbar.

Beispielsweise mag man sich die Ergebnisdatensätze als Punkte in einem drei- oder auch mehrdimensionalen Raum vorstellen. Die Lage der Punkte bestimmt sich aus den in den Sätzen enthaltenen Merkmalen. Bei einer solchen Sichtweise fallen Ballungen von ähnlichen Ergebnisdatensätzen auf. Interpretiert man diese Cluster betriebswirtschaftlich, so können Konstellationen entdeckt werden wie: „An die Kundengruppe 4 wurde die Artikelgruppe C mit 23 % bis 35 % höherem Deckungsbeitrag verkauft als geplant war."

Als Beispiel beschreiben wir ein von **FORWISS** entwickeltes Bottom-up-Verfahren des Data Mining, das auf die Clusteranalyse zurückgeht. In Abbildung 3.3.4.2/1 ist die Methode schematisch dargestellt. Das System besteht im Wesentlichen aus den drei Teilen Clusteranalyse, Clusterbeschreibung und Aussagengenerierung.

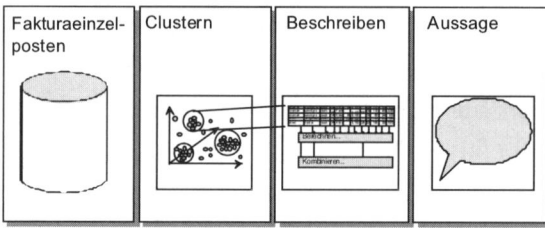

Abb. 3.3.4.2/1   Bottom-up-Verfahren zur Mustererkennung

Aus Laufzeiterwägungen wurden für die **Clusteranalyse** relativ einfache gängige Verfahren gewählt. Das System bietet die Methode Average Linkage und ein sequenziell heuristisches Verfahren an. Wir konnten allerdings keine theoretische Grundlage entdecken, um in Abhängigkeit von der Datenkonstellation eine automatische Empfehlung oder gar Auswahl eines Verfahrens zu realisieren.

Die entstandenen Cluster werden anschließend mithilfe einer Heuristik beschrieben, die verschiedene Kenngrößen benutzt, z. B. die Streuung bzw. die Varianz von Kennzahlen oder den Modus von Merkmalen. Stark vereinfacht ausgedrückt werden diejenigen Kennzahlen und Merkmale zur Beschreibung der Cluster herangezogen, deren Werte innerhalb dieses Clusters signifikant weniger streuen als über den Gesamtdatenbestand (das gehört zu den Grundideen der Clusteranalyse).

Wünschenswert (aber noch nicht realisiert) wäre ein Aussagenfilter mit dem Ziel, für den Benutzer „triviale" Informationen zu unterdrücken. Da sich der Filter sehr menschenähnlich verhalten muss, bereitet seine Konzeption besondere Schwierigkeiten. Zum einen können Aussagen aufgrund „natürlicher" Hierarchien zwischen Merkmalsausprägungen, die im Data Dictionary abgebildet sind, eliminiert werden, indem man nur jeweils die allgemeinsten Befunde präsentiert. So wird man beispielsweise die Einzelaussagen für verschiedene Artikel einer Artikelgruppe weglassen, wenn die gleiche Feststellung für die gesamte

Artikelgruppe zutrifft. Zum anderen kann der Benutzer triviale Aussagen als solche markieren und dadurch in einen „Trivialitätenpool" überführen. Neue Befunde werden dann vor ihrer Präsentation gegen diesen Pool überprüft und nur dann dem Anwender gezeigt, wenn sie nicht als trivial gelten.

3.3.4.3 Prüfung von Verteilungsunterschieden

Für Aufgaben, wie sie in der **Marktforschung** typisch sind, haben wir den **Descriptor** entwickelt. Das System prüft Verteilungsunterschiede für alle möglichen Teilsegmentierungen eines Datenbestands. Abbildung 3.3.4.3/1 zeigt einen solchen Verteilungsunterschied aus der **Getränkeindustrie**: vier Fruchtsaft-Marken weisen die auf der linken Seite abgebildeten Marktanteile auf. So hat die Marke NoName einen Anteil von etwa 23 % gesamt. In einzelnen Käufersegmenten (siehe rechte Seite) erreicht sie jedoch Werte bis über 50 %.

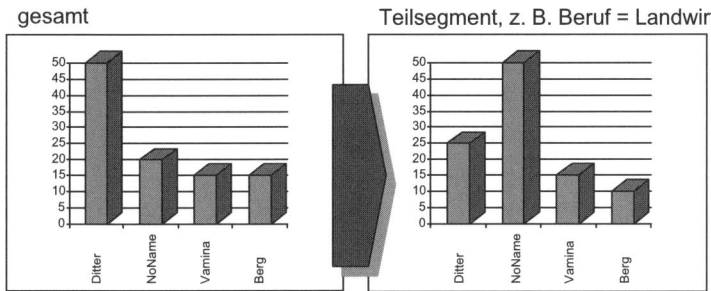

Abb. 3.3.4.3/1   Verteilungsunterschiede

Der Descriptor identifiziert solche Verteilungsunterschiede und stellt sie in Form einer leicht lesbaren Regel dar. So fanden wir bei der Analyse von Haushaltspaneldaten, dass landwirtschaftliche Haushalte signifikant häufiger an nur einem Tag in der Woche, dienstags, ihre Einkäufe erledigen. Daraus lassen sich Ansatzpunkte etwa für das so genannte Instore Marketing ableiten.

Zu diesen Methoden, die man als solche des Data Mining im engeren Sinne begreifen mag, treten ergänzend klassische Daten-Analyseverfahren, die aber für eine Anwendung in Verbindung mit der Daten-Mustererkennung modifiziert wurden.

3.3.5 Text Mining

Text Mining beschäftigt sich als Ergänzung zum Data Mining mit der Analyse von halb- oder unstrukturierten Textdatenbeständen. Das Hauptziel ist, weit gehend automatisiert aus großen Dokumentenkollektionen aussagekräftige Muster sowie Inhalte zu identifizieren und sie dem Benutzer komprimiert als interessantes Wissen zu präsentieren. Aufgrund der qualitativen Natur der Daten sind die Problemstellungen algorithmisch komplexer als beim klassischen Data Mining. Text Mining macht das Lesen von Meldungen nicht völlig überflüssig. Das System führt den Anwender zu potenziell interessanten Aussagen. Somit liegt der Nutzen darin, die in einer umfangreichen Nachrichtenmenge verborgenen Fakten in Entscheidungssituationen mit geringerem Zeitaufwand zu erschließen.

In der Literatur finden sich weder ein idealtypischer Prozess noch exakte einheitliche Abgrenzungen, welche Bestandteile dem noch relativ jungen Forschungsgebiet Text Mining angehören. Als Kernelemente kristallisieren sich jedoch Dokumentenklassifikation bzw. Indizierung, Informationsextraktion, Relevanzbewertung (siehe auch Abschnitt 3.2.3) und die Textvisualisierung (siehe Abschnitt 3.4.2) heraus [MEI 00].

Ein Beispiel, wie Text-Mining-Verfahren im Rahmen von PuK-Systemen angewendet werden, bietet der in Abschnitt 2.2.2.2 beschriebene Redaktionsleitstand. Weitere Anwendungsbereiche finden sich bei [FEL 06].

3.4 Ansätze zur Informationsdarstellung

3.4.1 Allgemeine Grundsätze

Als negatives Extrem der Informationsdarstellung sind Statistiken bekannt, in denen man unter maximaler Ausnutzung der Papierfläche Unmengen von Daten ausdruckt, die erfahrungsgemäß selten gelesen werden („Zahlenfriedhöfe").

So hatten wir z. B. bei einer Stichprobe im Marketing- und Vertriebsbereich eines **Maschinenbauunternehmens** festgestellt, dass die Führungskräfte pro Arbeitstag durchschnittlich 23 Berichte ausgedruckt erhielten. Dies waren unter anderem Tagesberichte mit Auftragseingang und Umsatz, gegliedert nach verschiedenen Kundentypen, Inland/Export usw., Monatsberichte mit ähnlichen Daten wie die Tagesberichte, aber mit zusätzlichen Informationen über die Reichweite der Auftragsbestände, Quartalsberichte, wiederum mit ähnlicher Untergliederung, Auswertungen nach Typengruppen, eine so genannte Marktschnellübersicht mit Daten des **IFO-Instituts**, spezielle „Großkundenauswertungen", Vertriebskennzahlen für einzelne Regionen u. v. a. m.

Folgende Gestaltungsregeln dienen einer besseren Informationsdarstellung auf Papier oder am Bildschirm:

1. Die Information soll auf den Empfänger zugeschnitten sein. Man kann in der Praxis feststellen, dass der Informationsbedarf von Managern auch bei gleicher Problemstellung verschieden ist (im Rahmen einer Überwachung der Vertriebstätigkeit ist für eine Führungskraft die gemeinsame Darstellung von Umsatz pro Vertreter und Anzahl der Kundenbesuche pro Periode interessant, eine andere Führungskraft hält den Zusammenhang von Umsatz pro Vertreter und Höhe der direkten Vertriebskosten seit Jahresbeginn für die wichtigere Information; vgl. dazu die Ausführungen über Benutzermodellierung in Abschnitt 3.2.2). Durch das Abstimmen auf den Empfängerbedarf lässt sich die Informationsmenge meist erheblich reduzieren, sodass die Darstellung bei entsprechendem Format (Drucker- oder Bildschirmbreite) noch übersichtlich bleibt. Programmtechnisch kann man Ausgabesätze erstellen, welche die Übermenge der Empfängerbedarfe des jeweiligen Berichtssystems enthalten; für jeden Adressaten werden die für die individuelle Ausgabe vorgesehenen Felder aus der Übermenge ausgewählt (vgl. Abschnitt 3.4.6).

2. Ein Berichtssystem soll einen formal einheitlichen Aufbau besitzen. Hichert äußert: „Berichte müssen gleiche Inhalte gleich darstellen, wenn sie schnell und nachhaltig verstanden werden sollen. Es gelten hier Regeln wie bei Landkarten: Norden ist oben, die Flüsse sind blau und der Maßstab ist bei zusammengehörenden Blättern der gleiche." [OV 05] Dazu gehören eine einheitliche Gestaltung des Berichtskopfs, die gleiche Reihenfolge von Summen- und Einzelinformationen (siehe unten) und die gleiche Technik der Veranschaulichung von Ausnahmesituationen.

3. Informationen sollen nicht isoliert dargestellt, sondern durch Vergleichsgrößen relativiert werden. Besonders reizvoll ist es, zwischenbetriebliche Vergleiche im Sinne der Benchmarking-Idee anzustellen. Dies bietet sich immer dann an, wenn eine größere Zahl von homogenen Vergleichseinheiten vorhanden ist. Beispiele sind: Gegenüberstellung von Vertriebsniederlassungen, Filialgeschäften, Reparaturwerkstätten oder Baustellen. Engler zeigt das Prinzip für das Händlernetz von **Daimler**-Fahrzeugen [ENG 95].

4. Berichtssysteme gewinnen dann an Aussagekraft, wenn die darin enthaltenen Informationen in Relation zu Planwerten, Vergangenheitsdaten, Trends usw. dargeboten werden. Hier ist vor allem der Trend eine sehr wesentliche Information. Seine Berechnungsgrundlage kann im einfachsten Fall der Vergleich von zwei Werten (z. B. Umsatzplanerreichung im Mai/Umsatzplanerreichung im Juni) sein. Um zufällige Entwicklungen nicht zu stark zu gewichten, wird man im Allgemeinen einen geglätteten Wert der Trendzahlen ausweisen. Es lassen sich aber auch mehr oder weniger verfeinerte Prognoseverfahren dazu verwenden, Aussagen über die zukünftige Entwicklung einer betrachteten Größe zu machen.

5. Überblick und Detail sind in der Darstellung deutlich voneinander zu trennen. In der Ausgabe eines Berichtssystems sind fast immer Summen- und Einzelinformationen enthalten. Dem Prinzip folgend, dass zunächst der Überblick und anschließend das Detail gefragt ist, werden oft Summeninformationen zuerst ausgegeben. Zu Überblick und Detail muss nicht gleichzeitig berichtet werden. Beispielsweise liefert ein Verkaufsberichterstattungs- und Budgetkontrollsystem monatlich zusammenfassende Standardinformationen über Umsatz und Deckungsbeiträge auf so genannten Deckblättern. Interessiert sich eine Führungskraft für Einzelheiten, so kann sie Detailinformationen in vielfältiger Zeilen- und Spalteneinteilung anfordern, die mithilfe einer Spezialsoftware aus der Datenbasis generiert und zeitversetzt bereitgestellt werden (vgl. auch Abschnitt 3.2.5).

6. Außergewöhnliche Datenkonstellationen sind hervorzuheben. Auf diese Gestaltungsregel wird in Abschnitt 3.2.5 näher eingegangen.

7. Bielesch [BIE 98] empfiehlt, dass Controller ihren Berichten, soweit sie nicht Routinecharakter haben, unter anderem Informationen über die Methoden der Datenerhebung, die Vorgehensweise beim Auswerten und exemplarische Rechenprozeduren beifügen.

3.4.2 Grafiken und strukturelle Navigationshilfen

Grafische Darstellungen übertreffen tabellarische oft an Aussagekraft. Um Tageswerte, etwa Umsatzmeldungen, im Laufe eines Monats in Relation zu Plan- und Vorjahreswerten zu verfolgen, entwickelte man beispielsweise im **Bayer**-Konzern so genannte „Thermometergrafiken" (vgl. Abbildung 3.4.2/1), wie sie etwa im **SAP ERP**-System implementiert sind [KAI 02/KAI 08a].

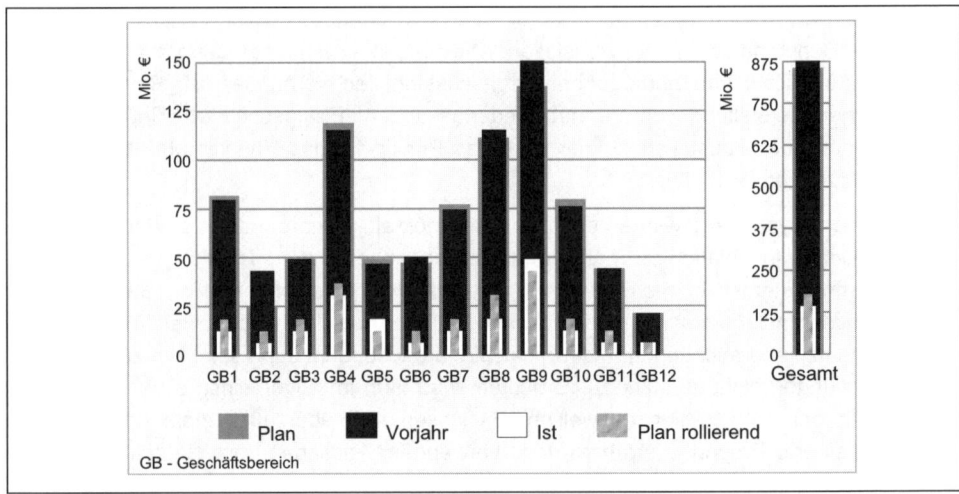

Abb. 3.4.2/1   Thermometergrafik (in Anlehnung an [KAI 02/KAI 08a])

Führungskräfte bevorzugen oft, in Anlehnung an ihre Lesegewohnheiten, auch die so genannte Zeitungs-Metapher, bei der zunächst die Überschriften und ggf. zwei bis drei kommentierende Sätze erscheinen und erst auf Wunsch (Maus-Klick) Details geliefert werden. Darüber hinaus sollen ausgewählte Grafiken erscheinen („Focus-Stil"). Diese Darstellungstechnik bietet sich insbesondere an, wenn interne, externe quantitative und qualitative Informationen zugleich verarbeitet werden. Von der Vielfalt der Möglichkeiten, die Resultate des Data Mining grafisch zu repräsentieren, gewinnt man im Abschnitt 3.3.4 einen Eindruck.

Ein besonderer Typus von Grafiken, die vor allem bei passiven Informationssystemen hilfreich sein mögen, sind die strukturellen Navigationshilfen [RÖS 00]. Sie informieren über den Inhalt und die Organisation von großen Daten- und Wissensspeichern und erleichtern dem Nutzer die Orientierung. Beispiele sind:

1. Übersichtskarten zeigen die gesamte Datenorganisation „von hoher Warte". Mit Zoomtechniken und Scrollbars kann man wahlweise Ausschnitte aus diesen Karten vergrößern und darin dann auch manipulieren.

2. Fischaugen-Ansichten rücken interessante und wichtige Betrachtungsobjekte in den Mittelpunkt und platzieren weniger wichtige Informationen in der Peripherie. Zentrale Objekte werden feingranularer dargestellt als die „Randerscheinungen". Gleichzeitig ist der Abstand zum Zentrum ein Indikator für die Relevanz des Eintrags. Mithilfe

eines so genannten **D**egree-**o**f-**I**nterest-Wertes (DOI-Wert) lassen sich Fischaugen-Ansichten unterschiedlicher Detaillierungsstufen erzeugen.

3. Landmarken sind markante Objekte, die vom Autor eines Anwendungssystems fest-gelegt werden und als „Rettungsinseln" fungieren sollen. Charakteristisch ist es, dass diese Landmarken von allen Systempunkten jederzeit erreicht werden können.

4. Führungen, so genannte „Guided Tours", präsentieren ausgewählte Informationen in sequenzieller Folge, um vor allem den weniger spezialisierten Benutzer von der eigenständigen Informationssuche zu entlasten.

5. Für die Navigation in umfangreichen Texten eignen sich Dokumentenlandkarten. In Abbildung 3.4.2/2 symbolisiert das Feld rechts neben dem Dokument die gesamte Mitteilung. Der gerade angezeigte Teil ist weiß hinterlegt. Die Positionen der interessierenden Wörter geben Punkte an. Dabei ist jedem Begriff aus dem Benutzerprofil eine andere Farbe zugeordnet. Mit dieser sind auch die entsprechenden Stichworte in der Meldung markiert. Der Bearbeiter kann anhand von „Punktwolken" auf für ihn besonders wichtige Passagen schließen. Um direkt zu einem bestimmten Abschnitt zu springen, genügt ein Mausklick auf einen Teilbereich innerhalb der Gesamtübersicht.

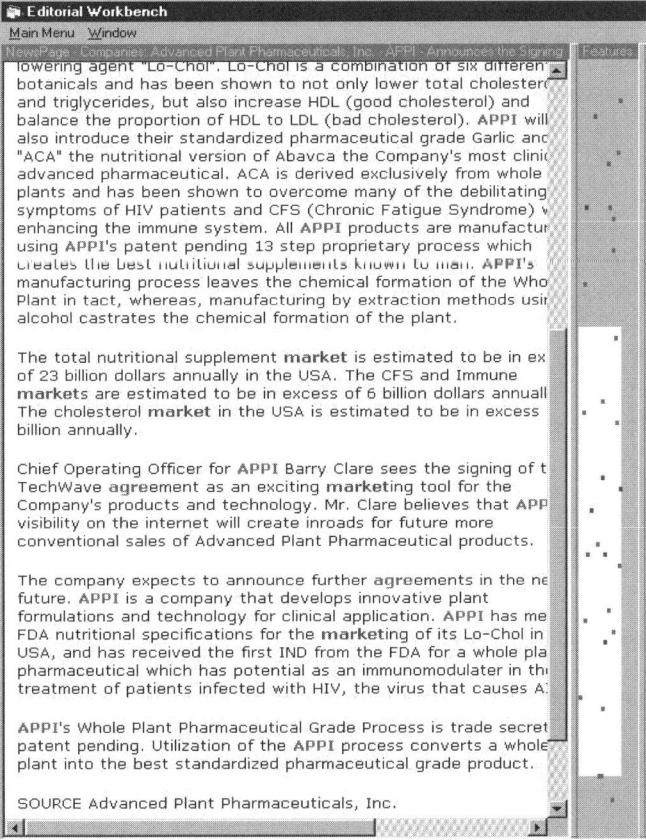

Abb. 3.4.2/2   Dokumenten-Landkarte [MEI 00]

6. Als weitere Hilfe, um möglichst schnell die relevanten Inhalte einer umfangreichen Meldung zu finden, bietet es sich an, all jene Sätze eines Dokuments (mit Ausnahme der Überschriften) auszublenden, die keinen der Begriffe aus einer Volltextsuche oder einem Benutzerprofil enthalten. Damit unterstützt das System das typische „Querlesen". Bewegt der Leser den Mauszeiger über eine der mit „More" beschrifteten Schaltflächen (siehe Abbildung 3.4.2/3), so erscheint eine Schnellinformation (QuickInfo) mit den ersten Zeilen des vorausgehenden bzw. nächsten Satzes. Durch einen Mausklick kann dieser vollständig in der Meldung dargestellt werden. Somit lassen sich interessante Passagen sukzessive genauer betrachten.

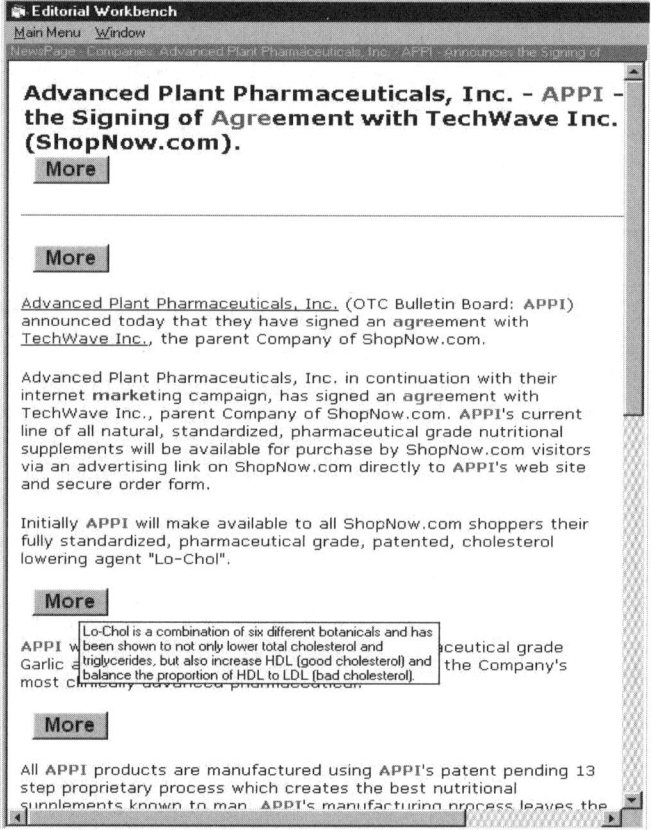

Abb. 3.4.2/3   Querlesehilfe [MEI 00]

3.4.3 Management Cockpits

Das **Management Cockpit** (vgl. Abbildung 3.4.3/1) kann ein spezieller Raum für Besprechungen von Führungskräften („Electronic-Meeting-Room", „E-Meeting-Room") sein. An den Wänden befinden sich Grafiken, die es ermöglichen, die aktuelle Lage des Unternehmens sehr schnell zu erfassen. Die Darstellungen ähneln den zum Steuern von Flugzeugen verwendeten Anzeigen. Jede Seite repräsentiert bestimmte Sichten. Bei Betreten des Raums fällt der Blick zunächst auf die „schwarze Wand", welche die wichtigsten strategischen Erfolgskennzahlen visualisiert. Auf der linken Seite sind auf der „blauen Wand" die wesentlichsten internen Einflussfaktoren auf das Ergebnis, etwa Produktivitätskennzahlen, darge-stellt. Rechts repräsentiert die „rote Wand" das externe Umfeld, beispielsweise Marktanteile oder Meldungen über Fusionen von Wettbewerbern. Die vierte Wand dient dazu, den Fort-schritt strategisch wichtiger Projekte, z. B. die Einführung einer neuen Standardsoftware, zu überwachen. Das Konzept lässt sich auch virtuell am Rechner nachbilden. Vertiefende Informationen zu derartigen „E-Meeting-Rooms" findet man bei [GAB 02/GEO 00].

Wenn ein Unternehmen die Balanced-Scorecard-Methode eingeführt hat (vgl. Ab-schnitt 6.2.5), bietet es sich an, die Organisation der Wände mit deren Aufbau abzustimmen.

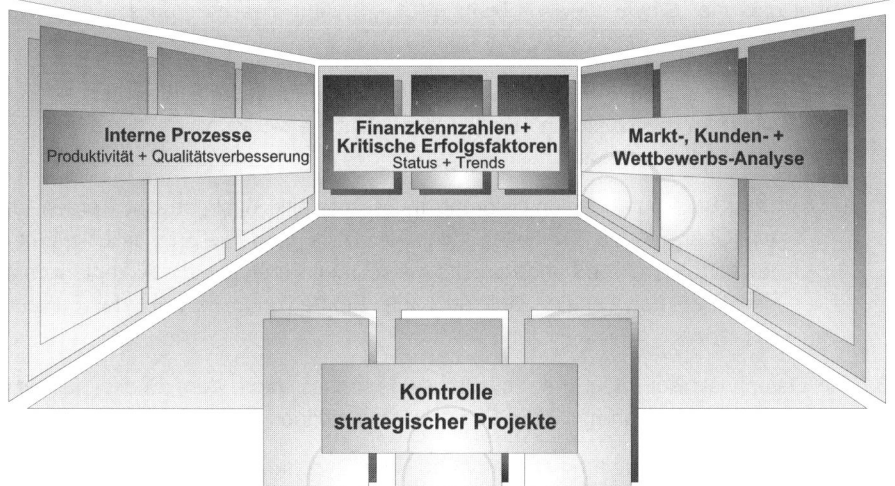

Abb. 3.4.3/1   Management Cockpit (in Anlehnung an [GEO 00])

Die **Mercedes-AMG GmbH**, die in **Mercedes-PKW** Hochleistungstriebwerke einbaut, hat vielfältige Excel-Lösungen zugunsten des Management Cockpits **MIK-BIS** aufgegeben. Dieses erlaubt tabellarische und grafische Darstellungen, das Konfigurieren von Berichten und enthält auch ein Dashboard. Maßgebend für die Wahl von **MIK-BIS** war unter anderem, dass die Mitarbeiter die gewohnte Excel-Oberfläche behalten. Angewandt wird das Cockpit für das Projektcontrolling, insbesondere für die Analyse abgelaufener Vorhaben mit betriebs-wirtschaftlichen Kennzahlen. Einen Vorteil sieht man bei **Mercedes-AMG** auch darin, dass man im Monatsabschlussgespräch Sonderauswertungen ohne lange Vorlaufzeit bereitstellen kann. [BAR 07]

3.4.4 Dashboards

So genannte Digital Dashboards oder Performance Dashboards zeigen eine recht enge Verwandtschaft mit Management Cockpits. Beide basieren auf der Piloten-Metapher. Man kann den Begriff wie folgt definieren [MCK 05, S. 1015]: „Electronic interface that provides employees with timely personalized information to enable them to monitor and analyze the performance of organizations". Die Entwicklung der Dashboards wurde stark von dem Konzept der Kritischen Erfolgsfaktoren, von Executive Information Systems (vgl. Kapitel 1.3) und von Balanced Scorecards (vgl. Abschnitt 6.2.5) beeinflusst. Nach einer Untersuchung von McKeen, Smith und Singh, an der eine Reihe von Führungskräften („Focus Group") beteiligt waren, vereinen Dashboards in der Mehrzahl die folgenden Eigenschaften auf sich:

1. Im Vordergrund steht mehr der Zugang zu Daten im Sinne eines Management-Informations-Systems, weniger die Datenanalyse. Somit müssen Dashboards auch nicht unbedingt stark interaktiv benutzt werden und beispielsweise keine Empfindlichkeitsanalysen/What-if-Fragen erlauben.

2. Es wird sehr viel Wert darauf gelegt, dass alle Dashboards im Unternehmen auf der gleichen Faktenbasis gründen. Eine einmalige Abstimmung muss genügen. Williams nennt dies die „Single View of Truth" [WIL 04]. Aus dieser Forderung folgen zwei weitere:

   a) Vor der Einführung der Dashboards hat eine sorgfältige Diskussion der Metriken stattzufinden, damit man nicht gezwungen ist, diese in kurzen Abständen zu ändern.

   b) Über eine gute Personalisierung muss sorgfältig nachgedacht werden, denn ein Übermaß an Freiheiten des Benutzers mag die Einheitlichkeit beeinträchtigen, während andererseits mit solchen Freiheiten die Akzeptanzchance steigt. Zu den Details zählt auch die Empfehlung, die Zahl der Farben zu begrenzen.

3. Die Datenbasis soll möglichst zeitecht sein, sodass auch, dem Cockpit-Gedanken entsprechend, die Führungskräfte Echtzeit-Informationen vorfinden.

4. Bei der Bildschirmgestaltung sind ergonomische Aspekte, z. B. was die Mischung von Tabellen, Grafiken und verbalen Aussagen betrifft, zu beachten.

5. So genannte Drill-down-Funktionalitäten sind wichtig, wenn die Vorgesetzten die wichtigsten Kennzahlen in nachgeordneten Bereichen prüfen und die Verantwortlichen dieser Teilbereiche gezielt ansprechen wollen.

In der oben genannten Studie schälten sich zwei Haupttypen von Digital Dashboards heraus:

1. Solche, bei denen Leistungsindikatoren des Unternehmens dominieren und daher Finanzkennzahlen und ähnliche Metriken im Vordergrund stehen. Entsprechend den allgemeinen Gestaltungsempfehlungen (vgl. Abschnitt 3.4.1) werden die aktuellen Zahlen denen von Vorperioden oder Plänen gegenübergestellt.

2. Solche, die den Status von Projekten zeigen; hier dominieren Vergleiche von aktuellen Zahlen zum Zeit- und Kostenverbrauch mit Planzahlen.

Eine reizvolle Variante sind Chancen-orientierte („Opportunity-based") Dashboards. Anders als bei den vorgenannten beiden Typen sollen hier Gelegenheiten für neue eigene Geschäftszweige aufgezeigt oder Argumente gegen Vorstöße von Konkurrenten aufgezeigt werden. Ein Beispiel stammt aus der pharmazeutischen Industrie: Eine Reihe von Konkurrenten setzt auf neue Medikamente auf der Grundlage von Gentechnik. Das eigene Unternehmen bleibt insoweit skeptisch. Um die Antworten auf einschlägige Fragen von Kunden oder Journalisten zu fundieren, werden auf die Dashboards der höheren Führungskräfte

Ergebnisse wissenschaftlicher Studien projiziert, die die eigene zurückhaltende Position stützen.

Insbesondere im Produktionssektor werden aktuelle Kontrollinformationen, z. B. zur Anlagenverfügbarkeit, zur Kapazitätsauslastung und/oder zu Fehlzeiten der Belegschaft, auf größeren Schaubildern zur Kenntnis gebracht. Aufgabe der IV ist es, die Tafeln aus den Datenbanken heraus zu erzeugen. Denkbar ist, dass man von Plakaten abgeht und stattdessen auffällige elektronische Anzeigen anbringt, wie man sie z. B. von Flughäfen her kennt. Inhaltliche Anregungen zu dieser Art der Visualisierung findet man bei Wildemann [WIL 02].

3.4.5 Business-Intelligence-Portale

Eine trennscharfe Abgrenzung zwischen Dashboards und Business-Intelligence-Portalen (BI-Portalen) ist schwierig. In beiden werden aus unterschiedlichen Quellen integrierte Führungsinformationen präsentiert. BI-Portale bieten im Vergleich zu Dashboards tiefer gehende und fassettenreichere Navigationspfade mit ausgeprägten rollenbasierten Personalisierungsmöglichkeiten (siehe Abschnitt 3.2.2). Oft werden BI-Portale mit typischen Büro-Komponenten, wie z. B. Terminplanung, Adressverwaltung und E-Mail kombiniert. Hinzu treten Aufgabenlisten, Suchmaschinen und Nachrichtenticker. Im Regelfall basieren BI-Portale auf Web-Technologien und nutzen gängige Web-Browser als Darstellungsmedium. [GLU 08]

BI-Portale sind eine Erscheinungsform von Unternehmensportalen (Corporate Portals) und hierbei im Besonderen von so genannten Enterprise Information Portals (EIP). Weitere Erscheinungsformen von EIP sind Content Management Portals und Collaboration Portals. Bei Content Management Portals liegt der Fokus auf der Zusammenführung von strukturierten, semi-strukturierten und unstrukturierten Datenbeständen (vgl. Abschnitt 2.2.2). Collaboration Portals sind primär ausgerichtet auf die Zusammenarbeit von Arbeitsgruppen, etwa durch Diskussionforen, Chaträume und Workflow-Funktionen. Tendenziell treten diese Alternativen nicht isoliert, sondern kombiniert in umfassenden EIP auf. [KEM 06]

3.4.6 Expertisesysteme

Expertisesysteme sind eine Variante von Expertensystemen (XPS) bzw. wissensbasierten Systemen (WBS) [MER 89]. Regelwerke werden benutzt, um zum einen Datenmaterial zu analysieren und Diagnosen sowie eventuell auch Therapievorschläge und Prognosen abzuleiten und um zum anderen das Ergebnis in Gestalt von Gutachten (Expertisen) zu dokumentieren. Diese Gutachten können aus Grafiken, Tabellen und verbalen Passagen konfiguriert sein.

Eine noch wenig gelöste Aufgabe besteht beispielsweise darin, den Lagebericht gemäß §§ 289 und 315 HGB weit gehend automatisch zu erstellen. Während z. B. für den Pflichtbestandteil „Geschäftsverlauf und Lage" (Wirtschaftsbericht) oder auch für den Sollbestandteil „Risikomanagementbericht" eine Reihe von Kennzahlen, Zeitreihen und Grafiken „aus dem Rechner kommen" können, gilt das für den Forschungsbericht als Sollbestandteil nur sehr eingeschränkt [FIS 07].

In der Folge wird davon ausgegangen, dass durch mehr oder weniger „intelligente" Datenanalysen die darzustellenden Sachverhalte bereits ermittelt sind. Ebenso seien die Tabellen und Grafiken bestimmt (vgl. Abschnitt 3.4.2). Die große Herausforderung liegt nun darin, die Textpassagen zu verfassen. Hierbei lehnen wir uns an das System **UNTERNEHMENS-REPORT II** [HAA 95 u.a.], das wir für die **DATEV eG** entwickelt haben, an. Es zeigt die Möglichkeiten und Grenzen der automatischen Generierung natürlichsprachiger Texte auf.

Die Textgenerierungskomponente kümmert sich um das „How to say it?". Oft wird sie auch als „Surface Generation" bezeichnet. Sie soll die richtige Wahl der Syntax und der Worte bewirken. Der Grundtext darf sich nicht als „Text aus dem Computer" offenbaren. Beispielsweise sind Wiederholungsfehler zu vermeiden. Hierzu ist maschinell zu prüfen, ob das gleiche Wort mehrmals in einer parametrierten Distanz innerhalb des Texts vorkommt, und gegebenenfalls aus einem Lexikon ein Synonym zu entnehmen.

Die Besonderheiten der deutschen Grammatik machen es dem System schwer. Hier können nur einige Beispiele aufgeführt werden: Im Gegensatz zum Englischen kann das Geschlecht von Synonymen (z. B. Betriebserfolg, Betriebsergebnis) variieren. Bestimmte Termini kommen im gegebenen Kontext nur im Plural vor, etwa „Löhne und Gehälter". Ein weiteres Spezifikum sind unterschiedliche Flexionsendungen, z. B. muss an „Ergebnis" nicht „s", sondern „ses" angehängt werden, wenn das Wort im Genitiv benutzt wird. Insgesamt sind sehr viele Regeln zu formulieren.

Abbildung 3.4.6/1 zeigt den Kern der Methode: Es werden Satzskelette abgelegt, die aus festen Buchstabenfolgen und aus Textvariablen bestehen. Abhängig vom Analyseergebnis werden die Textvariablen durch Textbausteine ersetzt, sodass vollständige Sätze entstehen. Man beachte die Feinheiten, die notwendig sind, um grammatisch einwandfreie Formulierungen zu finden, z. B. dass der Textbaustein 431753 „n Abwärtstrend" vorkommt.

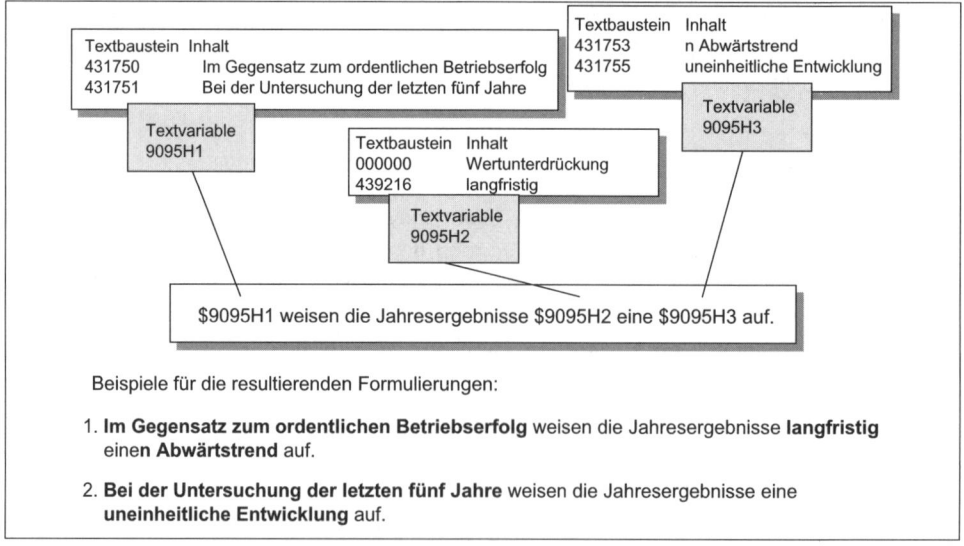

Abb. 3.4.6/1   Textgestaltung

Charakteristisch für Expertisesysteme ist ihre Empfängerorientierung bzw. Personalisierung. Abbildung 3.4.6/2 deutet an, welche Varianten denkbar sind. Recht schwierig ist es, unterschiedlich lange Versionen zu produzieren, denn man kann nicht nur von einem Standardreport aus starten und den „Chefreport" durch Weglassen von Passagen gewinnen. Einfacher ist die Ableitung einer Langversion aus dem Standardreport, indem man eine Lesehilfe in Gestalt eines Glossars hinzufügt.

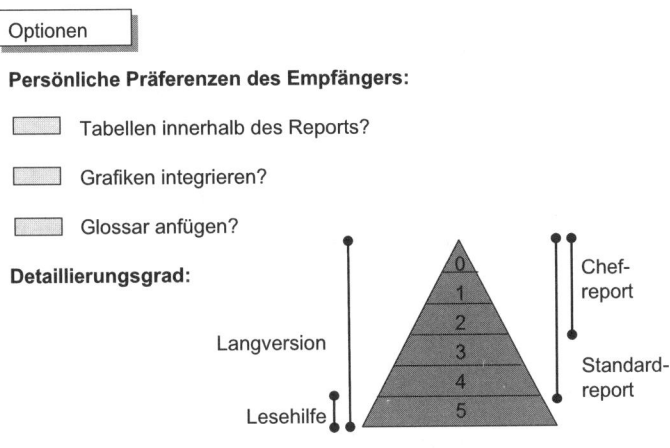

Abb. 3.4.6/2   Empfängerorientierung

Abbildung 3.4.6/3 vermittelt einen Eindruck, wie man auf Wunsch des Empfängers das Gutachten mit oder ohne Wertungen sowie mit oder ohne Empfehlungen gestaltet. Dies gelingt, indem man die Satzskelette entsprechend als wertende bzw. empfehlende Aussagen kennzeichnet, sodass das System sie auswählen oder weglassen kann.

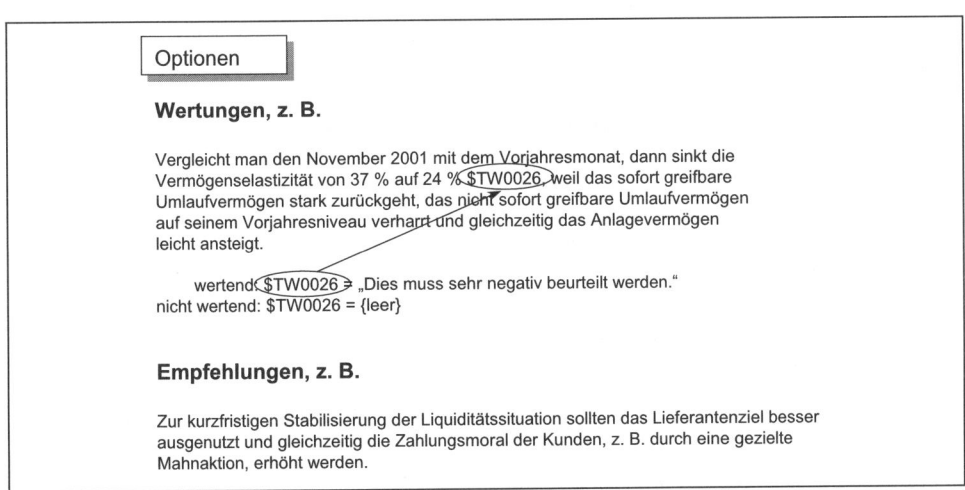

Abb. 3.4.6/3   Wertungen und Empfehlungen

Abbildung 3.4.6/4 verdeutlicht ein weiteres Detail: Es stellt sich die Frage, in welchen Dimensionen ein Ergebnis ausgedrückt werden soll. Im vorliegenden Fall ist zu entscheiden, ob eine Amortisationsdauer in Monaten oder in Jahren anzugeben ist. Bei einer kurzen Amortisationsdauer erscheint die Dimension „Monate" sinnvoller, bei einer längeren Zeitstrecke die Dimension „Jahre".

Abb. 3.4.6/4   Dimensionen eines Ergebnisses

3.4.7 Teilautomatische Präsentationssysteme

Den letzten Arbeitsschritt vieler Datenanalyseprozesse bildet gewöhnlich die Präsentation der gewonnenen Untersuchungsergebnisse. Die große Bedeutung dieses Schrittes spiegelt sich in der Tatsache wider, dass alle Bemühungen in den vorausgegangenen Phasen nahezu bedeutungslos erscheinen, sofern es nicht gelingt, die Resultate dem jeweiligen Auditorium adäquat zu vermitteln. Um quantitative Informationen, wie Controlling- oder Absatzkennzahlen, anschaulich zu präsentieren, werden in der Regel grafische Darstellungsformen verwendet [HAR 96]. Tegarden [TEG 99] formuliert dabei in Anlehnung an Tufte [TUF 90] die folgenden Anforderungen an Grafiken: Sie sollen die originären Daten abbilden und nicht ausgewählte Aggregationen, die Betrachter sollen den Inhalt erfassen und nicht die Abbildung durchdenken müssen, Grafiken sollen weiterhin keine unnötigen „Verzierungen" haben, so viel Information wie möglich darstellen und Vergleiche zwischen Daten erlauben sowie Sichten mit unterschiedlichen Detaillierungsstufen unterstützen. Das damit verbundene allgemeine Problem der Wahl einer treffenden Visualisierungsform stellt sich z. B. bei der Vorstellung von Marktinformationen.

Daher wird im Folgenden am Beispiel von Marktforschungsdaten gezeigt, wie mithilfe des wissensbasierten Systems **COBRAS** (**C**lient **O**riented **B**ranch **R**eporting and **A**nalysis **S**ystem) die Erstellung von anspruchsvollen und aussagekräftigen Präsentationscharts automatisiert werden konnte. **COBRAS** wurde in einem Kooperationsprojekt des **FORWISS** zusammen mit der **GfK-Gruppe**, einem der weltweit führenden **Marktforschungsunternehmen**, entwickelt und befindet sich europaweit im Einsatz [CHR 01/CHR 08].

Datengrundlage für **COBRAS** ist ein Handelspanel [RED 97]. Handelspanels wurden eingerichtet, um quantitativ verfolgen zu können, was mit den Artikeln geschieht, sobald sie die Fabriktore verlassen haben. Das Ziel eines solchen Panels ist es, den Verkauf, die Distribution und die Lagerhaltung diverser Produkte in den einzelnen Absatzkanälen zu messen. Da es sich bei einer Paneluntersuchung um eine über einen längeren Zeitraum periodisch durchgeführte Beobachtung der gleichen Stichprobe handelt, finden auch in regelmäßigen Abständen Präsentationen über die gewonnenen Marktforschungsergebnisse statt. Bei diesen Präsentationsterminen geht es zum einen darum, dem Top-Management oder den Produktmanagern einen guten Überblick über das jeweilige Marktgeschehen zu vermitteln. Zum anderen muss auf die kundenspezifischen Fragestellungen kompetent und detailliert eingegangen werden.

Bei der Erstellung von Präsentationscharts berücksichtigt **COBRAS** neben inhaltlichen Gesichtspunkten („Wer benötigt welche Daten?") vor allem gestalterische Aspekte („Wie sind diese Daten aufzubereiten?"). Inhaltlich erfordern beispielsweise unterschiedliche Vertriebsstrukturen die Berechnung spezifischer Kennzahlen.

Ähnlich einer Methodenbank (vgl. Kapitel 2.3) stellt **COBRAS** dem Anwender Analysebaustein-Templates bereit. Aus diesen vordefinierten Bestandteilen lassen sich dann schnell komplette Präsentationen konstruieren. Dabei gewährleistet eine in diesen Bausteinen hinterlegte Logik, dass die Anforderungen an eine korrekte und objektive Darstellung erfüllt sind. Als Beispiele mögen das Ausweisen der Bezugsgrößen bei Anteilswerten oder die differenzierte Behandlung der Ausprägungen „kein Wert" und „Null" in Liniendiagrammen dienen. Die gewünschten Templates können entweder über Deskriptoren gesucht und ausgewählt oder über intuitiv zu bedienende Assistenten, so genannte Wizards, schnell generiert werden. Der Marktforscher wählt so je nach Adressatenkreis aus einem Angebot von leicht zu interpretierenden Preisentwicklungen über diverse Marktanteilscharts bis hin zu komplexen Portfolio- oder Isoquantendarstellungen (vgl. Abbildung 3.4.7/1).

Neben diesen Templates, die eher die strukturelle Seite der Präsentation definieren, wird mithilfe von Filtern festgelegt, auf welches Segment sich die Analyse beziehen soll und welche Daten aus diesem Segment darzustellen sind. Zusätzlich sorgen kundenspezifische Parameter dafür, dass beispielsweise eine Führungskraft in einer US-Tochtergesellschaft ihre Charts in englischer Sprache, mit US-amerikanischen Zahlenformaten und dem gewünschten Logo erhält. Weitere Parameter gewährleisten, dass die Corporate-Identity-Richtlinien erfüllt bleiben.

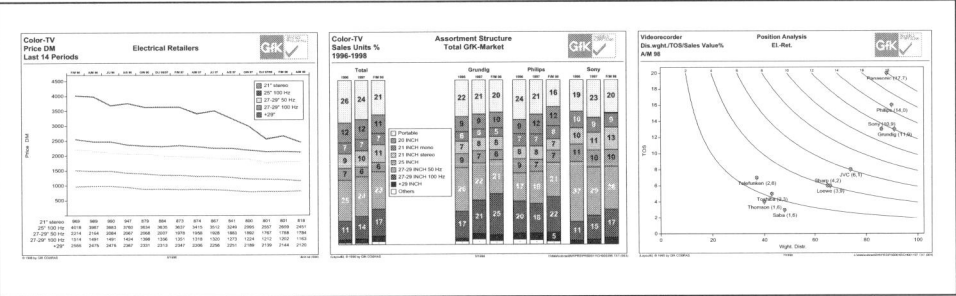

Abb. 3.4.7/1   Charts mit unterschiedlichem Interpretationsaufwand

Nachdem der Anwender auf diese Weise die Charts inhaltlich beschrieben hat, übernimmt das System sowohl die Generierung der erforderlichen Datenbankabfragen als auch alle notwendigen Formatierungen der Schaubilder. So werden mithilfe von Heuristiken automatisch eine optimierte Schriftgröße für die Datenpunktmarkierungen berechnet und deren Schriftfarben dem jeweiligen Untergrund angepasst. Um die Lesbarkeit einer Chartfolge zu vereinfachen, sorgt COBRAS dafür, dass alle Darstellungsobjekte innerhalb der Präsentation über eine einheitliche Kennzeichnung verfügen. So erscheinen etwa alle Daten eines Herstellers in jedem Diagramm mit gleicher Farbe und Schraffur. Ein Kritiksystem in Form eines so genannten Designregelwerks unterbreitet darüber hinaus Vorschläge für eher subjektive Gestaltungskriterien. Beispielsweise wird einem Anwender empfohlen, ein sehr datenintensives Chart auf zwei übersichtlichere Schaubilder aufzuteilen. Ob dieser Vorschlag letztendlich befolgt oder abgelehnt wird, entscheidet er.

3.4.8 Geografische Informationssysteme und Business-Mapping-Systeme

Geo-Informationssysteme (GIS) enthalten neben kartografischen Darstellungskomponenten mächtige raumbezogene Analyse- und Planungsinstrumente [LEI 97]. Grundlage sind so genannte „Thematische Karten"; sie haben den Zweck, über zu einem bestimmten Raum gehörende Themen (z. B. Bevölkerung, Verkehr) zu informieren.

Abbildung 3.4.8/1 zeigt eine typische Hierarchie zur Segmentierung in geografischen Informationssystemen. Als Grundlage für Entscheidungen, etwa für Vertriebsaktionen, werden häufig die Ländersegmentierung und die Mikrogeografische Segmentierung verwendet.

Die geografischen Daten können entweder als Vektor- oder als Rastergrafik dargestellt werden. Vektorkarten setzen sich aus grafischen bzw. geometrischen Objekten zusammen. Jedes dieser Objekte wird mit Informationen zur Lage im Raum (Koordinaten) und mit thematischen Daten (Sachinformationen) beschrieben. Es lassen sich drei Objektarten unterscheiden (vgl. u. a. [NIT 98]):

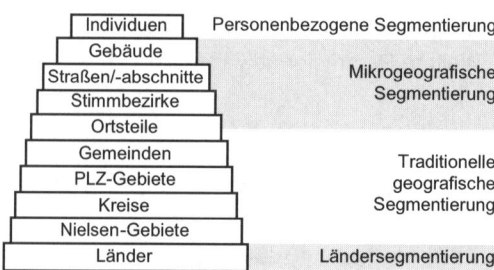

Abb. 3.4.8/1   Segmentierung in geografischen Informationssystemen [MUN 96]

1. Punkte, die durch zwei Koordinatenwerte repräsentiert sind. Dabei kann man mit Symbolen z. B. die Standorte von Kunden zeigen.

2. Linien, die durch einen Anfangs- und einen Endpunkt in einem Koordinatensystem definiert werden. Sie repräsentieren linienhafte räumliche Elemente, wie z. B. Flüsse, Eisenbahnstrecken oder Fluglinien.

3. Polygone, die die Basis für die Darstellung flächenbezogener Objekte sind. Mit unterschiedlichen Füllfarben und Schraffuren kann man flächenbezogene Marktdaten wiedergeben.

Um die Darstellung thematischer Daten zu erleichtern, wurde die Layer-Technik entwickelt, die einem Schichtenmodell entspricht. Es lassen sich mindestens zwei inhaltliche Schichten trennen:

1. Die geografischen Daten, die die Grundkarte bilden.

2. Die darzustellenden thematischen Daten, die einen räumlichen Bezug aufweisen.

Die unterschiedlichen Layer können beliebig ein- und ausgeblendet werden, wodurch man diverse thematische Karten kombiniert.

Business-Mapping-Systeme zeichnen sich gegenüber den ursprünglichen GIS-Systemen durch einen eingeschränkten Leistungsumfang aus, sodass man raumbezogene Software auf einem PC benutzen kann. Business-Mapping-Systeme enthalten oft auch mathematische Modelle mit Analysetechniken, wie sie beispielsweise für die Definition von Einzugsgebieten relevant sind.

Ein für die betriebswirtschaftliche Planung und Kontrolle interessantes Instrument sind mikrogeografische Systeme zur Marktbearbeitung [MUN 99/BOD 99]. Man geht von einem so genannten Neighbourhood-Effekt aus, bei dem angenommen wird, dass sich Personen mit ähnlichem Lebensstil und ähnlichen Konsumgewohnheiten in einer räumlichen Nachbarschaft ansiedeln. Hierzu werden geografische bzw. Business-Mapping-Systeme mit Marketingdatenbanken verbunden. Gegebenenfalls gelangt man von einer sehr feingliedrigen geografischen Struktur (beispielsweise nach Stimmbezirken, Straßenabschnitten oder Gebäudegruppen), einer so genannten Parzellendatenbank, via Clusterung zu größeren Einheiten, welche man auch als Geotypen bezeichnet. Bei der Aggregation können Data-Mining-Algorithmen (vgl. Abschnitt 3.3.1) helfen. Derartige Systeme werden z. B. herangezogen, um die prozentuale Über- bzw. Unterdeckung der Kundendichte in bestimmten räumlichen Segmenten zu diagnostizieren. Man vergleicht dann, inwieweit es mit der bisherigen Marktbearbeitung gelungen ist, sich in bestimmten Räumen zu etablieren. Eine derartige Symptomatik kann die Grundlage von Diagnosen sein, beispielsweise zur Schlagkraft regionaler Vertriebseinheiten, dann aber auch für eine Handlungsempfehlung (Therapie), die etwa in der Entwicklung einer Neupositionierungsstrategie liegen mag.

3.5 Anmerkungen zu Kapitel 3

[ACK 94/ACK 96]   Ackerman, M. S., Answer Garden - A Tool for Growing Organizational Memory, Ph. D. Thesis am Massachusetts Institute of Technology (MIT), Boston 1994; Ackerman, M. S. und McDonald, D. W., Answer Garden 2: Merging Organizational Memory with Collaborative Help, in: ACM Press (Hrsg.), Proceedings of the ACM Conference on Computer-Supported Cooperative Work (CSCW'96) 1996, S. 97-105.

[BAC 02]   Bach, V., Vogler, P. und Österle, H. (Hrsg.), Business Knowledge Management: Praxiserfahrungen mit Intranet-basierten Lösungen, Berlin u. a. 2002.

[BAN 08]   Bannenberg, A., Wenn das Handling des Garantiefalls zum Problem wird, IT&Production o.Jg. (2008) 1+2, S. 19-38.

[BAR 01/ALT 96]   Bartsch-Spörl, B., Case-Based Reasoning (CBR), in: Mertens, P. u.a. (Hrsg.), Lexikon der Wirtschaftsinformatik, 4. Aufl., Berlin u.a. 2001, S. 89-91; Althoff, K. D. und Bartsch-Spörl, B., Decision Support for Case-Based Applications, WIRTSCHAFTSINFORMATIK 38 (1996) 1, S. 8-16.

[BAR 07]   BARC (Hrsg.), BARC-Guide Business Intelligence 2007/2008, Würzburg 2007, S. 64.

[BEE 06]   Beekmann, F. und Chamoni, P., Verfahren des Data Mining, in: Chamoni, P. und Gluchowski, P. (Hrsg.), Analytische Informationssysteme, 3. Aufl., Berlin u.a. 2006, S. 263-282.

[BIE 98]   Bielesch, H., Wie erhöht man die Lesbarkeit eines Controllingberichtes?, unveröffentlichtes Manuskript, München 1998.

[BIS 96]   Bissantz, N., CLUSMIN - Ein Beitrag zur Analyse von Daten des Ergebniscontrollings mit Datenmustererkennung (Data Mining), Dissertation, Nürnberg 1996.

[BMW 04]   Bundesministerium für Wirtschaft und Arbeit (Hrsg.), Wissensbilanz – Made in Germany, Berlin 2004.

[BOD 06]   Bodendorf, F., Daten- und Wissensmanagement, 2. Aufl., Berlin-Heidelberg 2006.

[BON 03]   Boncella, R. J., Competitive Intelligence and the Web, Communications of the Association for Information Systems 12 (2003) 21, S. 327-340, hier S. 327.

[BUT 99]   Butterwegge, G., Von Fall zu Fall - Vertriebsunterstützung mit Case-Based Reasoning, Industrie Management 15 (1999) 6, S. 39-43.

[CHA 04]   Chamoni, P., Gluchowski, P. und Schulze, K.-D., Empirische Bestandsaufnahme zum Einsatz von Business Intelligence, in: Chamoni, P. u.a. (Hrsg.), Sammeltagungsband 2 der Multikonferenz Wirtschaftsinformatik (MKWI) 2004, Duisburg-Essen 2004, S. 111-124, hier S. 115.

[CHO 65]   Chow, W. M., Adaptive Control of the Exponential Smoothing Constant, Journal of Industrial Engineering 16 (1965) o.A., S. 314-317.

[CHR 01/CHR 08]   Christ, V., Visualisierung quantitativer Markterfolgsdaten: Möglichkeiten und Grenzen der automatisierten Erstellung von Präsentationen im Marktforschungsbereich, Dissertation, Nürnberg 2001; persönliche Auskunft von Herrn V. Christ, Rosewitz-Christ-Informatik, 2008.

[DIC 06]   Dickersbach, J., Supply Chain Management with APO, 2. Aufl., Berlin u.a. 2006.

[DÜS 06]   Düsing, R., Knowledge Discovery in Databases, in: Chamoni, P. und Gluchowski, P. (Hrsg.), Analytische Informationssysteme, 3. Aufl., Berlin u.a. 2006, S. 239-262.

[ENG 95]   Engler, M., Retail-Controlling in einem Automobil-Händlernetz, in: Hichert, R. und Görke, M. (Hrsg.), Management-Informationssysteme - praktische Anwendungen, 2. Aufl., Berlin u.a. 1995, S. 476-484.

[EPP 04]   Eppler, M. und Mengis, J., The Concept of Information Overload: A Review of Literature from Organization Science, Accounting, Marketing, MIS, and Related Disciplines, Information Society 20 (2004) 5, S. 325-344.

[FAR 02]   Farhoomand, A. F. und Drury, D. H., Managerial Information Overload, Communications of the ACM 45 (2002) 10, S. 127-131.

[FAZ 08]   Frankfurter Allgemeine Zeitung - Stellenanzeigen vom 2008-06-15.

[FIS 07]   Fischer, T. M. und Zirkler, B., Lagebericht - Value Reporting, in: Freidank, C.-C. und Peemöller, V. H. (Hrsg.), Corporate Governance und Interne Revision, Berlin 2007, S. 579-604.

[FEL 06]   Felden, C., Text-Mining als Anwendungsbereich von Business Intelligence, in: Chamoni, P. und Gluchowksi, P. (Hrsg.), Analytische Informationssysteme - Business Intelligence-Technologien und -Anwendungen, 3. Aufl., Berlin, 2006, S. 283 - 304.

[GAB 02/GEO 00]   Gabriel, R., Knittel, F., Tarlay, H. und Reif-Mosel, A.-K., Computergestützte Informations- und Kommunikationssysteme in der Unternehmung, Berlin u.a. 2002, S. 185; Georges, P. M., Das Management Cockpit – Benutzungsschnittstelle für Management Software: Ein Erfahrungsbericht, WIRTSCHAFTSINFORMATIK 42 (2000) 2, S. 131-136.

[GEB 94]   Gebhardt, F., Interessantheit als Kriterium für die Bewertung von Ergebnissen, Informatik Forschung und Entwicklung 9 (1994) 1, S. 9-12.

[GEN 99]   Gentsch, P., Wissen managen mit innovativer Informationstechnologie, Wiesbaden 1999, S. 71.

[GEO 00]   Georges, P. M., Das Management Cockpit – Benutzungsschnittstelle für Management Software: Ein Erfahrungsbericht, WIRTSCHAFTSINFORMATIK 42 (2000) 2, S. 131-136.

[GLU 06]   Gluchowski, P., Techniken und Werkzeuge zum Aufbau betrieblicher Berichtssysteme, in: Chamoni, P. und Gluchowski, P. (Hrsg.), Analytische Informationssysteme, 3. Aufl., Berlin u.a. 2006, S. 207-226.

[GLU 08]   Gluchowski, P., Gabriel, R. und Dittmar, C., Management Support Systeme und Business Intelligence – Computergestützte Informationssysteme für Fach- und Führungskräfte, 2. Aufl., Berlin u.a. 2008.

[HAA 95 u.a.]   Haase, M., Krehl, H., Heidecker, P. und Mertens, P., Unternehmensreport II – ein umfassender Ansatz zur wissensbasierten Unternehmensanalyse, Künstliche Intelligenz 9 (1995) 5, S. 56-62; Haase, M., Wissensbasierte Jahresabschlußanalyse mit Unternehmensreport, Handbuch der modernen Datenverarbeitung 32 (1995) 182, S. 37-44; Haase, M., Integrierte Wissensbasierte Unternehmensanalyse für Steuerberater, unveröffentlichtes Manuskript, Nürnberg 1995.

[HAG 96]   Hagedorn, J., Die automatische Filterung von Controlling-Daten unter besonderer Berücksichtigung der Top-Down-Navigation (BETREX II), Dissertation, Nürnberg 1996.

[HAR 96]   Harris, R. L., Information Graphics, Visual Tools for Analyzing, Managing, and Communicating, Atlanta 1996.

[HAW 89]   Hawkes, W. J., Cartwright, P. A. und Harter, R. M., SCAN-EXPERT - An Expert System for Identifying and Interpreting Changes in the Marketplace, Presentation at the AMA Technology in Marketing Conference, Chicago 1989, insbes. S. 8.

[HAY 93]   Hayes, R. M., Measurement of Information, Information Processing & Management 29 (1993) 1, S. 1-11.

[HAZ 98]   Hazebrouck, J.-P., Konzeption eines Management Support Systems zur Frühaufklärung - Ein modellbasierter Ansatz unter Nutzung von Fuzzy-Logik, Wiesbaden 1998.

[HOR 06]   Horváth, P., Controlling, 10. Aufl., München 2006.

[HOS 95]   Hosseini, J., Business Process Modelling and Organizational Memory Systems: A Case Study, in: Sprague, R. und Nunamaker, J. (Hrsg.), Proceedings of the 28th Annual Hawaii International Conference on System Sciences, Vol. III, Los Alamitos 1995, S. 363-371.

[HUB 98]   Huber, G., Davenport, T. und King, D., Perspectives on Organizational Memory, Task Force Paper on Organizational Memory for Presentation at the 31st Annual Hawaii International Conference on System Sciences, Mauna Lani, Hawaii 1998.

[HUC 84]   Huch, B., Informationssysteme im operativen Controlling - Rechnungswesen und Berichtswesen, Kostenrechnungspraxis o.Jg. (1984) 3, S. 103-110.

[HUM 08]   Hummeltenberg, W., Disziplinen von Business Intelligence, in: von Kortzfleisch, H. F. O. und Bohl, O. (Hrsg.), Wissen-Vernetzung-Virtualisierung, Lomar 2008, S. 41-56.

[HÜB 78]   Hüber, R. und Lockemann, P. C., Information Protection by Method Base Systems, in: Biyao, S. (Hrsg.), Proceedings of the Fourth International Conference on Very Large Data Bases, Berlin 1978, S. 420-428.

[ISH 02]   Ishikawa, H., Ohta, M., Yokoyama, S., Nakayama, J. und Katayama, K., Web Usage Mining. Approaches to Page Recommendation and Restructuring, International Journal of Intelligent Systems in Accounting, Finance & Management 11 (2002) 3, S. 137-148.

[JAC 02]   Jackson, J., Data Mining: A Conceptual Overview, Communications of the Association for Information Systems 8 (2002) 19, S. 267-296.

[JÄG 99]   Jäger, W. (Hrsg.), Unternehmenskommunikation durch Business TV: Strategien, Technikkonzepte, Praxisbeispiele, Wiesbaden 1999.

[JUN 08]   Persönliche Auskunft von Herrn J. Junker, Deutsche BP AG, 2008.

[KAI 02/KAI 08a] Kaiser, B.-U., Unternehmensinformation mit SAP-EIS: Aufbau eines Data Warehouse und einer inSight-Anwendung, 4. Aufl., Braunschweig u.a. 2002, insbes. S. 110-111; persönliche Auskunft von Herrn B.-U. Kaiser, ehemaliger Mitarbeiter der Bayer AG, 2008.

[KAI 08b]   Persönliche Auskunft und unveröffentlichte Unterlagen von Herrn B.-U. Kaiser, 2008.

[KEM 06]   Kemper, H.-G., Mehanna, W. und Unger, C., Business Intelligence – Grundlagen und praktische Anwendungen, 2. Aufl., Wiesbaden 2006.

[KRU 95]   Krulwich, B. und Burkey, C., Contact Finder: Extracting Indications of Expertise and Answering Questions with Referrals, Proceedings of the AAAI Fall Symposium „AI Applications in Knowledge Navigation and Retrieval", Menlo Park 1995, S. 85-91.

[LAN 05]   Langen, H. und Weinthaler, F., Prognose mithilfe von Verweilzeitverteilungen, in: Mertens, P. und Rässler, S. (Hrsg.), Prognoserechnung, 6. Aufl., Heidelberg 2005, S. 77-90.

[LEH 08]   Lehner, F., Wissensmanagement - Grundlagen, Methoden und technische Unterstützung, 2. Aufl., München, Wien 2008.

[LEI 97]   Leiberich, P., Einführung zum Business Mapping im Marketing, in: Leiberich, P. (Hrsg.), Business Mapping im Marketing, Heidelberg 1997, S. 4-11.

[LIA 06/LIA 08]   Liang, T. P., Lai, H. J. und Ku, Y. C., Personalized content recommendation and user satisfaction: theoretical synthesis and empirical findings, Journal of Management Information Systems 23 (2006) 3, S. 45-70; Liang, T. P., Recommendation systems for decision support: An editorial introduction, Decision Support Systems 45 (2008) 3, S. 385-386.

[MAT 93]   Matheus, C. J., Chan, P. K. und Piatetsky-Shapiro, G., Systems for Knowledge Discovery in Databases, IEEE Transactions on Knowledge and Data Engineering 5 (1993) 6, S. 903-913.

[MAY 08]   Persönliche Auskunft von Frau L. May, Microsoft Presseservice Fink & Fuchs Public Relations AG, 2008.

[MCK 05]   McKeen, J. D., Smith, H. A. und Singh, S., Digital Dashboards: Keep Your Eyes on the Road, Communications of the Association of Information Systems 52 (2005) 16, S. 1013-1026.

[MEI 00]   Meier, M. C. und Beckh, M.: Text Mining, WIRTSCHAFTSINFORMATIK 42 (2000) 2, S. 165-167.

[MEI 06]   Meier, M. C., Situierung und Individualisierung computergestützter Planungs- und Kontrollsysteme zur Filterung von Führungsinformationen – Erklärungs- und Gestaltungsbeiträge aus Perspektive der Wirtschafts-informatik, Habilitationsschrift, Nürnberg 2006.

[MER 82]   Mertens, P., Simulation, 2. Aufl., Stuttgart 1982, inbes. S. 30-48.

[MER 89]   Mertens, P., Expertisesysteme als Variante der Führungsinformation, Zeitschrift für betriebswirtschaftliche Forschung 41 (1989) 10, S. 835-854.

[MER 97/RES 97]   Mertens, P., Recommender Systems, WIRTSCHAFTSINFORMATIK 39 (1997) 4, S. 401-404; Resnick, P. und Varian, H. R., Recommender Systems, Communications of the ACM 40 (1997) 3, S. 56-58.

[MUN 96]   Munzer, I., Grundlagen computergestützter mikrogeografischer Systeme und Erscheinungsformen in Deutschland, Arbeitsbericht WI2, Universität Erlangen-Nürnberg, Nürnberg 1996.

[MUN 99/BOD 99]   Munzer, I., Mikrogeografische Marktsegmentierung im Database Marketing von Versicherungsunternehmen, Dissertation, Nürnberg 1999; Bodendorf, F., Wirtschaftsinformatik im Dienstleistungsbereich, Berlin u.a. 1999, insbes. S. 62-63.

[NAV 08]   Navrade, F., Strategische Planung mit Data-Warehouse-Systemen, Wiesbaden 2008, insbes. S. 114-117.

[NIT 98]   Nitsche, M., Micromarketing: Daten - Methoden - Praxis; individualisiertes Massenmarketing, bessere Zielgruppensegmentierung, erhöhter Response, optimierte Vertriebssteuerung, Neukundengewinnung, Cross-Selling, Standortplanung, Marktübersicht, Wien 1998.

[NOR 05]   North, K., Wissensorientierte Unternehmensführung, 4. Aufl., Wiesbaden 2005.

[OAR 97]   Oard, D., The State of the Art in Text Filtering, User Modeling and User-Adapted Interaction 7 (1997) 3, S. 141-178.

[OV 05]   Ohne Verfasser, Die Botschaft ist wichtiger als der Inhalt, is report 9 (2005) 6, S. 16-19, hier S. 19.

[PEE 05]   Peemöller, V. H., Controlling, 5. Aufl., Berlin 2005, S. 328-331.

[PRO 06]   Probst, G., Raub, S. und Romhardt, K., Wissen managen, 5. Aufl., Frank-furt/Main 2006.

[REC 08]   Rechkemmer, K., Aufsichtsratsinformation: Neue Lösungen für einen mehr denn je kritischen Erfolgsfaktor, unveröffentlichtes Manuskript, o.O. 2008.

[RED 97]   Redwitz, G., GfK Handelsforschung, Handelspanelhandbuch-NonFood, 2. Aufl., Nürnberg 1997.

[REI 06]   Reinecke, S. und Tomczak, T., Handbuch Marketingcontrolling: Effektivität und Effizienz einer marktorientierten Unternehmensführung, 2. Aufl., Wiesbaden 2006.

[REU 96]   Reuters Business Information (Hrsg.), Dying for Information? An Investigation into the Effects of Information Overload in the UK and Worldwide, London 1996, S. 7-9.

[REU 97]   Reuters Business Information (Hrsg.), Glued to the Screen. An Investigation into Information Addiction Worldwide, London 1997, S. 8.

[RÖS 00]   Rössel, M., Ein System zur individualisierten Informationsvermittlung – dargestellt am Beispiel eines multimedialen Branchenkatalogs der Technischen Keramik, Dissertation, Nürnberg 2000.

[SCHA 01]   Schackmann, J. und Knobloch, M., Web-Mining mit Methoden des Information Retrievals – Personalisierung von Web-Sites auf Basis von Webtracking Daten, in: Buhl, H. U., Huther, A. und Reitwiesner, B. (Hrsg.), Information Age Economy, Heidelberg 2001, S. 279-292, insbes. S. 285-286.

[SCHE 04]   Scheybany, A, Recommender Systeme in Kundenportalen, in: Gentsch, P. und Lee, S., Praxishandbuch Portalmanagement, Wiesbaden 2004, S. 169-188.

[SCHL 08]   Schlesiger, C. und Matthes, S., Info-Stress: Ich schalt' dann mal ab, Wirtschaftswoche-Online,
http://www.wiwo.de/karriere/info-stress-ich-schalt-dann-mal-ab-270031/,
Abruf am 2008-07-28.

[SCHM 08]   Persönliche Auskunft von Herrn P. Schmitt, BMW Group, 2008.

[SCHR 93 u.a.]   Schröder, M., Help-Desk-System, WIRTSCHAFTSINFORMATIK 35 (1993) 1, S. 280-282; Schröder, M., Einsatz der Informationsverarbeitung im Kundendienst und Gestaltungsmöglichkeiten für ein integriertes System, Dissertation, Nürnberg 1996; Wess, S., Intelligente Systeme für den Customer-Support, WIRTSCHAFTSINFORMATIK 38 (1996) 1, S. 23-31.

[SCHW 00]   Schweiger, A., Architektur für Marketinginformationssysteme, Wiesbaden 2000.

[SCI 08]   SCIP (Society of Competitive Intelligence Professionals), http://www.scip.org/, Abruf am 2008-07-28.

[SER 08/WUN 08]   Persönliche Auskunft von Herrn P. Seren, Schaeffler-Gruppe 2008; Wunderer, J., Wissenspool erklärt Fachbegriffe, Computerzeitung vom 09.06.2008, S. 17.

[SHA 49 u.a.]   Shannon, C. E. und Weaver, W., The Mathematical Theory of Communication, Illinois 1949; Kullback, S., Information Theory and Statistics, New York 1968, insbes. S. 31.

[TEG 99]   Tegarden, D. P., Business Information Visualization, Communications of the AIS 1 (1999) 4, S. 1-38.

[TUF 90]   Tufte, E. R., Envisioning Information, Cheshire 1990.

[VET 02]   Vetschera, R., Informationssysteme der Unternehmensführung, Heidelberg u.a. 2002.

[WAN 06/ZHO 04]   Wang, Y. W. und Wang W. H. Ip, Optimal design of link structure for e-supermarket website, IEEE Transactions on Systems, Man and Cybernetics, Part A, Systems and Humans 36 (2006) 2, S. 338-355; Zhou, Y., Wang, Y. W. und Zhang, W. H. Dai, Hyperlink Structure-based Recommender System, The Eighth Pacific-Asia Conference on Information Systems (PACIS2004), 8. - 11. Juli 2004, Shanghai 2004.

[WAN 08]   Wang, Y., Weihei, D. und Yuan, Y., Website browsing aid: A navigation graph-based recommendation system, Decision Support Systems 45 (2008) 3, S. 387-400.

[WAR 98]   Wargitsch, C., Integration von Workflow- und Wissensmanagement unter besonderer Berücksichtigung von komplexen Geschäftsprozessen, Dissertation, Nürnberg 1998.

[WED 01]   Wedekind, H., Information Retrieval, in: Mertens, P. u.a. (Hrsg.), Lexikon der Wirtschaftsinformatik, 4. Aufl., Berlin u.a. 2001, S. 235-237.

[WIL 02]   Wildemann, H., Produktionscontrolling: Systemorientiertes Controlling schlanker Produktionsstrukturen, 4. Aufl., München 2002.

[WIL 04]   Williams, S., Delivering Strategic Business Value, Strategic Finance 86 (2004) 2, S. 40-48.

[ZEN 98]   Zentes, J., EDV-gestütztes Marketing: Ein informations- und kommunikationsorientierter Ansatz, Berlin 1998.

[ZWI 08]   Zwicker, E., Kontrolle und Abweichungsanalyse im System einer operativen Planung, Berlin 2008.

4   PuK-Systeme in den betrieblichen Funktionsbereichen

Während bisher methodische Fragen von PuK-Systemen behandelt wurden, steht in diesem Teil des Buches ihr Inhalt im Vordergrund. Man kann für jeden Funktionsbereich einen Informationskatalog entwickeln, sodass insoweit die Kapitel des folgenden Teils gleich aufgebaut sind. Anders verhält es sich bei Planungs- und Kontrollsystemen. Sie sind in der Regel sehr individuell auf die besonderen Probleme eines Funktionsbereichs zugeschnitten. Hier musste eine gewisse Auswahl getroffen werden, wobei besonders solche Modelle genannt werden, die in der Praxis schon realisiert sind und über die nach Möglichkeit eine detaillierte Beschreibung in der allgemein zugänglichen Literatur vorliegt.

4.1   Forschung sowie Produkt- und Prozess-Entwicklung

4.1.1   Überblick über den Informationskatalog

Ein vorrangiges Informationsproblem in der Forschung sowie Produkt- und Prozess-Entwicklung (F&E) ist der Stand der Forschungs- und Entwicklungsprojekte. Dabei sind die Soll-Ist-Abweichungen bei den (kritischen) Terminen und den Kosten die wichtigsten Messgrößen. Es ist jedoch die Gefahr zu sehen, dass in einem computergestützten Informationssystem die relativ leicht messbaren Größen überbetont werden und darunter die weniger quantifizierbaren Faktoren leiden. Insbesondere kann eine detaillierte Kontrolle von Kosten und Terminen dazu führen, dass die Qualität zurücksteht oder gar Teilabschnitte als beendet gemeldet werden, bei denen dies vom erreichten Forschungs- und Entwicklungsstand her nicht gerechtfertigt ist. Die Erfahrung in forschungs- und entwicklungsintensiven Betrieben lehrt, dass auch der gegenteilige Fall eintreten kann, weil gerade wissenschaftlich orientierte Personen zuweilen dazu neigen, auch akzeptable Arbeiten als bei weitem nicht abgeschlossen zu betrachten. Aus diesen Gründen sollte man verfeinerte Informationssysteme nur konzipieren, wenn die Feststellung von Zwischenabschlüssen („Meilensteinen") nicht zu problematisch ist.

Sortiert man die Daten über den Stand der Forschungs- und Entwicklungsprojekte statt nach eben diesen Projekten nach den Verantwortungsbereichen der Projektleiter, so erhält man Aussagen über die Führungsqualifikationen dieser Manager.

Wenn mehrere Produktentwicklungen auf einem Zweig der Grundlagenforschung (z. B. Nanotechnik für **Industrietextilien**) beruhen, kann man von den Produkterfolgen selbst auf die Erfolgsbeiträge von Abteilungen schließen, die Basistechnologien bearbeiten [AFE 04].

Eine weitere Informationskategorie betrifft die Kapazitätsauslastung der F&E-Abteilungen, wie man sie aus der Forschungs- und Entwicklungsplanung gewinnen kann.

Wenn man die Kosten eines abgeschlossenen F&E-Projekts in einem Speicher akkumuliert und auch die dem jeweiligen Vorhaben zuordenbaren Erträge (z. B. aus dem Verkauf der entwickelten Produkte) festhält, so resultieren wertvolle Informationen über die Amortisation der Entwicklungskosten. Es mag sich empfehlen, hierzu eine Gewinnschwellen-Darstellung zu benutzen und so zu zeigen, wie weit ein Projekt noch von der Gewinnschwelle (Break-even-Punkt) entfernt bzw. wie weit diese bereits überschritten ist. Die Zeitstruktur der Zahlungen lässt sich dadurch berücksichtigen, dass diese auf einen bestimmten Zeitpunkt auf- bzw. abgezinst werden und man damit den Kapitalwert des Entwicklungsprojekts abschätzt.

Die in forschungs- und entwicklungsintensiven Unternehmen bzw. Abteilungen üblichen Stundenaufschreibungen bzw. die innerbetriebliche Stundenverrechnung der Mitarbeiter erlauben eine Übersicht, welcher Angestellte in einer abgelaufenen Periode welchen Teil seiner Zeit an welchen Aufgaben gearbeitet hat, eine Information, die für die Personalführung nützlich ist. Entsprechend lässt sich durch Aggregation ausweisen, welcher Prozentsatz des Gesamtarbeitspotenzials einer Abteilung oder einer anderen organisatorischen Einheit auf welches Projekt verwandt wurde.

In Unternehmen, in denen in verschiedenen Regionen tätige Spezialisten gemeinsam mit Kunden individuelle Systemlösungen erarbeiten, wie es z. B. für die **Elektronik-** und für die **IT-Industrie** charakteristisch ist, wird es oft zum Problem, sicherzustellen, dass sich jeder Mitarbeiter, der ein neues Angebot ausarbeitet, vergewissern kann, ob an anderer Stelle des Unternehmens schon vergleichbare Konzepte entwickelt wurden. In solchen Fällen empfiehlt sich eine zentrale Know-how-Datenbank, in der die mit Deskriptoren versehenen Lösungen eingespeichert sind. (Im günstigsten Fall kann jeder Außendienstmitarbeiter von einem mobilen Terminal in diesem Informationsspeicher recherchieren.)

In Unternehmen mit dem Problem, dass die Teilevielfalt durch möglicherweise unreflektierte Neukonstruktionen zu groß ist bzw. zu stark wächst (vgl. Abschnitt 4.1.2.3), kann man erwägen, den Anteil der genormten Materialien an der Gesamtzahl der Materialstammsätze auszuweisen. Hier liegt insofern eine große Herausforderung, als der Überblick über die Normenentwicklung nicht einfach ist.

Vertiefte Betrachtungen zu Informationen während des Produktentstehungsprozesses findet man bei Korn [KOR 96].

Abbildung 4.1.1/1 enthält eine zusammenfassende Übersicht zum Informationskatalog im Sektor Forschung sowie Produkt- und Prozess-Entwicklung [HIC 80/NIC 85].

4.1.2 Ausgewählte PuK-Systeme

4.1.2.1 Erfahrungsdatenbanken

In Erfahrungsdatenbanken werden Daten und qualitative Beobachtungen, vor allem aber auch Lernfortschritte („Lessons learned"), von abgeschlossenen Projekten festgehalten. Die quantitativen Werte können z. B. mithilfe der exponentiellen Glättung fortgeschrieben werden. Diese Informationen dienen einerseits dem Projektcontrolling, in erster Linie aber will man sie nutzen, um Schätzungen über Zeit- und Kapazitätsbedarf, Kosten und Risiken neuer Projekte auf eine bessere Grundlage zu stellen. Man mag das Ziel von Erfahrungs-datenbanken auch darin sehen, dass – ähnlich wie bei den Know-how-Datenbanken (vgl. Abschnitt 3.2.1.2.5) – das Wissen mehrerer Fachleute in der Informationsbasis gesammelt wird, somit dem Unternehmen erhalten bleibt und leichter transferiert werden kann.

Nr.	Informationsart	Typische Untergliederung	Kriterien	Darstellung, insbes. zeitl. (Legende siehe unten)	Benötigt für ... (typische Maßnahmen und Entscheidungen)	Daten liefernde Funktionen/ Teilfunktionen
1.	Stand der Projekte	Projektart, Projekt, Projektteile (z. B. Arbeitspakete, Netzplantätigkeiten), Projektleiter	Soll-Ist-Vergleich der Termine und Einhaltung von Meilensteinen, getrennt nach kritischen und nichtkritischen Pfaden, Verknüpfungen von gefährdeten Projekten (Integration von Netzwerken), Soll-Ist-Vergleich der Kosten, Kosten- und Zeitfortschritte im Verhältnis zueinander	S, Z (Hochrechnung), AK	Projektüberwachung, Änderungen der Forschungs- und Entwicklungskapazitäten (z. B. Anordnung von Überstunden), Verhandlungen mit Auftraggebern bei Vertragsforschung, Finanzplanung, Liquiditätsdisposition	Forschungs- und Entwicklungsfortschrittskontrolle, Forschungs- und Entwicklungsplanung
2.	Kapazitätsauslastung der Forschungs- und Entwicklungsabteilungen	Abteilungen, Kapazitätsarten (z. B. Ingenieurstunden, Hilfspersonalstunden)	Verhältnis zwischen effektiver und möglicher Leistung, Leerkosten, Überstundenkosten	S, BP, VV, VP, VO	Kapazitätsplanung, Vergabe neuer Forschungsprojekte	Forschungs- und Entwicklungsplanung, Kostenstellenrechnung
3.	Leistung der Projektmanager	Projektleiter, Projekt	wie 1.	wie 1.	Personalpolitik, Anreizsysteme	wie 1.

4.	Erfolge aus früheren Forschungs- und Entwicklungsprojekten	Projektgruppen, Projekte, Produkte	Gewinne, Umsätze, Kapitalwerte, Interne Zinsfüße	BP, AK, VP	Erfolgsabhängige Entlohnung von Forschungs- und Entwicklungspersonal, Forschungs- und Entwicklungsplanung	Kostenträgerrechnung, Auftragserfassung und -prüfung, Fakturierung
5.	Kosten der Forschungs- und Entwicklungsabteilungen	Organisatorische Einheiten, Kostenarten	Kosten, Soll- und Plan-Kostenabweichungen	BP, AK, VV, VN, VP, VO, T	Kostenkontrolle, Anreizsysteme	Kostenstellenrechnung

AK = Akkumulierte Werte für Berichtszeitraum, BP = Berichtsperiode, S = Stichtag, T = Trend, VN = Vergleich mit Normwert, VP = Vergleich mit Plan, VV = Vergleich mit Vorperiode bzw. entsprechendem Vergangenheitszeitpunkt, VO = Vergleich mit anderen Objekten, Z = Zukunft (Prognosewert)

Abb. 4.1.1/1   Zusammenfassende Übersicht zum Informationskatalog im Sektor Forschung sowie Produkt- und Prozess-Entwicklung

Typische Informationen, die in Erfahrungsdatenbanken gespeichert werden, sind Ist-Werte und Soll-Ist-Abweichungen bei Kosten, Personenstunden (Kapazitäten) sowie Zeitdauern und dazu Deskriptoren bzw. beschreibende Texte. Beispiele hierfür sind Beschreibungsmerkmale der Projektkomplexität (z. B. Zahl der Knoten im Projektnetzplan, Zahl der Verzweigungen), Indikatoren für eine günstige oder ungünstige Ausgangslage des Projekts wie Genauigkeit der Spezifikation eines Vorhabens, Zahl der Kooperationspartner, Erfahrung der Projektleitung und der Mitarbeiter mit vergleichbaren Aufgaben, Zahl der vom Kunden während der Projektlaufzeit veranlassten Änderungen (Change Requests), Fluktuationsrate der eigenen Mitarbeiter oder der der Partnerbetriebe bzw. Auftraggeber oder die Kontrollspanne im Projektmanagement. Gegebenenfalls, etwa bei Software-Entwicklungen, mögen Maße für die Projektgröße hinzutreten, so die Zahl der geschriebenen und getesteten Programmzeilen. Auch Zwischenfälle, wie z. B. Störungen bei den benutzten Betriebsmitteln, Erkrankungen beim Projektpersonal oder kurzfristig veranlasste Überstunden, können in der Erfahrungsdatenbank abgelegt werden.

Zur Informationsbank kann eine Methodenbank treten. Zu diesen Methoden gehören spezielle Abfrageprozeduren, Kennzahlenberechnungen [MED 86], Regressionsanalysen, projektspezifische Prognosealgorithmen, wie z. B. Function Point [NOT 86] zur Aufwandschätzung bei IV-Projekten, oder Verfahren aus dem Bereich der Mustererkennung, wie etwa die Clusteranalyse.

In der betrieblichen Praxis dürfte vor allem schwer sein, die Ex-post-Informationen zuverlässig der Erfahrungsdatenbank zuzuführen, wenigstens soweit die Daten nicht im Zuge der Betriebsdatenerfassung oder Projektfortschrittskontrolle automatisch anfallen. Anregungen zur Aufbau- und Ablauforganisation bei der Arbeit mit Erfahrungsdatenbanken findet man bei Noth [NOT 87].

Die Nutzung von Erfahrungsdaten kann auch durch wissensbasierte Systeme (WBS) zur Aufwandschätzung für Software-Projekte geschehen. Die Ansätze, die hierzu verfolgt werden, sind recht unterschiedlich. So wurde beispielsweise ein WBS entwickelt, das dem Anwender dabei hilft, die für das Function-Point-Verfahren notwendigen Eingangsparameter zu definieren [HLA 89/MER 93].

In der **Bayer Schering Pharma AG** in Berlin wurde ein WBS entwickelt, das jedem IV-Vorhaben entsprechend seinem Schwierigkeitsgrad eine Komplexitätszahl zuordnet [SUH 87]. Diese orientiert sich unter anderem an den verfügbaren personellen Ressourcen. Zusammen mit den vorhandenen materiellen Ressourcen (zur Verfügung stehende Prüfstationen u. a.) wird eine so genannte bewertete Komplexitätszahl gebildet. Diese wird mit internen Verrechnungssätzen multipliziert, sodass sich eine Aufwandschätzung (Kostenansatz) ergibt. Die Schätzung kann aber auch in Personenmonaten ausgedrückt werden. Bei einem Vergleich mit dem Function-Point-Verfahren erwies sich der Expertensystemansatz als überlegen.

4.1.2.2 Informationserschließung zur Patentsituation

Bei der Forschung und Entwicklung ist es wichtig und zugleich fast immer schwierig, den Überblick über die Aktivitäten der Konkurrenten und die daraus entstehenden Schutzrechte zu wahren. Neben Informationen, die für die Verteidigung eigener Rechte benötigt werden, spielt ein guter Überblick zur Patentsituation in der Branche eine wichtige Rolle bei der strategischen Frühaufklärung.

Nach einer britischen Studie war mehr als die Hälfte aller neuen Produkte, die für Konkurrenten „überraschend" auf den Markt kamen, lange vor der Markteinführung aus der Patentliteratur vorhersehbar. Einige Unternehmen machen deshalb ihren Mitarbeitern die Patentsituation auf einfache Weise zugänglich.

Die Firma **Delphion** [DEL 02], eine Kooperation von **IBM** und **Internet Capital Group (ICG)**, bietet über ihre Server Zugang zu bibliografischen Daten und Texten von allen angemeldeten Patenten des **Patent- und Markenamts der USA (USPTO)** von 1974 bis heute. Der Server unterstützt die Suche nach einfachen Schlüsselworten, nach Patentnummern und nach möglichen Verknüpfungen. Das gescannte Bild des Patents kann angezeigt werden.

Das Patentinformationssystem der **Daimler AG** stellt Informationen zu rund 20 Millionen Schutzrechten bereit. Über das Intranet können alle Mitarbeiter des Konzerns auf die Datenbank zugreifen, dort recherchieren und direkt die Vollschriften einsehen. Eine komfortable Suchmaske bietet einen einfachen Zugang zum gesamten Datenbestand. Das integrale Patentarchiv umfasst recherchierbare Daten und Vollschriften der wichtigsten Patentämter: z. B. Deutsches Patent- und Markenamt (DPMA), United States Patent and Trademark Office (USPTO) oder Europäisches Patentamt (EPA), zum Teil zurückreichend bis 1968.

Zur regelmäßigen Information steht im Intranet zusätzlich ein elektronischer Profildienst zur Verfügung. Hier kann jeder Mitarbeiter ein individuelles Suchprofil hinterlegen und wird dann wöchentlich über die für ihn relevanten neuen Veröffentlichungen der Patentämter per E-Mail benachrichtigt.

Technisch besteht das System im Wesentlichen aus einer Datenbank für die Recherche und direktem Online-Zugriff auf die Vollschriften [CON 08].

Reizvoll ist die Ausbeutung von Patent-Datenbanken mit Methoden des Text Mining (vgl. Abschnitt 3.3.5). Zum Beispiel werden Texte mit ähnlicher Deskriptorengarnitur zu Clustern versammelt. Durch die Clusterung kann man die Stärke des Zusammenhangs unterschiedlicher Patente herausfinden, z. B. erkennen, dass viele Patente in einem interessanten Staat einen Bezug zur Halbleitertechnologie haben.

Beabsichtigt ein Unternehmen, eine bestimmte Erfindung schützen zu lassen, so kann der Bezug dieser Erfindung zu verwandten Patenten hergestellt werden.

Oft gilt es im Forschungs- und Entwicklungssektor, sehr viele unterschiedliche Dokumente, z. B. Produktbeschreibungen, Veröffentlichungen im Internet, Patente und Patentanmeldungen oder Fachveröffentlichungen im Hinblick auf ein technologisches Ziel zu klassifizieren [GEN 99]. Auch hier mag das Text Mining hilfreich sein.

4.1.2.3 Controlling der Variantenvielfalt

In vielen Industriebetrieben wächst die Zahl der Produktvarianten ungesteuert, und zwar entweder durch äußere Einflüsse (z. B. Kundensonderwünsche) oder durch innere, insbesondere wenn in der Konstruktion in Unkenntnis der Kostenzusammenhänge neue Varianten erzeugt werden, die bei geringfügig verändertem Funktionsumfang nur wenig Umsatz generieren. Daher müssen von Zeit zu Zeit Kontrollen stattfinden, ob das Variantenspektrum günstig ist. Untersuchungen, z. B. von Hichert [HIC 85 u.a.], haben gezeigt, dass in den meisten Unternehmen eine Reduzierung der Variantenvielfalt das Unternehmensergebnis verbessern würde.

Die Aufgabe ist teilweise einer Rechnerunterstützung zugänglich, wie das System **VARI-PLAS** [WES 93/BAR 95] zeigt. In der Analysephase wird das Produktionsprogramm mit statistischen Hilfsmitteln untersucht, z. B. mit der ABC-Analyse oder mit einer Zeitreihenbetrachtung (vgl. Kapitel 3.3). Mit der ABC-Analyse werden Teile und Baugruppen erkannt, die einen besonders niedrigen Anteil am Umsatz bei gleichzeitig hoher Variantenvielfalt haben. Die Zeitreihenstudie gibt Hinweise, ob sich die Variantenzahl während des Produktlebenszyklus erhöht. Wesentliches Hilfsmittel des Systems **VARIPLAS** ist eine Reduzierungsmatrix (siehe Abbildung 4.1.2.3/1), die zeigt, welche direkten Kosten (insbesondere für Material) entstehen (in der Abbildung durch Kreuze gekennzeichnet), wenn man eine Variante X durch eine Variante Y ersetzt. Da sich Y wiederum durch Z ersetzen lässt, ergeben sich Reduzierungswege. Aus Sonderstudien kann man in grober Form fortschreiben, wie bestimmte nicht direkte Kosten (z. B. in der Lagerdisposition) von der Zahl der Materialstammsätze und damit auch der Varianten beeinflusst werden. Schließlich sind die Ersparnisse bei den indirekten Kosten dem Mehrverbrauch bei den direkten Kosten gegenüberzustellen, z. B. wenn man durchgehend eine Variante P durch die teurere Q ersetzt, um P nicht mehr vorhalten zu müssen.

Aus den operativen Systemen lassen sich die Daten für die oben erwähnten Zeitreihen gewinnen, ferner Anhaltspunkte für die Eintragungen in der Reduzierungsmatrix, etwa wenn eine rechnergestützte Prozesskostenrechnung (vgl. Band 1) implementiert ist.

Wie Westkämper und Bartuschat zeigen, kann das Problem auch mit einem Optimierungsverfahren (als solches hat sich die Branch-and-Bound-Methode als geeignet erwiesen) behandelt werden. In vielen Fällen mag aber auch eine personelle Analyse auf der Grundlage der gesammelten Daten aus den Administrations- und Dispositionssystemen zweckmäßig sein.

durch Ersatz von	Variante 1	Variante 2	Variante 3	Variante 4	Variante 5
Variante 1	—	x	x		
Variante 2		—			x
Variante 3		x	—		
Variante 4			x	—	
Variante 5			x	x	—

Abb. 4.1.2.3/1   Reduzierungsmatrix (in Anlehnung an [WES 93])

4.1.3 Anmerkungen zu Kapitel 4.1

[AFE 04]   Arbeitskreis Forschungs- und Entwicklungsmanagement, Effizienz in Forschung und Entwicklung, Messbar? Steuerbar? Wünschenswert? (Bearbeitet von J. Fischer und U. Lange), Köln-Paderborn 2004.

[CON 08]   Persönliche Auskunft von Herrn W. Conrady, Daimler AG, 2008.

[DEL 02]   Delphion, http://www.delphion.com, Abruf am 2008-07-28.

[GEN 99]   Gentsch, P., Wissen managen mit innovativer Informationstechnologie, Wiesbaden 1999, S. 68-69.

[HIC 80/NIC 85]   Einen kompakten Überblick über IV-Systeme zur Planung in Konstruktion und Entwicklung findet man bei: Hichert, R. und Voegele, A., EDV-Systeme zur Planung und Steuerung in Entwicklung und Konstruktion, in: Warnecke H. J. u.a. (Hrsg.), Planung in Entwicklung und Konstruktion, Grafenau 1980, S. 96-112; eine über F&E-Projekte hinausgehende Darstellung von Projektinformationssystemen gibt Nickel, E., Computergestützte Projektinformationssysteme, Idstein 1985.

[HIC 85 u.a.]   Hichert, R., Probleme der Vielfalt, Teil 1: Soll man auf Exoten verzichten?, Zeitschrift für industrielle Fertigung wt 75 (1985) 4, S. 235-237; Teil 2: Was kostet eine Variante?, wt 76 (1986) 4, S. 141-145; Teil 3: Was bestimmt die optimale Erzeugnisvielfalt?, wt 76 (1986) 11, S. 673-676.

[HLA 89/MER 93] Hlavsa, J. und van Gils, A. C. E., Knowledge-Based Systems in Philips - A Catalogue, Eindhoven 1989; weitere einschlägige Expertensysteme sind genannt in: Mertens, P., Borkowski, V. und Geis, W., Betriebliche Expertensystemanwendungen, 3. Aufl., Berlin u.a. 1993, Abschnitt 6.3.11.

[KOR 96]   Korn, G. H., Informationssysteme als Mittel der Entscheidungsfindung während des Produktentstehungsprozesses, Essen 1996.

[MED 86]   Medl, H., Auswertbarkeit von Informationsquellen des Software-Projektmanagements im Rahmen einer Erfahrungsdatenbank, Diplomarbeit, Nürnberg 1986.

[NOT 86]   Noth, T. und Kretzschmar, M., Aufwandschätzung von DV-Projekten, 2. Aufl., Berlin u.a. 1986.

[NOT 87]   Noth, T., Unterstützung des Managements von Software-Projekten durch eine Erfahrungsdatenbank, Berlin u.a. 1987.

[SUH 87]   Suhr, R. und Krallmann, H., Einsatz wissensbasierter Systeme im DV-Projektcontrolling, State of the Art, Expertensysteme 3 (1987) 3, S. 53-68.

[WES 93/BAR 95] Westkämper, E. und Bartuschat, M., Produktcontrolling - Kostenoptimale Variantenvielfalt, CIM Management 9 (1993) 4, S. 26-32; Bartuschat, M., Beitrag zur Beherrschung der Variantenvielfalt in der Serienfertigung, Essen 1995.

4.2　Vertrieb

4.2.1　Überblick über den Informationskatalog

Im Mittelpunkt der Managementinformation im Vertriebssektor steht naturgemäß der Absatzerfolg.

Dabei ergeben sich folgende Gliederungsgesichtspunkte:

1.　Gliederung nach der Erfassung.
　　Hier ist zu unterscheiden, ob sich die Führungsinformationssysteme stärker auf die Auftragserfassung oder auf die Fakturierung (Umsatzerfassung) stützen. In beiden Fällen sind im Allgemeinen Programme der operativen Ebene (Auftragserfassung und -prüfung bzw. Fakturierung) vorhanden, die den größten Teil der benötigten Daten bereitstellen. Die Auftragserfassungsdaten stehen früher zur Verfügung und sind daher eher geeignet, neuere Entwicklungen, wie z. B. Tendenzumschwünge oder die sich beschleunigende Durchsetzung eines neuen Produkts, anzuzeigen. Bei Aufträgen mit langer Durchlaufzeit, wie sie für das industrielle **Anlagengeschäft** typisch sind (zwischen Eingang des Auftrags und Abrechnung vergehen häufig Jahre), muss zwangsläufig auf Auftragseingangswerte zurückgegriffen werden. Die Umsatzdaten haben den Vorteil, genauer zu sein, wenn mit einer größeren Zahl von Stornierungen zu rechnen ist bzw. aus Gründen mangelnder Produktionskapazität oder ausbleibender Fremdlieferungen Kundenaufträge nicht ausgeliefert werden können, wie es in der **Textilindustrie** häufig vorkommt.
　　Wo möglich, wird man sowohl Auftragseingangs- als auch Umsatzinformationen bringen und insbesondere auch zeigen, welcher Teil der Aufträge nicht zu Lieferungen führte.

2.　Gliederung nach den Merkmalen des Produktionsprogramms.
　　Hierunter ist vor allem die Klassifizierung der Produkte als Absatzerfolgsträger nach verschiedenen Merkmalen zu verstehen, so z. B. nach Umsätzen („Favoriten", „Renner", „Versager" usw.), nach Deckungsbeiträgen, nach Preisklassen, nach durchschnittlichen Auftragsgrößen, nach einem wie auch immer quantifizierten Verwandtschaftsgrad durch die Produktgestaltung (z. B. nach Dessins oder Machart in der **Textilindustrie**), nach Farben, nach Größen, nach der Substitutionsbedeutung für die Verbraucher, nach technischen Eigenschaften oder nach Altersklassen.
　　Die Gruppierung nach den Preisklassen lässt Schlüsse auf die Preis-Absatz-Elastizität des Sortiments zu und vermittelt Anregungen für die Preispolitik.
　　Die Gliederung nach Umsätzen, nach Deckungsbeiträgen, nach technischen Eigenschaften, nach der Substitutionsbedeutung und nach dem Verwandtschaftsgrad der Produktgestaltung gibt Hinweise für Bereinigungen des Produktionsprogramms, z. B. um solche Sortimentsbestandteile, die untereinander konkurrieren. Darüber hinaus offenbaren derartige Unterlagen immer wieder Lücken im Produktionsprogramm (so wird man z. B. dann, wenn in einer Gruppe sonst vergleichbarer Artikel einer durch einen besonders hohen Deckungsbeitrag herausragt, verwandte Produkte zu kreieren versuchen, um in die Lücke zwischen dem Favoritenartikel und den nächstverwandten Erzeugnissen vorzustoßen).
　　Ganz allgemein gestattet die Aufgliederung des Erfolgs nach bestimmten Merkmalen, solche Eigenschaften zu isolieren, die bei überdurchschnittlich vielen erfolgreichen Er-

zeugnissen vorhanden sind, z. B. eine bestimmte Farbe (Merkmals-basierte Analyse). Möglicherweise lässt die Beobachtung erfolgreicher Merkmale – losgelöst vom Produkt selbst – Schlüsse auf den Absatz neuer Erzeugnisse zu, indem man feststellt, welche Akzeptanz bereits eingeführte Produkte fanden bzw. finden, die ähnliche Merkmale auf sich vereinigen.

Die Kenntnis der durchschnittlichen Auftragsgrößen bei den einzelnen Produkten ist zur Festlegung von Richtlinien der Lagerhaltungspolitik wertvoll.

Die Durchleuchtung der Altersstruktur des Programms in Verbindung mit der Aufzeichnung der Vergangenheitsumsätze erlaubt es, die Lebenskurve von Artikeln zu konstruieren und mit ihrer Hilfe die Zukunft eines Programms zu prognostizieren (vgl. Kapitel 5.1).

3. Gliederung nach Kunden/Absatzregionen.

   Hier kann man wieder unterscheiden zwischen Gruppierungen nach Kundentypen, Kundengrößenklassen, Ortsgrößenklassen, demografischen Merkmalen des Kundenstandorts und nach Branchen.

   Derartige Informationen haben einen beachtlichen Anregungswert für Marketingmaßnahmen, insbesondere bei Markenartikelproduzenten und in anderen konsumnahen Industriebetrieben [MÜL 96].

   Sie erleichtern die gezielte Ansprache von Kunden, etwa bei Angebotsaktionen, das Aufdecken von Lücken im Sortiment und von Fehlern in der Preispolitik (etwa wenn man mangelnde Absatzerfolge bei Discounthändlern hat).

   Einige Indikatoren für die Verhandlungsmacht eines Kunden (z. B. bei Gesprächen über Preisveränderungen) in beide Richtungen sind der Anteil, den er am eigenen Umsatz hat sowie sein Marktanteil in der Branche [NAV 08]

   Ganz besonders wichtig sind Informationen über die so genannten „Nichtkunden", d. h. über nicht ausgeschöpftes Marktpotenzial. Allerdings setzt das voraus, dass man den Gesamtmarkt kennt, was meist mit umfangreichen Marktforschungsaktionen und entsprechenden Einspeicherungen in die Datenbasis verbunden ist.

4. Gliederung nach Verantwortungsbereichen in der Vertriebsorganisation.

   Sie dient der Durchleuchtung des Vertriebsapparats, vor allem des Vertriebsaußendiensts. In diesem Informationsbereich spielt der Vergleich zwischen den einzelnen Vertreter-, Fachberater- und Ressortbezirken eine wichtige Rolle; oft dient er dazu, echtes Wettbewerbsdenken auszulösen. Zu diesem Zweck enthalten derartige Führungshilfen in besonderem Maße Rangstellungen, so z. B. nach Deckungsbeiträgen, nach Marktanteilen oder nach neu gewonnenen Kunden. Einige Formen der Aufbauorganisation von Marketing und Vertrieb, die oft mit dem Schlagwort „Duale Organisation" verbunden werden, führen zu weiteren Verantwortungs- bzw. Planungseinheiten (etwa Kundenteams, Strategische Geschäftseinheiten, Produktmanagement) mit entsprechendem Informationsbedarf [DIL 91].

   Von der **Saarstahl AG** wurde bekannt, dass man monatlich eine „Ausreißerliste" erstellt, die pro Verkaufsbereich und Kunde die Geschäfte von den höchsten bis zu den niedrigsten Deckungsbeiträgen bzw. Nettoergebnissen ausweist und Gegenstand der monatlichen Ergebnisbesprechungen ist [GRU 08].

Neben diesen Aufgliederungen, die man in den meisten Betrieben vorsehen wird, haben in einzelnen Fällen noch folgende Managementinformationen Bedeutung:

5. Die Ergebnisse von Absatzprognosen, die mit Vorhersageverfahren erstellt wurden, können in Vergleich zu Ist- und Plan-Absatzzahlen gesetzt werden, eventuell auch in Beziehung zu den Lagervorräten oder zu den bereits eingeplanten Produktionsmengen (vgl. hierzu die Ausführungen zu SAP-APO in Kapitel 5.4). Im Nachhinein werden die Abweichungen von den ursprünglichen Vorhersagen aufgezeigt, um Einsicht in die Qualität des Prognoseverfahrens zu gewinnen.

6. Es kann versucht werden, mit einem statistischen Verfahren der Werbeerfolgskontrolle in etwa herauszufinden, wie der Markt auf eine Werbemaßnahme reagiert hat.

7. Nachdem die Datenerfassung am Verkaufspunkt (POS = **P**oint **o**f **S**ale) mithilfe von Datenkassen in Verbindung mit der Europäischen Artikelnummer (EAN) bzw. mit Funketiketten (RFID) und der entsprechenden überbetrieblichen Normung wesentlich rationeller als früher erfolgen kann, lassen sich durch Kooperation zwischen Herstellern, Handelsbetrieben und Haushalten neue Formen der Marktforschung realisieren, die zunehmend die Haushalts- und Handelspanels ergänzen werden. Wenn man davon ausgeht, dass der Verkauf eines Artikels zusammen mit seinem Preis an der Kasse des Handelsbetriebs in maschinell lesbarer Form registriert wird und der Kunde aufgrund einer Vereinbarung ähnlich der Mitwirkung beim Haushaltspanel bereit ist, sich – etwa mit einem maschinenlesbaren Ausweis – dem IV-System des Handelsbetriebs gegenüber zu identifizieren, kann man eine Reihe von Berichten über das Einkaufsverhalten bestimmter Haushaltsgruppen erzeugen. Beispielsweise zeigt ein solches Teilsystem auf, welche Typen von Haushalten welche Produktvarianten, Packungsgrößen u. Ä. bevorzugen oder welche Artikel beim Einkaufsvorgang gemeinsam erstanden werden. Wegen der im Vergleich zum klassischen Panel weit höheren Berichtsgeschwindigkeit ist detaillierter zu verfolgen, wie sich ein neues Produkt am Markt durchsetzt, und darauf kann man wieder genauere Prognosen, z. B. vom Parfitt-Collins-Typ [MER 05], aufbauen. Vor allem aber lassen sich Experimente, etwa über die Effekte von Preissenkungen, Werbemaßnahmen oder die Behauptung eines Produkts, wenn gleichzeitig das wichtigste Konkurrenzerzeugnis zur Auswahl steht, wirksamer kontrollieren. Die automatische Aufzeichnung von POS-Daten führt dazu, dass das für Managementinformationen zur Verfügung stehende Datenvolumen sehr groß wird. Zu seiner Ausbeutung bieten sich daher das Data Mining und die Technik der Expertisesysteme an (vgl. Abschnitte 3.3.4 und 3.4.6).

8. In vielen Branchen gibt es Betriebsmittel, deren Stillstand besonders hohe Kosten bzw. Gewinnentgänge nach sich zieht. Dann ist es wichtig, das Auftragspolster vor diesen Kapazitätseinheiten zu überwachen, um die Gefahr eines Stillstands mangels Aufträgen besonders früh zu erkennen, sodass entsprechende Akquisitionsmaßnahmen eingeleitet werden können.

9. Schwankungen bei den offenen Angeboten kündigen frühzeitig Veränderungen der Absatzlage an. Dieses Informationselement dient aber u. U. nicht nur der Absatzplanung,

sondern auch der Produktionsplanung, der mittelfristigen Kapazitätsbewirtschaftung oder gar der Finanzplanung (Einnahmenplanung).

10. Um die Angebotserfolge zu beurteilen, ist das Verhältnis von abgegebenen zu auftragswirksamen Angeboten zu bilden. Verschlechtert sich diese Relation, so ist auch dies ein wichtiger Hinweis etwa darauf, dass die Ausarbeitung der Angebote den marktüblichen Standards nicht mehr genügt, dass die Angebotsabteilung unpünktlich arbeitet, dass nicht sorgfältig operiert wird oder dass man einfach mit dem vorhandenen Produktionsprogramm oder mit den geforderten Preisen zunehmend weniger konkurrenzfähig ist, vielleicht weil ein neuer Mitbewerber rasch an Boden gewinnt. Bei abgelehnten Angeboten kann man zusätzlich noch die Ablehnungsgründe erfassen und ausweisen.

11. Im Rahmen eines Signalsystems können Blockaufträge gezeigt werden, bei denen die endgültige Einteilung fällig ist. Dadurch werden Manager im Vertriebsbereich darauf aufmerksam gemacht, dass der Kunde bald angesprochen werden sollte.

12. Der vom Informationssystem gegebene Hinweis auf Besonderheiten im Zahlungsverhalten der Kunden kann bei Kundenbereinigungsaktionen von Nutzen sein. Er dient darüber hinaus der Liquiditätsdisposition oder zeigt Schwachstellen bei der Kreditwürdigkeitsprüfung auf. In Sonderfällen mag er den Anstoß zur Änderung der Zahlungskonditionen geben.

13. Zuweilen ist es wünschenswert, das Verkäuferverhalten intensiver zu analysieren, als es durch die Beobachtung der objektiven Verkaufserfolge möglich ist. In diesem Fall müssen Besuchshäufigkeiten, Zahl der erfolgreichen und der nicht erfolgreichen Besuche und zurückgelegte Wegstrecken aufgezeigt werden. Eventuell kann man die von dem Besuchsverhalten abhängenden Kosten bewerten und dadurch zu bestimmten Relationen zwischen Besuchskosten und Deckungsbeiträgen gelangen, die dann vielleicht Anlass zu einer Änderung der Vertreterbezirke, zu einer feinnervigen Vertretersteuerung (vgl. Band 1) oder zur Änderung des Provisionssystems geben. Sieht man einmal von der maschinellen Auswertung von Fahrtenschreibern ab, so ist allerdings die Datenbasis für ein derartiges Informationselement nicht einfach bereitzustellen. Sie ist meist nur aufzubauen, wenn Verkäufer-Besuchsberichte erfasst werden. Infolgedessen lässt sich die Wirtschaftlichkeit derartiger Systeme oft nicht leicht nachweisen.

14. Schließlich ist das gesamte Vertriebskostenrechnungssystem bzw. Vertriebscontrolling mit dem Ausweis der akkumulierten Kosten von Marketingmaßnahmen, mit den fixen Kosten pro Auftrag, mit den durchschnittlichen Kosten einer Kundenauftragsbearbeitung oder Angebotserstellung oder mit den Relationen der Kosten der einzelnen absatzpolitischen Instrumente im Vergleich zum Umsatz ein wichtiges Element des Informationssystems im Absatzbereich. Über die Kenntnis der Deckungsbeiträge und Gewinne von Produkten, Produktgruppen, Ressorts, Vertriebsbereichen usw. hinaus ermöglichen es derartige Daten vor allem, Entscheidungen zur Konditionenpolitik zu treffen, etwa Preisaufschläge für Klein- oder Rabatte für Großaufträge zu bemessen.

15. Wenn ein Lieferant systematisch das Verhalten seiner Kunden beim Besuch der Internet-Seiten aufzeichnet und mit geeigneten Kennzahlen auswertet („Web-

Controlling"), so gewinnt er wertvolle Informationen zur Verbesserung dieses Verkaufskanals ebenso wie zur Weiterentwicklung seiner Absatzpolitik allgemein, beispielsweise was Lücken oder Abrundungen des Produktprogramms betrifft. Ein großer Vorteil liegt darin, dass – anders als beispielsweise bei personellen Kundenbefragungen – der Web-Besucher durch die Aufzeichnungen nicht belästigt wird; freilich ist der Datenschutz zu beachten. Für die Analyse des Web-Auftritts stehen kommerzielle Softwarepakete zur Verfügung. Nach einer Studie der **Aberdeen-Group** führt eine umfassende Analyse zu einer fast 70%-igen Steigerung der Konversionsrate (Relation der Bestellvorgänge zur Zahl der Besuche im Web) [OV 07].

Basiskennzahlen sind die Häufigkeit des Besuchs einer Seite und die Konzentration dieser Besuche auf bestimmte Kundengruppen oder Kunden. Die Häufigkeit, mit der eine einzelne Seite aufgerufen wird, ist allerdings vor der betriebswirtschaftlichen Auswertung zu korrigieren, beispielsweise um die Zugriffe der Robots von Suchmaschinen. Aussagekräftiger, aber schwieriger zu messen, sind Visits, das sind zusammenhängende Nutzungsvorgänge.

Die Berechnung von Kennzahlen auf Basis der Nutzer setzt die Identifikation der Kunden voraus, beispielsweise durch Cookies oder durch IP-Adressen. Mehrfachbesucher, soweit der Nutzungsvorgang nicht zusammenhängt, sind in besonderem Maße potenzielle und damit „zu pflegende" Kunden. Ein weiteres Anzeichen von hohem Interesse ist die Aufnahme in die Liste der Bookmarks eines Nutzers [KAU 07/PET 04].

Die Nutzungszahlen sind in Abhängigkeit von dem Inhalt der Seite zu interpretieren. Beispielsweise könnte der häufige Besuch einer Seite, in der ein bestimmtes Produktmerkmal erklärt wird, signalisieren, dass die Bedienung eines Erzeugnisses zu kompliziert oder das mitgelieferte Bedienungshandbuch zu wenig verständlich ist. Während hier also aus der Sicht des Lieferanten der Besuch der Web-Seite unerfreulich ist, sind hohe Zahlen bei eher werblichen Produktinformationen und Online-Bestellungen wünschenswert.

Die Analyse der Einstiegsseiten erlaubt unter Umständen Hinweise auf die Einbindung des eigenen Angebots in einem Informationsnetz (Links anderer Anbieter, Suchmaschinen) [SCHW 01]. Über die Referrer (Verweisende Websites) lässt sich die Frage „Wo kommen die Besucher her?" beantworten.

Seiten, die immer wieder am Ende eines Nutzungsvorgangs stehen, können – soweit das Ende nicht vorgesehen war (beispielsweise nach abgeschlossener Bestellung) – darauf hindeuten, dass der Kunde von einem Produktmerkmal enttäuscht ist; dies gilt beispielsweise, wenn die entscheidende Information auf der Seite der Preis, die Lieferzeit oder (etwa bei **Pharmazeutika**) der Hinweis auf Nebenwirkungen ist. Markiert eine Seite oft das Ende eines Besuchs, so kann die Ursache aber auch in einer schlechten technischen Gestaltung liegen. Orientierungsschwierigkeiten des Kunden müssen vermutet werden, wenn im Klickpfad Schleifen auftauchen [SCHW 01].

Kombiniert man das Nutzungsverhalten beim einzelnen Web-Auftritt über die Zeit mit demografischen Daten (z. B. der Herkunft aus einem bestimmten Land), so gewinnt man Anhaltspunkte für den Aufbau von Benutzermodellen [DAS 00].

Bei einigen der aufgeführten Informationen (z. B. Absatzergebnisse nach Merkmalen des Produktionsprogramms) taucht die Frage des Erfolgsmaßstabs auf.

Hier scheint der Deckungsbeitrag am geeignetsten zu sein. Für längerfristige Betrachtungen kann es sich empfehlen, auf Vollkostenbasis errechnete Gewinne darzustellen.

Sobald eine ausgeprägte Engpasskapazität vorhanden ist, müssen die Deckungsbeiträge der einzelnen Erzeugnisse auf die Inanspruchnahme dieser Engpasskapazität bezogen werden, man erhält also z. B. eine Größe „€ Deckungsbeitrag pro Ofenstunde".

Problematischer wird die Erfolgsmessung, wenn mehrere in Wechselwirkung stehende Engpässe vorhanden sind. Hier wären im theoretisch exakten Fall die Gewinne zu zeigen, die sich unter Zugrundelegung von Opportunitätskosten errechnen. Nur auf diese Weise kann dargestellt werden, wie ein akzeptierter Auftrag einen anderen von den knappen Kapazitäten verdrängt. Es mag z. B. sein, dass ein Auftrag I in besonderem Maße die Engpassmaschine A und in geringerem Maße die Engpassmaschine B in Anspruch nimmt, während es beim Auftrag II umgekehrt ist. Ein Auftrag III beansprucht jede der beiden Maschinen etwa zur Hälfte, während ein Auftrag IV zwar weder Maschine A noch Maschine B belegt, dafür aber einen Engpass C im Transportsektor überlastet. In derartigen Fällen kann man nicht wie bei einem einzigen Engpass eine einheitliche Bezugsbasis für die Deckungsbeiträge finden.

Opportunitätskosten haben aber zwei entscheidende Nachteile, die ihre Verwendung in Kontrollsystemen beeinträchtigen:

1. Sie sind, insbesondere bei komplizierten Produktionsverhältnissen, zu wenig „erklärbar" bzw. „durchsichtig", zumal sie unter bestimmten Konstellationen sehr stark schwanken, wobei die Schwankungen von der jeweiligen Auftragslage abhängen.

2. Sie lassen sich nur als Nebenprodukt einer Optimierungsrechnung ermitteln, etwa eines Linearen Programms zur Bestimmung des optimalen Produktionsprogramms bei knappen Kapazitäten. Dann aber werden sie als Managementinformation nicht mehr gebraucht, weil bereits feststeht, wie das optimale Produktionsprogramm (das dann durch entsprechende Absatzanstrengungen zu realisieren wäre) aussieht.

Es ist jedoch in bestimmten Konstellationen denkbar, dass das theoretisch optimale Produktions- und damit Absatzprogramm selbst einen erheblichen Informationswert besitzt. Man kann den Gewinn bei Realisierung dieses theoretischen Optimums neben den Gewinn des zu einem bestimmten Zeitpunkt tatsächlich existierenden Programms stellen und dann analysieren, warum das praktische Programm vom theoretisch wünschenswerten abweicht und welche Maßnahmen gegebenenfalls eingeleitet werden können, um die Differenz im Erfolg der beiden Programme zu beseitigen.

Abbildung 4.2.1/1 gibt eine zusammenfassende Übersicht zum Informationskatalog im Vertrieb (vgl. zu weiteren Kennzahlen [AIC 97]).

Nr.	Informationsart	Typische Untergliederung	Kriterien	Darstellung, insbes. zeitl. (Legende siehe unten)	Benötigt für . . . (typische Maßnahmen und Entscheidungen)	Daten liefernde Funktionen/ Teilfunktionen
1.	Planabsatz	Ressorts, Bezirke usw., Produktgruppen, Produkte, Regionen	Menge, Wert, Deckungsbeitrag, Gewinn, Marktpotenzialausnutzung	Z, VV, VO	Veränderung des Absatzplans, Produktions- und Lagerhaltungsplanung, Finanzplanung, Kostenplanung	Absatzplanung
2.	Entwicklung der Marktanteile	Geschäftsbereiche, Produktgruppen, Produkte	Mengen, Umsätze, relativer Marktanteil (Quotient aus eigenem und dem des Marktführers, des unmittelbaren Wettbewerbers oder der größten Konkurrenten)	BP, VV, T, Zeitreihen	Überdenken der Unternehmensstrategie, z. B. Rückzug aus Märkten; Bereinigung des Absatzprogramms, Werbemaßnahmen, Verkaufsaktionen	Auftragserfassung und -prüfung, Fakturierung, externe Datenbanken
3.	Absatzergebnisse nach Merkmalen des Produktionsprogramms	Produktgruppen, Produkte, Substitutionsgruppen (Produkte, die sich gegenseitig vertreten können, z. B. Pfefferminzschokolade und Milchschokolade), Preisklassen, Ausstattungsmerkmale (z. B. Einfachpackung und Geschenkpackung), Farbe, technische Merkmale (z. B. Pkw mit und ohne Schiebedach), Alter (Kreationsbzw. Einführungsjahr), Vertreter, Regionen, Kunden	Auftragseingänge, mengen- und wertmäßige Umsätze, Deckungsbeiträge, Engpassdeckungsbeiträge, Gewinne, Marktpotenzialausnutzung, Phase eines Produkts im Lebenszyklus	BP, AK, VV, VP, R, T, VO, Z	Marketingaktionen (z. B. produktbezogene Werbung), Bereinigung des Sortiments (z. B. um Artikel, die einem anderen Konkurrenz machen), Erkennen der Preis-Absatz-Elastizität, Auffinden von Sortimentslücken (z. B. wenn ein Artikel hohe Deckungsbeiträge bringt, aber kein verwandter Artikel vorhanden ist), Auffinden von besonders erfolgreichen Merkmalen (z. B. alle Produkte mit gelber Farbe sind überdurchschnittlich erfolgreich), Prognose von Produkterfolgen (z. B. aufgrund von Vergangenheitserfolgen bei Zugrundelegung einer bestimmten Produktlebensdauer), Prognose von Erfolgen neuer Produkte aufgrund des Erfolgs von Produkten mit ähnlichen Merkmalen, Überwachung der Leistung der Produktentwicklung in einzelnen Jahren aufgrund des Alters erfolgreicher Produkte	Auftragserfassung und -prüfung, Fakturierung, Vorkalkulation

4.	Absatzergebnisse nach Kunden und Absatzregionen	Vorhandene Kunden, alte Kunden, neue Kunden, Kundenarten (z. B. Großhandel, Einzelhandel usw.), potenzielle Kunden (Nicht-Kunden), geografische Region, sozialgeografische Region (z. B. Großstadt, Innenstadt, Vorort, Land)	Auftragseingänge, mengen- und wertmäßige Umsätze, Deckungsbeiträge, Gewinne, Anteil der eigenen Umsätze am Bestellungsumsatz des Kunden, Marktanteil des Kunden in der Branche	S, BP, AK,VV, VP, R, T, VO, Z	Individuelle Ansprache des Kunden, gezielte Werbung, Aufdecken von Lücken im Sortiment und Fehlern in der Preispolitik (z. B. mangelnde Absatzerfolge in ländlichen Gebieten, weil preisgünstige Artikel fehlen), Entdeckung von Kunden, die abzuwandern drohen, regionale Marketingaktionen, Verhandlungen mit mächtigen Kunden · Auftragserfassung und -prüfung, Fakturierung, Vorkalkulation, externe Datenbanken
5.	Absatzergebnisse der Verantwortungsbereiche im Vertrieb	Ressorts, Bezirke, Vertreter	Auftragseingänge, mengen- und wertmäßige Umsätze, Deckungsbeiträge, Gewinne, Marktanteile	wie 4.	Vertriebsüberwachung, Entwurf von Entlohnungs- und Anreizsystemen, Beurteilungen, Beförderung von Vertriebsmitarbeitern, Marketingaktionen, Gliederung der Absatzgebiete, Vorhersage · wie 4.
6.	Absatzergebnisse in Abhängigkeit von Vertriebsaktionen (z. B. Werbefeldzug/Kampagne)	Vertriebsaktionen, Kampagnen, Produkte, Kundengruppen, Kunden	Zuwachs an Auftragseingängen, Umsätzen, Deckungsbeiträgen, Prozentsatz der erfolgreichen Angebote, Quote von Vertragsverlängerungen	BP	Werbeerfolgskontrolle, Erfolgskontrolle der Vertriebsmaßnahmen, Absatzplanung · Auftragserfassung und -prüfung, Fakturierung, Investitionserfolgskontrolle
7.	Auftragspolster vor wichtigen Kapazitäten	Kapazitäten, Produkte, Kunden	Zeitliche Länge des Polsters, Zusammensetzung nach Produkten	S, Z, VV, VP	Schwerpunktartige Vertriebsaktivitäten, Investitionsplanung · Auftragserfassung und -prüfung, Produktionsplanung

Abb. 4.2.1/1   Zusammenfassende Übersicht zum Informationskatalog im Sektor Vertrieb

Nr.	Informationsart	Typische Untergliederung	Kriterien	Darstellung, insbes. zeitl. (Legende siehe unten)	Benötigt für ... (typische Maßnahmen und Entscheidungen)	Daten liefernde Funktionen/ Teilfunktionen
8.	Produkte bzw. Aufträge, die geeignet wären, unausgelastete Kapazitäten zu füllen	Produktgruppen, Produkte, Kapazitäten, Kunden	Eignung zur Füllung der Kapazitäten, Deckungsbeiträge, Absatz in der Vorperiode, offene Angebote über diese Produkte, Kunden, die die Produkte früher gekauft haben	S, Reihenfolge der Eignung bzgl. der gewählten Kriterien	Vertriebsaktivitäten zur Verbesserung der Kapazitätsausnutzung	
9.	Anfragen von Kunden	Produkte, Kunden	Produktbezeichnung, Mengen (gewünschte), ggf. technische Informationen/Spezifikationen	AK	Statistische Auswertungen können Lücken im Produktspektrum aufzeigen und Anregungen für Neuproduktentwicklungen liefern	Kundenanfrage- und -angebotsbearbeitung
10.	Abgelehnte Angebote	Produkte, Kunden	Nutzen aus dem Angebot (Eignung zum Füllen schlecht ausgelasteter Kapazitäten, Deckungsbeiträge)	BP, VV	Frühwarnsignal: Ursachenanalyse einleiten	wie 9.
11.	Blockaufträge, bei denen Einteilung fällig ist	Produkte, Kunden	Fälligkeit	S	Produktionsplanung, Blockauftragsüberwachung	Auftragserfassung und -prüfung

12.	Zahlungs-verhalten	Kunden, Kunden-gruppen, Sachbe-arbeiter in Buch-haltung	Inanspruchnahme von Skonto, Ziel, Zahl der Mahnungen, Alters-struktur des Debitoren-bestandes, Zahlungs-ausfälle	BP, AK, VV, VN, VO, T	Änderung der Kreditwürdigkeits-prüfung, Kundenselektion, Änderung der Zahlungskonditionen	Debitorenbuchhaltung
13.	Verkäufer-besuche, zurückge-legte Weg-strecke	Verkäufer, Kunden	Erfolg pro Besuch, zurückgelegte km pro Besuch	BP, AK, VV, VP, VO, T	Neueinteilung von Verkäuferbezirken	Verkäufereinsatzsteuerung
14.	Kosten der Vertriebs-abteilungen	Vertriebsabteilung, Kostenarten	Kosten im Vergleich zu Absatzmengen und -werten, Zahl der Auf-träge, Lieferungen und Rechnungen, Zahl der Kunden, Soll- und Plan-Kostenabweichungen	BP, AK, VV, VN, VP, VO, T	Kostenkontrolle, Anreizsysteme	Kostenstellenrechnung
15.	Wettbe-werbsdaten	Konzernzugehörig-keit, Fertigungs-stätten, Produktin-formationen, Marktanteile, Länder	Umsatz, Kapazitäten	S, BP, AK, VV, T, Z, R	Marktanalysen, Generierung von Wettbewerbs- und Marketing-strategien, Generierung von Produkt-ideen, Preispolitik, Kapazitätspolitik	

AK = Akkumulierte Werte für Berichtszeitraum, BP = Berichtsperiode, R = Rangstellung, S = Stichtag, T = Trend, VN = Vergleich mit Normwert, VP = Vergleich mit Plan, VV = Vergleich mit Vorperiode bzw. entsprechendem Vergangenheitszeitpunkt, Z = Zukunft

Abb. 4.2.1/1   Zusammenfassende Übersicht zum Informationskatalog im Sektor Vertrieb (Fortsetzung)

4.2.2   Ausgewählte PuK-Systeme

4.2.2.1   Marktdatenpflege und -erschließung/Database-Marketing

Marktdatenbanken bilden eine wichtige Grundlage zur sehr gezielten und trotz hohem Automationsgrad individualisierten Kundenansprache (z. B. Werbung, Angebotsgestaltung). In diesem Zusammenhang verwendet man auch den Begriff Database-Marketing [LIN 94/ HAS 96]. Breitere Anwendung fanden Marktdatenbanken bisher vor allem in Unternehmen der **Konsumgüterindustrie**.

Bei der folgenden Gliederung des Informationsspektrums von Marktdatenbanken haben wir uns an Link orientiert [LIN 93]:

1. Grunddaten (Name, Adresse, Anrede, geografische, demografische, kaufverhaltens- und kaufkriterienorientierte Kundenmerkmale). Die Grunddaten bleiben längerfristig gleich und sind weit gehend unabhängig von Warengruppen. Welche Deskriptoren benötigt werden, hängt stark von der Branche ab. In der **Konsumgüterindustrie** sind es eher persönliche Merkmale, wie z. B. Alter, Beruf oder Ausbildungsabschluss; bei Kunden aus der **Investitionsgüterindustrie** braucht man Branche, Größe des Kundenunternehmens oder Konzernzugehörigkeit. Die Informationen können teilweise aus den in der administrativen IV benötigten Stammdaten abgeleitet werden; zum anderen kauft man sie oft von Marktforschungsunternehmen.

2. Potenzialdaten (warengruppen- und zeitpunktbezogene Anhaltspunkte für das kunden- individuelle Nachfragevolumen). Die Frage lautet: Welcher warengruppenspezifische Gesamtbedarf wird zu welchen Zeitpunkten voraussichtlich beim Kunden auftreten? Potenzialdaten können oft nur durch Expertenbefragung gewonnen werden und sind daher im Allgemeinen recht teuer.

3. Aktionsdaten (sie dienen der Vorbereitung von Entscheidungen über eigene Maßnah- men in Bezug auf den Kunden und dokumentieren diese). In eleganten Versionen wird versucht, Kundenportfolios als Entscheidungshilfe heranzuziehen. Abbildung 4.2.2.1/1 zeigt ein Beispiel. Die Kreise zeigen durch ihre Lage die Positionierung eines ausgewählten Kunden in einzelnen Jahren (2005-2007), durch ihren Durchmesser das Kundenpotenzial (Einkaufsumsatz) und durch ihre Segmentierung den eigenen Anteil an diesem Kundenpotenzial. Im Zweifel wäre den Kunden besondere Aufmerksamkeit zu widmen, die im Portfolio im rechten oberen Quadranten positioniert sind.

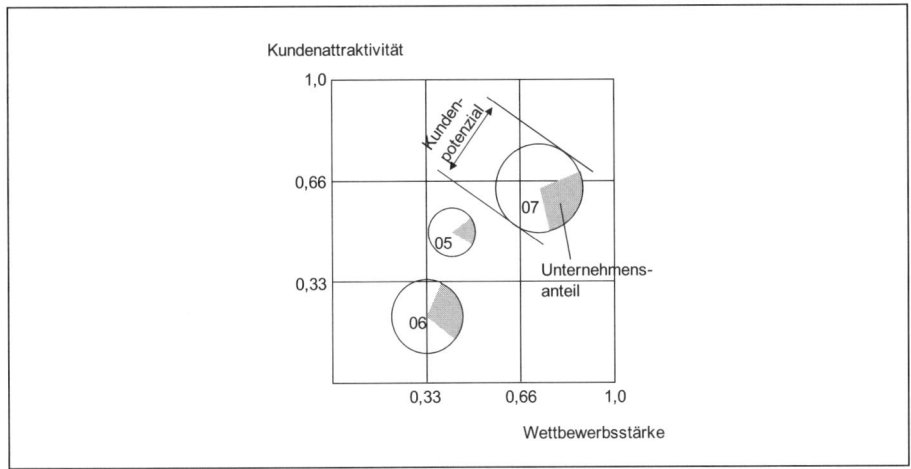

Abb. 4.2.2.1/1 Kundenportfoliodarstellung mit zeitlicher Entwicklung (in Anlehnung an [STE 90])

Die Aufgaben der IV bei der Bildung von Kundenportfolios sind [STE 90]:

a) Zusammentragen von Grundinformationen aus der Auftragsabwicklung (z. B. Umsatzentwicklung), dem Rechnungswesen (z. B. Stufendeckungsbeiträge), dem Besuchsberichtswesen und externen Datenbanken.

b) Erhebung von Zusatzinformationen. Diese können mit dem Besuchsberichtswesen integriert werden. Der Außendienstmitarbeiter erhält dann ein Erfassungsprogramm auf seinem PC, in dem u. a. die Vorjahreswerte der Portfolio-Kriterien als Orientierungshilfe angezeigt werden [HIL 88].

c) Gewichtungs- und Verdichtungsrechnungen.

d) Statistische Berechnungen, mit deren Hilfe Unsicherheiten in den Aussagen quantifiziert werden (z. B. Streuungsmaße).

e) Aussagekräftige Darstellungen.

f) Empfindlichkeitsanalysen im Dialog

4. Reaktionsdaten (sie geben Aufschluss über die Reaktion des Kunden auf eigene Maßnahmen). Dazu gehören Umsatzhöhe und -struktur, Antworten auf Angebote, Auftragseingänge und Reklamationen. Vor allem diese historische Dimension unterscheidet Marktdatenbanken von Kundenstammsätzen für administrative und dispositive Zwecke. Damit ist recht differenziert erkennbar, welche Gründe zur Ablehnung geführt haben.

Unter Umständen wird man versuchen, aus den Kosten von Aktionen und den daraus folgenden Umsätzen Aktions-Deckungsbeiträge oder Kunden-Deckungsbeiträge (vgl. Band 1 und Kapitel 5.2) abzuleiten.

Die in einer Marktdatenbank festgehaltenen Informationen verwendet das Unternehmen für allgemeine Marktanalysen, für die Auswahl von Kunden, die es in Aktionen (z. B. Versendung des nächsten Messekatalogs an den Kunden, Sonderangebote) einbezieht, und vor allem für die Kontrolle der eigenen Aktionen. Hierzu muss versucht werden, jene Kundenmerkmale zu clustern, die sich bei Kunden häufen, welche auf Aktionen nicht ansprachen (Negativ-Cluster), und umgekehrt jene, die zu Positiv-Clustern führten. Ein weiteres Anwendungsfeld ist die Anpassung der Erzeugnisse, vor allem bei kundengruppenindivdueller Produktion.

4.2.2.2 Kundeninformationen bei Schenck Process GmbH

Die **Schenck Process GmbH** ist in der industriellen **Mess- und Verfahrenstechnik** tätig. Sie legt besonderen Wert auf Vertriebsdatenauswertungen [LEI 08].

Ein Beispiel ist die „Anfrageübersicht". Sie wird benutzt, um die Termine zu kontrollieren, zu denen Angebote abgesetzt werden müssen, und den Vertrieb über den Bearbeitungsstand von Anfragen schnell in verdichteter Form zu informieren.

Die Ansprechpartner beim Kunden werden sorgfältig registriert („Kunden- und Ansprechpartnerverwaltung").

Alle Vertriebsmitarbeiter erhalten aus dem System bei Bedarf Informationen darüber, welche Kundenanfragen von welchen Mitarbeitern bearbeitet werden. Bei jedem aktiven Angebot werden so genannte Forecast-Werte gepflegt. Ziel ist es, Auftragseingangsdaten zu prognostizieren. Hierfür stehen Zeitreihen und Informationen über laufende, noch nicht abgeschlossene Vertriebsprojekte bereit. Für die Erzeugung der Forecast-Daten ist der jeweils zuständige Vertriebsmitarbeiter verantwortlich. Jedes aktuelle Projekt wird mit einem Vergabezeitpunkt und einer Auftragswahrscheinlichkeit versehen. Aus der Multiplikation von erwartetem Auftragswert und Auftragswahrscheinlichkeit ergibt sich der Erwartungswert für den Auftragseingang. Das Vertriebsinformationssystem stellt einen Report zur Verfügung, der die Forecast-Werte jeweils für einen Zeitraum von zwölf Monaten zeigt. Dabei werden sowohl die mit der Auftragswahrscheinlichkeit gewichteten Werte als auch die absoluten Zahlen aufgelistet.

Das Vertriebsinformationssystem der **Schenck Process GmbH** erlaubt es darüber hinaus, auch wenig strukturierte Informationen zu erfassen und diese Daten einzelnen Projekten, Kunden, Wettbewerbern, Märkten, Branchen/Zielgruppen u. Ä. zuzuordnen.

4.2.2.3 Mustervorlagen für Geschäftsverhandlungen zwischen Hersteller und Händler

Category Templates (CT) sind Mustervorlagen für Präsentationen, die der Hersteller dem Handel bei den Listungsverhandlungen vorlegt. Die Standardisierungsbemühungen machen die zunehmende Macht des Handels deutlich. Dieser ist in der Lage, mit CT den Herstellern vorzuschreiben, wie sie ihre Daten auszuwerten bzw. ihr Berichtswesen aufzubauen haben. Die Definitionen betreffen einheitliche Begrifflichkeiten, gleiche Sortimentsdefinitionen, genormte Kennzahlensysteme und festgelegte Analysemethoden, z. B. zur Bewertung von verkaufsfördernden Maßnahmen.

In erster Linie will man dadurch eine bessere Vergleichbarkeit unter den Lieferanten erreichen. Diese können ihre Produkte und prognostizierten Verkäufe nicht mehr mit unterschiedlichen Vorhersageverfahren anpreisen oder beispielsweise mit Erzeugnissen des Wettbewerbs vergleichen, die im Handel gar keine echten Konkurrenzprodukte sind.

Die bislang beschriebene Vereinheitlichung der Diskussionsgrundlage bezog sich vorrangig auf „Papierpräsentationen". In Kanada gehen Handel und Hersteller bereits weiter und führen eine gemeinsame IV-Lösung für die Scannerkassendatenauswertung, die Sortimentsgestaltung und die Verkaufsförderungsplanung ein. Es handelt sich dabei um das System **Workstation PLUS** von **A. C. Nielsen**, das auf dem Infoscan-Panel aufsetzt. Das Paket enthält einen Chart-Generator, der zu definierten Zeitpunkten Daten analysiert und die generierten Charts via Internet verschickt. Bei verschiedenen Handelsketten in Kanada ist die Anschaffung des Systems Voraussetzung zur Aufnahme von Produkten in deren Handelssortiment geworden.

4.2.2.4 Planung des Werbebudgets (Decision Calculus)

Das nun vorzustellende Modell zur Planung des Werbebudgets von Little [LIT 70/KIT 71] gehört zu den „Klassikern" des rechnergestützten Marketing und repräsentiert gleichzeitig den wichtigen Modelltyp „Decision Calculus" (siehe unten). Das Modell gibt die Reaktion des Markts auf den Einsatz der Werbung wieder und dient dazu, die Konsequenzen bestimmter Werbemaßnahmen in einem Planungszeitraum t auf das Umsatzgeschehen sichtbar zu machen [LIT 74].

Das Modell basiert auf folgenden Annahmen:

1. Wird die Werbung eingestellt, so sinkt der Marktanteil auf einen Minimalwert μ am Ende der Simulationsperiode t.

2. Steigert man die Werbung bis zu einer Sättigungsgrenze, so wird der Marktanteil am Ende der Simulationsperiode t den Wert η erreichen.

3. Der funktionale Zusammenhang zwischen dem Marktanteil h_t in der Simulationsperiode t und der Werbung w_t wird gegeben durch

$$h_t = \mu + \frac{(\eta - \mu)\, w_t^{\gamma}}{\delta + w_t^{\gamma}}$$

mit δ, γ = Konstanten, die aus Vergangenheitsdaten zu schätzen sind.

Es wird also angenommen, dass der Anstieg des Marktanteils über das Periodenminimum proportional zu der beeinflussbaren Spanne $(\eta - \mu)$ und der Werbung w_t verläuft. h_t ist ein „Rohmarktanteil", der noch einige Korrekturen erfährt (siehe unten).

Bei $\gamma > 1$ hat h_t den in Abbildung 4.2.2.4/1 gezeigten Verlauf über w_t.

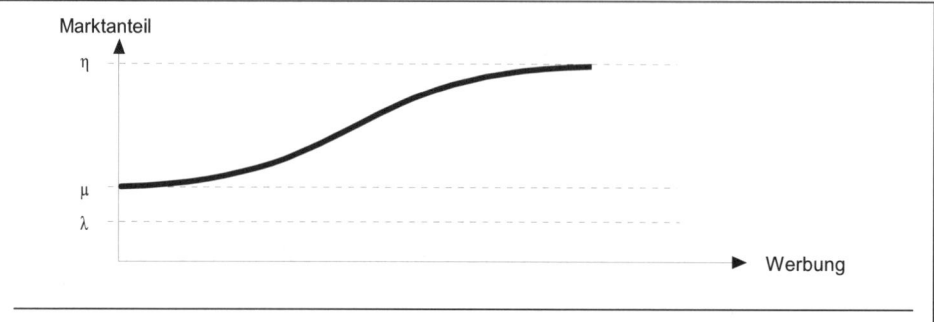

μ = Marktanteil, der sich am Ende einer Periode t einstellt, wenn in dieser Periode nicht geworben wird.
η = Marktanteil, der sich bei sehr intensiver Werbung am Ende einer Periode t ergibt (Sättigung).
λ = Marktanteil, der sich langfristig nach Einstellung der Werbung einpendelt.

Abb. 4.2.2.4/1   Beispiel für die Annahme eines funktionalen Zusammenhangs zwischen Marktanteil und Werbung [LIT 70/KIT 71]

4. Wird die Werbung langfristig eingestellt, so sinkt h_t auf den Basiswert λ ab, und zwar verschiebt sich der Minimalwert μ in einer Periode t nach Einstellung der Werbung aufgrund folgender Funktion gegen λ:

$$\mu = \lambda + a\,(h_{t-1} - \lambda)$$

Dabei bedeutet a eine Konstante mit $0 < a < 1$.
Man nimmt also an, dass das Verhältnis

$$\frac{\mu - \lambda}{h_{t-1} - \lambda} = a$$

konstant bleibt.
Man kann diese Annahme auch wie folgt interpretieren: Der Abstand $(\mu - \lambda)$ zum Basis-Marktanteil, der nach einer Periode verbleibt, in der nicht geworben wurde, ist ein (konstanter) Bruchteil des Abstands $(h_{t-1} - \lambda)$, der zu Beginn dieser Periode vorhanden war.

5. Mit der Annahme 4 verändert sich der funktionale Zusammenhang der Annahme 3 in:

$$h_t = \lambda + a\,(h_{t-1} - \lambda) + \frac{(\eta - \lambda - a\,(h_{t-1} - \lambda))w_t^{\gamma}}{\delta + w_t^{\gamma}}$$

6. Die Werbung w_t hängt von dem Werbeaufwand x_t in der Periode t und von den Gewichtungsfaktoren $e1_t$ und $e2_t$ für die Qualitäten des Werbemediums und der Werbemaßnahmen ab. Um die Größe w_t dimensionslos zu machen, werden die unabhängigen Variablen x_t, $e1_t$ und $e2_t$ normiert:

$$w_t = \frac{e1_t \cdot e2_t \cdot x_t}{e1^* \cdot e2^* \cdot x^*}$$

Darin bedeuten der Bruch $e1_t/e1^*$ einen Index der Effektivität des Werbemediums in der Periode t (die tatsächliche Effektivität $e1_t$ wird in Beziehung zu einer Normeffektivität $e1^*$ gesetzt), der Quotient $e2_t/e2^*$ einen genauso aufgebauten Index der Effektivität der Werbemaßnahmen (z. B. Anzeige in einer Zeitschrift) und x_t/x^* die Relation der Werbeausgaben in der Periode t (x^* ist eine normierte Ausgabe, und zwar bei Little diejenige, die im Durchschnitt erforderlich ist, um den Marktanteil konstant zu halten).

7. In Form eines Faktors n_t können die Auswirkungen anderer Absatzinstrumente (z. B. Preisgestaltung) auf den tatsächlichen Marktanteil m_t zum Ausdruck gebracht werden:

$$m_t = n_t\, h_t$$

8. Der Umsatz s_t des Produkts in der Periode t ergibt sich durch Multiplikation des tatsächlichen Marktanteils m_t mit dem Umsatz c_t aller Produkte, die den Markt ausmachen:

$$s_t = c_t\, m_t$$

9. Der Deckungsbeitrag p_t nach Abzug des Werbeaufwands x_t errechnet sich aus:

$$p_t = d_t\, s_t - x_t$$

Dabei bedeutet d_t den Deckungsbeitrag pro Umsatzeinheit vor Berücksichtigung des Werbeaufwands. Als Summe der Deckungsbeiträge eines Planungszeitraumes ergibt sich:

$$\sigma_T = \sum_{t=1}^{T} p_t$$

Diese Modellzusammenhänge sind dem Computer als Programm verfügbar und können vom Benutzer aufgerufen und mit Eingabedaten versehen werden.

Das Modell mag bei folgenden Planungsmaßnahmen Verwendung finden:

1. Prognose des Marktanteils bzw. des Umsatzes bei gegebenem Werbeaufwand,

2. Bestimmung des für das Erreichen eines bestimmten Marktanteils notwendigen Werbeaufwands,

3. Prognose von Auswirkungen der Veränderung einzelner Einflussgrößen (z. B. der Qualität der Werbemaßnahmen).

Das skizzierte Modell gehört zur Klasse der Decision-Calculus-Verfahren, die Little entwickelt hat. Ausgangspunkt ist die Überlegung, dass man es in der Betriebswirtschaft, anders als in den Natur- und Ingenieurwissenschaften, oft nicht mit „harten", sondern mit „weichen" Daten zu tun hat und dass es deshalb notwendig ist, zunächst die Datengrundlage zu sichern. Dies kann in einem Mensch-Maschine-Dialog geschehen, der der Logik der Abbildung 4.2.2.4/2 folgt. Durch den Dialog soll der Benutzer sich zunächst über sein „internes Modell" klar werden. Im obigen Beispiel repräsentiert vorwiegend die S-förmige Marktreaktionsfunktion das Modell. Diese Vorstellung ist der Maschine einzugeben. Der Computer erfragt anschließend Parameter, im Beispiel unter anderem also die Größen δ und γ. Nach der Parametereingabe verlangt das System Daten für einen Modelldurchlauf. Es errechnet dann auf der Basis des Modells und seiner Parameter ein Ergebnis. Erscheint dem Benutzer dieses Ergebnis plausibel, so darf offenbar dem Modell zusammen mit den gewählten Parametern ein gewisses Vertrauen entgegengebracht werden, man kann es für ähnliche Entscheidungen wieder heranziehen. Wirkt hingegen das Ergebnis nicht Vertrauen erweckend, so wird man möglicherweise den Dialog fortsetzen, um mit anderen Eingabedaten und/oder Parametersätzen zu experimentieren. Lässt sich auch dann kein plausibles Resultat erreichen, so liegt der Schluss nahe, dass in der Vergangenheit auf der Grundlage einer falschen „internen" Modellvorstellung entschieden wurde, was auch als wichtiges Resultat zu werten ist.

Somit kann ein solcher Dialog auch dazu dienen, dass die Manager ihre eigenen Hypothesen über bestimmte Datenentwicklungen und Zusammenhänge überprüfen. Der Dialog mit dem Computer zwingt sie, ihre Vorstellungen zu formalisieren und sie dabei zu vertiefen und zu präzisieren. Reagiert das so zustande gekommene Modell, wenn man es mit Daten der Wirklichkeit versorgt, anders als die Realität, so ist dies ein Anlass, bisherige Hypothesen (die die Führungskraft vielleicht bis dahin unbewusst ihrem Handeln und Planen zugrunde gelegt hat) infrage zu stellen. Darüber hinaus erkennt man zuweilen bei derartigen Arbeiten mit Modellen, dass bestimmte Lücken im Informationsstand existieren, sodass ein Anstoß zur Verbesserung des Informationssystems gegeben wird.

Ein wichtiges Einsatzfeld ist die Kalibrierung von Preis-Absatz-Funktionen. Fundierte theoretische Untersuchungen hierzu hat Simon angestellt [SIM 89].

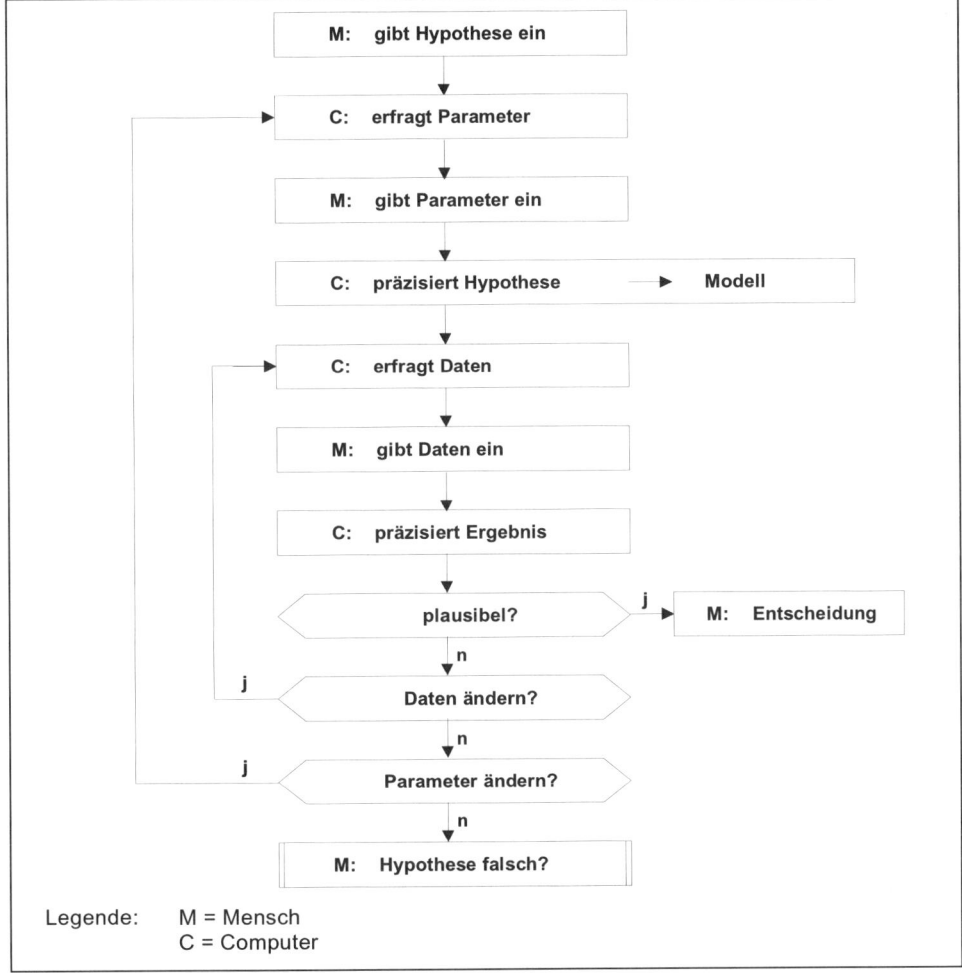

Abb. 4.2.2.4/2   Ablauf des Decision Calculus (vereinfacht)

Die „Modellphilosophie" des Decision Calculus ist nicht unumstritten. Meffert hatte schon 1976 eine zunehmende Beachtung dieses Konzepts in den US-amerikanischen Unternehmungen gefunden [MEF 76]. In einer vergleichenden Studie von Benbasat und Nault sind Erkenntnisse über den Nutzen des Decision-Calculus-Ansatzes widersprüchlich [BEN 90].

Bei einem eigenen Versuch in der **Spielwarenindustrie**, bei dem Abverkaufsdaten von Fachgeschäften mit Informationen über Absatz fördernde Kommunikation (Anzahl verteilter Flyer, Zeitpunkt der Streuung usw.) kombiniert wurden, konnten wir plausible Resultate erzielen [NIE 98].

Kellner und Link befürchten aus der Erfahrung bei **Henkel** heraus, dass „die Modellkonstruktion für immer komplexere Problemstrukturen unter Einschluss immer neuer und größerer Datenbestände in das MIS ... der geforderten Einfachheit immer stärker entgegenstehen und die implementierten Modelle dann unter Umständen doch wieder als Blackbox für den nicht OR-orientierten Benutzer erscheinen lassen" wird [KEL 79]. In einem eingehenden Experiment [CHA 79] von Chakravarti u. a. wurde gefunden, dass Erfahrungen in einer begrenzten Region einer nichtlinearen Wirkungsfunktion einen Fachmann nicht ohne Weiteres befähigen, Parameter oder Entscheidungsfolgen in den Bereichen gut abzuschätzen, in denen er unerfahren ist.

Es besteht die Gefahr, dass die Nutzer die Möglichkeiten einer fast beliebigen Parametervariation missbrauchen, um so lange „an dem Modell herumzudrehen", bis es die gewünschten Ergebnisse liefert. So betrachtet, wird der Decision Calculus ein gefährliches Instrument zur Bestätigung von Vorurteilen.

4.2.2.5 Entscheidungsunterstützungssysteme bei der Produktvariation und Absatzplanung in der Automobilindustrie

Im Allgemeinen liegt der Einsatz von DSS im Marketing im Vergleich zu den Erfolgen in anderen Disziplinen, etwa bei der technischen Produktkonfiguration oder auch in der Meteorologie, hinter den informationstechnischen Möglichkeiten zurück, obwohl gerade die Veränderungen in der Produkt- und in der Preispolitik erhebliche Gewinnhebel darstellen [ENG 07, S. 121 und 121]. Im Grunde gilt es, die sehr umfangreichen und differenzierten Ergebnisse der Marktforschung und detaillierte Zeitreihen der Absatzentwicklung heranzuziehen und die Reaktion des Markts auf absatzpolitische Entscheidungen, z. B. preispolitische, und damit die Wirkung auf das Erreichen zum Teil gegenläufiger Ziele im Vorfeld und relativ risikolos zu testen. Wenn ein Modell zur Marktreaktion formuliert ist, wird es anhand dieser Datenbestände im Mensch-Maschine-Dialog kalibriert. Insoweit handelt es sich um Elemente des Decision Calculus (vgl. Abschnitt 4.2.2.4).

Als Beispiel beschreiben Engelke/Simon aus ihrer Beratungspraxis bei der Firma **Simon-Kucher & Partners, Strategy & Marketing Consultants**, wo man mehrere Hundert DSS realisiert hat [ENG 07, S. 140], den Einsatz eines solchen Systems zur Variation des Produktprogramms. Der **Automobilmarkt** ist zwar relativ reif, aber selbst in einzelnen Fahrzeugsegmenten durch eine Vielzahl von Anbietern, Motorisierungsvarianten und Aufbauformen gekennzeichnet. Ausgangspunkt ist die Tabelle gemäß Abbildung 4.2.2.5/1. Entsprechende Tabellen gibt es für die konkurrierenden Hersteller in diesem Segment des Automarkts (hier der Oberklasse). Links sind die Merkmale angegeben, die im Rahmen der Analyse zur Simulation der Marktanteile herangezogen werden. Einige davon, z. B. Verbrauch und Wartungskosten, können im DSS verändert werden. Im Beispiel wird eine Reduktion des Verbrauchs der Acht-Zylinder/235 PS-Motoren um 2 ltr. pro 100 km für die Modelle A2000 und A6000 betrachtet. Das System berechnet dann die Absatzzahlen für alle Modelle des Herstellers A sowie der Wettbewerber B und C. Der linke Teil von Abbildung 4.2.2.5/2 zeigt die Auswirkung der Verbrauchsreduktion auf den Absatz aller Modelle von A. Ein entsprechendes Bild wird für die Produkte der Konkurrenten B und C geliefert. Der Mehrabsatz bei den Typen A2000 und A6000 geht etwa zur Hälfte zulasten anderer Modelle des Herstellers A (Kannibalisierung). Bei der Berechnung der Gewinnwirkung für A müssen neben den zusätzlich entstehenden Kosten für die Verbrauchsreduktion auch die Verschiebungen bei den anderen Modellen einbezogen werden. Um das Risikopotenzial einer Produkt- und einer damit einhergehenden Preisveränderung abzuschätzen, werden meist verschiedene Wettbewerbsszenarien (insbesondere Wahrscheinlichkeit für Reaktionen der Konkurrenten) simuliert.

Marke A	A1000	A2000	A3000	A4000	A5000	A6000	A7000	A8000
Karosserieform	normal	normal	normal	normal	lang	lang	lang	lang
Treibstoff	Benzin	Benzin	Benzin	Benzin	Diesel	Benzin	Diesel	Benzin
Zylinder	6	8	8	12	6	8	8	12
Leistung (PS)	193	235	286	326	193	235	286	326
Änderung Verbrauch (l/100 km)	0	-2.0	0	0	0	-2.0	0	0
Änderung Wartungskosten (in % vom Neupreis)	0%	0%	0%	0%	0%	0%	0%	0%
Preis (Euro)	42500	48250	55000	73500	47500	52500	62500	82500
Preisänderung (in %)	0	0	0	0	0	0	0	0
Preisänderung (Euro)	0	0	0	0	0	0	0	0

Abb. 4.2.2.5/1 Benutzungsoberfläche eines Decision Support Systems – Beispiel Automobilmarkt))

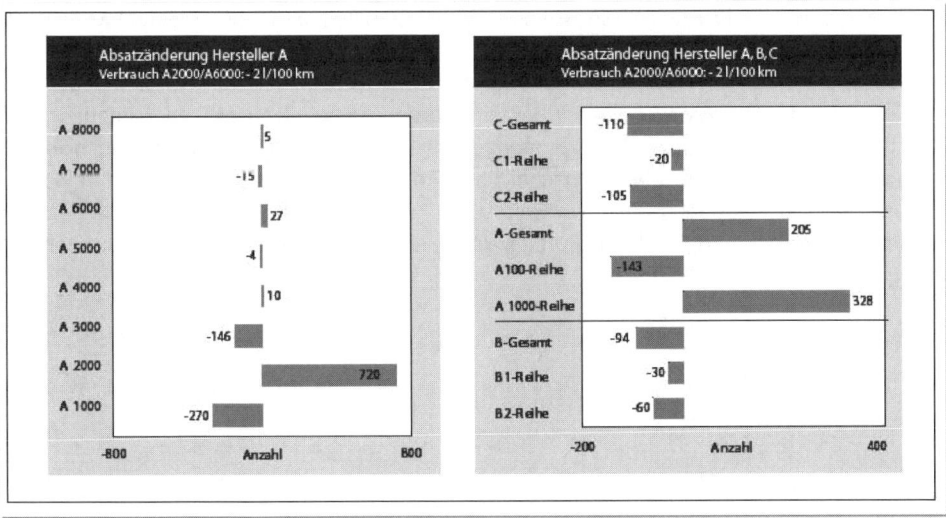

Abb. 4.2.2.5/2 Veränderung der Absatzzahlen der Hersteller A, B, C durch eine Reduktion des Verbrauchs um 2l/100km beim 8 Zylinder/ 235 PS Motor (Modelle A2000/A6000)

4.2.2.6 Kombinierte Absatz- und Produktionsplanung

Bei der kombinierten Absatz- und Produktionsplanung bezieht man zwei Funktionsbereiche in den Aufbau von PuK-Systemen ein, es wird also schon ein Schritt in Richtung auf eine Gesamtbetrachtung des Unternehmensgeschehens (vgl. Kap. 6) getan. Man wird zunächst die Absatzprognosen mit dem unternehmerischen Willen in Übereinstimmung bringen und gegebenenfalls modifizieren. In dieser Phase sind oft mehrere Trend- und Hochrechnungen bei alternativen Datenannahmen und die verschiedensten Aufteilungsrechnungen von verdichteten Größen auf darunterliegende Gliederungsebenen (z. B. Artikelgruppen auf Artikel, Artikel auf Größen, Hauptabteilungen auf Abteilungen u. Ä.), Vergangenheitsvergleiche usw. wünschenswert, die sich mit der IV wirksam unterstützen lassen. Dann ist zu prüfen, ob der so zustande gekommene Absatzplan von den Fertigungskapazitäten her zu realisieren ist. Abbildung 4.2.2.6/1 enthält den Grobablauf eines Dialogs, in dem die Rechenanlage vor allem die erste Absatzprognose und die Bestimmung des optimalen Produktionsprogramms unter Kapazitätsrestriktionen und daneben die Akkumulation der Daten, der Mensch hingegen die Modifikationen durchführt.

Ein diesem Muster entsprechendes Planungssystem verwendet man bei der **SAPPI Alfeld GmbH** [SCHA 83/SCHA 08].

Die Prozedur beginnt mit einer auf Monatswerten aufbauenden Jahresplanung: Der Verkauf legt für jede Papiermaschine fest, welche Sorten er in den einzelnen Monaten des Planungszeitraums absetzen will, und gibt pro Sorte und Flächengewicht die geplanten Absatzmengen und Preise an. Diese Plandaten werden zur Berechnung der ersten Alternative des Absatzplans in die IV-Anlage eingegeben. Diese ermittelt dann pro Flächengewicht die Umsatzerlöse und kumuliert sie ebenso wie die Absatzmengen pro Sorte und Papiermaschine. Bevor die Absatzpläne der einzelnen Maschinen zum Gesamtabsatzplan verdichtet werden, stimmt man sie mit der verfügbaren Anlagenkapazität ab. Hierzu ermittelt das System für jede geplante Absatzmenge die erforderliche Fertigungszeit mithilfe von Vergangenheitsdaten über die durchschnittliche Anlagenleistung pro Stunde. Dann werden die berechneten Fertigungszeiten pro Sorte und Papiermaschine akkumuliert. Die gesamte für den Absatzplan erforderliche Fertigungszeit wird anschließend mit der verfügbaren Fertigungszeit verglichen.

C: Prognose des Absatzes der einzelnen Produkte in den Absatzbezirken (Vertreterbezirken).

C: Frage, ob auf dieser Ebene Modifikationen vorgenommen werden sollen (z. B. Anpassung bisher schwacher Vertreterbezirke an den Durchschnitt, Korrektur unsymmetrischer Artikelstreuungen).

M: Veranlassung von Modifikationen auf dieser Ebene.

C: Akkumulation von Plandaten auf die nächsthöhere Ebene (Verkaufsgebiet oder Ressort).

C: Frage, ob auf dieser Ebene Modifikationen vorgenommen werden sollen.

M: Veranlassung von Modifikationen auf dieser Ebene.

C: Kumulation von Plandaten auf Unternehmensebene.

C: Frage, ob auf der Unternehmensebene Modifikationen vorgenommen werden sollen (z. B. Forcierung von Erzeugnissen mit überdurchschnittlichem und Zurücknahme von solchen mit unterdurchschnittlichem Deckungsbeitrag).

M: Veranlassung von Modifikationen auf dieser Ebene.

C: Ausgabe von Planzahlen.

M: Eingabe der Mindest- und Höchstabsatzmengen für die einzelnen Produkte.

C: Ermittlung des theoretisch optimalen Produktionsprogramms mithilfe der Mathematischen Programmierung unter Verwendung gespeicherter Produktdaten (z. B. Deckungsbeiträge, Inanspruchnahme der einzelnen Kapazitätseinheiten je Stück).

M/C: Modifikation des Absatz- und Produktionsprogramms (z. B. Einplanung von Absatz fördernden Maßnahmen, Kapazitätserweiterungen oder -abbau).

C: Ausgabe des theoretisch optimalen Produktionsprogramms entsprechend den jeweiligen Input-Daten.

C: Aufteilung des Produktionsprogramms auf die Absatzbezirke.

C: Abspeicherung des endgültigen Produktions- und Absatzprogramms als Grundlage der Produktionsplanung.

Legende: M = Mensch   C = Computer

Abb. 4.2.2.6/1   Grobablauf eines Mensch-Computer-Dialogs bei der kombinierten Absatz- und Produktionsplanung

Nach eventuellen Mengen- und Preiskorrekturen verdichtet das System die einzelnen Absatzpläne zum Gesamtabsatzplan. Für die ermittelten Pläne werden anschließend die passenden Beschaffungspläne aufgestellt, wobei man die Verbräuche an Roh-, Hilfs- und Betriebsstoffen (wie z. B. Faser-, Füll- und chemische Hilfsstoffe) für jedes Flächengewicht über Standardrezepte ableitet.

Der bis hierhin skizzierte Planungsablauf lässt sich in verschiedenen Teilphasen für Alternativrechnungen wiederholen.

Ist die endgültige Fassung des Jahresplans mit den einzelnen Monatswerten festgelegt, dann werden verschiedene Daten der Monatspläne zur täglichen Steuerung des Unternehmens in Tagesplanwerte umgerechnet. Dies gilt z. B. für die Produktions- und Absatzmengen. Bei den Deckungsbeiträgen wird sogar der Betrag pro Stunde der Engpassmaschinen ermittelt. So wird ein täglicher Plan-Ist-Vergleich möglich.

Diese Methodik ist verwandt mit dem in Band 1 behandelten MRP II-Ansatz. Ferner kann man ein solches Modul zur kombinierten Produktions- und Absatzplanung „nach oben" um ein Ertragsplanungsmodul erweitern. Wird beispielsweise von der Muttergesellschaft eine Rentabilitätssteigerung um einen Prozentpunkt verlangt, so ist im Ertragsplanungsmodul zu untersuchen, welche Sparten, Erzeugnisgruppen und Erzeugnisse in welchem Ausmaß zu der notwendigen Ertragssteigerung beitragen sollen. Dies kann etwa mit Alternativrechnungen unterstützt werden. Mit derartigen Erweiterungen geht man einen Schritt in Richtung Unternehmensplanung (vgl. Kapitel 6).

4.2.2.7 Konzept zur Auswertung von Marktinformationen der Henkel KGaA

Grundlage des Marketing-Informationssystems beim **Markenartikel- und Technologieunternehmen Henkel** ist die in Abbildung 4.2.2.7/1 gezeigte Wissenspyramide [SCHR 98/ SCHR 08]. An der Basis finden wir Daten aus Wiederholungsbefragungen (Panel), Verkaufsdaten, Angaben über die Werbung u. Ä. Es werden also sowohl Daten aus den Administrationssystemen als auch von außen erworbene gespeichert.

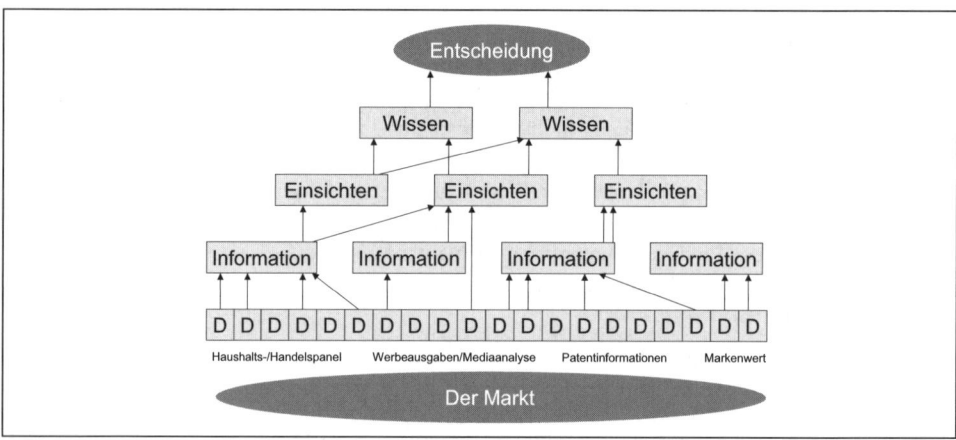

Abb. 4.2.2.7/1   Wissenspyramide (in Anlehnung an [BAR 91])

Durch Kombination verschiedener Daten erzeugt man Informationen und daraus schließlich Wissen. Auf den oberen Ebenen werden Wissensbasierte Systeme eingesetzt, um Entscheidungen vorzubereiten.

Abbildung 4.2.2.7/2 beschäftigt sich mit der Stufe „Einsichten" (in der Originalliteratur „Intelligence"). Die Kategorisierung in „Listen, Learn und Lead" basiert auf [BAR 95].

Dem „Listen" liegen Standard-Berichtssysteme zugrunde. Sie zeigen, was in den abgelaufenen Perioden geschehen ist. Diese Berichte stützen sich auf interne und externe Daten. Mit Wissensbasierten Systemen auf der Ebene 3 versucht man der Frage nachzugehen, **warum** eine Entwicklung eintrat.

Das System setzt eine unternehmensweite Vereinheitlichung der Daten, insbesondere ihrer Formate und Maßeinheiten, der Analysewerkzeuge und Analysemethoden einschließlich der Berichtsdefinitionen, voraus. In so genannten „Weißbüchern" werden Definitionen und Strukturen festgehalten; sie beziehen sich auf externe Daten, wie die von Marktforschungsunternehmen gelieferten Marktanteile oder Werbeaufwendungen, ebenso wie auf interne

Daten über Versandmengen oder Erträge. Alle relevanten Daten werden unternehmensweit und über die Ländergrenzen hinweg nach einer einheitlichen Struktur verdichtet. So entsteht ein Data Warehouse. Die externen Datenlieferanten, insbesondere die Marktforschungsunternehmen, wurden verpflichtet, ihre Daten so zu formatieren, wie es das Henkel-Datenmodell verlangt.

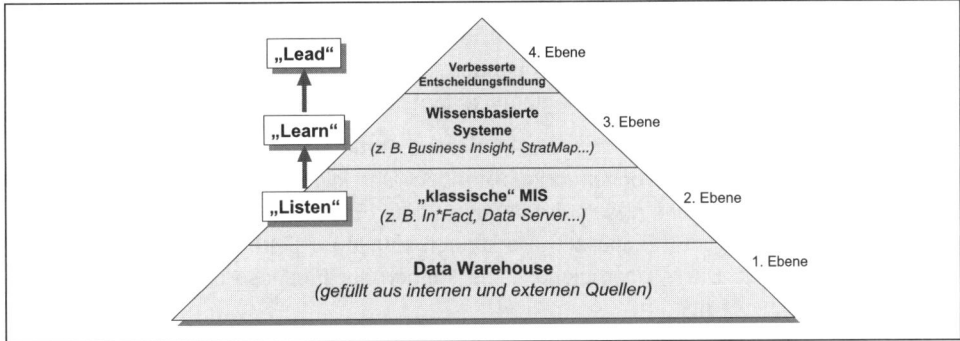

Abb. 4.2.2.7/2   Stufe „Einsichten"

Henkel hat ein eigenes Werkzeug, das **IDIS** (**I**nternational **D**etergent **I**nformation **S**ystem), zur Verdichtung und Analyse der Daten entwickelt. Abbildung 4.2.2.7/3 zeigt die Struktur des Analysesystems. Zunächst hat jeder Manager die Möglichkeit, sich einen Überblick über die Schlüsselindikatoren zu Marken, Märkten, Ländern und Geschäftsfeldern anzeigen zu lassen. Eines dieser Kriterien ist der Marktanteil.

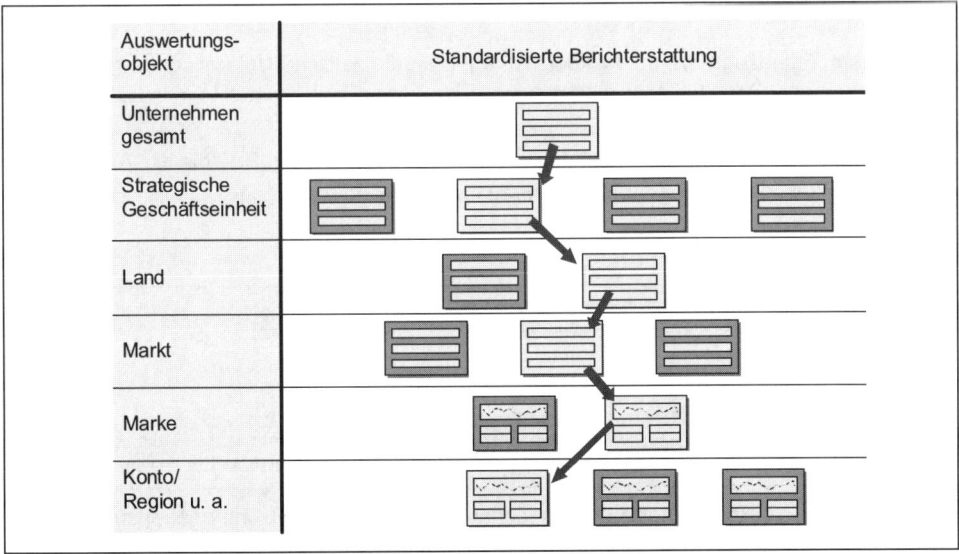

Abb. 4.2.2.7/3   Struktur des Analysesystems IDIS

Eine Signalfunktion zeigt, wo und wann große Abweichungen aufgetreten sind. In solchen Fällen kann man „auf Knopfdruck" eine vorprogrammierte Analyse („Road Map") erhalten, um herauszufinden, welche Einflüsse die Abweichung erklären.

Das für Waschmittel zuständige Mitglied der Geschäftsleitung beginnt beispielsweise mit einem Überblick, der den Erfolg der Henkel-Waschmittel im Vergleich zu denen der wichtigsten Konkurrenten, etwa **Procter & Gamble Service GmbH**, **Colgate Palmolive GmbH**, **Unilever Deutschland Holding GmbH** zeigt. Mit einem weiteren Befehl erhält er Zahlen der verschiedenen strategischen Geschäftseinheiten, wie z. B. Reinigungsmittel, Kosmetika, Waschmittel. Von dort gelangt er zu den Ländern, in denen der Geschäftserfolg wiederum nach Marken, Großkunden und/oder Regionen aufgespalten werden kann.

Henkel nennt diese Datensammlung, die in einem Intranet aufgerufen werden kann, das „Factbook". Es wird alle vier Wochen fortgeschrieben. Das folgende kleine Beispiel zeigt die aufgrund der Marketingtheorie angelegten Analysepfade: Ein sinkender Marktanteil bei einer Produktgruppe wird in die Einflüsse „Marktdurchdringung (-penetration)" und „Wiederholungskäufe" zerlegt. Die Wiederholungskäufe können auf Einflüsse des Preises und der Werbung untersucht werden.

4.2.2.8 Standard- und flexible Analysen im Vertriebsinformationsmodul des SAP ERP-Systems

Das **SAP ERP**-System erlaubt im Modul Sales and Distribution (SD) vorkonfigurierte Standardabfragen und eine so genannte flexible Analyse. Zu ihr kann das anwendende Unternehmen spezielle Kennzahlen definieren. Es ist eine Informationsstruktur zu konfigurieren, die aus drei Arten von Informationen besteht (siehe Abbildung 4.2.2.8/1) [KÖR 01]:

1. Merkmale sind Informationen, die sich für Verdichtung eignen (z. B. Verkaufsorganisation, Vertriebsweg, Sparte, Kunde, Material).

2. Mit dem Zeitbezug bzw. mit Periodizität legt man die zeitliche Untergliederung der Informationen (Tag, Woche, Monat oder Buchungsperiode) fest.

3. Kennzahlen sind betriebswirtschaftlich bedeutsame Werte (z. B. Umsatz, Auftragseingang, Anzahl der Aufträge, offene Auftragsmenge, Retourenmenge).

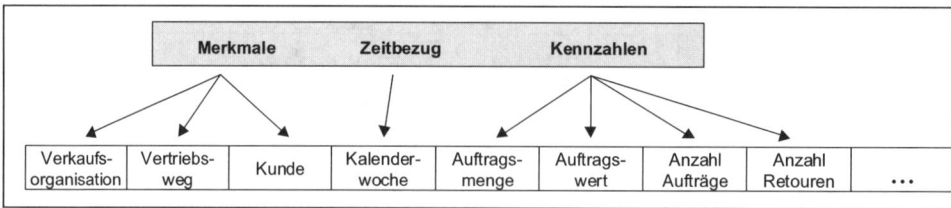

Abb. 4.2.2.8/1   Beispielhafte Informationsstruktur im Vertriebsinformationsmodul des SAP ERP-Systems

Informationsstrukturen lassen Analysen nach den Hauptkriterien Kunde, Material, Verkaufs-organisation, Versandstelle, Vertriebsbeauftragter und Verkaufsbüro zu.

Im Rahmen der Kundenanalyse können z. B. Daten zu einem oder mehreren Kunden (Auf-träge, Umsätze u. Ä.) bzw. Materialien aufbereitet werden. Die Materialanalyse liefert unter anderem Informationen, wie viel von welchem Material in welchem Zeitraum verkauft wurde. Die Versandstellenanalyse eröffnet vor allen Dingen eine Sicht auf die Daten, die aus der Lieferscheinerstellung resultieren (vgl. Band 1). Die Verkaufsbüroanalyse beantwortet schließlich Fragen wie: „Welchen Umsatz hat eine bestimmte Verkäufergruppe in einer be-stimmten Sparte erzielt?"

4.2.2.9 Integration von Marktforschungs- und Controllingdaten

Informationen unterschiedlicher Herkunft werden den Führungskräften oft getrennt voneinan-der geliefert, wie das folgende Beispiel zeigt: An einem Stichtag stellen die Controller ihre Befunde vor, die beispielsweise aus den Berichten des **SAP**-Systems hergeleitet sind, an einem anderen findet eine Präsentation der Marketingabteilung über die Marktforschungs-erkenntnisse statt. Die Geschäftsleitung muss für sich selbst ohne Rechnerunterstützung allein die Angaben der beiden Stabsstellen zu einem Gesamtbild integrieren (vgl. Abbil-dung 4.2.2.9/1). Diese Prozedur kann zu falschen Schlüssen und gefährlichen geschäftspoli-tischen Maßnahmen führen, wie in [CAS 99] auch theoretisch belegt wird.

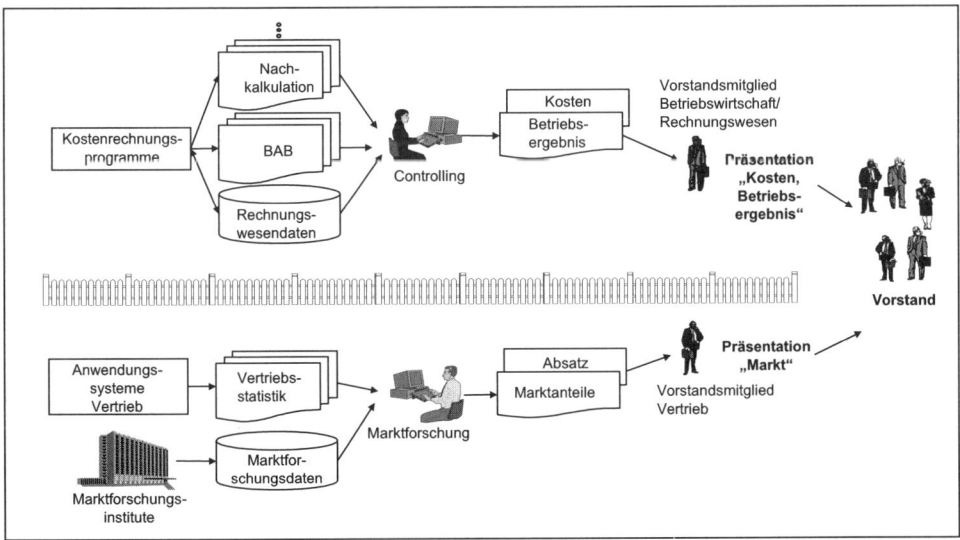

Abb. 4.2.2.9/1   Getrennte Präsentation

Im prototypischen System **INTEX** (**Int**egration von Controlling- und Marktforschungsdaten in einem **Ex**pertisesystem) wird gezeigt, wie PuK-Systeme über die reine Symptomerkennung hinausführen können. Das interne rechnungswesenorientierte Controlling ist um externe In-formationen, die aus Unternehmens- und Branchendatenbanken sowie aus der Marktfor-

schung stammen, erweitert [CAS 99]. Der Analyseprozess wurde in die Phasen Symptomerkennung, Diagnose, Therapie, Prognose und Kontrolle unterteilt (vgl. Kapitel 1.2).

4.2.2.9.1 Symptomerkennung

Die Symptomerkennung identifiziert auffällige Datenkonstellationen, die auf Analysebedarf
schließen lassen. Überwacht werden vergebliche Angebote („lost orders"), Auftragseingang,
Marktanteil, Cashflow, CFROI (**C**ashflow **R**eturn **o**n **I**nvestment) und EVA® (**E**conomic **V**alue
Added). Als Bezugsgröße dient ein Auswertungsobjekt, das eine Kombination aus den Dimensionen Region (Bundesländer, Staaten, ...), Vertriebsweg (Fachmärkte, SB-Warenhäu-
ser, ...), Geschäftspartner (Kunden, -gruppen, Lieferanten, ...) und Produkt (Produkte, -grup-
pen, -sparten, ...) darstellt.

4.2.2.9.2 Diagnose

Die Phase Diagnose bekommt aus der Symptomerkennung verdächtige Auswertungsobjekte
gemeldet. Für anschließende Zustandsaufnahmen verwendet man Kausalitätenbäume. Sie
bringen eine „hoch aggregierte" Kennzahl (z. B. CFROI oder EVA®) mit Elementarkenn-
zahlen, die sowohl aus externen wie auch internen Quellen stammen, in Zusammenhang.

Der Aufbau wird im Folgenden anhand der EVA®-Variante beschrieben, in der eine EVA®-
Abweichung in die Differenzen des NOPAT (**N**et **O**perating **P**rofit **A**fter **T**axes), der NOA (**N**et
Operating **A**ssets) und des WACC (**W**eighted **A**verage **C**apital **C**ost) aufgespalten ist (siehe
Abbildung 4.2.2.9.2/1). Die Ursachen finden sich in der Ebene 2 unterhalb der Wurzel
wieder. Im nächsten Schritt zerlegt man die NOPAT-Abweichung in die einzelnen Einfluss-
parameter. Eine Differenz im Deckungsbeitrag wird auf den Kosten- oder den Erlösbereich
zurückgeführt (Ebene 4). Anschließend (Ebene 5) unterscheidet man Preis- und Mengenab-
weichungen. Auf der Erlösseite beziehen sich diese auf die Verkaufspreise und den Absatz,
bei den Kosten auf Einstandspreise und „Mengen" für Marketing-Mix-Instrumente („Rohstoffe
der Vertriebsabteilung"), Lohntarife und Mitarbeiterzahlen. Die Kostenseite enthält alle Aufwendungen, die sowohl beim Einkauf als auch im Zusammenhang mit dem Vertrieb
entstehen.

Von diesen Abweichungen ausgehend, führt die nächste Ebene (Ebene 6) die vier Entschei-
dungsfelder des Marketing-Mix auf. Diese Unterteilung sollte bei der Strukturierung der Ur-
sachensuche helfen. Aus demselben Grund erfolgt auch die Trennung in „Intern verursacht"
und „Extern verursacht". Ein fehlendes Produktmerkmal, das schlechte Verkaufszahlen zur
Folge hat, wird beispielsweise unter „Intern verursacht" eingeordnet, mit der Begründung
„Man hat es in der Konstruktionsabteilung nicht rechtzeitig geschafft, die Produkte
anzupassen". Eine typische externe Ursache wäre z. B. eine Veränderung des
Marktvolumens, die sich sehr stark auf die Unternehmensumsätze und im nächsten Schritt
auf die Deckungsbeiträge auswirkt (Ebene 7).

Die Ebene 8 bilden die Indikatoren. Sie haben qualitativen Charakter und lassen sich
meistens erst durch eine Kombination von einfachen Kennzahlen (Ebene 9) berechnen. In
den Fällen, in denen in der Ebene 9 nicht die Kennzahl, sondern eine Analyse aufgeführt
wird, sind es erst deren Ergebnisse, die als Eingabe für weitere Betrachtungen dienen.

Die nahe liegende Vorstellung, dass sich eine Diagnose aus der Menge der abweichenden Indikatoren ableiten lässt, ist nicht realistisch, denn es ergeben sich rund 3^{50} Kombinationen. Man kehrt daher den Prozess um, d. h., dass von den Therapievorschlägen (möglichen Entscheidungen) ausgegangen wird, und man definiert, was im Unternehmen passiert sein muss (Indikatorenentwicklung), damit ein Handlungsvorschlag infrage kommt. Da fast nie alle Indikatoren für eine Entscheidung von Belang sind (bspw. haben Personalkosten keinen Einfluss auf die Verteilung des Werbebudgets), führt dieser Ansatz dazu, dass in einem Schritt einer Therapie mehrere Kombinationen zugeordnet werden können.

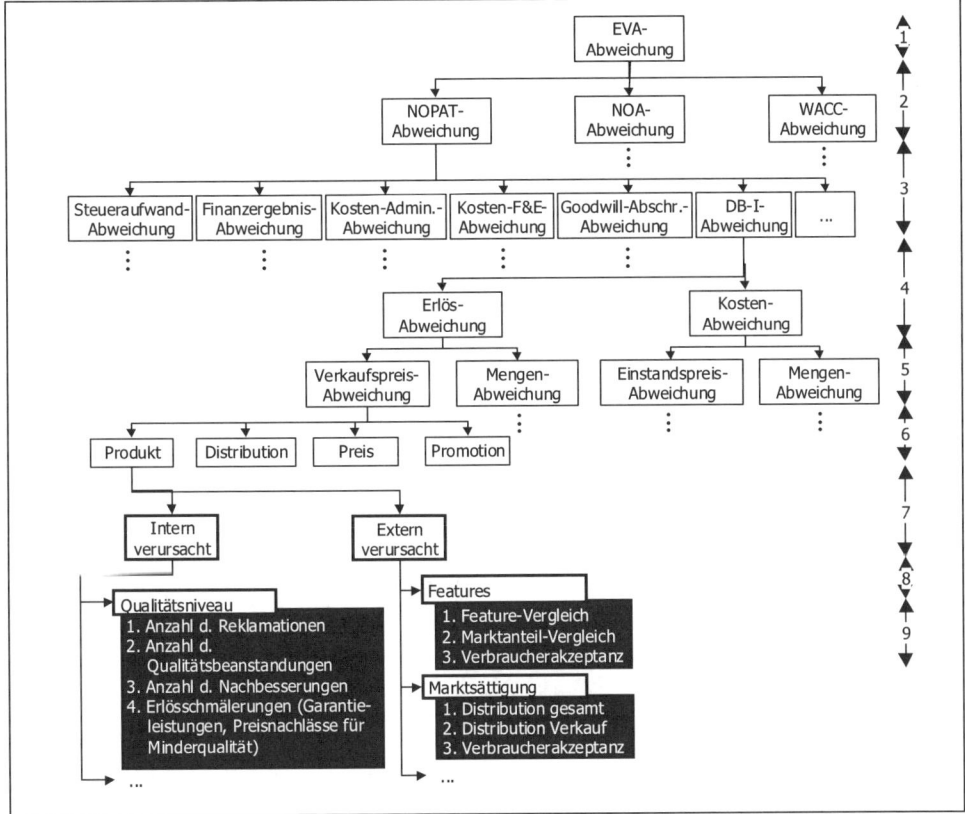

Abb. 4.2.2.9.2/1   Systematik beim Baumaufbau

Das Ergebnis der Diagnosephase ist somit auch nicht mehr eine explizite Diagnose, sondern eine Vorauswahl der Handlungsalternativen, die als Ausgangsbasis für die endgültige Therapie dient.

4.2.2.9.3 Therapie

Für die Therapievorauswahl wurde eine Regelbasis mit ca. 2.000 Einträgen (mit EVA®-Baum als Ausgangspunkt) definiert. Dabei wählte man die im letzten Abschnitt vorgestellte Vorgehensweise (Entscheidung => geforderte Indikatorenentwicklung).

Beispielhafte Ergebnisse zeigt die folgende Berechnung: Zu der Ausgangssituation „Werbeausgaben sind zu hoch, die Werbeeffektivität fällt aber" liefert das System schwerpunktmäßig Anregungen aus dem Promotionsbereich (siehe Abbildung 4.2.2.9.3/1, rechts).

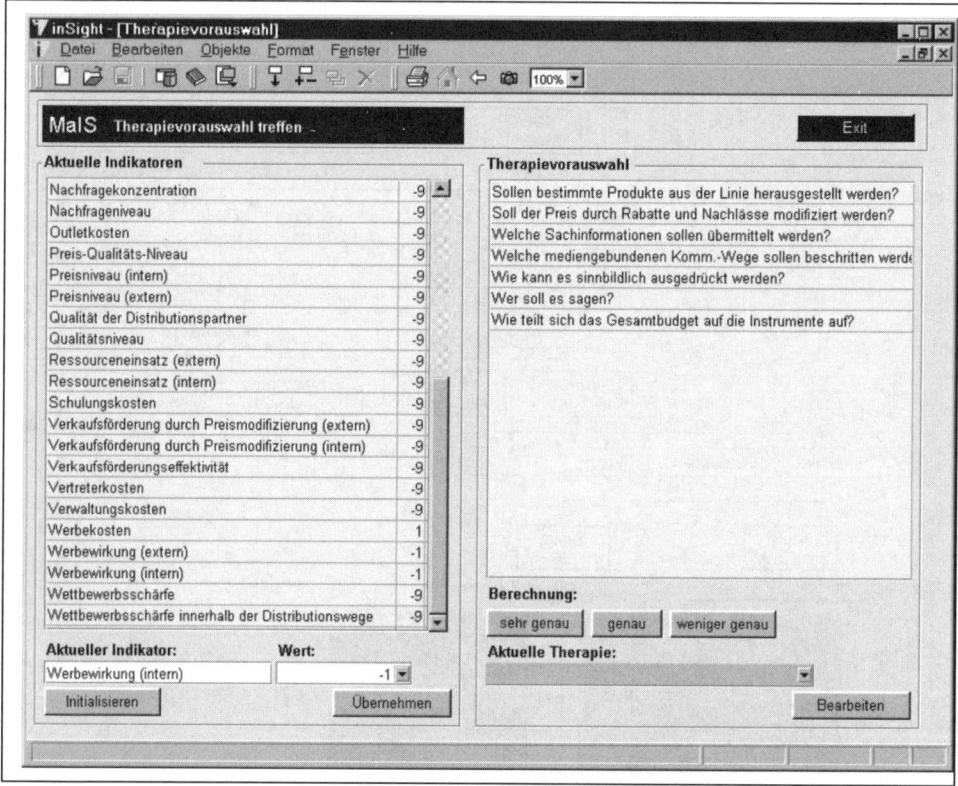

Abb. 4.2.2.9.3/1   Therapievorauswahl

Der Wert der Indikatorenabweichung (siehe Abbildung 4.2.2.9.3/1, links) ist wie folgt definiert:

1. „-1":   Der Indikator ist stärker als erwartet gefallen.
2. „0":   Die Entwicklung ist in etwa den Vorgaben entsprechend verlaufen.
3. „1":   Der Indikator ist stärker als erwartet gestiegen.
4. „-9":   Für den Indikator liegt kein Wert vor.

Das Ziel der anschließenden Therapieauswahl ist es, die richtigen Handlungsalternativen zu bestimmen. Die Untersuchungen zu jeder einzelnen Entscheidung können sehr aufwändig werden. Vor allem dann, wenn es um komplizierte strategische Fragen geht, wie z. B. die

Entwicklung neuer Produkte, lässt sich die Analyse nur bedingt automatisieren. Aus diesem Grund wird jetzt die Idee verfolgt, (branchen-/betriebstypbezogene) Standardreferenzmodelle für die Entscheidungsunterstützung abzulegen, die sowohl Angaben zu allen „Rohstoffen" (siehe Abbildung 4.2.2.9.3/2) enthalten als auch den Ablauf spezifizieren. Die Entscheidungen bzw. ihre Vorbereitung werden dabei als Endprodukt begriffen, die Daten, Methoden usw. als dessen Komponenten, sodass eine Analogie zur Stückliste entsteht.

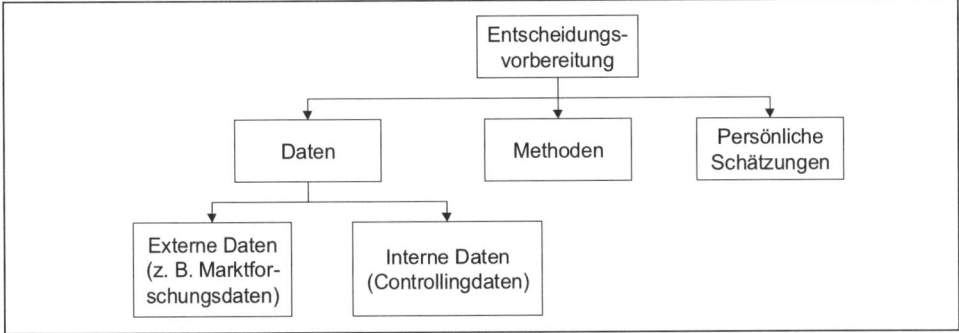

Abb. 4.2.2.9.3/2   Entscheidungsvorbereitung als Stückliste

Der komplette Ablauf der Therapieberechnung gestaltet sich demnach folgendermaßen: Zunächst werden anhand der auffälligen Indikatoren die infrage kommenden Handlungsalternativen bestimmt (siehe auch Abbildung 4.2.2.9.3/1). Zu jeder liefert das System dem Anwender eine genaue Anleitung, was zu tun ist (welche Daten benötigt werden, welche Werkzeuge es gibt, worauf bei der Arbeit zu achten ist, welche Reihenfolge zu wählen ist, Faustregeln zur Schätzung bestimmter Werte u. a.), damit ihre Eignung geprüft werden kann.

4.2.2.9.4 Prognose und Kontrolle

In der Phase „Therapieauswahl" erarbeitet der Anwender zusammen mit dem System die Lösung. In diesem Prozess werden Prognosen berechnet, beispielsweise bei einer Preismodifikation der zukünftige Absatz. INTEX trägt die Ergebnisse in seinen Data Mart ein. Nach der Periode, für die die Prognose erstellt wurde, können diese Vorhersagezahlen den Ist-Werten gegenübergestellt werden (Kontrolle).

4.2.3   Anmerkungen zu Kapitel 4.2

[AIC 97]   Aichele, C., Kennzahlenbasierte Geschäftsprozeßanalyse, Wiesbaden 1997, insbes. S. 305-315.

[BAR 91]   Barabba, V. P. und Zaltman, G., Hearing the Voice of Market, Boston 1991.

[BAR 95]   Barabba, V. P., Meeting of the Minds, Boston 1995.

[BEN 90]   Benbasat, I. und Nault, B. R., An Evaluation of Empirical Research in Mana-
                  gerial Support Systems, Decision Support Systems 6 (1990) 3, S. 203-226,
                  insbes. S. 215.

[CAS 99]   Cas, K., Rechnergestützte Integration von Rechnungswesen-Informationen
                  und Marktforschungsdaten: Der Weg vom Symptom zur Therapie, Disserta-
                  tion, Nürnberg 1999.

[CHA 79]   Chakravarti, D., Mitchell, A. und Staelin, R., Judgement-Based Marketing
                  Decision Models: An Experimental Investigation of the Decision Calculus Ap-
                  proach, Management Science 25 (1979) 3, S. 251-263.

[DAS 00]   Dastani, P., Online Mining, in: Link, J. (Hrsg.), Wettbewerbsvorteil durch On-
                  line Marketing, 2. Aufl., Berlin u.a. 2000, S. 235-259.

[DIL 91]   Diller, H., Entwicklungstrends und Forschungsfelder der Marketingorganisa-
                  tion, Marketing ZFP 13 (1991) 3, S. 156-163.

[ENG 07]   Engelke, J. und Simon, H., Decision Support Systeme im Marketing,
                  Zeitschrift für betriebswirtschaftliche Forschung 59 (2007) 2, S. 120-142.

[GRU 08]   Persönliche Auskunft von Herrn V. Grunenberg, Saarstahl AG, 2008.

[HIL 88]   Hiller, F., Konzeption und Realisierung eines Systems zur Bildung von Kun-
                  denportfolios für ein Maschinenbauunternehmen, Diplomarbeit, Nürn-
                  berg 1988.

[KAU 07/PET 04]   Kaushik, A., Web Analytics An Hour A Day, Indianapolis 2007; Petersen,
                  E. T., Web Analytics Demystified: A Marketer's Guide to Understanding How
                  Your Web Site Affects Your Business, o.O. 2004.

[KEL 79]   Kellner, J. und Link, J., Perspektiven für die Informationswirtschaft der Un-
                  ternehmung, Harvard Manager 1 (1979) 2, S. 39-45, insbes. S. 44.

[KÖR 01]   Körsgen, F., SAP-R/3-Vertrieb: Fallstudien Anwendung und Customizing,
                  Berlin 2001, S. 305-353.

[LEI 08]   Persönliche Auskunft von Frau R. Leipold und Frau H. Trautmann, Schenck
                  Process GmbH, 2008.

[LIN 93]   Link, J., Merkmale und Einsatzmöglichkeiten des Database-Marketing, Wirt-
                  schaftswissenschaftliches Studium 22 (1993) 1, S. 23-28.

[LIN 94/HAS 96]   Zur Bedeutung und Nutzung des Database-Marketing in verschiedenen
                  Branchen vgl. Link, J. und Hildebrand, V., Vorbereitung und Einsatz des
                  Database-Marketing und CAS, München 1994; Vertiefende Erläuterungen
                  zum Database-Marketing findet man bei Haslhofer, G., Database Marketing:
                  Grundlagen, Methoden, Beispiele, Wien 1996.

[LIT 70/KIT 71]   Little, J. D. C., Models and Managers: The Concept of a Decision Calculus,
                  Management Science 16 (1970) 8, S. B-466-485; eine weitere interessante
                  Studie zu Modellen über die Reaktion des Marktes auf Werbemaßnahmen
                  (Beispiel des britischen Rasierklingenmarkts) findet der Leser bei: Kitchener,
                  A. und Rowland, D., Models of a Consumer Product Market, Operational
                  Research Quarterly 22 (1971) 6, S. 67-84.

[LIT 74]   Das vorliegende Modell kann auch als Teilbetrachtung im Rahmen eines
                  Marketing-Mix-Ansatzes gesehen werden; vgl. hierzu Little, J. D. C., Ein On-
                  line-Marketing-Mix-Modell, in: Hansen, H. R. (Hrsg.), Computergestützte
                  Marketing-Planung, München 1974, S. 651-704.

[MEF 76]   Meffert, H., Entwicklungstendenzen des Marketing an amerikanischen Hoch-
                  schulen, Zeitschrift für Betriebswirtschaft 46 (1976) 11, S. 834-841, insbes.
                  S. 835.

[MER 05]   Eine Übersichtsdarstellung findet man z. B. bei Mertens, P. und Falk, J.,
                  Mittel- und langfristige Absatzprognose auf der Basis von Sättigungs-
                  modellen, in: Mertens, P. und Rässler, S. (Hrsg.), Prognoserechnung, 6.
                  Aufl., Heidelberg 2005, S. 169-204.

[MÜL 96]   Mülder, W. und Weiß, H. C., Computerintegriertes Marketing, Ludwigsha-
                  fen 1996.

[NAV 08]   Navrade, F., Strategische Planung mit Data-Warehouse-Systemen, Wies-
                  baden 2008, S. 98-101.

[NIE 98]   Nieh, L., Konzeption und prototypische Realisierung eines Informationssys-
                  tems zur Erfolgskontrolle von absatz- und kommunikationsfördernden Maß-
                  nahmen in großen Handelsunternehmen des Bereichs Spielwaren,
                  Diplomarbeit, Nürnberg 1998.

[OV 07]   Ohne Verfasser, Web-Controlling braucht geschlossenen Steuerungskreis-
                  lauf, is report 11 (2007) 9, S. 32-36.

[SCHA 83/SCHA 08] Die Darstellung erfolgt in Anlehnung an: Schallenberg, H., Controlling mit
                  Hilfe moderner Computertechnik, IBM Nachrichten 33 (1983) 264, S. 39-44;
                  persönliche Auskunft von Herrn H. Schallenberg, ehemaliger Mitarbeiter der
                  SAPPI Alfeld GmbH, 2008.

[SCHR 98/SCHR 08] Schroiff, H.-W., Creating Competitive Intellectual Capital - The Henkel Case,
                  in: Fellows, D. (Hrsg.), The Power of Knowledge - From Research Findings
                  to Marketing Intelligence, Proceedings of the 51st ESOMAR Congress,
                  Amsterdam 1998, S. 179-195; persönliche Auskunft von Herrn H.-W.
                  Schroiff, Henkel KGaA, 2008.

[SCHW 01]   Schwickert, A. C. und Wendt, P., Controlling-Kennzahlen für Web Sites, in:
                  Buhl, H. U., Huther, A. und Reitwiesner, B. (Hrsg.), Information Age
                  Economy, Heidelberg 2001, S. 651-664.

[SIM 89]   Simon, H., Price Management, Amsterdam u.a. 1989, insbes. S. 25-41.

[STE 90]   Steppan, G. und Mertens, P., Computer Aided Selling - Neuere Entwicklun-
                  gen bei der DV-Unterstützung des industriellen Vertriebs, Informatik-Spek-
                  trum 13 (1990) o.A., S. 137-150.

4.3 Beschaffung

4.3.1 Überblick über den Informationskatalog

Hauptzweck des Berichtssystems im Beschaffungssektor ist die Offenlegung der Lieferantenbeziehungen. Deshalb wird man bevorzugt die bereits abgewickelten, die offenen und die geplanten Bestellungen bei den Lieferanten nach Menge und Wert und nach der Zusammensetzung (wichtigste Fremdbezugsteile bzw. -teilegruppen) ausweisen. Hieraus lässt sich ersehen, inwieweit sich die Einkaufsbeziehungen auf einzelne Unternehmen konzentrieren. Dann können Maßnahmen zu einer stärkeren Risikostreuung getroffen (etwa durch Einholen zusätzlicher Angebote oder durch die Anweisung, künftig bestimmte, bisher wenig zum Zuge gekommene Lieferanten bei der computergestützten Auswahl mit höherer Priorität zu berücksichtigen, vgl. hierzu Band 1) oder Schritte zur Verbesserung der Konditionen eingeleitet werden.

Ähnlich wie zur Verhandlungsmacht der Kunden (vgl. Abschnitt 4.2.1) kann die IV auch zu der der Lieferanten Indikatoren liefern. Es sind dies vor allem die eigenen Anteile am Umsatz des verkaufenden Betriebs, ggf. aufgegliedert nach Produktgruppen, und die Zahl der Ersatzteillieferanten für die gleichen Erzeugnisse, welche man in den Lieferantenstammsätzen speichert [NAV 08]. Eine weitere wichtige Informationskategorie ist die Gegenüberstellung der Preise und Lieferkonditionen von Lieferanten vergleichbarer Fremdbezugsteile. Einen dritten Schwerpunkt wird ein Teil-Berichtssystem bei der Überwachung der Qualität bilden. Dabei ist zwischen der Fehlerfreiheit der gelieferten Ware und der Qualität der Lieferung zu unterscheiden. Ein Bewertungssystem für die **Güte der Waren** kann auf Daten zurückgreifen, die bei modernen Verfahren der computergestützten Wareneingangskontrolle anfallen, wie sie z. B. in Band 1 beschrieben sind. Um die **Qualität der Lieferung** zu beurteilen, werden für das Controlling der Beschaffungslogistik Werte über Terminsicherheiten, unerwünschte Teillieferungen, Vorlieferungen, d. h. Lieferungen vor dem Wunschtermin, Terminänderungen, Lieferungen falscher Artikel, solche an falsche Adressen u. Ä. erfasst. Die Bewertung der Terminsicherheit eines Lieferanten setzt voraus, dass der kaufende Industriebetrieb die Folgen von Verspätungen gründlich analysiert. Erst dann kann z. B. entschieden werden, ob eine Verspätung von 30 % eines Auftrags um 3 Tage weniger Schaden anrichtet als die von 20 % um 5 Tage. Gerade wenn man dem **Single-Sourcing**-Ansatz folgt, d. h. den Einkauf auf einen Zulieferer konzentriert, kommt diesem Aspekt der Beschaffung und Lagerhaltung eine große Bedeutung zu.

Bei größeren Konzernen ist es wichtig, die Gegengeschäfte wiederzugeben, d. h. auf hoher Verdichtungsebene aufzuzeigen, welche Hauptlieferanten gleichzeitig in welchem wertmäßigen Umfang und bei welchen Erzeugnisgruppen Kunden sind. Eine Betrachtung der Kosten von Einkaufsabteilungen mag Anlass zu einer grundlegenden Restrukturierung von Geschäftsprozessen sein, wie dies in der **Automobil-** und in der **Flugzeugindustrie** praktiziert worden ist: Aus der früher sehr großen Zahl von „Materiallieferanten" ist eine um den Faktor 10 kleinere Zahl von „Systemlieferanten" geworden. Die **Systemlieferanten** werden in Entwicklungsprozesse des Automobilherstellers einbezogen und liefern ganze Baugruppen für die Fertigung (z. B. eine Autotür).

Die Abbildung 4.3.1/1 zeigt eine zusammenfassende Übersicht zum Informationskatalog im Beschaffungssektor.

Nr.	Informa-tionsart	Typische Unter-gliederung	Kriterien	Darstellung, insbes. zeitl. (Legende siehe unten)	Benötigt für . . . (typische Maßnahmen und Entscheidungen)	Daten liefernde Funktionen/ Teilfunktionen
1.	Geplante Einkaufs-mengen und -werte	Lieferanten, Materialgruppen, Materialien	Menge, Wert	Z, VV, VO	Finanzplanung, Lagerraumplanung	Bestelldisposition
2.	Bestellver-halten (wer bestellt was zu welchem Preis?)	Funktionsbereiche	Warnmeldungen, wenn Abweichungen zwi-schen zentral ausge-handelten Bedingungen und tatsächlichen Ein-käufen auftauchen	BP	Kontrolle der Einkäufer, Sicherstellen von Vorzugskonditionen	Bestelldisposition
3.	Gesamtbe-stellungen bei ein-zelnen Lie-feranten	Lieferanten, Materialgruppen, Materialien	Aufgelaufene Menge und Wert, Anteil am Umsatz des Lieferan-ten, Zahl der Ersatzlie-feranten	BP, AK, VV, T	Einkaufspolitik, Lieferantenwahl, Abschätzen der Verhandlungsmacht im Einkauf, Controlling der Beschaffungslogistik	Bestelldisposition, Bestellüberwachung, externe Datenbanken
4.	Lieferanten-obligo	Lieferanten, Materialgruppen, Materialien	Offene Bestellungen, Menge, Wert	BP, VV	Einkaufspolitik, Lieferantenwahl, Liquiditätsdisposition	Bestelldisposition, Bestellüberwachung
5.	Preis- und Konditi-onenver-gleich der Lieferanten vergleich-barer Fremdbe-zugsma-terialien	Lieferanten, Materialgruppen	Preise, Lieferzeit, Zahlungsziel, Rabattstaffeln	S, VO	Einkaufspolitik, Lieferantenwahl	Lieferantenwahl
6.	Preisbe-wegungen	Materialarten	Ausmaß der Schwankungen	S, VV, VO, T	Einkaufspolitik	Bestelldisposition, Lieferantenwahl

Abb. 4.3.1/1   Zusammenfassende Übersicht zum Informationskatalog im Beschaffungssektor

Nr.	Informationsart	Typische Untergliederung	Kriterien	Darstellung, insbes. zeitl. (Legende siehe unten)	Benötigt für ... (typische Maßnahmen und Entscheidungen)	Daten liefernde Funktionen/ Teilfunktionen
7.	Gegengeschäfte mit Hauptlieferanten	Lieferanten, Materialgruppen	Mengen und Werte der Gegenlieferungen	BP, VV	Einkaufspolitik, Lieferantenwahl	Kreditorenbuchhaltung, Debitorenbuchhaltung
8.	Qualitätsmängel der Lieferung (Logistikqualität)	Lieferanten, Materialgruppen	Liefertreue, Zahl der Lieferungen vor Wunschtermin, Teillieferungen, Lieferungen falscher Artikel, an falsche Adressen, Auswirkungen auf Sicherheitsbestände, Antwortzeiten auf Reklamationen	BP, VV, VN, VO	Controlling der Beschaffungslogistik, Lieferantenwahl, Einkaufspolitik	Bestellüberwachung, Beschaffungslogistik
9.	Qualitätsmängel der Ware	Lieferanten, Materialgruppen	Anzahl der erhaltenen Gutschriften, Retouren, Anzahl der Fehler, die in den Lieferungen gefunden wurden, Anzahl der Rückweisungen bei der Wareneingangskontrolle	BP, VV, VO	Einkaufspolitik, Lieferantenwahl	Kreditorenbuchhaltung, Wareneingangsprüfung, Lieferantenrechnungskontrolle
10.	Kosten für Einkaufsabteilungen	Abteilungen, Kostenarten	Kosten im Vergleich zu Einkaufsmengen und -werten, Zahl der Bestellungen, Zahl der betreuten Lieferanten, Soll- und Plan-Kostenabweichung	BP, AK, VV, VN, VP, VO, T	Kostenkontrolle, Anreizsysteme	Kostenstellenrechnung

AK = Akkumulierte Werte für Berichtszeitraum, BP = Berichtszeitraum, S = Stichtag, T = Trend, VN = Vergleich mit Normwert, VP = Vergleich mit Plan, VV = Vergleich mit Vorperiode bzw. entsprechendem Vergangenheitszeitpunkt, Z = Zukunft

Abb. 4.3.1/1　　　Zusammenfassende Übersicht zum Informationskatalog im Beschaffungssektor (Fortsetzung)

4.3.2 Ausgewählte PuK-Systeme

4.3.2.1 Unterstützung des Beschaffungsmarketings

Der Technologiekonzern **ABB Asea Brown Boveri, Ltd.**, mit Sitz in Zürich führt ein so genanntes „Sourcing-Büro", das sich mit den Lieferanten des Konzerns beschäftigt [KUN 98/ BRE 08]. Dieses Büro prüft einen definierten Markt auf potenzielle Lieferanten und berät die Sparten des Konzerns bei der Auswahl von Zulieferern. Dazu steht ein Informationssystem namens **eSMART** (**E**lectronic **S**upply **M**anagement **A**ction **R**eport **T**ool) zur Verfügung [BRE 08]. Dieses System ermöglicht es der **ABB**, jederzeit und weltweit Informationen über mögliche Lieferanten abzurufen, indem Lieferantenprofile gespeichert und laufend aktualisiert werden. Auch sind Daten darüber vorhanden, welche Güter von anderen **ABB-Gesellschaften** bei bestimmten Lieferanten bezogen werden.

4.3.2.2 Planung und Kontrolle bei internetbasierten Beschaffungsprozessen

Die Internet-Technologie hat Beschaffungsprozesse wesentlich verändert (vgl. Band 1).

Kontrollen, z. B. die Sicherstellung, dass nur bei vom Einkauf ausgewählten Lieferanten mit vereinbarten Preisen beschafft wird, sind in die durch Internet-Technologie unterstützten Einkaufsprozesse ebenso integrierbar wie Angaben über Termintreue und Qualität der Lieferung. Sie ermöglichen es, Planungs- und Kontrollsysteme im Beschaffungsbereich sehr rationell qualitativ anzureichern.

Der PC-Produzent **Dell Computer, Ltd.** stellt großen Geschäftskunden spezifische Websites („premier pages") ins Netz, in denen die mit ihnen vereinbarten Konditionen (Preise, technische Eigenschaften) vorgegeben sind. Zusätzlich sind in den „premier pages" unter anderem die Beschaffungsbudgets, die bis zum aktuellen Datum schon getätigten Einkäufe und der Status von zur Reparatur eingesandten Geräten als wertvolle Information für den Einkaufsmanager der Geschäftskunden sichtbar [DEL 99/DIP 08].

4.3.2.3 Collaborative Planning, Forecasting, and Replenishment

Unter **C**ollaborative **P**lanning, **F**orecasting, and **R**eplenishment (**CPFR**) wird ein Geschäftsmodell für mehrere Unternehmen eines Liefernetzes verstanden, welches mit gemeinsamen Vereinbarungen über Geschäftspraktiken und -bedingungen beginnt und mit einer weit gehend automatisierten Bevorratung von Lagern endet. Das CPFR ist ein Beispiel für die Abstimmung von Plänen in einem Verbund von Unternehmen, die rechtlich selbstständig bleiben, aber bei Teilaufgaben unter Zurückstellung von „unternehmensegoistischen" Motiven einen gemeinsamen Vorteil („Win-Win-Situation") anstreben (so genanntes „Extended Enterprise" bzw. „Extraprise"). Es wird vielfach angenommen, dass sich solche „grenzenlosen Unternehmen" (vgl. [PIC 03]) vor allem dort ausprägen, wo langfristig stabile und intensive Kunden-Lieferanten-Beziehungen aufgebaut sind.

CPFR zielt darauf, eine Reihe von Schwachstellen der Nachbevorratung in Liefernetzen zu beseitigen, z. B.:

1. Viele Unternehmen generieren für verschiedene Zwecke unterschiedliche, unabhängig erstellte Bedarfsvorhersagen.

2. Die Prognosen konzentrieren sich auf die Interaktion zwischen nur zwei Teilnehmern der Kette und berücksichtigen mögliche Verzögerungen während des Lieferprozesses zu wenig.

3. Lager und Verteilzentren werden oft so bevorratet, dass ein günstiger Produktionsplan zustande kommt; der Bedarfssog vom Endverbraucher her wird nicht ausreichend berücksichtigt.

Richtlinien von CPFR sind unter anderem:

1. Die kooperierenden Betriebe erarbeiten gemeinsam eine Vorhersage des Bedarfs der Endkunden. Diese Prognose ist Grundlage abzustimmender Pläne und Dispositionen („Shared Forecast").

2. Die Partner versuchen gemeinsam, unzweckmäßige Dispositionen im Materialfluss zu vermeiden. Beispielsweise führen kleine Bestellungen von Handelsbetrieben dazu, dass die Produktionskapazitäten beim Hersteller nicht optimal genutzt werden können bzw. der liefernde Industriebetrieb Überkapazitäten halten muss, um kurzfristigen Lieferwünschen seiner Kunden gerecht zu werden. Wenn der Handelsbetrieb größere Bestellmengen in Auftrag gibt, mag eine bessere Abstimmung mit dem Produktionsplan des Lieferanten resultieren.

Die **Voluntary Interindustry Commerce Solutions (VICS) Association** [VIC 08] hat acht Funktionen der Zusammenarbeit abgegrenzt, die auch auch **SAP** bei der Weiterentwicklung ihrer SCM-Systeme beachtet. Hier können nur einige skizziert werden (für mehr Details siehe z. B. [KNO 09]): Nachdem Hersteller, Händler und Distributoren Regeln für die Kooperation ausgearbeitet und Informationen über ihre Strategien ausgetauscht haben, wird eine Verkaufsprognose erarbeitet. Basis sind unter anderem POS-Daten aus dem Handel, Lagerabgänge aus Distributionszentren oder Auftragseingänge beim Hersteller. Man erstellt dann eine gemeinschaftliche Vorhersage, wofür verschiedene Varianten denkbar sind (einfaches arithmetisches Mittel der einzelnen Vorhersagewerte, Gewichtung nach dem Umsatz der Betriebe, Gewichtung nach der Vorhersagegüte der einzelnen Prognosemodelle in der Vergangenheit, Wahl der jeweils vorsichtigsten oder der optimistischsten Prognose) (vgl. auch Kapitel 5.4).

Aus den Bedarfsprognosen und Informationen über die Lagerbestände, die sich die Partnerbetriebe gegenseitig geben (beispielsweise indem sie einander erlauben, die jeweiligen Datenbanken einzusehen), werden die voraussichtlichen Auftragseingänge bei den einzelnen Unternehmen abgeleitet.

Schließlich werden die Prognosen der Auftragseingänge in Aufträge umgewandelt.

Eine Erweiterung des CPFR stellt das Collaborative Transport Management (**CTM**) dar [BRO 00]: Nachdem die Aufträge generiert sind, werden diese zu Transportaufträgen gebündelt. Daher empfiehlt es sich, die **Transportunternehmen** in die Planung so einzubeziehen wie im gewöhnlichen CPFR **Industrie-** und **Handelsbetriebe**.

Ein kritisches Element des CPFR ist das große Vertrauen, das die beteiligten Unternehmen zueinander haben müssen. Daher wird die Einschaltung unabhängiger „Treuhänder", im gegebenen Zusammenhang auch „Forecasting Champion" [MEN 97] genannt, diskutiert.

4.3.3 Anmerkungen zu Kapitel 4.3

[BRE 08]   Persönliche Auskunft von Herrn H. Brecheis, ABB Asea Brown Boveri Ltd., 2008.

[BRO 00]   Browning, B. und White, A., Collaborative Transport Management – A Proposal, Whitepaper, Logility Inc. 2000.

[CPF 02]   CPFR Committee, http://www.vics.org/committees/cpfr/, Abruf am 2008-07-28.

[DEL 99/DIP 08]   Dell, M., Direct from Dell, New York 1999; persönliche Auskunft von Herrn D. Dippel, Regionales Rechenzentrum Erlangen, 2008.

[KNO 09]   Knolmayer, G., Mertens, P., Zeier, A. und Dickersbach, J., Supply Chain Management Based on SAP Systems: Architecture and Processes, Berlin u.a. 2009.

[KUN 98/BRE 08] Unveröffentlichte Unterlagen von Herrn L. Kunkel, ABB Asea Brown Boveri Ltd., 1998; persönliche Auskunft von Herrn H. Brecheis, ABB Asea Brown Boveri Ltd., 2008.

[MEN 97]   Mentzer, J. T. und Smith, C. D., The Need for a Forecasting Champion, Journal of Business Forecasting 16 (1997) 3, S. 3-8.

[NAV 08]   Navrade, F., Strategische Planung mit Data-Warehouse-Systemen, Wiesbaden 2008, S. 101-103.

[PIC 03]   Picot, A., Reichwald, R. und Wigand, R. T., Die grenzenlose Unternehmung: Information, Organisation und Management; Lehrbuch zur Unternehmensführung im Informationszeitalter, 5. Aufl., Wiesbaden 2003.

[VIC 08]   VICS, Voluntary Interindustry Commerce Solutions Association, http://www.vics.org/, Abruf am 2008-08-05.

4.4   Lagerhaltung

4.4.1   Überblick über den Informationskatalog

Die zentrale Information im Lagerhaltungssektor ist die Bestandsentwicklung nach Menge, Wert, durchschnittlichen Lagerkosten, Umschlagzeit und Bevorratung. Man wird dabei die historische Bestandsentwicklung zeigen, jedoch immer dann, wenn auf der operativen Ebene ein Dispositionssystem vorhanden ist, auch die voraussichtliche Entwicklung im Prognosezeitraum darstellen, um so Hinweise für die Finanzdisposition zu erhalten.

Über die Qualität der Bestandsführung informieren die bei den Inventuren festgestellten Differenzen zwischen Ist- und Buchbeständen, die sich nach Lagerorten, Verantwortungsbereichen und Materialarten aufgliedern lassen.

Im Rahmen weiterer Analysen kann für einzelne Materialien bzw. Materialgruppen überprüft werden, ob die gegenwärtig verwendeten Dispositionsverfahren der aktuellen Bedarfsstruktur noch angemessen sind. Zur groben Klassifikation der Bedarfsstrukturen bietet sich einerseits eine Unterteilung in A-, B- und C-Materialien und andererseits in X-, Y- und Z-Materialien an (vgl. Band 1 und [DIT 06]); es ist auch daran zu denken, beide Typisierungen miteinander zu kombinieren, sodass man beispielsweise AX- oder BZ-Materialien erhält. In Abhängigkeit von der Bedarfsstruktur lassen sich „Grundsätze ordnungsgemäßer Lagerhaltung" formulieren; so kann man etwa die Empfehlung aussprechen, bei A-Materialien wegen der zu erwartenden signifikanten Kostensenkungen den Aufwand für die Verwendung kostenoptimierender Losgrößenverfahren nicht zu scheuen.

Über die Güte der Disposition unterrichten die Lagerhaltungskosten auf der einen und die Fehlmengen bzw. die tatsächliche Lieferbereitschaft auf der anderen Seite. Wo es ohne größere Probleme möglich ist, sollte man die Folgen der Fehlmengen bewerten, etwa unter Benutzung des verlorenen Auftragswerts oder der entgangenen Deckungsbeiträge. Ein einfacheres Verfahren zur Gewinnung von Aussagen über die Lagerdisposition besteht darin, „Normalbestände" zu definieren und dann die davon abweichenden „Unter-" und „Überbestände" auszuweisen.

Der europaweit tätige **IT-Hersteller Transtec AG** mit Sitz in Tübingen kann über sein vollständig integriertes, internetbasiertes Informationssystem minutengenau bestellte Mengen mit den Lagermengen abgleichen. Prognosen lassen sich so in Abhängigkeit der Tagespreise und der Saison durchführen [LÜT 99/SCHI 08].

Auch der Bestand an so genannten Lagerhütern, das sind Materialien, die bereits über eine parametrierbare Zeit auf Lager liegen, beinhaltet Aussagen über die Güte der Materialdisposition. An den Ausweis der Lagerhüter kann man die Aufforderung zu besonderen Vertriebsaktivitäten oder Verschrottungsaktionen knüpfen. Veränderungen bei einer automatisch bestimmten Bestellgrenze (vgl. Band 1) deuten auf Verlängerungen oder Verkürzungen des Beschaffungsprozesses hin. In ähnlicher Weise mögen bei automatischer Bemessung des Sicherheitsbestands die Symptome „Senkung" oder „Erhöhung" die Diagnose „höhere Vorhersagegenauigkeit" bzw. das Gegenteil zulassen [DIT 06].

Zu den technischen Abläufen in den Lagern und zur Lagerorganisation geben Kennzahlen wie Lagerraumnutzungsgrade Auskunft, die sich aber elektronisch nur beistellen lassen, wenn die von einem Teil benötigte Lagerfläche oder das in Anspruch genommene Lagervolumen in den Materialstammdaten gespeichert werden kann. Dies wird im Allgemeinen nur bei Materialien von einfacher geometrischer Form, z. B. bei Kisten, der Fall sein.

Über das Kostenverhalten der Materialverwaltung kann man Kennzahlen errechnen, z. B.:

$$\frac{\text{Zahl der Mitarbeiter im Lager}}{\text{Zahl der Einlagerungen + Entnahmen}}$$

$$\frac{\text{Personalkosten}}{\text{Wert der Einlagerungen + Entnahmen}}$$

$$\frac{\text{Personalkosten}}{\text{Wert des durchschnittlichen Bestands}}$$

Die Abbildung 4.4.1/1 zeigt eine zusammenfassende Übersicht zum Informationskatalog im Lagerhaltungssektor.

4.4.2 Ausgewählte PuK-Systeme

4.4.2.1 Betriebsvergleiche mit dem System AutoPart der Volkswagen AG

Die **Volkswagen AG** betreibt in Kassel eine weltweit zuständige Zentrale für Originalteile [MER 86]. In der Vertriebskette folgen die Großhandelslager der Vertriebszentren, z. B. sechs in Deutschland, und schließlich die Lager der Importeure, Tochter- und Vertriebsgesellschaften in aller Welt. Bei den Großhändlern läuft ein System **AutoPart** (**Auto**matische **Part**nerversorgung), das von der **VW AG** entwickelt wurde und die Lagerbewirtschaftung der Vertriebszentren und Importeure für ihre eigene Handelsorganisation bzw. ihr Marktgebiet (Händlerschaft) übernimmt. Neben dispositiven Elementen, z. B. der automatischen Bestimmung des zu lagernden Ersatzteilsortiments und der Berechnung von Nachlieferungen (**Vendor Managed Inventory** (VMI), vgl. Band 1), erzeugt **AutoPart** Geschäftsberichte und Analysen, die für Händler und Werkstätten interessante Aufschlüsse über die Bestandsstruktur sowie das Einkaufs- und Verkaufsverhalten ihres Ersatzteilgeschäfts liefern [ZIM 08].

Das System mit seiner sehr großen Datengrundlage (z. B. sind weltweit ca. 5.000 Händler an **AutoPart** angeschlossen) erlaubt viele Vergleiche. Daher wird monatlich ein so genannter Benchmarkvergleich mit aggregierten Daten über alle Märkte, in denen **AutoPart** eingeführt ist (z. B. Deutschland, Frankreich, Japan), erstellt. Die Zielgruppe besteht unter anderem aus Managern, die für einzelne Märkte zuständig sind.

Diese Analysen sind vor allem deshalb sehr aussagekräftig, weil das System Schlüsse aus dem Vergleich der Entwicklung in den weltweiten Lagern ziehen kann.

Nr.	Informationsart	Typische Untergliederung	Kriterien	Darstellung, insbes. zeitl. (Legende siehe unten)	Benötigt für ... (typische Maßnahmen und Entscheidungen)	Daten liefernde Funktionen/ Teilfunktionen
1.	Bestände	Bestandstypen (Roh-, Hilfs-, Betriebsstoffe, Halb- und Fertigfabrikate, Lagerorte, Materialgruppen und Materialien, Normal-, Unter-, Über-, Sicherheitsbestände	Menge, Wert, Lagerkosten, durchschnittliche Lagerzeit, Umschlagsgeschwindigkeit, Vorratszeit	S, VV, VP, VO, T	Änderung des Dispositionsverfahrens (z. B. Änderung der Sicherheitsbestände), Änderung der Prognose, Verschrottungsaktionen, Vertriebsaktivitäten bei Fertigfabrikaten	Lagerbestandsführung
2.	Bedarfsprognose	Bestandstypen	Mengen, Werte, Kosten	Z	Produktionsplanung, Einkaufsplanung	Bestelldisposition, Produktionsplanung
3.	Inventurergebnisse	Materialgruppen, Materialien	Differenz zwischen Buch- und Istbestand, Menge, Wert	BP, AK, VV, VN, VO	Revision der Lager, Änderung der Lagerorganisation, Umbesetzung beim Lagerpersonal	Inventur, Lagerbestandsführung
4.	Fehlmengen, Lieferbereitschaft	Materialgruppen, Materialien	Mengen, Kosten, Häufigkeit des Auftretens, Anteile an Gesamtlieferungen	BP, VV, VP, VN, VO, T	Erhöhung von Sicherheitsbeständen, Änderung der Prognose und des Dispositionsverfahrens	Bestelldisposition, Auftragserfassung und -prüfung
5.	Lagerhüter	Materialgruppen, Materialien	Merkmal (z. B. Qualitätsmängel, ausgefallene Dimensionen), Lagerzeit, Kosten, wahrscheinliche zukünftige Lagerdauer	S, VO	Verschrottungsaktionen, Vertriebsaktivitäten, Änderung der Produktionsplanung (z. B. Verhinderung von Restmengen)	Lagerbestandsführung

6.	Veränderungen der Bestellgrenze	Materialgruppen, Materialien	Erhöhung oder Verringerung der Bestellgrenze	BP, VV	Änderung des Dispositionsverfahrens, Änderung der Lieferbereitschaft	Bestelldisposition, Lagerbestandsführung
7.	Veränderungen des Sicherheitsbestands	Materialgruppen, Materialien	Erhöhung oder Verringerung des Sicherheitsbestands	BP, VV	Überprüfung der Prognosegenauigkeit	Bestelldisposition, Lagerbestandsführung
8.	Lagerraumnutzungsgrad	Lagerorte	Flächen- und Raumnutzung	S, VV, VN	Umorganisation des Lagers, Lagerraumplanung	Lagerbestandsführung
9.	Verfügbare Werkstoffe und Materialien	Werkstoffe, Materialien, technische Merkmale	Technische Merkmale	S	Konstruktion, Normung, Typung	Lagerbestandsführung
10.	Kosten der Lager	Abteilungen, Kostenarten	Kosten im Vergleich zu verwalteten Materialmengen und -werten, Zahl der Ein- und Ausgänge, Soll- und Plan-Kostenabweichungen	BP, AK,VV, VN, VP, T	Kostenkontrolle, Anreizsysteme	Kostenstellenrechnung

AK = Akkumulierte Werte für Berichtszeitraum, BP = Berichtsperiode, S = Stichtag, T = Trend, VN = Vergleich mit Normwert, VP = Vergleich mit Plan, VV = Vergleich mit Vorperiode bzw. entsprechendem Vergangenheitszeitpunkt, Z = Zukunft

Abb. 4.4.1/1   Zusammenfassende Übersicht zum Informationskatalog im Lagerhaltungssektor

4.4.2.2 Analyse der „Bestandsproduktivität" bei der Siemens AG

Zur Untersuchung der „Produktivität der Bestände" eignet sich eine Segmentierungsmatrix, in der die Reichweite in Monaten sowie die Abgänge in € gegenübergestellt werden (siehe Abbildung 4.4.2.2/1). Dieses System wurde in einem Werk der **Siemens AG** entwickelt, welches **antriebstechnische Lösungen** produziert.

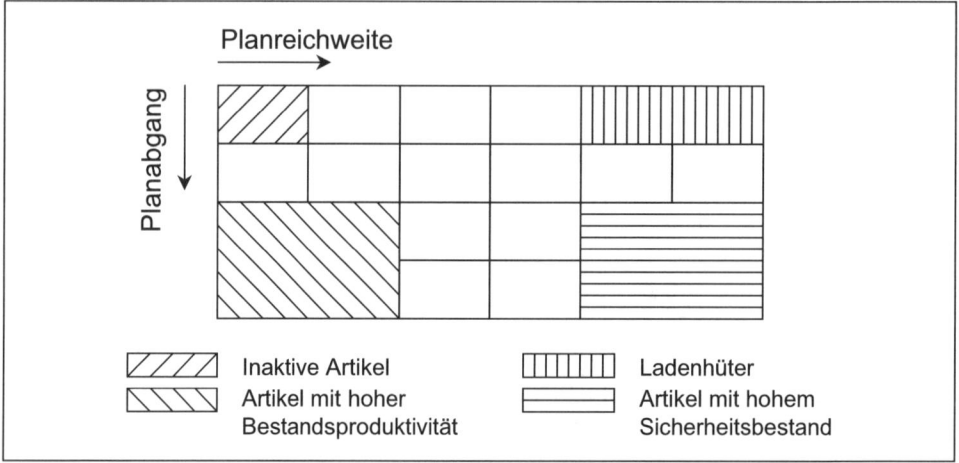

Abb. 4.4.2.2/1   Segmentierungsmatrix zur Lagerbeständeanalyse [PRE 94]

4.4.3 Anmerkungen zu Kapitel 4.4

[DIT 06]   Dittrich, J., Mertens, P., Hau, M. und Hufgard, A., Dispositionsparameter in der Produktionsplanung mit SAP, 4. Aufl., Wiesbaden 2006.

[LÜT 99/SCHI 08]   Lüthi, M. und Sieber, P., Hardwarehandel, in: Griese, J. und Sieber, P. (Hrsg.), Electronic Commerce - Aus Beispielen lernen, Zürich 1999, S. 77-91; persönliche Auskunft von Herrn E. Schilling, Transtec AG, 2008.

[MER 86]   Mertens, P. und Plattfaut, E., Informationstechnik als strategische Waffe, Information Management 1 (1986) 2, S. 6-17.

[PRE 94]   Preßl, H., Durchlaufzeitorientiertes Produktionscontrolling - Grundkonzept, Funktionalität und Instrumente, Dissertation, Nürnberg 1994.

[ZIM 08]   Persönliche Auskunft von Herrn P. Zimmermann, Volkswagen AG, 2008.

4.5 Produktion

4.5.1 Überblick über den Informationskatalog

Der Informationskatalog im Produktionssektor muss vor allem den Ablauf der Fertigungsprozesse in den Fabrikationsstätten widerspiegeln. Hierzu eignen sich die folgenden Informationskategorien:

1. Kapazitätsinformationen.
   Es ist die Relation zwischen vorhandener und genutzter Kapazität bei den Fertigungsaggregaten und Servicebetrieben zu zeigen. Bei Engpasssituationen besitzt auch die durchschnittliche Wartezeit von Aufträgen oder die mittlere Länge von Warteschlangen eine gute Aussagekraft. Allerdings sind derartige Daten wegen der unterschiedlichen Bedeutung der Wartezeiten vor den Betriebsmitteln und Werkstätten und wegen der schlechten Verdichtbarkeit nur auf den unteren Aggregationsebenen interessant. Bei einer störanfälligen Fertigung gibt das Verhältnis der kumulierten Störzeiten zu den vorhandenen Kapazitäten eine Aussage über die Kapazitätsmindernutzung [PRE 94]. In vielen Unternehmen reicht die Angabe der mengen- und/oder wertmäßigen Ausbringung in einer Periode bereits aus, damit sich die Führungskräfte ein Bild von der Kapazitätsauslastung machen können.

2. Termininformationen.

   Über die Terminsituation informieren vor allem die Zahl der verfrüht und der verspätet abgelieferten Aufträge und die Zahl der Terminmahnungen. Solche Planabweichungen können z. B. durch Fehlfunktionen von Betriebsmitteln ausgelöst sein, was sich mithilfe der Betriebsdatenerfassung oder aus einem MES-System (siehe Band 1) heraus vergleichsweise einfach nachvollziehen lässt. Sie liegen häufig aber auch in ungünstig gewählten Parametern des PPS-Systems begründet. Ein Beispiel zu **SAP ERP-PP** ist, dass die Fertigung stockt und Endtermine nicht gehalten werden können, wenn die Vorgriffs- und Sicherheitszeiten einzelner Aufträge falsch eingestellt sind oder Teile mit ungeeigneten Prognosealgorithmen disponiert werden [DIT 06]. So kam es bei einem namhaften **Automobilhersteller** zu einem mehrtägigen Auslieferungsstopp seiner Fahrzeuge, weil die Bedarfsvorhersage für vergleichsweise geringwertige Türbeschläge mit Firmenlogo falsch gestellt worden war.

   Die durchschnittliche oder an einem Stichtag angetroffene Kapitalbindung in der Produktion lässt Schlüsse auf die Terminlage, daneben auf die Kapazitätssituation zu und ist darüber hinaus für sich selbst eine wertvolle Information. In ähnlicher Weise geben die Durchlaufzeiten, vor allem im Trend betrachtet, Aufschlüsse über die Entwicklung von Terminsituation, Kapazitätsauslastung und Kapitalbindung. Bei dem **Automobilzulieferer Continental Teves AG** wird in Abhängigkeit von den gemessenen Schwankungen der Kapazitätsauslastung der Parameter Vorlaufzeit in der Stücklistenauflösung (Band 1) ein- bzw. umgestellt [FRA 07]. Holzkämper [HOL 87 u.a.] schlägt statt einer durchschnittlichen Durchlaufzeit, in die sämtliche Aufträge zu gleichen Teilen eingehen, eine mit der Auftragszeit gewichtete mittlere Durchlaufzeit vor (siehe auch Kapitel 4.5.2.1).

3. Qualitätsinformationen.

Maßstäbe hierfür sind Materialabfälle, Verschnitt, Reklamationen und Gutschriften sowie Materialverbrauchsabweichungen. Ferner fließen die Ergebnisse der Qualitätskontrolle in die Qualitätsinformationen ein. In Branchen, in denen eine enge Bindung zwischen Hersteller und Händler existiert, wie z. B. in der **Automobilindustrie**, können die von den Händlern zwecks Rückvergütung gemeldeten Garantiefälle in einer Datenbasis festgehalten werden, die diverse Auswertungen über die Zuverlässigkeit der Produkte und ihrer Komponenten erlaubt, welche dann wieder Anlass zu Änderungen der Arbeitspläne oder auch der Erzeugnisse selbst sein mögen. Vielfach wird man Kennzahlen verwenden, die das Verhältnis des Ausschusses zu den Gutstücken angeben.

Dort wo Fehlerraten gut quantifiziert werden können, weil die Fehler weit gehend gleich und damit summierbar sind, empfiehlt sich das **Half-Life-Konzept** [FRÖ 96]: Man misst die Zeitspanne, nach der - ausgehend von einem Startzeitpunkt - die Fehlerrate halbiert ist. Es lässt sich auch zeigen, wie viele solcher Halbwertszyklen in einem längeren Zeitraum erreicht wurden. Diese Art von Information ist vor allem in Betrieben wichtig, in denen Neuprodukt-Anläufe leicht zu Krisenerscheinungen führen können (z. B. **Halbleiterproduktion, Automobilwirtschaft**).

4. Informationen zur Anlagenpflege.

Dazu gehören die Intervalle zwischen Ausfällen, die durchschnittliche Ausfalldauer, die Stillstandsursachen und die Stillstandskosten. Auch die Auslastung der Instandhaltungsteams - etwa gemessen an den Leerzeiten und an der durchschnittlichen Zeit, die ausgefallene Betriebsmittel bis zum Reparaturbeginn warten müssen - kann in diesem Zusammenhang gezeigt werden. Die Relation zwischen geplanten und ungeplanten Reparaturen lässt Schlüsse auf die Eignung der praktizierten Instandhaltungsstrategie zu (vgl. zu Kennzahlen auch [AIC 97]). Basisinformationen zur Anlagenpflege werden vor allem in Verbindung mit der Betriebsdatenerfassung gewonnen.

Im Bestreben, Fertigungsanlagen mit einer „Spitzenkennzahl" zu überwachen, hat das japanische **Institute of Plant Maintenance** die **O**verall **E**quipment **E**ffectiveness (OEE) (die wenig gebräuchliche deutsche Übersetzung lautet „**G**esamt**a**nlagen-**E**ffektivität" (GAE)) entwickelt.

In einer komplexen Formel werden Verfügbarkeit, Leistungsgrad und Qualitätsrate (Maß für Ausschuss bzw. Ausbeute) zu einem Prozentsatz verknüpft. OEE bringt indirekt die Zuverlässigkeit des Betriebsmittels ebenso zum Ausdruck wie die Intensität, mit der es eingesetzt wird, und die in einer Periode hergestellten einwandfreien Produkte. Wegen der unterschiedlichen Nenner der Komponenten (Zeit, Geschwindigkeit, Menge) ist die Zahl aber im Rahmen eines Betriebs nicht aggregierbar.

5. Informationen zur Produktivität.

Zur Beurteilung der personellen Arbeitsproduktivität und der Lohnsysteme eignen sich der Zeitgrad (Leistungsgrad) als Relation zwischen bezahlten Akkordzeiten und Anwesenheitszeiten sowie Informationen über die Ausnutzung von Prämienplafonds bei Prämienlohnsystemen. Für die Vorbereitung detaillierter Analysen der technischen Produktivität bieten sich verschiedene Kennzahlen, wie die Fertigungstiefe (1 - Wert der Kaufteile/Wert der Produktion) oder die Produktkomplexität (Anzahl der Teile + $\sum$Arbeitsgänge der Teile), an [GRO 94].

6. Informationen zum Leistungsaustausch.

In Unternehmen mit einem umfangreichen innerbetrieblichen Leistungsaustausch, wie z. B. in solchen der **Chemieindustrie**, mag es interessant sein, die Bilanz der gegenseitigen Innenleistungen zu zeigen.

Abbildung 4.5.1/1 bringt eine zusammenfassende Übersicht zum Informationskatalog im Produktionssektor.

Nr.	Informationsart	Typische Untergliederung	Kriterien	Darstellung, insbes. zeitl. (Legende siehe unten)	Benötigt für ... (typische Maßnahmen und Entscheidungen)	Daten liefernde Funktionen/ Teilfunktionen
1.	Kapazitätsauslastung von Betriebsmitteln	Zeitperioden (z. B. Wochen, Monate) der Vergangenheit und Zukunft	Differenz zwischen vorhandener und benutzter Kapazität, durchschnittliche Länge von Warteschlangen der Aufträge vor den Betriebsmitteln, Engpass verursachende Aufträge, Störzeiten bzw. -quoten, Storno- raten eingetakteter Aufträge	BP, VV, VP, VO	Investitionen, Desinvestitionen, Änderung des Produktionsprogramms, Wahl zwischen Eigenfertigung und Fremdbezug, Auftragsbeschaffung und Veränderung der Auftragszusammensetzung	Auftragserfassung und -prüfung, Absatzprognose, Anlagenbuchhaltung, Produktionsplanung
2.	Kapazitätsauslastung von Servicebetrieben	Zeitperioden der Vergangenheit	Differenz zwischen vorhandener und benutzter Kapazität, durchschnittliche Länge von Warteschlangen vor dem Servicebetrieb	BP, VV, VP, VO	Verringerung oder Erhöhung der Servicekapazität, Änderung von Prioritäten	Kostenstellenrechnung, Lohnabrechnung, Instandhaltungsplanung, Instandhaltungsablaufplanung, Instandhaltungs- und Betriebszustands-Überwachung
3.	Ausbringung in einzelnen Perioden	Perioden, Kapazitäten, Produktgruppen, Produkt	Ausbringung nach Fertigungsstunden, Menge und Wert	BP, AK, VV, VP	Änderung der Kapazität, Änderung der Produktionsplanung und Lagerhaltung, Änderung der Produktionsablaufplanung, Änderung der Fertigungsvorschriften, Anreizsysteme, Vertriebsaktivitäten	Lagerbestandsführung, Fakturierung

4.	Lieferfristen, Durchlaufzeiten, Liefertreue der Fertigung	Aufträge, Produkte	Differenz zwischen Auftragseingang und Versandtermin, Differenz zwischen Soll- und Ist-Termin, Relation der Terminüberschreitung zur geplanten Zeit, Kritizität der Aktivität im Sinne der Netzplantechnik	BP, VN, T	Verbesserung der Terminprüfung und Terminverfolgung, Kapazitätsauswertung, Änderung von Prioritäten, Einführung von Pünktlichkeitsprämien, Änderung der Produktionsplanung	Fertigungsfortschrittskontrolle, Auftragserfassung und -prüfung, Versandlogistik
5.	Kapitalbindung in der Produktion	Produkte, Lagerorte	Wert des gebundenen Kapitals, Zinskosten	S, durchschnittl. Wert in der BP, VV, VP, VO	Änderung der Produktionsablaufplanung (z. B. Änderung der Prioritäten, Änderung der Kapazitäten, schnellerer Durchlauf), Verbesserung der Fortschrittskontrolle	Fertigungsfortschrittskontrolle, Lagerbestandsführung
6.	Ausbringung nach Qualitätsgesichtspunkten	Kapazitäten, Produktgruppen, Produkte, Zeit (z. B. montags)	Ausschussanfall, Anteil der zweiten Wahl, Halbwertszeit von Fehlerraten	BP, VV, VN, VO	Änderung der Fertigungsvorschriften, Änderung der Stücklisten (anderes Material), Anreizsysteme	
7.	Verschnitt, Materialabfälle	Materialtyp, Kostenstelle	Prozentualer Anteil an Gutproduktion, verschwendete Kapazität	BP, VV, VN, VO	Änderung der Stücklisten (des Vormaterials), Änderung der Produktionsplanung und -steuerung	Lagerbestandsführung
8.	Materialverbrauchsabweichungen	Produktgruppen, Produkte, Kostenstellen	Mengen, Anteile an verbrauchter Menge, Kosten	BP, VV	Änderung der Stücklisten, Änderung der Fertigungsvorschriften, Planung von Ersatzinvestitionen in der Produktion, Kostenbesprechung, Anreizsysteme	Kostenträgerrechnung

Abb. 4.5.1/1   Zusammenfassende Übersicht zum Informationskatalog im Produktionssektor

Nr.	Informationsart	Typische Untergliederung	Kriterien	Darstellung, insbes. zeitl. (Legende siehe unten)	Benötigt für ... (typische Maßnahmen und Entscheidungen)	Daten liefernde Funktionen/ Teilfunktionen
9.	Reklamationen, Garantiefälle	Verursachende Stelle, Produktgruppen, Produkte	Zahl, Anteil an der Gutproduktion	BP, VV, VN, VO	Änderung der Fertigungsvorschriften, Planung von Ersatzinvestitionen in der Produktion, Änderung der Stücklisten (anderes Material), Anreizsysteme	Gutschriftenerteilung
10.	Betriebsbereitschaft	Betriebsmittel, organisatorische Einheiten der Fertigung (z. B. Montageprozesse)	Intervalle zwischen geplanten und ungeplanten Instandhaltungsmaßnahmen, Fehlerabstand „Mean Time between Failure"/MTBF, durchschnittliche Reparaturzeit („Mean Time to Repair"/ MTTR) Ausfallursachen, durchschnittliche Warteschlange von auf Instandhaltung wartenden Maschinen	BP, AK, VV, VP, VO , T	Ersatzinvestitionen, Generalüberholung, Änderung der Instandhaltungsstrategie, Vergabe von Prioritäten bei der Instandhaltungssteuerung, Motivationsmaßnahmen für das Instandhaltungspersonal	Instandhaltungsterminierung, Instandhaltungs- und Betriebszustands-Überwachung, Kostenstellenrechnung
11.	Wirtschaftlichkeit des Instandhaltungssystems	Betriebsmittel, organisatorische Einheiten der Instandhaltung	Vergleich von Plan- und Ist-Werten	BP, AK, VV, VP, VO , T	Schwachstellenanalyse, „In- oder Outsourcing", Kapazitätsanpassung	Instandhaltungs- und Betriebszustands-Überwachung, Kostenstellenrechnung
12.	Zeitgrad (Leistungsgrad)	Mitarbeiter, Kostenstelle, Kostenstellengruppe	Verhältnis zwischen erzielter Leistung und Vorgabeleistung im Leistungslohnsystem	BP, VV, VP, VN	Änderung der Mitarbeiterauswahl, Änderung des Entlohnungssystems, Änderung der Vorgaben	Lohnabrechnung

13.	Overall Equipment Effectiveness	Anlage	Verfügbarkeit, Leistungsgrad, Qualitätsrate	BP, VV, VP, VO	Änderung des Produktionsprogramms, Desinvestition, Änderung der Instandhaltungsstrategie	Instandhaltungs- und Betriebszustands-Überwachung, Produktionsplanung
14.	Arbeitszeitabweichung, Lohnabwei-	Produktgruppen, Produkte, Kostenstellen	Zeit, Kosten	BP, VV, VO	Änderung der Fertigungsvorschriften, Kostenbesprechung, Anreizsysteme	Kostenträgerrechnung
15.	Leistungsaustausch zwischen Abteilungen, Sparten und Konzerngesellschaften	Liefernde und empfangende Kostenstelle bzw. Sparte	Mengen, Werte, Verrechnungspreise	BP, AK, VV, VP	Umorganisation, Änderung der innerbetrieblichen Verrechnungspreise, Änderung der Relation Eigenfertigung zu Fremdbezug	Lagerbestandsführung, Kostenstellenrechnung
16.	Sonstige Abweichungen bei den Fertigungskosten	Produktgruppen, Produkte, Kostenstellen	Mengen, Werte, Anteile an verbrauchter Menge, Gesamtkosten	BP, VV, VO	Änderung der Fertigungsvorschriften, Änderung der Stücklisten, Anreizsysteme	Kostenträgerrechnung
17.	Zusammensetzung der Betriebsmittel	Organisatorische Einheiten, Maschinentypen	Alter, Automationsgrad (z. B. Automaten, Halbautomaten), technische Merkmale (z. B. NC, CNC, FFS)	BP, VV	Investitionspolitik	Anlagenbuchhaltung

AK = Akkumulierte Werte für Berichtszeitraum, BP = Berichtsperiode, S = Stichtag, T = Trend, VN = Vergleich mit Normwert, VP = Vergleich mit Plan, VV = Vergleich mit Vorperiode bzw. entsprechendem Vergangenheitszeitpunkt

Abb. 4.5.1/1   Zusammenfassende Übersicht zum Informationskatalog im Produktionssektor (Fortsetzung)

4.5.2 Ausgewählte PuK-Systeme

4.5.2.1 Diagnose von Schwachstellen in der Produktionsplanung und -steuerung

Diagnosesysteme im PPS-Bereich sollen nicht lediglich Informationen liefern, sondern darüber hinaus aktiv zur Ermittlung der Schwachstellen beitragen und auf diese Weise die Interpretation zumindest ansatzweise automatisieren. Das Spektrum reicht von Intelligenten Checklisten bis hin zu vollautomatischen Diagnosesystemen [HIL 92a].

Eine wissensbasierte Checkliste hat Hildebrand in Fortführung der Arbeiten von Allgeyer [ALL 87] unter dem Namen **DIPSEX-S** entwickelt [HIL 92b]. Das System verfährt nach einem zweiphasigen Schema:

1. Im Rahmen der Vorauswahl entscheidet der Anwender, welche Arten von Schwachstellen er zu analysieren wünscht. Ihm stehen hier zwei Alternative offen: Sofern er die Schwachstellen bereits von vornherein grob eingrenzen kann, kennzeichnet er auf Formularbildschirmen die entsprechenden Positionen und lenkt damit die Untersuchung von Anfang an in die gewünschte Richtung; sieht er sich hingegen außerstande, einen begründeten Verdacht zu äußern, so bietet ihm das System die Möglichkeit, sich bei der Selektion beraten zu lassen. Es holt dazu menügestützt Auskünfte zu einer Reihe besonders aussagekräftiger Leitsymptome - beispielsweise zu den Durchlaufzeiten, den Terminverzügen oder der Kapitalbindung - ein. Anhand der eingegebenen Antworten ermittelt es, in welchen Gebieten Defizite vorzuliegen scheinen, und listet seine Vorschläge auf. Dem Anwender ist es freigestellt, die Empfehlungen von **DIPSEX-S** entweder unverändert oder in modifizierter Form zu übernehmen.

2. An diese Vorauswahl schließt sich die interaktive Diagnoseerstellung an, in der das System mithilfe von fallweise angeforderten Benutzereingaben und der in seiner Wissensbasis hinterlegten Ursache-Wirkungs-Ketten die beobachteten Fertigungsprobleme zu erklären versucht. Beispielsweise könnte man von den Symptomen „zu hohe Lagerbestände" und „zu hohe Konstruktionskosten" auf eine mangelnde Standardisierung schließen.

Ein Beispiel für ein vollautomatisches, wissensbasiertes Diagnosesystem ist **DIPSEX-P** [HIL 92b]. Die Diagnosen von **DIPSEX-P** gründen auf der Untersuchung von Zeitreihen, die für ausgewählte Kennzahlen geführt werden. Das Expertensystem betrachtet nicht nur die Entwicklung einzelner Zeitreihen, sondern auch deren Zusammenwirken. Bei der Analyse der Kennzahlen sind zahlreiche unterschiedliche Konstellationen zu berücksichtigen. Das dafür notwendige Wissen beruht auf Kennzahlen-Hierarchien, in denen sich mögliche Ursache-Wirkungs-Ketten widerspiegeln. Ziel ist es, die Entwicklung der übergeordneten Kennzahl mithilfe der jeweils untergeordneten Größen zu erklären. Aus einer derartigen Kennzahlen-Hierarchie könnte z. B. folgende Diagnose abgeleitet werden:

„Im Beobachtungszeitraum hat die Kapazitätsauslastung zugenommen, während der Bearbeitungszeitanteil in etwa gleich geblieben und der Rüstzeitanteil angestiegen ist. Die Zunahme der Kapazitätsauslastung geht darauf zurück, dass die Rüstvorgänge einen zunehmenden Teil der zur Verfügung stehenden Kapazität gebunden haben; die reinen Bearbeitungszeiten hatten hingegen keinen Einfluss auf die Kapazitätsauslastung."

Ein weiteres Diagnosesystem, das eine größere Menge von Kennzahlen gleichzeitig als Symptom behandelt, hat Gronau ausgearbeitet [GRO 94].

4.5.2.2 Integrierte Programmplanung im Produktionsnetzwerk der BMW Group

Bedingt durch die Ausweitung der Modell- und Produktpalette und die verstärkte Globalisierung sind die großen Fertigungskapazitäten der **BMW Group** über viele Standorte verteilt. Die Zulieferbeziehungen zwischen den Fahrzeug- und den Motorenwerken sind intensiv. Beispielsweise kann die Endmontage eines Werks durch Rohbaukapazitäten eines anderen Werks versorgt werden. Zusätzliche Komplexität entsteht dadurch, dass im Rohbau Teilesätze in verschiedenen Zerlegungsgraden hergestellt werden, die man erst am Bestimmungsort zu Ganzfahrzeugen zusammensetzt. Diese so genannte CKD-Produktion (Completely Knocked Down) hilft auch, Markteintrittsbarrieren vieler Länder zu überbrücken, indem hohe Einfuhrzölle vermieden werden. Darüber hinaus gibt es Motorbaureihen, die für andere Unternehmen produziert werden.

Daraus folgt, dass ein integriertes Programm für Fahrzeuge, Motoren und Rohkarossen erstellt werden muss.

BMW hat eine Optimierungslösung auf der Grundlage der Linearen Programmierung eingeführt. Ziel ist die weitestgehende Erfüllung der Produktionswünsche des Vertriebs, wobei zahlreiche Restriktionen zu beachten sind. Beispielsweise gelten bestimmte Prioritäten bei der Aufteilung von Karosserievarianten, die in mehreren Werken hergestellt werden können, auf die Produktionsstätten; die Produktionsmengen sollten in den Werken im Lauf des Jahres weitestgehend gleichverteilt sein.

Das Lineare Optimierungsproblem wird mit der Software **SNO** (**S**trategic **N**etwork **O**ptimization von **J.D. Edwards**) gelöst. In der Zielfunktion erscheinen die Minimierung von Fehlmengen, die durch Kapazitätsbeschränkungen bedingt sind, und eine Kostenfunktion.

Durch verschiedene Modelleinstellungen kann erreicht werden, dass die Produktionsmengen pro Tag über die Monate hinweg nicht zu stark schwanken (dies würde die Schichtplanung erschweren). Fälle, in denen Abweichungen davon zugelassen werden müssen, sind An- oder Ausläufe einer Karosserievariante innerhalb eines Werks, Modellanläufe oder -ausläufe in einem Werk, die auch auf alle anderen Karosserievarianten ausstrahlen; beispielsweise muss während der Anlaufphase im Produktlebenszyklus sehr rasch eine große Zahl von Fahrzeugen bereitgestellt werden, was dazu führt, dass sich die Produktionsmengen bei anderen Varianten nach unten verändern.

Die Analyse der vom System generierten Lösung, auch in Verbindung mit der Verlagerung des Optimums dann, wenn man gewisse Parameter modifiziert, fördert auch Handlungsbedarfe zu Tage, etwa wenn besonders störende Kapazitätsengpässe im Produktionsnetzwerk aufgezeigt werden [GAJ 05/KRI 07].

4.5.2.3 Instandhaltungsplanung

Wirtschaftliche Instandhaltung strebt an, die Summe der Kosten zu minimieren, die einem Unternehmen durch ungeplante Funktionsminderungen („Störungen") oder Schäden der Anlagen sowie durch die Instandhaltung selbst entstehen. Aufgabe der Instandhaltungsplanung ist es, eine Strategie vorbeugender Maßnahmen zu finden, die diese Zielfunktion möglichst gut erfüllt, und gleichzeitig die Rahmentermine für die anschließende Instandhaltungsterminierung (vgl. Band 1) zu setzen. Durchgeführt werden die Aufgaben mithilfe von **Computerized Maintenance Management Systems** (CMMS) bzw. Instandhaltungsplanungs- und -steuerungs-Systemen (IPS-System), die sowohl die Planung als auch die Kontrolle der Instandhaltung durch zahlreiche Analysemethoden unterstützen.

Derartige Systeme sind insbesondere in Branchen verbreitet, bei denen die Zuverlässigkeit der Anlagen einen kritischen Erfolgsfaktor darstellt oder die über besonders hochwertige Investitionsgüter verfügen. Beispiele hierfür sind **Prozessfertiger**, **Öl- und Gaserzeuger/-verarbeiter**, **Fluglinien** oder **Bergbaugesellschaften**.

Da man aufgrund der Empirie davon ausgehen kann, dass korrektive Instandhaltung nach dem Eintreten von Notfällen, Pannen oder Produktionsausfällen in der Regel wesentlich teurer ist als präventive Instandhaltung, entsteht die Frage, in welchen Zyklen und in welchem Umfang Letztere erfolgen soll. Betrachtet man die gesamten Instandhaltungskosten K_{ges} als eine Funktion der Kosten geplanter (K_g) und ungeplanter (K_u) Maßnahmen, so ergibt sich folgendes Minimierungskalkül:

$$K_{ges} = K_g + K_u \quad \text{-> min!}$$

Möchte man sehr viele Vorbeugungsarbeiten durchführen, wird also der zeitliche Abstand zwischen den einzelnen Aktionen sehr klein, so steigt K_g stark an, Pannen werden tendenziell seltener und K_u sinkt. Umgekehrt begünstigen große Intervalle die Zahl von Störungen und K_u steigt bei kleinem K_g.

CMMS, wie etwa **SAP ERP-PM Inst.** oder **SIMAIN** von **Siemens**, ermöglichen an dieser Stelle What-if-Analysen mit unterschiedlichen Nebenbedingungen. Die jeweiligen Restriktionen werden vom Planenden individuell mithilfe von Regelkatalogen vorgegeben und können sich z. B. auf einzuhaltende Kalendertermine, bestimmte Anlagenlaufzeiten oder auch kostengünstige, da gemeinsam zu erledigende Arbeitspakete beziehen. Die Verfahren erlauben es auch, Anlageninformationen zu berücksichtigen, die aus der Anlagenhistorie sowie im Rahmen der Betriebszustands-Überwachung (Condition Monitoring), z. B. mittels Vibrationsanalysen oder Thermografie, gewonnen werden. Auf der Grundlage der historischen Daten lassen sich Alternativen simulieren.

Ein wahrscheinlichkeitsbasiertes Modell erzeugt mithilfe von Zufallszahlen, die empirische Ausfallverteilungen wiedergeben, den erwarteten zeitlichen Abstand einer Störung von der letzten davorliegenden Wartungsmaßnahme (Monte-Carlo-Simulation). Tritt die Störung vor der nächsten geplanten Instandhaltungsaktion ein, so führt sie zu Reparaturkosten. Andernfalls ist das nächste zu generierende Ereignis das Ende des Intervalls der Vorbeugungsmaßnahme. Im Simulationsmodell werden nun systematisch die Abstände zwischen den geplanten Aktionen verkürzt oder verlängert, bis der kombinierte Kostenverlauf aus geplanten und ungeplanten Maßnahmen darauf schließen lässt, dass ein günstiges Instandhaltungsintervall gefunden ist.

Die binäre Unterscheidung in geplante und korrektive Instandhaltung kann durch eine differenziertere ersetzt werden. Im Standardsoftwarepaket **PSImaintenance** kennt man darüber hinaus unter anderem „Condition Based Maintenance" (Wartung abhängig von Messwerten am Betriebsmittel) und „Reliability Centered Maintenance" (Errechnung einer Zielverfügbarkeit).

In einer integrierten Informationsverarbeitung stehen die benötigten Daten zur Verfügung und werden durch die Instandhaltungsüberwachung (vgl. Band 1) aktuell gehalten, die neben der Dauer und den zeitlichen Abständen von Ausfällen auch die Inanspruchnahme des/der Instandhaltungsteams sowie sonstiger Ressourcen, wie etwa Materialverbräuche, rückmeldet. Die Zeitdaten können anschließend mithilfe der Kostenstellenrechnungsdaten in Ist-Kosten überführt und rechnerischen Kostenplänen für die Instandhaltung gegenübergestellt werden.

4.5.2.4 Analyse der Fertigungslogistik

Wiendahl u. a. [WIE 98] haben ein System zur „Engpassorientierten Logistikanalyse" entwickelt. Ziel ist es, Schwachstellen in der Logistik zu identifizieren und Verbesserungsmaßnahmen abzuleiten [NYH 02]. Es basiert auf den drei analytischen Elementen Trichtermodell (vgl. zur Vertiefung [WIE 97]), Durchlaufdiagramm und Produktionskennlinie (Abbildung 4.5.2.4/1, vgl. auch Band 1).

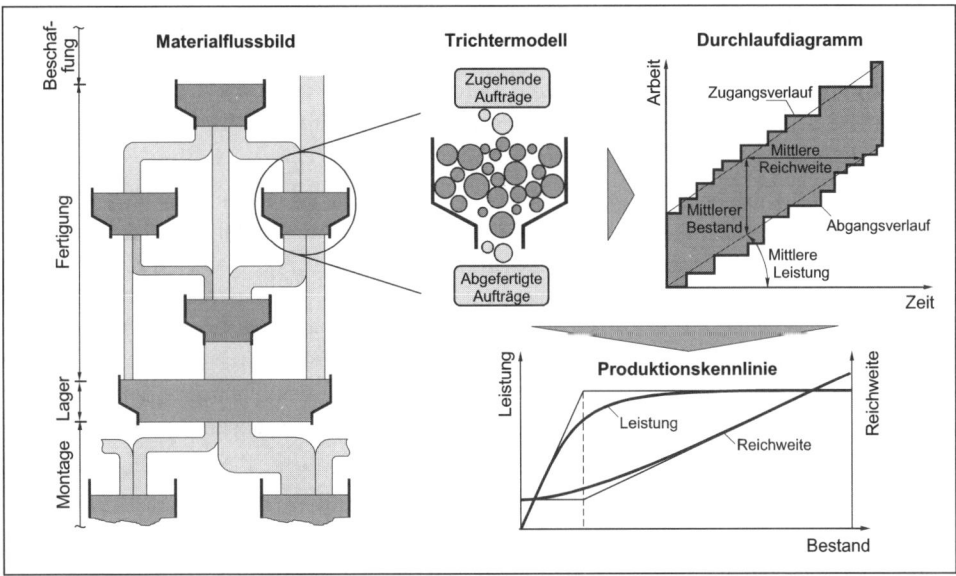

Abb. 4.5.2.4/1   Arbeitssystembezogene Modellierung mit Trichtermodell, Durchlaufdiagramm und Produktionskennlinie

Das Trichtermodell begreift die Fertigung als ein Netz von Trichtern, wobei jeder Trichter ein Arbeitssystem (z. B. Drehbank, Bohrautomat, Lackierkabine, Beschichtungsanlage) markiert. Der Trichterquerschnitt gibt die Kapazität des Systems an. An jedem Arbeitssystem werden die zu- und abgehenden Aufträge erfasst und der dazugehörige Arbeitsinhalt, z. B. gemessen in Arbeitsstunden, in die Zu- und Abgangskurve des Durchlaufdiagramms übertragen. Im Durchlaufdiagramm lassen sich dann alle wesentlichen logistischen Zielgrößen darstellen. Die mittlere Leistung entspricht der Steigung der Abgangskurve. Der Bestand ergibt sich aus dem senkrechten Abstand zwischen Zu- und Abgang. Die Reichweite als

Verhältnis von Bestand zu Leistung entspricht dem waagerechten Abstand der beiden Kurven. Mithilfe von Produktionskennlinien, die durch Simulation oder Messungen über eine gewisse Zeitstrecke hinweg gewonnen werden, kann man das logistische Verhalten der Arbeitssysteme betrachten. Sie zeigen, wie sich Durchlaufzeit, Übergangszeit und Leistung über dem Bestand entwickeln. Man erkennt, dass nach einem steilen Anstieg die Leistung nicht mehr zunimmt, wenn der Bestand eine gewisse kritische Höhe erreicht und ein „angemessener" Betriebsbereich verlassen wird.

Die Engpassorientierte Logistikanalyse basiert auf Daten aus der Betriebsdatenerfassung (vgl. Band 1) und setzt sich aus einer Durchlaufzeit- und Bestandsanalyse, einer Potenzialbeurteilung mit Produktionskennlinien und einer Materialflussanalyse zusammen. So lassen sich kapazitive Engpässe ebenso wie durchlaufzeit- und lieferzeitbestimmende Arbeitssysteme lokalisieren und in ihrer Bedeutung für den Auftragsdurchlauf quantifizieren.

Mithilfe der Produktionskennlinien kann aufgezeigt werden, an welchen Arbeitssystemen Maßnahmen zur Durchlaufzeit- und Bestandsreduzierung umgesetzt werden können.

Abbildung 4.5.2.4/2 bringt einen Ausschnitt aus einer Engpassorientierten Logistikanalyse, die Wiendahl u. a. in einem Unternehmen durchgeführt haben, das Leiterplatten herstellt. Man erkennt, dass das Arbeitssystem „Resistbeschichtung", in dem eine fotosensitive Folie auf die Leiterplatte aufgetragen wird, im Materialfluss in der untersuchten Periode besondere Bedeutung hatte. Die mittlere Durchlaufzeit beträgt hier etwa zwei Tage. Es waren ca. 2.600 Aufträge zu bearbeiten. Das Produkt aus diesen beiden Größen beschreibt, in welchem Umfang die Arbeitsstation zur Auftragsdurchlaufzeit beiträgt.

Im Beispiel der Abbildung 4.5.2.4/2 liegt dieses Produkt mit 5.128 bei über 14 % Anteil an der gesamten Auftragsdurchlaufzeit. In den nächsten Schritten der Analyse wird man Produktionskennlinien dieses Arbeitssystems studieren und abschätzen, welche Bestandshöhe eine günstige Kombination von logistischen Größen herbeiführt. Die Bestandshöhe kann dann durch Kapazitäts-Anpassungsmaßnahmen (z. B. eine Erweiterungsinvestition oder eine weitere Schicht) an dem Arbeitssystem verbessert werden. Darüber hinaus liefern derartige logistische Analysen auch Hinweise auf eine günstige Einstellung der Parameter des PPS-Systems, z. B. der Soll-Übergangszeiten, der Losgrößen oder der Prioritätsregeln.

Mithilfe von Segmentierungsmatrizen kann relativ schnell ein Überblick über die Durchlaufzeitstruktur und das Termintreueverhalten aller Arbeitssysteme gewonnen werden [PRE 94]. Die Abbildung 4.5.2.4/3 zeigt beispielhaft das Layout einer Segmentierungsmatrix, die die Termintreue im Zugang und im Abgang für alle an der Auftragsabwicklung beteiligten Organisationseinheiten widerspiegelt. Anhand der Felder sind gezielte Aussagen möglich.

Beispielsweise sind Betriebsmittel und Arbeitsplätze, die in der linken oberen Ecke dieser Matrix platziert sind, nicht für die mangelnde Termintreue verantwortlich, da sie bereits mit Verspätung beliefert wurden. Arbeitssysteme oberhalb der von links oben nach rechts unten verlaufenden, gedachten Diagonalen führen zu einer Verbesserung der Termintreue im Vergleich zu ihrer Belieferung. In der Matrix könnten die unterhalb der gedachten Diagonalen liegenden Felder farbig gekennzeichnet werden, um diejenigen Organisationseinheiten, die zu einer logistischen Verschlechterung führen, sofort deutlich zu machen. Dazu ist das entsprechende Segment auszuwählen, um die zu einer Verdichtung gehörigen Objekte aufzugliedern (Pull-down-Technik). In einem Werk der **Siemens AG**, das antriebstechnische Lösungen erstellt, bedient man sich der Technik der Segmentierungsmatrizen, um die Termintreue aller Bereiche beurteilen zu können (vgl. Kapitel 4.4.2.2).

Abteilung	ZDL	AnzAuf	ZDL·AnzAuf	relativer Anteil an der Auftragsdurchlaufzeit	
		-		%	0 5 % 15
Resistbeschichtung	1,97	2603	5128	14,4	
Leiterbildgrundaufbau	1,97	1733	3414	9,6	
Entgraten	1,44	1835	2642	7,4	
Beschichten/Stopplack	1,55	1704	2641	7,4	
Zuschnitt	1,28	1988	2545	7,2	
Elektrische Prüfung	1,55	1479	2292	6,4	
Resiststrukturierung	0,84	2558	2149	6,0	
Zwischenprüfung	0,77	2224	1712	4,8	
Alkalisch Ätzen	0,85	1965	1670	4,7	
Handgalvanik	3,20	454	1453	4,1	
AOI-Innenlagen	1,50	929	1394	3,9	
Hot-Air-Leveling	0,92	1431	1317	3,7	
DK-Linie	0,66	1748	1154	3,2	
Bohrerei	0,41	2793	1145	3,2	
Trocknen/Tempern	0,16	968	856	0,4	
Braunoxid/CU-Passivierung	0,36	417	150	0,4	
Mechanik/Stanzen	0,35	219	77	0,2	
		Summe	35583	100,0	

ZDL   - Durchlaufzeit
AnzAuf - Anzahl abgearbeiteter Aufträge

Abb. 4.5.2.4/2   Ermittlung durchlaufzeitbestimmender Arbeitssysteme

Anzahl   Abgangstermintreue (%)

	294	0,000	10,000	20,000	50,000	80,000	100,000	>>>
	0,000	170	7	12	7	0	2	0
	10,000	24	18	3	1	0	0	0
	20,000	7	3	5	1	0	0	0
Zugangstermintreue (%)	50,000	8	0	0	1	0	0	0
	80,000	1	0	2	0	0	0	0
	100,000	15	4	0	1	0	2	0
	>>>	0	0	0	0	0	0	0

Abb. 4.5.2.4/3   Segmentierungsmatrix für Zugangs- und Abgangstermintreue der am Auftragsabwicklungsprozess beteiligten Organisationseinheiten (in Anlehnung an [PRE 94])

Kersten [KER 96] zeigt, wie die Simulation herangezogen wird, um abzuschätzen, wie sich Kapazitätserweiterungen an bestimmten Stellen der Fertigung auf Prozesse auswirken, z. B. auf die Warteschlangensituation an Engpässen. So erkennt man, wo knappe Finanzmittel mit Priorität zu investieren sind.

4.5.3   Anmerkungen zu Kapitel 4.5

[AIC 97]   Aichele, C., Kennzahlenbasierte Geschäftsprozeßanalyse, Wiesbaden 1997, insbes. S. 370-375.

[ALL 87]   Allgeyer, K., Das Expertensystemtool HEXE und seine Anwendung zur Schwachstellendiagnose in der Produktion, Dissertation, Nürnberg 1987.

[DIT 06]   Dittrich, J., Mertens, P., Hau, M. und Hufgard, A., Dispositionsparameter in der Produktionsplanung mit SAP, 4. Aufl., Wiesbaden 2006.

[FRA 07]   Fraunhofer-Anwendungszentrum Logistikorientierte Betriebswirtschaft, Kundenindividuelle Produktion und Lieferzeitoptimierte Unternehmensnetzwerke, ALB-HNI-Schriftenreihe, Band 15, Paderborn 2007.

[FRÖ 96]   Fröhling, O. und Baumöl, U., Informationsprozeß-Controlling, in: Berkau, C. und Hirschmann, P. (Hrsg.), Kostenorientiertes Geschäftsprozeßmanagement: Methoden, Werkzeuge, Erfahrungen, München 1996, S. 141-164.

[GAJ 05/KRI 07] Gajewski, H., Integrierte Programmplanung im Produktionsnetzwerk der BMW Group unter Verwendung eines linearen Optimierungsmodells, HMD 3 (2005) 243, S. 68-77; persönliche Auskunft von Frau H. Kritikos, BMW Group, 2007.

[GRO 94]   Gronau, N., Führungsinformationssysteme für das Management der Produktion, München u.a. 1994, insbes. S. 132.

[HIL 92a]   Hildebrand, R. und Mertens, P., PPS-Controlling mit Kennzahlen und Checklisten, Berlin u.a. 1992.

[HIL 92b]   Hildebrand, R., Betriebswirtschaftliche Schwachstellendiagnose im Fertigungsbereich mit wissensbasierten Systemen, Heidelberg 1992.

[HOL 87 u.a.]   Vgl. dazu: Holzkämper, R., Kontrolle und Diagnose des Fertigungsablaufs auf der Basis des Durchlaufdiagramms, Fortschrittsberichte VDI, Reihe 2: Fertigungstechnik, Nr. 131, Düsseldorf 1987, S. 20-30.; Wiendahl, H.-P., Belastungsorientierte Fertigungssteuerung, Grundlagen, Verfahrensaufbau, Realisierung, München-Wien 1987, S. 161-169; Wiendahl, H.-P. und Ludwig, E., Monitoring- und Diagnosesysteme als neue PPS-Komponenten, in: Mertens, P., Wiendahl, H.-P. und Wildemann, H. (Hrsg.), PPS im Wandel, München 1990, S. 618-632.

[KER 96]   Kersten, F., Simulation in der Investitionsplanung, Wiesbaden 1996.

[NYH 02]   Nyhuis, P. und Wiendahl, H.-P., Logistische Kennlinien - Grundlagen, Werkzeuge und Anwendungen, 2. Aufl., Berlin u.a. 2002.

[PRE 94]   Preßl, H., Durchlaufzeitorientiertes Produktionscontrolling - Grundkonzept, Funktionalität und Instrumente, Dissertation, Nürnberg 1994.

[WIE 97]   Wiendahl, H.-P., Fertigungsregelung - Logistische Beherrschung von Fertigungsabläufen auf Basis des Trichtermodells, München 1997.

[WIE 98]   Wiendahl, H.-P., Nyhuis, P. und Helms, K., Durchlaufzeit/2 - Die Potentiale liegen auf der Hand!, Werkstattstechnik 88 (1998) 4, S. 159-164.

4.6 Versand

4.6.1 Überblick über den Informationskatalog

Im Versandsektor sind folgende Kategorien von Führungsinformationen zu unterscheiden:

1. Der Ausweis des Lieferprogramms mit seinen Einzelterminen (oder auch in bestimmter Form verdichtet) hilft bei der mittelfristigen Bewirtschaftung der Transportkapazitäten.

2. Im Interesse der Kundenzufriedenheit sind kurze Durchlaufzeiten und Pünktlichkeit sehr wichtig; diese Informationen sind leicht zu ermitteln. Beispielsweise liefert das **SAP ERP**-System die Differenzen zwischen dem Datum der Auftragserfassung und dem der Lieferscheinschreibung sowie die Differenz zwischen dem Wunsch-Liefertermin und dem Datum der Lieferscheinschreibung [BRE 95].

3. Für weiterreichende Entscheidungen im Versandbereich ist es nützlich, die Relationen zu kennen, mit denen die einzelnen Verkehrsträger an dem Versandvolumen partizipieren, sodass Datengrundlagen für Entscheidungen über Investitionen und Desinvestitionen im eigenen Fuhrpark, für Vertragsverhandlungen mit Spediteuren oder für Änderungen der Versanddisposition bereitstehen.

   Zur Überwachung der Wirtschaftlichkeit des Fuhrparks kann sich ein computergestützter Kennzahlenvergleich empfehlen; dabei lassen sich wissensbasierte Schranken zur Eingrenzung von Kennzahlenbereichen verwenden [LEN 88].

Abbildung 4.6.1/1 zeigt eine zusammenfassende Übersicht zum Informationskatalog im Versandsektor (vgl. zu weiteren Kennzahlen [AIC 97]).

Nr.	Informationsart	Typische Untergliederung	Kriterien	Darstellung, insbes. zeitl. (Legende siehe unten)	Benötigt für … (typische Maßnahmen und Entscheidungen)	Daten liefernde Funktionen/ Teilfunktionen
1.	Lieferprogramm mit Terminen	Produktgruppen, Produkte, Kunden, Termine	Menge, Wert, Deckungsbeitrag	S, VO, Z, terminliche Reihenfolge	Finanzplanung, Versanddisposition	Produktionsplanung, Auftragserfassung und -prüfung
2.	Versandleistung	Produkte, Produktgruppen, Kunden, Kundengruppen, Regionen	Verfrühte Lieferungen, Lieferzeit, Liefertreue, -menge, -wert, Teil-, Fehllieferungen	S, BP, VV, VN, VO, VP	Versandlogistik, Kundenverhandlungen, Lieferzeitzusagen, Kapazitätspolitik im Versand, Dimensionierung von Sicherheitsbeständen	Versandlogistik
3.	Aufteilung der Versandmengen auf Verkehrsträger	Absatzregion, Produktgruppen	Anteil der Verkehrsträger am Versand, Versandkostenvergleiche	BP, AK, VV, VP	Versanddisposition, Änderung der Versandpolitik und der Versandkonditionen, Investition und Desinvestition im Versandbereich, Neueinteilung von Regionen	Versandlogistik

AK = Akkumulierte Werte für Berichtszeitraum, BP = Berichtsperiode, S = Stichtag, VN = Vergleich mit Normwert, VP = Vergleich mit Plan, VV = Vergleich mit Vorperiode bzw. entsprechendem Vergangenheitszeitpunkt, Z = Zukunft

Abb. 4.6.1/1   Zusammenfassende Übersicht zum Informationskatalog im Versandsektor

4.6.2 Ausgewählte PuK-Systeme

4.6.2.1 Logistikcontrolling

Das Controlling der Querschnittsfunktion Logistik basiert auf einer Vielzahl unterschiedlicher Verfahren, Zahlen, Berichte und Ähnliches, die untereinander vielfältige Kombinationen und Querbezüge aufweisen [WEB 02]. Bei der **Grundig AG**, einem Hersteller von **Konsumelektronik**, wurde nach mehreren schwierigen Diskussionsrunden eine Ausgangsmenge von über 31 vorgeschlagenen Kennzahlen auf 7 reduziert.

Für einen schnellen Überblick über die Situation bzw. für einen Vergleich mit anderen Unternehmen einer Branche ist ein komplettes Kennzahlensystem nützlich, das hierarchisch aufgebaut ist und in Form von Spitzenkennzahlen komprimiert die erforderlichen Aussagen liefert. Innerhalb der Logistik spielen Distributionszentren mit ihrem Warenein- und -ausgang sowie den Lager- und Kommissionsfunktionen eine bedeutende Rolle. Für die Beurteilung der Innenlogistik dieses Gliedes innerhalb einer Logistikkette hat die **agiPlan F&L GmbH Fabrikplanung und Logistik** das folgende Kennzahlensystem vorgeschlagen (vgl. Abbildung 4.6.2/1) [HEP 98/HEP 08].

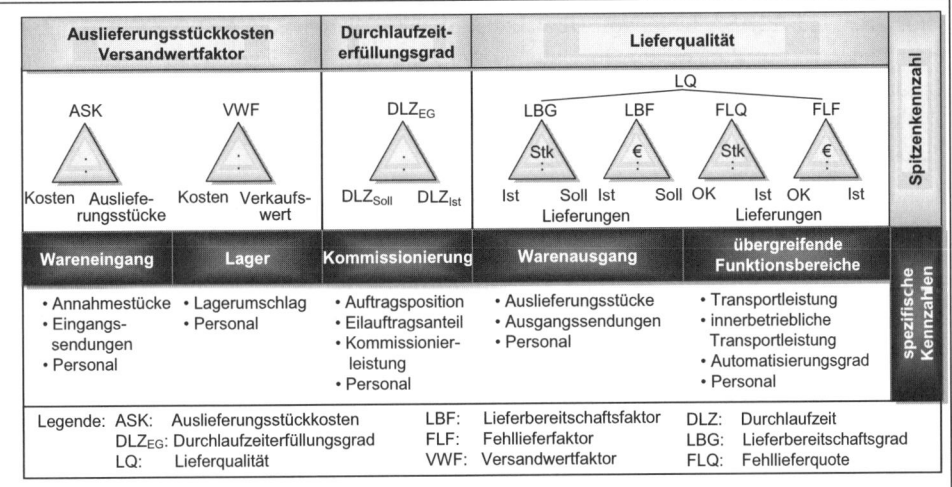

Abb. 4.6.2/1   Durchgängiges Kennzahlensystem für die Innenlogistik bei Distributionszentren (in Anlehnung an [HEP 98])

Vier Spitzenkennzahlen erlauben eine Beurteilung des Distributionszentrums hinsichtlich Kosten, Zeit und Service in ausreichender Weise:

1. Auslieferungsstückkosten (ASK): Quotient der Gesamtkosten des Distributionszentrums zu den im Warenausgang bereitgestellten Auslieferungsstücken.

2. Versandwertfaktor (VWF): Quotient aus den Gesamtkosten und dem Wert der im Warenausgang bereitgestellten Ware unter Angabe der Bilanzierungsart.

3. Durchlaufzeiterfüllungsgrad (DLZ_{EG}): Quotient aus geplanter und tatsächlicher Auftragsdurchlaufzeit.

4. Lieferqualität (LQ): Eine Funktion von Lieferbereitschaftsgrad, Lieferbereitschaftsfaktor, Fehllieferquote und Fehllieferfaktor, die multiplikativ und additiv miteinander verknüpft sind, wobei Grad oder Quote einen Quotienten aus der Anzahl und Faktor einen Quotienten aus dem entsprechenden Wert der Ist-, Soll- oder OK-(unbeanstandeten) Lieferungen bedeuten.

Wegen der Konzentration auf nur vier Spitzenkennzahlen eignet sich dieses Kennzahlensystem insbesondere auch für das Benchmarking von Distributionszentren.

4.6.2.2 Frachtkostenanalyse

Die **Dr. Städtler Transport Consulting GmbH & Co. KG** in Nürnberg hat das Programm **SCALA** (**S**imulation, **C**ontrolling und **A**nalyse **L**ogistischer **A**bläufe) entwickelt [SCHN 08].

Mithilfe von **SCALA** können **Speditionsunternehmen** individuelle Tarife für Kunden planen. Gleichzeitig bietet das System der **verladenden Industrie** die Möglichkeit, Offerten unterschiedlichster Struktur miteinander zu vergleichen. Grundlage hierfür ist eine Frachtkostensimulation, die detaillierte Zahlen und Fakten, z. B. für Preisverhandlungen, liefert.

Die Offerten der Dienstleister oder individuelle Haustarife werden in den flexiblen Datenbankstrukturen von **SCALA** hinterlegt. Über Excel-Schnittstellen lassen sich die Daten ggf. bequem importieren. Zudem sorgen Datenquellen, die über die Standardschnittstelle „Open Database Connectivity (ODBC)" angebunden sind, für einen hohen Integrationsgrad in die Systemlandschaft des Anwenders. Dadurch kann man auch große Datenmengen in Echtzeit durchrechnen.

In beliebig vielen Szenarios können die Daten zur Laufzeit manipuliert und verschiedene Pläne simuliert werden.

Die ermittelten Ergebnisse werden anschließend mit dem **StatistikPROFI/2**, das im Paket mit **SCALA** angeboten wird, analysiert. Die simulierten Massendaten können – prozentual oder absolut – in mehrdimensionalen Tabellenblättern dargestellt werden. Präsentationen werden durch die eingebundene Grafik in Balken-, Kuchen- und weiteren Formaten aufbereitet. Der Export der Daten, Grafiken oder Berichte nach Excel ist möglich.

Beispiele für Informationen, die das System liefert, sind:

1. Die **Tagesbetrachtung** stellt fest, an welchen Wochentagen besondere Schwankungen hinsichtlich Gewicht oder Sendungsanzahl zu beobachten sind.

2. Die **Gewichtsbetrachtung** untersucht das Gewicht-Sendungs-Verhältnis und notiert beispielsweise, ob „zu häufig mit zu kleinen Sendungen gefahren wird".

3. Die **Kundenbetrachtung** bestimmt z. B. kundenbezogen die Mengen, Gewichte, Entfernungen und Frachtkosten pro 100 kg und vergleicht diese mit den Gesamtwerten. Damit lassen sich besonders „gute" bzw. „schlechte" Kunden identifizieren.

4. Die **Gebietsbetrachtung** macht auf regionale Frachtkostenauffälligkeiten aufmerksam, kennzeichnet Gebiete mit besonders hohem oder niedrigem Sendungs- und Gewichtsanteil und erkennt auch Sendungshäufungen in selbstdefinierten Postleitzahlbereichen.

5. Die **Sendungsanzahlbetrachtung** versucht, über eine Klassenbildung auffällig hohe bzw. niedrige Sendungszahlen in bestimmten Gewichtsklassen zu erklären.

6. Die **Gebiet-Versandartbetrachtung** soll die vom Versender beabsichtigte regionale Gebietseinteilung mit der tatsächlich beobachteten vergleichen.

4.6.2.3 Lieferantenbewertung bei der Blaupunkt AG

Der Hersteller von Autoradios überträgt monatlich Qualitätsdaten, die in seinen Werken erfasst wurden, an die Internet-Plattform **Supply On**. Dort werden die Daten in einer standardisierten Form präsentiert. Es handelt sich unter anderem um im Wareneingang festgestellte Fehlerraten. In einer Ampel-Darstellung wird dem Lieferanten angezeigt, ob er das vereinbarte Qualitätsniveau hält. Einblick nehmen darf jeweils nur der betroffene Zulieferer [STA 06].

4.6.3 Anmerkungen zu Kapitel 4.6

[AIC 97]	Aichele, C., Kennzahlenbasierte Geschäftsprozeßanalyse, Wiesbaden 1997, insbes. S. 349-353.
[BRE 95]	Brenner, W. und Keller, G. (Hrsg.), Business Reengineering mit Standardsoftware, Frankfurt-New York 1995, insbes. S. 104.
[HEP 98/HEP 08]	Heptner, K., Kennzahlen für Distributionszentren, LOGISTIK HEUTE 20 (1998) 9, S. 57-58; persönliche Auskunft von Herrn K. Heptner, VDI-Fachbereich Logistik und Senior Consultant, 2008.
[LEN 88]	Lenz, H.-J. und Leuthardt, H., ExBus - Ein Expertensystem zur betriebswirtschaftlichen Analyse von Verkehrsbetrieben, in: Wolff, M. R. (Hrsg.), Entscheidungsunterstützende Systeme im Unternehmen, München-Wien 1988, S. 238-248.
[SCHN 08]	Persönliche Auskunft von Herrn Chr. Schneider, Dr. Städtler Transport Consulting GmbH & Co. KG, 2008.
[STA 06]	Staib, C., Performance Monitor bei Blaupunkt, IT Director 3 (2006) 2, S. 61.
[WEB 02]	Weber, J., Logistik- und Supply-Chain-Controlling, 5. Aufl., Stuttgart 2002.

4.7 Kundendienst

4.7.1 Überblick über den Informationskatalog

Informationen aus dem Kundendienstsektor lassen sich grob in zwei Kategorien einteilen:

1) Informationen über die Probleme, die eine Kundendienstleistung auslösen.
2) Informationen, die über die Leistung des Kundendienstbereichs Aufschluss geben.

Die erste Kategorie von Informationen soll helfen, die Mängel, die in vorgelagerten Bereichen entstehen und anschließend eine Nachbearbeitung durch den Kundendienst erfordern, zu erkennen und abzustellen. Die zweite Kategorie wird zur Kontrolle des Kundendienstes verwendet und stellt eine Entscheidungshilfe für seine Umstrukturierung und Erweiterung dar. So können in Unternehmen, bei denen die Betreuung der Kunden durch einen technischen Außendienst wichtig ist und ein computergestütztes Melde- und Berichtssystem existiert, die Zahl der offenen und erledigten Serviceanforderungen sowie die durchschnittlichen Wartezeiten der Kunden gezeigt werden.

Folgende Auswertungen lassen sich unterscheiden (vgl. [KÜF 92]):

1. **Produktorientierte Auswertungen**.
   Die produktorientierten Auswertungen geben unter Umständen Hinweise auf Konstruktionsfehler. Der Vergleich der Reklamationshäufigkeiten kann sich auf einzelne Produkte, Produktgruppen, Sparten oder auch auf gemeinsame technische Funktionen/Merkmale (z. B. Elektronik) beziehen.

2. **Prozessorientierte Auswertungen**.
   Zur Verbesserung der Prozesse sind Informationen über die fehleranfälligsten Arbeitsschritte notwendig. Diese erlauben einen Rückschluss auf die zugrunde liegenden Probleme (z. B. zu große Maschinentoleranzen, ungenügend ausgebildetes Bedienungspersonal, mangelhafte Wareneingangskontrolle).

3. **Kundenorientierte Auswertungen**.
   Die kundenorientierten Auswertungen sollen Aufschluss über verstärkte Reklamationseingänge und deren Gründe bei Einzelkunden oder Kundengruppen geben. Diese können für die Verkaufsberatung eine wichtige Entscheidungsgrundlage sein. Unterstellt man, dass die auftretenden Reklamationsmängel auch in einem Zusammenhang mit der Verwendung bei dem Kunden stehen, so kann man aufgrund dieser Auswertungen bereits beim Verkauf über eventuelle Probleme informieren bzw. versuchen, durch geeignete Marketingmaßnahmen die Erwartungshaltung der Kunden bezüglich dieses Produkts zu ändern. Auch mag versucht werden, sich von Kunden, die sich als „Querulanten" erweisen, zu trennen.

4. **Verfahrensorientierte Auswertungen**.
   Diese Analysen zielen auf die Aufbau- und Ablauforganisation des Kundendienstes. Wichtig ist insbesondere die Durchlaufzeit von Reklamationen bis zu Zwischenantworten und bis zu einem endgültigen Bescheid [GÖT 02]. Gegebenenfalls soll die Durchlaufzeit in wichtige Komponenten untergliedert werden, sodass vor allem übermäßige Liegezeiten in den Fokus der Unternehmensleitung gelangen.

Daneben behandeln wir, wie in Band 1 auch, die Entsorgung in diesem Abschnitt, da sie das Schlussglied der Wertschöpfungskette bildet, obwohl sie natürlich zahlreiche Integrationsbeziehungen zu anderen betrieblichen Funktionalbereichen aufweist (vgl. beispielsweise [BEC 07]).

Der (externen) Umweltberichterstattung dienen Ökobilanzen und Recyclingquoten. Ökobilanzen sind Gegenüberstellungen der bezogenen Stoffe und Energien (Inputs) auf der einen Seite und der Produkte sowie Rückstände (Outputs) auf der anderen Seite über einen bestimmten Zeitraum (vgl. Abbildung 4.7.1/1). Je nach Detaillierungsgrad der Ökobilanz wird man Standorte, Produkte oder Prozesse bilanzieren. Die Integrationsmöglichkeiten sind sehr vielfältig: Daten bezieht man insbesondere aus dem Ein- und Verkauf sowie aus der Produktion. Die IV kann dem Controller z. B. dabei helfen, relativ teure Entsorgungsvorgänge zu entdecken, die sich gegebenenfalls durch eine andere Produktkonstruktion beseitigen ließen.

Inputs	Outputs
Menge / Einheit / Aggregat-zustand / Herkunft / etc.	*Menge / Einheit / Aggregat-zustand / Herkunft / etc.*
I. Stoffe	I. Produkte
- Rohstoffe	
- Hilfsstoffe	II. Rückstände
- Betriebsstoffe	1. Stoffliche Rückstände
	- Fest
II. Energieträger	- Flüssig
- Fest	- Gasförmig
- Flüssig	2. Energetische Rückstände
- Gasförmig	- Abwärme
	- Licht
	- Lärm, Erschütterungen
	- Ionisierende Strahlung

Abb. 4.7.1/1   Tabellarische Ökobilanz (in Anlehnung an [STE 07])

Abbildung 4.7.1/2 enthält eine zusammenfassende Übersicht zum Informationskatalog im Kundendienstsektor.

Nr.	Informationsart	Typische Untergliederung	Kriterien	Darstellung, insbes. zeitl. (Legende siehe unten)	Benötigt für . . . . (typische Maßnahmen und Entscheidungen)	Daten liefernde Funktionen/ Teilfunktionen
1.	Serviceanforderungen	Kunde, Produkt, KD-Zentrale, KD-Mitarbeiter	Häufigkeit, Zeitbedarf, Kosten	BP, VP, VV, VO	Kapazitätsplanung im Kundendienstbereich	Reparaturdienstunterstützung
2.	Servicequalität	Kundengruppen, KD-Zentrale	Durchlaufzeit, Termintreue	BP, T, VV, VO	Personalplanung der Kundendienstabteilung, Schulungs- und Weiterbildungsmaßnahmen, Auswahl der Serviceleistungen	Reklamationsverwaltung, Problem-Management-System (PMS)
3.	Anfragen, Verbesserungsvorschläge	Produkt	Häufigkeit	BP, VV, VO	Kriterien für Produktverbesserungen und -neuentwicklungen	Reparaturdienstunterstützung, Reklamationsverwaltung, PMS
4.	Reklamationen, Beschwerden, Reparaturen	Kunde, Produkt, Fertigungsschritt, berechtigt/unberechtigt, Reklamationsfälle nach Fehlerquellen	Anzahl, Schadenshöhe, Garantieleistung, Kulanzanerkennung (Zahl und Wert), Bedeutung des reklamierenden Kunden (A-Kunde?), mittlere Durchlaufzeit von Reklamationen	AK, BP, T, VV	Vorgaben für Konstruktion, Produktion, Dokumentation (technische Handbücher), Rückstellungen für Garantie und Kulanzfälle, Ersatzteildisposition, Preispolitik (z. B. für Wartungsverträge), Bewertung von Kundenbeziehungen, Kulanzentscheidungen (z. B. Umtausch statt Reparatur), Ursachenanalyse (z. B. Einarbeitungszeiten), Steuerung des Einsatzes der Wartungstechniker, Kapazitätsplanung im Kundendienstbereich	Reklamationsverwaltung, PMS, Gutschriftenerteilung, Debitorenbuchhaltung, CAQ
5.	Ökobilanzen, Stoff/Energiebilanzen, Bestände umweltgefährdender Materialien, Recyclingquoten	Standorte, Stoffe, Energie, Produkte, Fertigungsschritte, Entsorgungsunternehmen	Menge, Kosten	AK, BP, T, VP, VV	Produkt- und Produktionsprozessverbesserungen hinsichtlich Umweltwirkungen und Recyclingfähigkeit, Senken der Material- und Energieverbräuche, Senken von Entsorgungskosten (z. B. durch Losbildung der Abfälle), Verringerung interner Transporte, Marketing	Beschaffung, Lagerhaltung, Debitoren-/Kreditorenbuchhaltung, Entwurf und Konstruktion, Arbeitsplanerstellung, Produktionsplanung und -steuerung, Gebäudeverwaltung

AK = Akkumulierte Werte für Berichtszeitraum, BP = Berichtsperiode, VP = Vergleich mit Plan, VV = Vergleich mit Vorperiode bzw. entsprechendem Vergangenheitszeitpunkt, T = Trend

Abb. 4.7.1/2   Zusammenfassende Übersicht zum Informationskatalog im Kundendienstsektor

4.7.2 Ein ausgewähltes PuK-System: Das Beschwerdemanagement-System Sorry!

Das Softwaresystem **Sorry!** der **Rödl Consulting AG** liefert unter anderem Informationen über Kundenanliegen, Kundengruppen, Beschwerdewege (z. B. Quote der telefonischen Artikulation), über die Bezugsbereiche (z. B. Beschwerdehäufigkeit pro Produkt oder pro Dienstleistung), die Problemkategorie (z. B. Häufigkeit eines Beschwerdegrunds aus Kundensicht) oder über die geäußerte Handlungsabsicht (z. B. „an die Presse gehen" oder „Anwalt einschalten"). Das System gestattet es auch, Kreuztabellen anzuzeigen. In diesen werden Daten des Beschwerdemanagements in Beziehung gesetzt, wie z. B. „Kunden-gruppe/Beschwerdeweg", „Kundengruppe/Beschwerdeanliegen" oder „Ort des Problem-auftritts/Kundenanliegen" [RÖD 08/STA 02].

Da **Sorry!** auf einem Workflow-Management-System (vgl. Band 1) basiert, ist es möglich, Bearbeitungs- und Liegezeiten einer Beschwerde in einzelnen Abteilungen zu überwachen [ADL 08].

4.7.3 Anmerkungen zu Kapitel 4.7

[ADL 08]	Persönliche Auskunft von Herrn M. Adler, Rödl Consulting AG, 2008.
[BEC 07]	Becker, J. und Rosemann, M., Logistik und CIM, Berlin u.a. 2007.
[GÖT 02]	Göttlicher, M., Beschwerdemanagement via E-Mail, in: Bruhn, M. (Hrsg.), Electronic Services, Wiesbaden 2002, S. 341-361, insbes. S. 353-354.
[KÜF 92]	Küffner, S., Konzeption und Realisierung eines computergestützten Rekla-mationsbearbeitungssystems in einem Unternehmen der Kunststoffindustrie, Diplomarbeit, Nürnberg 1992.
[RÖD 08/STA 02]	Rödl & Partner GbR, Sorry! Schulungsleitfaden, Basis-Version 5.0, Nürn-berg 2008; Stauss, B. und Seidel, W., Beschwerdemanagement: Fehler ver-meiden – Leistung verbessern – Kunden binden, 2. Aufl., München u.a. 2002, insbes. Kapitel 12.1.
[STE 07]	Steven, M., Schwarz, E. J. und Letmathe, P., Umweltberichterstattung und Umwelterklärung nach der EG-Ökoaudit-Verordnung, Berlin u.a. 2007.

4.8   Finanzen

4.8.1   Überblick über den Informationskatalog

In diesem Sektor sind vier Kategorien von Führungsinformationen zu unterscheiden, die mithilfe der IV bereitgestellt werden können:

1. Angabe zur Unternehmenswertentwicklung („Value Reporting" bzw. „Value Added Reporting") [FIS 07 u.a.].

2. Bilanzen von Gliedunternehmen. Als „Nebenprodukt" der Konzernkonsolidierung (Band 1) fallen die Bilanzen von Konzerngliedern (z. B. Zwischenholdings für alle Gesellschaften eines Geschäftsgebiets, Kontinents, Landes) an. Für Zwecke der Managementinformation können auch Gruppierungen definiert werden, die nicht mit der durch die Anteilsverhältnisse und Vertragskonzerne vorgegeben sind. Man spricht dann auch von Management-Konsolidierung im Gegensatz zur gesetzlichen Konsolidierung [MEI 05].

3. Betriebsanalytische Kennzahlen. Das Teilinformationssystem übernimmt die Aufgabe einer „permanenten Betriebsanalyse".

4. Cashflow-Analysen. Der Cashflow sollte vor allem in Mittelbetrieben mindestens zur Deckung von Zins, Leasinggebühren, Steuern, Tilgung von Krediten, Reinvestitionen sowie zu Privatentnahmen bzw. zur Gewinnausschüttung ausreichen. Daher stellt der **DATEV Company-Check** sehr stark auf diese Größe ab [DAT o.J.].

5. Informationen zur Liquiditätsdisposition. Es ist die Aufgabe des IT-Systems, die Massen-Zahlungsströme zu prognostizieren. Dazu existieren zwei grundsätzliche Möglichkeiten: Entweder man sagt die Stände der liquiditätsrelevanten Konten zu einem bestimmten Zeitpunkt voraus oder man prognostiziert die Zahlungsströme selbst.

6. Investitionsplanung und Investitionskontrolle. Hierauf werden wir in den Abschnitten 4.8.2.2, 4.8.2.4, 4.8.2.5 und 4.8.2.6 eingehen.

7. Wegen der starken Beeinflussung der strategischen Entscheidungen durch Kennzahlen aus dem Finanzsektor ist es wichtig, die Qualität der Vorhersagen zu überwachen. Die Theorie der mathematisch-statistischen Prognose bietet ein reichhaltiges Arsenal an Maßstäben [KÜS 05].

Die im letzten Jahrzehnt verschärften Auflagen für die Rechnungslegung börsennotierter Aktiengesellschaften haben zur Folge, dass Konkurrenten mehr Einblick nehmen können. Effing und Henselmann ([EFF 02], [HEN 05]) haben gezeigt, dass so ergiebige Informationsquellen über die Wettbewerber entstehen, was Vertretung in einzelnen Branchen, die Reaktionsfähigkeit und die Erfolgsfaktoren angeht. Auch ihre Marktanteils-Marktwachstums-Portfolios können in erster Näherung geschätzt werden.

Die Führungsinformationen im Finanzierungs-Sektor haben zusammen mit denen im Rechnungswesen durch die höheren Anforderungen an die Unternehmenskontrolle im Gefolge des Sarbanes-Oxley Act und der Basel II-Richtlinien stark an Bedeutung gewonnen. Mehr als früher fürchten Führungskräfte, dass man ihnen im Einzelfall mangelnde Sorgfalt bei der Beschaffung von Kontrollinformationen unterstellen könnte. Vielfach sind aus „Kann-Informationen" de facto „Muss-Informationen" geworden. Einige derartige Angaben werden nach US-GAAP und den IFRS (International Financial Reporting Standards) bereits gefordert.

Abbildung 4.8.1/1 zeigt eine zusammenfassende Übersicht zum Informationskatalog im Finanzsektor. Interessante Hinweise findet man in [FIS 06] und [FIS 07 u.a.].

4.8.2 Ausgewählte PuK-Systeme

4.8.2.1 Systemgestützte Steuerung der Daimler AG

Im Rahmen der wertorientierten Unternehmensführung von **Daimler** stellt der Value Added (Wertbeitrag) die zentrale Steuerungsgröße sowohl auf Konzern- als auch auf Geschäftsfeldebene dar (vgl. Abbildung 4.8.2.1/1). Der Value Added ist eine absolute Maß-zahl und ermittelt sich als Differenz aus der operativen Ergebnisgröße und den Kapital-kosten. Die Kapitalkosten ergeben sich als Produkt aus durchschnittlich gebundenem Kapital (Net Assets) und Kapitalkostensatz.

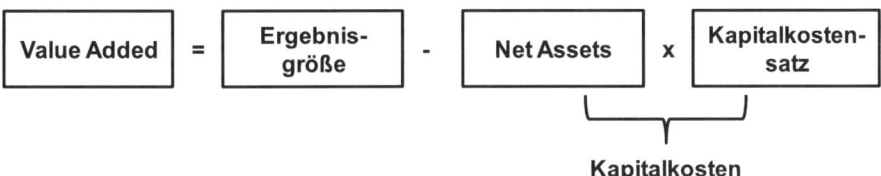

Kapitalkosten

Abb. 4.8.2.1/1   Value Added als zentrale Steuerungsgröße

Der Value Added zeigt auf, in welchem Umfang der Konzern und seine Geschäftsfelder insgesamt den Verzinsungsanspruch der Kapitalgeber erwirtschaften bzw. übertreffen und damit Wert schaffen.

Daimler legt bei der Konzernsteuerung großen Wert auf die Einheitlichkeit von internen und externen Berichtsgrößen. Zur Bestimmung der operativen Ergebnisgröße und der Kapitalbasis wird daher auf das externe Rechnungswesen gemäß den IFRS zurückgegriffen. Der anzuwendende Kapitalkostensatz wird aus dem Kapitalmarkt abgeleitet. Kalkulatorische Positionen sind aus Gründen der Einfachheit und besseren Kommunizierbarkeit nicht enthalten.

Für die Ermittlung und Berichterstattung der Steuerungsgrößen setzt **Daimler** die so genannte „**M**anagement **I**nformation **F**actory" (MIF) ein. Das konzernweite, web-basierte System zur Unterstützung des Abschlusses, der Planung und Berichterstattung ermöglicht eine effiziente Aufbereitung und Auswertung der Daten sowohl auf Basis der rechtlichen Struktur von Teilkonzernen als auch auf Basis der wirtschaftlichen Struktur der Geschäftsfelder. [WEN 08]

Nr.	Informationsart	Typische Untergliederung	Kriterien	Darstellung, insbes. zeitl. (Legende siehe unten)	Benötigt für … (typische Maßnahmen und Entscheidungen)	Daten liefernde Funktionen/ Teilfunktionen
1.	Überwachung des Unternehmenswerts	Geschäftsbereiche	Rentabilität, Börsenwertentwicklung, gebundenes Kapital, Kapitalkosten	S, VP, VV, VO, Z	Portfoliobereinigung, Entscheidung über Fortführung, Abgabe oder Ausbau von Geschäftsbereichen	Finanzbuchhaltung, externe Marktwerte
2.	Aktienkursentwicklung	Tochtergesellschaften in der Rechtsform AG	Höchst- und Tiefststand, Vergleich zum DAX, Vergleich zum Dow Jones, Vergleich mit Wettbewerbern, Aktienkurs pro Mitarbeiter	BP, VV, VO (Zeitreihen)	Wertorientierte Führung, Festlegung der Bezüge von höheren Führungskräften, Kommunikationspolitik mit Analysten und Aktionären, Portfoliobereinigung	(Externe Datenbanken)
3.	Cashflow-Entwicklung		Cashflow gesamt, Cashflow je Aktie	BP, VP, VV	Liquiditätsdisposition, Finanzplanung	Finanzbuchhaltung
4.	Kapitalkosten	Kapitalformen (Eigenkapital, Fremdkapital)		BP, VV	Finanzplanung, Kapitalerhöhung, Kapitalrückzahlung, Berechnung des Unternehmenswerts	Kostenstellenrechnung
5.	Betriebsanalytische Kennzahlen	Kennzahlentypen (z. B. Wirtschaftlichkeit, Rentabilität, Liquiditätsgrade, Anlagendeckung, Verschuldungsgrad, Skontoinanspruchnahme)	Je nach Kennzahl	S, VV, VP, VO, T, Z	Betriebskontrolle, Planung, Abgabe und Kauf von Tochtergesellschaften, Schließung und Ausbau von Geschäftsbereichen	

			BP, S, VP, VV	Hauptbuchhaltung	
6.	Abschlüsse von Konzernteilen	Tochtergesellschaften, Geschäftsgebiete, Region	BP, S, VP, VV		
7.	Credit Rating	Angaben von Standard & Poor's, Moody's	VV, T	Veränderung der Kapitalstruktur	(Externe Datenbanken)
8.	Liquiditätsbestände	Konten	S, VV, VP, VN	Liquiditätsdisposition	Finanzbuchhaltung
9.	Liquiditätsprognose	Konten, Kassen, Mittelherkunft und -verwendung	S, Z, VV, VP	Liquiditätsdisposition, Finanzplanung	Finanz- und Liquiditätsplanung
10.	Werte und Abschreibungen von Anlagen	Anlagen, Werttypen (z. B. Restbuchwerte gem. handels- und steuerbilanzieller sowie betriebswirtschaftlich-kalkulatorischer Abschreibungen)	S, VV	Abschreibungspolitik, Steuerpolitik	Anlagenbuchhaltung
11.	Investitionskontrolle	Investitionsobjekte, Kostenarten, Ertragsarten, Investitionskriterien	BP, AK, VP, VO	Einleiten von Lernprozessen zur Investitionsplanung, Verbesserung der Datenschätzung bei der Investitionsplanung, Anhaltspunkte für kapitalsparende Maßnahmen, Automatisierungspolitik	Kostenstellenrechnung, Investitionsplanung, Investitionskontrolle

Spaltenbeschreibung zu den Positionen:
- 6.: Beteiligungscontrolling, Verkauf von Tochtergesellschaften
- 8.: Bestand, Kosten der Liquiditätsvorhaltung
- 9.: Bestand, Kosten der Liquiditätsvorhaltung
- 10.: Entwicklung, Zeitablauf
- 11.: Differenz zwischen Plan und Ist, Investitionskriterien, z. B. Rentabilität, interner Zinsfuß, Amortisation

Abb. 4.8.1/1 Zusammenfassende Übersicht zum Informationskatalog im Finanzsektor

Nr.	Informationsart	Typische Untergliederung	Kriterien	Darstellung, insbes. zeitl. (Legende siehe unten)	Benötigt für ... (typische Maßnahmen und Entscheidungen)	Daten liefernde Funktionen/Teilfunktionen
12.	Betriebsvergleichsdaten	Kennzahlentypen, Vergleichsobjekte (z. B. Gliederunternehmen eines Konzerns)	Je nach Kennzahl	S, VV, VP, VO, T, Z	Betriebskontrolle, Planung	
13.	Kosten der Finanzabteilungen	Abteilungen, Kostenarten	Kosten, Soll- und Plan-Kostenabweichungen	BP, AK, VV, VN, VP, VO, T	Kostenkontrolle, Anreizsysteme	Kostenstellenrechnung
14.	Prognosequalität	Liquidität, Cashflow, Rentabilität	Standardabweichung, Varianz, MAD (Mittlere Arithmetische Abweichung), Fehlersumme	BP, VV	Umparametrierung benutzter Verfahren, Wechsel der Verfahren	Liquiditätsdisposition, Finanz- und Liquiditätsplanung

AK = Akkumulierte Werte für Berichtszeitraum, BP = Berichtszeitraum, S = Stichtag, T = Trend, VN = Vergleich mit Normwert, VP = Vergleich mit Plan, VV = Vergleich mit Vorperiode bzw. entsprechendem Vergangenheitszeitpunkt, Z = Zukunft

Abb. 4.8.1/1   Zusammenfassende Übersicht zum Informationskatalog im Finanzsektor (Fortsetzung)

4.8.2.2 Investitionsplanung

Auf verschiedene Weise kann die IV Hilfen bei der Investitionsplanung bereitstellen:

1. Feststellung von notwendigen Investitionen. Hierzu dienen die Informationen über Kapazitätsengpässe, die vom Teilinformationssystem im Fertigungssektor ausgegeben werden (vgl. Abschnitt 4.5.1). Das in Abschnitt 4.5.2.3 erwähnte Simulationsmodell hilft zu erkennen, wo knappe Finanzmittel mit Priorität zu investieren sind.

2. Ermittlung von günstigen Investitionsbudgets bei begrenzten finanziellen Ressourcen und anderen Restriktionen. Hierzu verwendet man in der Praxis für Großprojekte verschiedentlich Modelle der Linearen Planungsrechnung in Verbindung mit Sensitivitätsanalysen (vgl. auch die Ausführungen über Unternehmensplanungs-Modelle in Kapitel 6).

3. Feststellung der Gewinn-Risiko-Kurve der Investitionsprojekte. Dazu können Investitionssimulationen eingesetzt werden.

4. Unterstützung von Punktbewertungsverfahren zur Auswahl von Investitionsvorhaben.

Die zu skizzierenden Modelle betreffen nicht nur die reinen Sachanlageinvestitionen. Vielmehr gelten sie zum größten Teil auch für den Erwerb von Beteiligungen oder auch für die Risikoanalyse von Forschungs- und Entwicklungsprojekten.

Eine umfassende computergestützte Investitionsplanung kann man sich als idealtypischen Ablauf aus den folgenden Modulen zusammengesetzt denken [EMM 74]:

1. Simulation zur Ermittlung der Verteilung von Werten des Rentabilitätskriteriums.

2. Ermittlung der kritischen Werte bzw. Sensitivitätsanalyse des Rentabilitätskriteriums.

3. Vorauswahl aufgrund der Ergebnisse gemäß Punkt 1. und 2. Es werden jetzt Investitionsprojekte ausgeschieden, die bestimmte Mindestanforderungen an das Rentabilitätskriterium nicht erfüllen.

4. Aufbau eines Punktbewertungssystems (Nutzwertanalyse) der qualitativen Merkmale. In dieser Phase werden das Rentabilitätskriterium und die qualitativen Investitionskriterien verknüpft.

5. Simulation alternativer Investitionsprogramme.

Hinzu kommen Brückenprogramme, die aus der administrativen IV die für die Investitionsrechnung notwendigen Daten sammeln sowie akkumulieren, und Teilsysteme zum Aufbereiten verschiedener Berichte.

Zu 1.:

Wir wollen für die nächsten Überlegungen annehmen, dass als Maßstab für die Rentabilität eines Investitionsobjektes der interne Zinsfuß herangezogen wird (man könnte ohne Schwierigkeit die gleichen Betrachtungen auch anstellen, wenn das Kriterium der Kapitalwert wäre).

Bei einer konventionellen Berechnung des internen Zinsfußes würde man für die zugehörigen Eingabegrößen (insbesondere Anschaffungsausgaben, Periodenauszahlungen, Periodeneinzahlungen, Nutzungsdauer, Restwert zum Ende der Nutzungsdauer) je einen Wert schätzen und entsprechend einen Wert für den internen Zinsfuß erhalten. Mit diesem Verfahren trägt man der Unsicherheit der Schätzungen in keiner Weise Rechnung. Gerade das aber versucht man durch Einsatz der Simulation zu erreichen.

Im einfachsten Fall werden für jedes in die Rechnung eingebaute Datum mehrere Schätzungen eingeholt und daraus wird eine Wahrscheinlichkeitsfunktion konstruiert (Vorphase). Mithilfe dieser Wahrscheinlichkeitsfunktionen zieht man dann jeweils einen Satz Eingabewerte (Hauptphase) und berechnet mit diesem den internen Zinsfuß. Jede Berechnung kann man als eine Stichprobe auffassen, jedoch ist durch die Simulationstechnik sichergestellt, dass die einzelnen Eingabewerte mit einer Häufigkeit auftreten, die ihrer Wahrscheinlichkeit entspricht [BLO 06].

Verfeinerungen dieses einfachen Verfahrens müssen in zwei Richtungen gehen:

a) Die Simulation wird auf jene Größen ausgedehnt, aus denen sich die oben genannten Daten im Modell errechnen lassen. Beispielsweise schätzt man nicht die jährlichen Einzahlungen, die die Folge der Investition sind, sondern Marktwachstum, Marktanteile, Preisentwicklung und Ähnliches und errechnet daraus zunächst die Einzahlungen der Zukunftsperioden.

b) Man berücksichtigt die Tatsache, dass die einzelnen Daten oft voneinander statistisch abhängig sind. Zum Beispiel lassen sich Wirkungen der Preise auf die Absatzmenge einbauen. Bestimmte Werte aus der Wahrscheinlichkeitsverteilung der Preise (z. B. sehr hohe Preise) und der der Absatzmenge (z. B. sehr hohe Verkaufsmengen) dürfen dann nicht gleichzeitig auftreten. Am einfachsten gelingt es in unserem Fall, die erwähnten Abhängigkeiten zu berücksichtigen, wenn man für verschiedene Preisklassen verschiedene Absatzmengenverteilungen speichert. Bei der Simulation wird dann zunächst ein Preis generiert. Dieser determiniert die Verteilung, der der Absatz entnommen wird. Bei einem anderen Verfahren werden die Parameter der Absatzmengenverteilung über eine Funktion aus dem während der Simulation gezogenen Preis errechnet. Die Verteilung wird also erst gebildet, wenn der Preis bereits bekannt ist.

Abbildung 4.8.2.2/1 zeigt die Summenkurve der Wahrscheinlichkeiten. Daraus mag man z. B. entnehmen, dass der interne Zinsfuß mit einer Wahrscheinlichkeit von 50 % nicht kleiner als 10 % sein wird.

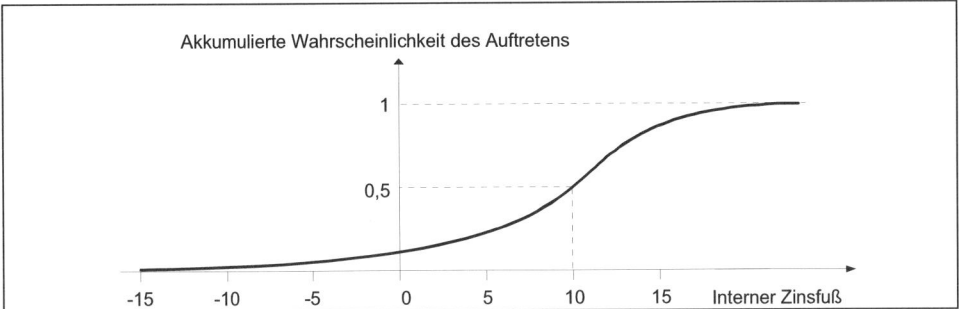

Abb. 4.8.2.2/1   Beispiel für eine Wahrscheinlichkeitsverteilung des internen Zinsfußes

Zu 2.:

In der zweiten Phase kann man feststellen, welches die kritischen Werte bei der Berechnung sind, z. B. bei welcher Absatzmenge der interne Zinsfuß Null wird [KIL 65], oder auch Sensitivitätsanalysen durchführen, die aufzeigen, wie sich der interne Zinsfuß verändert, wenn sich andere besonders unsichere Eingabegrößen, etwa die Verkaufsstückzahl, um gewisse Beträge ändern.

Zu 3.:

Nach Abschluss der Phase 2 ist das Investitionsobjekt hinsichtlich seiner Rentabilität und des mit der Rentabilitätsaussage verbundenen Risikos intensiv analysiert. Auf der Basis dieser quantitativen Informationen findet nun eine Vorauswahl statt, die z. B. die erklärten Investitionsregeln der Unternehmensführung berücksichtigt, etwa dass kein Projekt in die engere Auswahl kommen darf, bei dem nicht mit einer Wahrscheinlichkeit von mindestens 50 % ein interner Zinsfuß größer als 5 % erreicht wird, oder kein Vorhaben, bei dem sich mit einer Wahrscheinlichkeit größer als 20 % ein negativer Zinsfuß ergeben dürfte.

Zu 4.:

In der vierten Phase werden qualitative Investitionskriterien neben die Rentabilitätskriterien gestellt. Man verwendet die Technik der Nutzwertanalyse. Im Folgenden wollen wir skizzieren, wie diese Analyse speziell bei der computergestützten Investitionsplanung aussehen kann:

Qualitative Kriterien sind z. B. die Erfüllung gesetzlicher Auflagen, die Unfallsicherheit, die Verbesserung der Arbeitsumgebung und viele andere. Für die einzelnen Einflussgrößen werden individuelle Abstufungen gewählt, etwa bei der Unfallsicherheit:

I   absolut sicher,
II mit hoher Wahrscheinlichkeit keine Zwischenfälle,
III Zwischenfälle nicht ganz auszuschließen.

Den einzelnen Stufen können Punktwerte zugeordnet werden, z. B. der Stufe I 5, der Stufe II 3 und der Stufe III 0 Punkte. Ferner lassen sich die Kriterien untereinander noch gewichten, etwa die Unfallsicherheit dreimal so stark wie die ergonomische Verbesserung der Arbeitsumgebung.

Um der Vergleichbarkeit willen kann man auch den Rentabilitäts-Risiko-Kombinationen Punktwerte zuordnen, z. B. einem internen Zinsfuß, der mit einer Wahrscheinlichkeit größer 80 % größer als 15 % ist, 4 Punkte, einem internen Zinsfuß, der mit einer Wahrscheinlichkeit von 51 bis 80 % größer als 15 % ist, 3 Punkte usw.

Auf einem Bildschirm wird eine Matrix aufgebaut, bei der die Spalten die Kriterien, die Zeilen die einzelnen vorgeschlagenen Investitionsobjekte zeigen; die Matrixelemente enthalten in diesem Fall die Punktwerte, in der letzten Spalte findet sich die Punktesumme des Investitionsobjekts.

Zu 5.:

Aufgrund der im Schritt 4) aufgebauten Matrix kann nun bereits die Auswahl – etwa durch Vergleich der in den Matrixelementen enthaltenen Punktzahlen – erfolgen. Eventuell wird der Komfort für das Management auch verbessert, wenn die verschiedenen Objekte in eine bestimmte Reihenfolge gebracht werden oder das System zu jedem Budget den gesamten Finanzmittelbedarf in verschiedenen Perioden angibt. Weiterreichende Gedanken zielen darauf, die Veränderung bestimmter Kennzahlen für die Gesamtunternehmung durch das Investitionsprogramm zu prognostizieren.

Die skizzierte Vorgehensweise befriedigt theoretisch nicht voll, weil die Wechselwirkung zwischen den einzelnen Projekten des Budgets nicht berücksichtigt wird. Zweifellos wird aber ein Investitionsportfolio, das aus einander ähnlichen Investitionsprojekten besteht, andere Gewinn- und Risikowirkungen zeitigen als ein Budget, dessen Einzelvorhaben voneinander unabhängig sind. Ähnliche Vorhaben, die etwa von verschiedenen Divisionen eines Großunternehmens beantragt werden, führen möglicherweise zu einer Übersättigung eines bestimmten Marktes mit negativen Auswirkungen auf die Rentabilität. Diese Aussage lässt sich aber andererseits nicht verallgemeinern, weil sich bestimmte Projekte auch hervorragend ergänzen können. Es liegt nahe, zur Lösung der angedeuteten Probleme die Theorie der Portfolio-Selektion heranzuziehen, die für die Zusammenstellung von Wertpapierportefeuilles entwickelt wurde (vgl. Abschnitt 6.2.7), jedoch wird ein komfortabler Mensch-Maschine-Dialog in den meisten Fällen die praxisgerechtere Lösung sein, denn unter den komplizierten Gegebenheiten industrieller Investitionspolitik überblickt nur ein Gremium von Führungskräften, meist der höchsten Managementebene, die zahlreichen Wechselwirkungen zwischen den einzelnen Vorhaben hinreichend.

4.8.2.3 Investitionsrealisierungskontrolle

In großen dezentralisierten Unternehmen stellt die Kontrolle der Realisierung von Investitionsplänen unter Umständen ein nicht zu unterschätzendes Informationsproblem dar. So kann sich in einem Unternehmensbereich bereits abzeichnen, dass ein Investitionsbudget im laufenden Jahr nicht ausgeschöpft wird, während in einem anderen Bereich abzusehen ist, dass zusätzliche Investitionsmittel benötigt werden. Nur wenn die zentrale Finanzleitung den Überblick darüber hat, kann sie rechtzeitig für Ausgleich sorgen. Hierzu ist es erforderlich, den verabschiedeten Investitionsplan mit den Anschaffungs- bzw. Herstellkosten der einzelnen Investitionsvorhaben sowie mit den voraussichtlichen Grobterminen der Bestellung und der Zahlung zu speichern. Diesen Daten werden pro Investitionsvorhaben die Ist-Daten der Bestellung bzw. der Zahlung gegenübergestellt und dann die Abweichungen ausgegeben.

Dabei ist zu unterscheiden zwischen Abweichungen geplanter und eingetretener Anschaffungs- und Herstellkosten bei abgeschlossenen Investitionen einerseits und nur zeitlich verschobenen bzw. vorgezogenen Investitionen andererseits. Die Anschaffungs- bzw. Herstellkosten der bestellten bzw. installierten Investitionsobjekte ergeben sich aus der Anlagenbuchhaltung.

4.8.2.4 Investitionserfolgskontrolle

Mit einer projekt-(objekt-)bezogenen Investitionserfolgskontrolle kann man in einer idealtypischen Betrachtung vor allem drei Zielsetzungen verfolgen [LÜD 69]:

1. Kontrolle der Annahmen bei der Investitionsplanung (es soll den für die Plandaten Verantwortlichen bekannt sein, dass ihre Annahmen und Planungen überprüft werden).

2. Auslösen eines Lernprozesses zur Verbesserung zukünftiger Planungen.

3. Rechtzeitige Einleitung von Maßnahmen bei ungünstiger Entwicklung des Investitionserfolgs.

Die computerunterstützte Investitionserfolgskontrolle bedient sich der im Rahmen eines integrierten Systems ohnehin erfassten Daten und ist infolgedessen mit erträglichem Aufwand realisierbar.

Es kann wie folgt verfahren werden:

1. Für das Investitionsobjekt wird ein Aufwandsspeicher definiert und darin werden die angefallenen Auszahlungen für das Investitionsobjekt festgehalten.

2. Wenn das Zuordnungsproblem lösbar ist, können die Investitionserträge im gleichen Speicher akkumuliert werden.
   Auszahlungen und Einzahlungen werden einander gegenübergestellt und periodisch (z. B. jährlich) wird das Investitionskriterium (z. B. Kapitalwert oder interner Zinsfuß) berechnet.

3. Es wird ermittelt, welchen Wert das Investitionskriterium zum Berechnungszeitpunkt gemäß Plan haben sollte.

   Beispiel:
   Das Unternehmen arbeitet mit der Kapitalwertrechnung. Für ein Investitionsobjekt wird eine Nutzungsdauer von sechs Jahren geplant. Das Investitionsobjekt ist seit drei Jahren realisiert. Es werden der Ist-Kapitalwert ermittelt und ferner der Plan-Kapitalwert nach drei Jahren, der sich ergibt, wenn man nur die für die ersten drei Jahre geplanten Ein- und Auszahlungen dem Investitionsbetrag gegenüberstellt. Eine andere Möglichkeit wäre, im Betrachtungszeitraum eine Hochrechnung des gesamten Investitionsergebnisses für den Zeitpunkt des Nutzungsdauerendes durchzuführen und dann den Hochrechnungswert mit dem der Planung zugrunde liegenden Investitionskriterium zu vergleichen [LÜD 69].

4. Treten Plan-Ist-Abweichungen über eine bestimmte Toleranz hinaus auf, so werden vom IV-System entsprechende Hinweise ausgegeben.

In ähnlicher Weise wie Kosten-, Erlös- oder DB-Abweichungen lassen sich auch Abweichungen des Kapitalwerts aufspalten, z. B. in Einzahlungs-, Auszahlungs- und Zinsabweichungen [SCHA 93]. Bei gewissen Investitionsprojekten, z. B. bei Forschungs- und Entwicklungsvorhaben, kann es sich empfehlen, nur zu kontrollieren, ob die Gewinnschwelle (Break-even-Punkt) pünktlich, vorzeitig oder zu spät erreicht wird.

Es ist bei der Konzeption eines Systems der Investitionserfolgskontrolle die Frage zu stellen, ob man sich auf einen Teil der Investitionsplandaten beschränkt, und zwar auf Daten, die mithilfe des IV-Systems bei vertretbarem Aufwand bereitgestellt werden können. Wenn sich z. B. während der Investitionsvorbereitung die Erlöszurechnung als schwierig erwiesen hat und daher bestimmte mehr oder weniger willkürliche Annahmen getroffen werden mussten, ist es kaum möglich, dem Investitionsobjekt automatisch Ist-Erlöse zuzuordnen. In diesem Fall könnte man die maschinelle Investitionserfolgskontrolle auf die Kostenseite begrenzen. Eine weitere Möglichkeit besteht darin, die Investitionskontrolle allein auf eine „kritische Variable" [LÜD 69] zu konzentrieren, wobei z. B. mithilfe von Empfindlichkeitsanalysen vorweg jene Einflußgrößen ermittelt werden, die den Investitionserfolg besonders stark bestimmen (das kann z. B. bei einer empfindlichen neuartigen Maschine der Ausschussfaktor sein).

Bei **ZF Lenksysteme GmbH**, einem Gemeinschaftsunternehmen zwischen der **ZF Friedrichshafen AG** und der **Robert Bosch GmbH**, gibt es ein System zur Erfolgskontrolle von Ausstattungsinvestitionen. Diejenige Investitionsrechnung, die Grundlage der Investitionsentscheidung war, bleibt im Rechner gespeichert und kann den Ergebnissen einer nach circa zwei Jahren stattfindenden Überprüfung gegenübergestellt werden.

Diese Rechnungen erfolgen mit dem PC; sie beinhalten auch grafische Ausgaben und Alternativrechnungen bzw. Sensitivitätsanalysen, z. B. um zu zeigen wie sich die interne Verzinsung von Werkzeugmaschinen und Montageanlagen in Abhängigkeit von alternativen Verkaufspreisen, Zahlungsbedingungen und Kostenansätzen entwickelt. Die Simulation wird auch herangezogen, um bei festgelegtem Ziel (Internal Rate of Return/Interner Zinsfuß) und gegebenen Investitionen in Abhängigkeit vom Absatzvolumen einen Ziel-Verkaufspreis zu ermitteln.

Bei **ZF Lenksysteme** löst die Investitionserfolgskontrolle dann, wenn die Zielgrößen nicht erreicht werden, Verbesserungsmaßnahmen in zwei Richtungen aus: Einerseits sind Aktionen zu definieren und umzusetzen, um die ursprüngliche Verzinsung darzustellen (Rüstzeitoptimierung, Taktzeitreduzierung, Auslastungsverbesserung etc.). Andererseits geben wiederholte Abweichungen in die gleiche Richtung einen Hinweis auf grundsätzliche Prozess- und Kalkulationsfehler im Zuge der Erstellung der Wirtschaftlichkeitsrechnung (Regelkreis) [KOT 08].

4.8.3 Anmerkungen zu Kapitel 4.8

[BLO 06]   Zahlenbeispiele findet der Leser bei: Blohm, H. und Lüder, K., Investition, 9. Aufl., München 1996.

[DAT o.J.]   DATEV Company-Check, Software für internationale Steuerberater und Wirtschaftsprüfer, interne Broschüre, Nürnberg o.J.

[EFF 02]   Effing, W., Jahresabschlussbasierte Konkurrenzanalyse, Aachen 2002.

[EMM 74]   Die in diesem Kapitel vorgetragenen Ideen verdanken die Verfasser zum großen Teil P. Emmert (Die Planung und Beurteilung von Investitionsvorhaben in einem Mensch-Maschinen-Kommunikations-System, Dissertation, Nürnberg 1974).

[FIS 06]   Fischer, Th. M. und Klöpfer, E., Value Reporting, Zeitschrift für Controlling & Management o.Jg. (2006) Sonderheft 3, S. 4.

[FIS 07 u.a.]   Fischer, Th. M. und Klöpfer, E., Business Reporting – Neue Inhalte der Berichterstattung von Unternehmen, RWZ 17 (2007) 3, S. 76-81; Entwicklung und Perspektiven des Value Reporting, Zeitschrift für Controlling & Management o.Jg. (2006) Sonderheft 3, S. 5-14.

[HEN 05]   Henselmann, K., Value Reporting und Konkurrenzanalyse, Betriebswirtschaftliche Forschung und Praxis 57 (2005) 3, S. 296- 305.

[KIL 65]   Vgl. dazu insbes. Kilger, W., Kritische Werte in der Investitions- und Wirtschaftlichkeitsrechnung, Zeitschrift für Betriebswirtschaft 35 (1965) 6, S. 338-353.

[KOT 08]   Persönliche Auskunft von Herrn W. Kottmann, ZF Lenksysteme GmbH, 2008.

[KÜS 05]   Küsters, U., Evaluation, Kombination und Auswahl betriebswirtschaftlicher Prognoseverfahren, in: Mertens, P. und Rässler, S. (Hrsg.), Prognoserechnung, 6. Aufl., Heidelberg 2005, S. 367-404.

[LÜD 69]   Lüder, K., Investitionskontrolle, Wiesbaden 1969.

[MEI 05]   Meier, M. C., Sinzig, W. und Mertens, P., Enterprise Management with SAP SEM / Business Analytics, 2. Aufl., Berlin-Heidelberg 2005, S. 62.

[MER 82]   Mertens, P., Simulation, 2. Aufl., Stuttgart 1982, S. 112.

[SCHA 93]   Schaefer, S., Datenverarbeitungsunterstütztes Investitions-Controlling: Investitionsplanung und Investitionskontrolle im Rahmen des betrieblichen Investitions-Controllingsystems, München 1993, insbes. S. 160-164.

[WEN 08]   Persönliche Auskunft von Herrn A. Wenzlawe, Daimler AG, 2008.

4.9 Rechnungswesen

4.9.1 Überblick über den Informationskatalog

Im Mittelpunkt der Führungsinformationen im Rechnungswesen stehen naturgemäß die Plan-Ist- bzw. Soll-Ist-Abweichungen. Dabei mag das Gedankengut der Plankostenrechnung weit gehend auf IV-Systeme übertragen werden; mehr noch, erst die IV schafft die Voraussetzungen für elegante Plankostenrechnungsverfahren, weil im Vergleich zur personellen Handhabung der Eingabeaufwand nicht mehr so ins Gewicht fällt. Denn man kann nicht nur die erforderlichen Ist-Zahlen als Nebenprodukt anderer Programme bekommen, sondern auch die Kostenplanung zumindest bei den Massendaten mit der IV wirksam unterstützen (vgl. Abschnitt 4.9.2.2).

Neben der Plankostenrechnung gewinnt auch ein anderes Instrument des Rechnungswesens mit der integrierten IV und im Rahmen von Management-Informationssystemen wachsende Bedeutung, und zwar die stufenweise Deckungsbeitragsrechnung und -analyse [RIE 94/SCHW 92].

Ähnlich wie verhältnismäßig komplizierte Rechentechniken zu entwickeln waren, um in der Plankostenrechnung zwischen Preis-, Verbrauchs- und Beschäftigungsabweichungen zu trennen, sind relativ umfangreiche computergestützte Analyserechnungen notwendig, um herauszufinden, ob die Änderung eines Deckungsbeitrags ihre Ursache in Preis- oder Mengenänderungen oder in der Verschiebung der Struktur der abgesetzten Mengen hat. Mit einer Deckungsbeitrags-Fluss- bzw. Deckungsbeitrags-Kontrollrechnung erkennt man z. B., inwieweit im Vergleich zur Planung zu geringe Deckungsbeiträge darauf zurückzuführen sind, dass ein **Chemieprodukt** mehr als vorhergesehen in einer hinsichtlich des Deckungsbeitrags ungünstigen Packungsgröße gekauft wurde [LIN 79/KLO 87].

Eine dritte Informationskategorie sind Kostenkennzahlen, wobei man in günstigen Fällen, so z. B. in Konzernen mit in der Struktur und Aufgabenstellung vergleichbaren Konzerngliedern, auch zwischenbetriebliche Vergleiche bzw. Benchmarks auf der Basis solcher Größen anstreben wird.

Eine besondere Form von Kennzahlen sind die Kostenelastizitäten, die angeben, welche Veränderungen bei den Kosten in Abhängigkeit von den Veränderungen bei anderen Daten, z. B. bei Mengenausbringungen oder Umsätzen, eintreten.

Die Controller müssen gegen sich gelten lassen, dass auch ihre Tätigkeit und Ergebnisse („Controller-Produkte") gemessen und überwacht werden. Hierzu dienen neben den Kosten der Rechnungswesenabteilungen z. B. Angaben darüber, wann Inhalt, Umfang und Häufigkeit von Controller-Leistungen zum letzten Mal evaluiert wurden, wie sich die Prüfaktivitäten auf Funktionen und Prozesse im Unternehmen verteilen oder welche Teilbereiche seit einem parametrierbaren Zeitpunkt nicht kontrolliert wurden [WEB 97]. Freilich setzen derartige Führungsinformationen beträchtliche personelle Aufschreibungen voraus.

Eine zusammenfassende Übersicht zum Informationskatalog im Sektor Rechnungswesen bringt Abbildung 4.9.1/1.

Nr.	Informationsart	Typische Untergliederung	Kriterien	Darstellung, insbes. zeitl. (Legende siehe unten)	Benötigt für... (typische Maßnahmen und Entscheidungen)	Daten liefernde Funktionen/ Teilfunktionen
1.	Plankosten	Kostenstellen, Kostenarten	Kosten	Z, VV, VO	Kostenplanung, Finanzplanung	Kostenplanung, Kostenstellenrechnung
2.	Abweichungen	Kostenstellen, Kostenträger, Kostenarten, spezielle Budgets	Absolute und prozentuale Abweichungen, Relation von Kostenabweichungen zur Abweichung der Menge, der Dispositionsverfahren und des Beschäftigungsgrads	BP, AK, VV, VP, VO	Kostenkontrolle, Kostenplanung, erfolgsabhängige Entlohnung	Kostenplanung, Kostenstellenrechnung, alle Programme, die Mengen- und Wertdaten liefern, welche zur Abweichungsanalyse beitragen können, z. B. Fertigungsveranlassung, Fertigungsfortschrittskontrolle, Versandlogistik
3.	Deckungsbeiträge	Kostenstellen, Kostenträger	Absolute Deckungsbeiträge, relative Deckungsbeiträge, bezogen auf Umsatzwerte und -mengen, Inanspruchnahme von Engpässen, Abweichungen der Ist- von den Plan-Deckungsbeiträgen, gegliedert nach Mengen-, Preis- und Strukturabweichungen	BP, AK, VV, VP, VO, T	Vertriebspolitik, Kostenkontrolle, Investitionspolitik	Fakturierung, Kostenstellenrechnung, Kostenträgerrechnung
4.	Kostenkennzahlen	Kostenstellen, Kennzahlentypen	Je nach Kennzahlentyp	BP, AK, VV, VP, VO, T	Kostenkontrolle, Kostenplanung, erfolgsabhängige Entlohnung, Abweichungsanalyse	wie 2.

Abb. 4.9.1/1 Zusammenfassende Übersicht zum Informationskatalog im Sektor Rechnungswesen

Nr.	Informationsart	Typische Untergliederung	Kriterien	Darstellung, insbes. zeitl. (Legende siehe unten)	Benötigt für ... (typische Maßnahmen und Entscheidungen)	Daten liefernde Funktionen/ Teilfunktionen
5.	Kostenelastizitäten	Kostenstellen, Kostenarten	Kostenänderungen bei Mengen-, Dispositions- und Kapazitätsänderungen	AK, VO	Kostenplanung, Kostenkontrolle, Abweichungsanalyse, Investitionsplanung, Absatzpolitik	wie 2.
6.	Innerbetriebliche Leistungen	Liefernde und empfangende Kostenstelle, Leistungsdaten	Mengen- und wertmäßige Leistungen	BP, AK, VV, VP	Entscheidung über Eigenfertigung oder Fremdbezug	Lagerbestandsführung, Kostenstellenrechnung
7.	Kosten und Leistungen des Controlling	Funktionen, Prozesse, Organisationseinheiten	Kosten, Zeitanteile, zeitliche Abstände	BP, VV, VO	Steuerung der Controlling-Aktivitäten	Kostenstellenrechnung

AK = Akkumulierte Werte für Berichtszeitraum, BP = Berichtsperiode, T = Trend, VP = Vergleich mit Plan, VV = Vergleich mit Vorperiode bzw. entsprechendem Vergangenheitszeitpunkt, Z = Zukunft

Abb. 4.9.1/1   Zusammenfassende Übersicht zum Informationskatalog im Sektor Rechnungswesen (Fortsetzung)

4.9.2 Ausgewählte PuK-Systeme

4.9.2.1 Budgetierung bei der IBM Deutschland GmbH

Budgetierungssysteme sind geschlossene Konzepte, die das Erstellen und die Analyse operativer Pläne von Organisationseinheiten, ihre Aufbereitung für die vorgesetzten Instanzen sowie die Überwachung der Einhaltung genehmigter Pläne zusammen mit der Ermittlung und Verdichtung von Ist-Zahlen umfassen.

Bei der **IBM Deutschland GmbH** werden dabei Plan- und Ist-Werte einander gegenübergestellt [STO 83/WED 08].

Der operative Plan enthält den aktuellen Monat, sowohl als Einzelwert im Monat als auch aggregiert für den Zeitraum Januar bis laufender Monat (Jahresbetrachtung) bzw. für den Zeitraum Quartalsanfang bis laufender Monat (Quartalsbetrachtung); dabei werden auch die Werte gezeigt, die unter Berücksichtigung der Ist-Werte in den noch verbleibenden Monaten bis zum Quartalsende und bis zum Jahresende lt. Plan zu erbringen sind. Vergleichszahlen werden aus dem gleichen Monat des Vorjahres hinsichtlich der Plan-Ist-Situation der zwölf Monate bzw. vier Quartale des Vorjahres ausgewählt. Diese Betrachtungsweise gestattet kurzfristige Korrekturmaßnahmen bereits im laufenden Quartal, wenn geplante Ziele für das Ende dieses Quartals nicht erreicht werden können; insbesondere sind aber frühzeitige Plananpassungen für das oder die folgenden Quartale bis zum Jahresende möglich.

Das IV-System kann daraus bestimmte Analyseberichte ableiten, z. B. indem finanzielle Größen durch Mengenangaben (etwa Personalzahlen) dividiert und so Kennzahlen gewonnen werden.

Die IV-Unterstützung bei der operativen Planung ist vielschichtig. Beispielsweise kann man neue Zahlen aus alten durch Eingabe von Steigerungsprozentsätzen berechnen, die hierarchische Konsolidierung läuft weit gehend automatisch, es können nur die Prozentspalten ausgefüllt und die absoluten Zahlen daraus errechnet werden, es lassen sich Monatswerte aus Jahreswerten ermitteln (was z. B. bei den Gemeinkosten eine Rolle spielt), Alternativrechnungen sind möglich.

Die verabschiedeten Pläne werden gespeichert und dienen später als Grundlage für den Plan-Ist-Vergleich. Dieser kann auch durch Grafiken veranschaulicht werden. Besonderer Wert wird auf die Berechnung so genannter **Achievement Rates** gelegt, die das Maß der Planerreichung ausdrücken. Zu den historischen Achievement-Rates werden das arithmetische Mittel und die übliche Verteilung auf die Monate (im einfachsten Fall durch Zwölfteilung der Jahreswerte) sowie die monatlichen Extremwerte errechnet. Diese Werte stellt man den neuesten Achievement-Rates gegenüber, was relativ differenzierte Analysen erlaubt. Die Führungskräfte des mittleren und höheren Managements erhalten Einzel- und Summeninformationen aus der Analyse der ihnen berichtenden Abteilungen.

4.9.2.2 Kostenplanung

Das Kostenplanungsprogramm findet in den Kostenstellensätzen die Kostenarten mit ihrem jeweiligen Gegenwartsstand und mit Vergangenheitswerten. Werden darüber hinaus von anderen Programmen Daten über Mengenleistungen geliefert, so können die entstandenen Kosten zur Leistung in Beziehung gesetzt werden. Beispielsweise wird das Programm Lagerbestandsführung die angelieferten Halb- und Fertigfabrikate einspeichern, das Programm Fakturierung die Absatzmengen und -werte, das Lohnabrechnungsprogramm die geleisteten Lohnstunden und gegebenenfalls auch die gefahrenen Maschinenstunden.

Dann kann die Planung der einzelnen Kostenarten nach den folgenden Verfahren durchgeführt werden:

1. Trendprognose. Sie entspricht dem weithin üblichen Vorgehen bei der personellen Kostenplanung.

2. Ableitungsprognose aufgrund signifikanter Abhängigkeiten. Das Programm benutzt charakteristische Kennzahlen, die einen Schluss von Leistungen auf Kosten erlauben, z. B. die Beziehungen zwischen dem Umsatz einer Artikelgruppe und dem Verbrauch einer bestimmten Hilfsstoffart. Derartige Kennzahlen werden stets automatisch überprüft und auf den neuesten Stand gebracht. Eine Weiterentwicklung ist die Kostenprognose unter Verwendung der multiplen Regressionsrechnung [DIN 87].

3. Da nach vollzogener Fertigungsplanung die ungefähre Kapazitätsauslastung der Fertigungskostenstellen bekannt ist, kann das Kostenplanungsprogramm mithilfe von Variatoren durch Vergleich mit den Vergangenheitskapazitätsauslastungen und den Vergangenheitskosten die zukünftigen Plankosten ermitteln. Die Variatoren werden vom Kostenstellenrechnungsprogramm periodisch (z. B. monatlich) durch Gegenüberstellung von angefallenen Kosten und Kapazitätsausnutzung neu errechnet. Gegebenenfalls wird man die gültigen Variatoren selbst in einer exponentiellen Glättungsrechnung fortschreiben, um den Einfluss von Zufallsschwankungen einzuschränken.

4. Die Fertigungspläne liefern Mengen- und Zeitverbräuche (z. B. Maschinenlaufminuten), die unmittelbar (z. B. mit den Energiekosten pro Maschinenminute) bewertet werden können, um die Kosten zu erhalten.

5. Die personelle Eingabe von Plankosten ist vor allem bei ausgesprochen sprungfixen Kosten und bei solchen Aufwendungen unumgänglich, die in sehr unregelmäßiger Folge anfallen und trotzdem aus bestimmten Gründen nicht normalisiert werden sollen. Bei dieser Kategorie kann lediglich die Zuverlässigkeit der Kostenplanung dadurch gesteigert werden, dass das Stammdatenverwaltungsprogramm bei der Aufnahme neuer Stammdaten, z. B. bei der Einstellung eines Meisters, auch die entsprechende Veränderung der Kostenpläne anmahnt, falls diese nicht mit eingegeben wurde.

IV-Systeme machen so genannte mehrfach-flexible Plankostenrechnungssysteme möglich. Dabei treten neben die üblichen Verbrauchs-, Preis- und Beschäftigungsabweichungen weitere, so z. B. Ausbeute- und Intensitätsabweichungen. BDE- bzw. PDE- oder MDE-Systeme (vgl. Band 1) erlauben eine relativ saubere Abgrenzung der Abweichungen im Mengengerüst. Zum Beispiel können in einzelnen Perioden die Produktivitätsraten (etwa Menge pro Anschaltzeit eines Fertigungsaggregats) gemessen werden. Das IV-System schließt von diesen Daten auf die Produktionsintensität und rechnet die Abweichungen zwischen der Ist- und der Soll-Produktion in Kosten um. Ausbeuteabweichungen sind vor allem in der **Pharma-** und in der **Elektronikindustrie** (Chip-Fertigung!) von Bedeutung. Es ist zu beachten, dass sich die Einzelabweichungen in komplizierter Weise überlagern können. Hinweise zur formalen Behandlung finden sich bei Glaser [GLA 87]. Über Entscheidungstabellen oder Expertensystem-Techniken kann man im Rahmen der Auswertung Interpretationen der gegenseitigen Beeinflussung liefern; z. B. mag eine vorteilhafte Beschäftigungsabweichung (produzierte und verkaufte Menge größer als geplant mit entsprechenden Auswirkungen auf die verrechneten Fixkosten) bei gleicher zeitlicher Inanspruchnahme des Betriebsmittels auf größere Intensität zurückzuführen sein, wobei die Qualität und damit die Ausbeute nur leicht zurückgingen.

Das System **SAP ERP** bietet in seinem Modul CCA (**C**ost **C**enter **A**ccounting) eine Reihe von Funktionalitäten zur Planung **in den einzelnen Kostenstellen**; diese lassen sich in unterschiedlicher Weise kombinieren. Die in der folgenden Darstellung gewählte Reihenfolge ist daher nicht zwingend.

1. Planung statistischer Kennzahlen
   Solche Kennzahlen benötigt man unter anderem für Umlagen. Beispiele sind die Anzahl Lkw-Kilometer oder die Anzahl Mitarbeiter-Arbeitsplätze pro Kostenstelle. Die Ausprägungen (Werte) der statistischen Kennzahlen können sowohl personell eingegeben als auch aus den verschiedenen Berichtssystemen von **SAP ERP** (wie etwa **LIS = Logistikinformationssystem**, **VIS = Vertriebsinformationssystem**) übernommen und gegebenenfalls anschließend personell angepasst werden. Das System leistet darüber hinaus Unterstützung, indem beispielsweise ein Parameter „maximale Ausprägung" festlegt, welchen Wert die Kennzahl im Planungszeitraum nicht überschreiten darf.

2. Planung von Leistungsarten
   Mit ihrer Hilfe lässt sich die Leistungs-Menge einer Kostenstelle abbilden, z. B. gemessen in Fertigungsstunden. In einer hochintegrierten **SAP**-Installation gewinnt man die zugehörigen Daten für die Fertigungskostenstellen aus dem PPS-System.

3. Planung der Primärkosten
   Diese kann personell oder maschinell geschehen. Bei der personellen Primärkostenplanung werden die Kosten entweder in Abhängigkeit von einer Leistungsart oder Leistungsartengruppe geplant. Eine Trennung in fixe und variable Kostenbestandteile ist möglich. Bei der leistungsunabhängigen Planung setzt man die Primärkosten nicht in Beziehung zu einer Leistungsart. Dies kommt vor allem für langfristig fixe Kosten infrage, etwa die Grundsteuer. Im Rahmen der maschinellen Primärkostenplanung ermittelt **SAP ERP** Kosten auf der Grundlage definierter Regeln und Parameter. Ein Weg dahin ist die so genannte Planabgrenzung: Kalkulatorische Kosten werden auf der Basis prozentualer Zuschlagsätze automatisch geplant; beispielsweise kann man das Urlaubsgeld als Prozentsatz der geplanten Gehälter definieren. Bei der Planverteilung sind primäre Kosten, die auf Sammelkostenstellen geplant wurden, mithilfe eines parametrierbaren Schlüssels (z. B. einer statistischen Kennzahl) auf die Kostenstellen zu verteilen, etwa Heizkosten abhängig von der Anzahl der Quadratmeter.

4. Planung der Sekundärkosten
   Man kann hier generell zwischen einer reinen wert- und einer mengenorientierten Rechnung unterscheiden. Bei der reinen Wertrechnung werden nur Kosten zwischen Kostenstellen maschinell mittels Umlage (ähnlich wie bei der Verteilung) verrechnet. Bei der Mengenrechnung bestimmt man dagegen zunächst die Mengen personell oder maschinell, etwa die geplante Inanspruchnahme der Instandhaltungsabteilung in der Dimension

(= Leistungsart) „Personenstunden". Die personelle, mengenbasierte Sekundärkosten-planung wird dadurch unterstützt, dass die Sender- und Empfängerbeziehungen in einer Maske eingegeben werden. Mithilfe des Verfahrens der „Indirekten Leistungsverrech-nung" lassen sich die Mengen auch anhand von verschiedenen Bezugsbasen (z. B. sta-tistische Kennzahlen) oder Verteilungsregeln (z. B. Prozentsätze) maschinell ermitteln. Der Übergang von den Mengenangaben zu Kosten erfolgt bei der Tarifermittlung (siehe unten).

5. Tarifermittlung

Im Rahmen der Tarifermittlung werden die Verrechnungspreise gefunden, die das Sys-tem zur Bewertung der im Rahmen der Sekundärkostenplanung (siehe oben) definierten Leistungsbeziehungen benötigt. Die Tarife lassen sich auch hier entweder personell (= „Politischer Tarif") eingeben oder maschinell bestimmen.

6. Planumwertung

Im Anschluss an die erste Planung ist es möglich, alternative Szenarios (so genannte Planversionen) zu generieren, beispielsweise um optimistischen oder pessimistischen Er-wartungen zu entsprechen. Die Kosten bestimmter Kostenstellen oder Kostenstellen-gruppen können mithilfe von Prozentsätzen erhöht oder reduziert werden.

7. Planabstimmung

Dieses maschinelle Verfahren dient dazu, eine bestehende Kostenstellenplanung auf ihre Konsistenz zu prüfen und gegebenenfalls anzupassen. So vergleicht man etwa die ge-planten Output-Mengen der Kostenstellen (z. B. gewalzter Stahl) mit den Input-Mengen (z. B. Strom). Wenn aus irgendeinem Grund die Output-Menge der sendenden Kosten-stelle anzupassen ist, werden die von ihr aufgenommenen Leistungen ihrerseits erhöht bzw. erniedrigt. Der entscheidende Vorteil liegt darin, dass das gesamte Beziehungsnetz-werk retrograd, also ausgehend von den Endkostenstellen, bearbeitet wird, wobei fixe und variable Inanspruchnahmen berücksichtigt werden.

4.9.2.3 Anstoß von Abweichungsanalysen

In diesem Abschnitt wird eine auf die integrierte Informationsverarbeitung zugeschnittene Möglichkeit skizziert, nach dem Prinzip des „Information by Exception" automatisch auf Ab-weichungen hinzuweisen, die dann computergestützt oder rein personell zu analysieren sind. Wir stellen uns die Erfolgsrechnung eines Teilbereichs (z. B. einer Kostenstellengruppe oder einer Fertigungsstufe) als Gewinn- und Verlustrechnung vor (siehe Abbildung 4.9.2.3/1).

Als „Aufwand" werden die von der Betriebsabrechnung ermittelten Ist-Kosten aufgefasst. Die „Erträge" ergeben sich durch Multiplikation der abgelieferten Mengen mit den Verrech-nungspreisen. Die abgelieferten Mengen können vom Materialbestandsführungsprogramm gemeldet werden. Als Verrechnungspreise eignen sich die Vorkalkulationswerte für die Bau-gruppen und Enderzeugnisse.

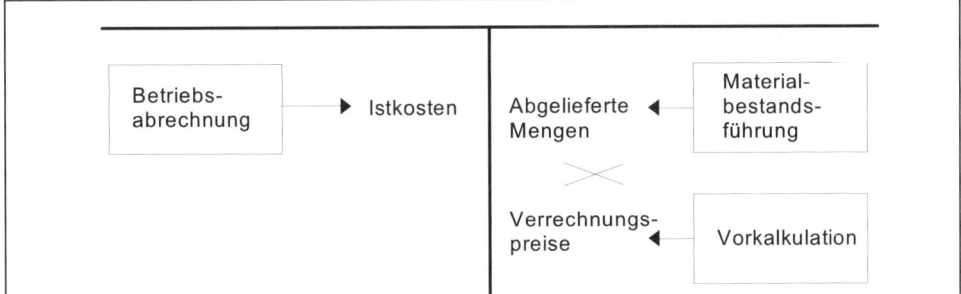

Abb. 4.9.2.3/1 Darstellung der Bereichserfolgsrechnung als Gewinn- und Verlustrechnung

Wenn auf dem Konto des Bereichs ein Saldo auf der rechten Seite entsteht (Aufwand größer als Ertrag), so kann dies folgende Ursachen haben:

1. Die Ist-Kosten sind zu hoch.

2. Der Bereich hat zu wenig Leistungen abgeliefert.

3. Die Verrechnungspreise sind zu niedrig. (Gerade diesen Fall aufzuzeigen ist sehr wichtig, denn er bedeutet, dass die Vorkalkulationsansätze nicht ausreichen, um die angefallenen Ist-Kosten zu decken.)

Erscheint der Saldo auf der linken Seite der „Gewinn- und Verlustrechnung", so sind die jeweils entgegengesetzten Interpretationen möglich.

Es ist schwierig, Ursachen von Abweichungen automatisch zu analysieren. Eine bescheidene Möglichkeit liegt darin, dass man die Ist-Kosten mit Vergangenheitswerten vergleicht, um einen Hinweis zu erhalten, ob zu hohe oder ungewöhnlich niedrige Ist-Kosten die Ursache von Ungleichgewichten sein können. Das Programm kann ferner die Analyse der Abweichungen durch Hinweis auf Differenzen im Mengengerüst unterstützen. Derartige im integrierten System bekannte Abweichungen der den Kosten zugrunde liegenden Einflussfaktoren sind z. B.:

1. Abweichungen von den in den Fertigungsvorschriften gespeicherten Verfahren oder Normlosgrößen,
2. Abweichungen von den in den Erzeugnisstrukturen gespeicherten Rohstoffen,
3. der Mehranfall von Ausschuss, den das System aus der Differenz zwischen den Daten der von ihr selbst ausgegebenen Materialentnahmeinformationen und den Daten der Materialablieferung ermittelt,
4. Abweichungen zwischen Standard-Verrechnungspreisen und echten Einkaufspreisen aus der Lieferantenrechnungskontrolle oder der Kreditorenbuchhaltung,
5. Abweichungen zwischen Vorgabe- und Ist-Zeiten der Arbeitsgänge (solche Differenzen können über moderne Betriebsdatenerfassungssysteme festgestellt werden).

4.9.3   Anmerkungen zu Kapitel 4.9

[DIN 87]   DIN (Hrsg.), Kosteninformation zur Kostenfrüherkennung, Berlin-Köln 1987, S. 99-110.

[GLA 87]   Glaser, H., Neue Möglichkeiten der Kostenstellenkontrolle durch EDV-gestützte Abweichungsanalyse, in: Scheer, A.-W. (Hrsg.), Rechnungswesen und EDV, 8. Saarbrücker Arbeitstagung 1987, Heidelberg 1987, S. 40-57.

[HAB 00]   Haberstock, P., Executive Information Systems und Groupware im Controlling, Wiesbaden 2000.

[LAC 90/FRE 90]   Lachnit, L. und Freidank, C.-C., Computergestützte Optimierungsmodelle als Instrument der Rechnungslegungspolitik von Kapitalgesellschaften, Die Wirtschaftsprüfung 43 (1990) 2, S. 29-39; Freidank, C.-C., Entscheidungsmodelle der Rechnungslegungspolitik, Stuttgart 1990.

[LIN 79/KLO 87]   Link, J., Die automatisierte Deckungsbeitrags-Flussrechnung als Instrument der Unternehmungsführung, Zeitschrift für Betriebswirtschaft 49 (1979) 4, S. 267-280; zur Deckungsbeitrags-Flussrechnung vgl. auch Kloock, J., Erfolgsrevision mit Deckungsbeitrags-Kontrollrechnungen, Betriebswirtschaftliche Forschung und Praxis 39 (1987) 3, S. 109-126.

[RIE 94/SCHW 92]   Riebel, P., Einzelkosten- und Deckungsbeitragsrechnung: Grundfragen einer markt- und entscheidungsorientierten Unternehmensrechnung, 7. Aufl., Wiesbaden 1994; Schwarzrock berichtet über den Einbau eines Schemas der mehrstufigen Deckungsbeitragsrechnung im System TOPINFO, das Führungskräfte in der Henkel-Gruppe mit Informationen zur kurzfristigen Erfolgsrechnung versorgt: Schwarzrock, K., Planung und Erstellung eines Management-Informationssystems in einem internationalen Konzern - Praktische Anwendung und Erfahrungen, in: Hichert, R. und Moritz, M. (Hrsg.), Management-Informationssysteme: Praktische Anwendungen, Berlin u.a. 1992, S. 301-311.

[STO 83/WED 08]   Stoltz, H., Computergestützte Budgetierungssysteme, in: Pfohl, H.-C. und Braun, E. (Hrsg.), Beiträge zur Praxis moderner Budgetierungstechnik, Institutsbericht, Essen 1983, S. 1-21; persönliche Auskunft von Herrn Th. Wedel, IBM Deutschland GmbH, 2008.

[WEB 97]   Weber, J., Ausrichtung des Controlling auf interne Märkte, in: Scheer, A.-W. (Hrsg.), Organisationsstrukturen und Informationssysteme auf dem Prüfstand, 18. Saarbrücker Arbeitstagung 1997, Heidelberg 1997, S. 347-358.

4.10 Personal

4.10.1 Überblick über den Informationskatalog

Wir wollen nach den grundlegenden Entscheidungen im Personalbereich vier Informationskategorien unterscheiden [SEI 81 u.a.]:

1. Informationen zur laufenden Personaladministration.
    Hierher gehört die Überwachung der Entwicklung von Personalständen und -kosten (einschließlich der Kosten der Personalabteilungen), von Fluktuationsraten, von Anwesenheitszeiten, Fehlzeiten (aufgegliedert nach verschiedenen Typen wie Krankheit, Jahresurlaub, Sonderurlaub, Ausbildung), von Überstunden (spezifiziert nach verschiedenen Kategorien wie Überstunden an Werktagen, Feiertagen usw.), von Urlaubsrückständen oder bei flexiblen Arbeitszeitmodellen der aufgelaufenen Stundenguthaben des Arbeitgebers oder der Arbeitnehmer. Dieses Teilinformationssystem wird man wegen der großen Datenfülle oft darauf beschränken, außergewöhnliche Abweichungen und auffallende Trends herauszuarbeiten und auf bemerkenswerte Datenkonstellationen hinzuweisen. Auch die routinemäßige Überprüfung der Zusammensetzung des Mitarbeiterstamms nach verschiedenen Merkmalen, wie z. B. Alter, Dienstalter, Einzugsgebiet, Nationalität, Vorbildung (Ungelernte, Angelernte, Facharbeiter, Fachhochschulabsolventen, Universitätsabsolventen), kann mithilfe der elektronischen Personaldatenbank relativ einfach erfolgen.

2. Informationen zu Personalplanung und -beschaffung.
    Hier können die Möglichkeiten der IV zunächst genutzt werden, Daten über die Veränderung der Belegschaftsstärke bzw. zur Personalbedarfsprognose bereitzustellen. Insbesondere mag durch Analyse der Altersstruktur festgestellt werden, in welchem Jahr welche Mitarbeiter welcher Qualifikation pensioniert worden, gegebenenfalls ersetzt werden müssen oder auch zum geplanten Personalabbau beitragen.
    Ferner lässt sich in Großunternehmen prognostizieren, mit welchen Abgängen aufgrund der üblichen, vom System fortgeschriebenen Fluktuationsraten bei solchen Mitarbeitergruppen gerechnet werden muss, die in so großer Zahl besetzt sind, dass die Anwendung statistischer Methoden zulässig ist (Hilfsarbeiter, Facharbeiter, Schreibkräfte) [HEI 79 u.a.]. Wo lange Kündigungsfristen (z. B. neun Monate) vereinbart sind, kann der Computer auch die durch Kündigung frei werdenden Positionen ausweisen. In einigen Unternehmen, bei denen langfristige Produktions- und/oder Forschungs- und Entwicklungspläne vorliegen, wie etwa in der **Luft- und Raumfahrtindustrie**, mag man einen Teil des Personalbedarfs mithilfe einer Ableitungsprognose aus den Forschungs- und Entwicklungsplänen vorhersagen [DAL 75].
    Zur Personalbeschaffung wird man auch den Aufbau von Dateien potenzieller Mitarbeiter rechnen [SCHO 91], wie er in Branchen mit verhältnismäßig engem und einigermaßen überschaubarem Arbeitsmarkt erwogen wird. Als „potenzielle Mitarbeiter" können folgende gelten:

    a) Bewerber, die bei einer Einstellungsaktion nicht berücksichtigt wurden, aber trotzdem ihr Interesse an einer späteren Einstellung bekundet haben.

b) Ausgeschiedene Bewerber, die nach einer der weiteren Ausbildung dienenden Tätigkeit in einem anderen Unternehmen möglicherweise zurückkehren.

c) Personen, die bei sonstiger Gelegenheit, etwa im Gespräch mit Fachkollegen auf einer Tagung, geäußert haben, dass sie gegebenenfalls an einer Tätigkeit im Unternehmen interessiert sind.

d) Studenten, die bei einer Praktikantenzeit oder Werkstudenten-Tätigkeit im Unternehmen aufgefallen sind.

Ein Informationssystem kann auch die Aufgabe übernehmen, alle betroffenen Stellen des Hauses zu unterrichten, wenn man mit bestimmten Bewerbern in Verbindung steht. In einer eleganten Version mag das so erfolgen, dass die einzelnen Instanzen melden, an welchen Mitarbeitern mit welchen Merkmalen sie besonders interessiert sind. Diesem „Anforderungsprofil" stellt man das Merkmalsprofil der zur Vorstellung erwarteten Bewerber gegenüber und gibt Meldungen an alle interessierten Stellen aus (das Verfahren entspricht methodisch der selektiven Informationsverteilung, vgl. Abschnitt 3.2.1.2.8).
Eine solche Prozedur kann beträchtlichen Nutzen stiften, weil sich in großen Unternehmen oft Bewerber auf eine ganz spezielle Anzeige gemeldet haben. Auch wenn sie bei dieser Position nicht zum Zuge kommen, da ihnen ein anderer Bewerber vorgezogen wird oder weil ihre Merkmale denen des Anforderungsprofils weniger entsprechen, haben sie möglicherweise doch Interessen und Qualifikationen, die sie für eine andere Position im Haus sehr geeignet erscheinen lassen [BEL 90].
In den Rahmen der Personalbeschaffung gehören auch Informationen über die Gründe, die am häufigsten angegeben werden, wenn Bewerber ein Stellenangebot ablehnen, und über die durchschnittliche Zahl der Interessenten, mit denen intensiverer Kontakt aufgenommen werden muss, bevor ein Arbeitsplatz besetzt werden kann. (Diese Information erlaubt wieder Schlüsse auf die Fluktuationskosten und damit auch auf die Kosten, die vom rein ökonomischen Standpunkt aus aufgewendet werden können, um einen Mitarbeiter mit Abwanderungsabsichten zu halten.) Es mag sich auch empfehlen, die Bewerber zu fragen, aufgrund welcher Information (Anzeige, eigene Initiative in Verbindung mit allgemeiner Kenntnis des Unternehmens, Hinweise eines Freundes u. Ä.) sie sich gemeldet haben, und diese Merkmale zu speichern, um eine Art „Werbeerfolgskontrolle" der Personalwerbung zu betreiben.

3.   Informationen zur Personalpflege bzw. Personalentwicklung.
Zu dieser Kategorie wollen wir alle jene Informationen zählen, die helfen, „die richtige Person an den richtigen Platz zu stellen". In größeren Unternehmen ist dies ohne IV-Unterstützung schon deshalb nicht einfach, weil eine große Zahl arbeitsrechtlicher und medizinischer Vorschriften die Zuordnung erschwert. Daher ist es besonders wichtig, bei Neu- oder Umbesetzungen jene Mitarbeiter herauszufinden, die zu einem Arbeitsplatz passen, und umgekehrt.
Grundlage hierfür ist eine Personaldokumentation (in einigen Unternehmen auch als „Skills-Datenbank" bezeichnet), in der jeder Mitarbeiter mit seinen persönlichen Eigenschaften und Ausbildungsmerkmalen beschrieben ist. Verfügt das Unternehmen über eine entsprechende Arbeitsplatzdatei, so wäre daran zu denken, einen Personal-Anweisungs-Algorithmus zu benutzen, um die optimale Zuteilung von Arbeitsplätzen zu Mit-

arbeitern herauszufinden. Es sind allerdings keine mathematischen Verfahren bekannt, die dieses Problem mit seinem ungeheuren kombinatorischen Umfang exakt lösen könnten, abgesehen davon, dass eine strenge Ausrichtung nach dem Modelloptimum in der Praxis wahrscheinlich eine zu große Unruhe und psychologische Schwierigkeiten bedingen würde. Daher ist es erwägenswert, lediglich periodisch die größten Diskrepanzen zwischen Arbeitsplatz- und Mitarbeiterprofil auszugeben.

Zur Personalpflege gehört oft auch eine systematische Mitarbeiterbeurteilung. Es kann in diesem Zusammenhang nützlich sein, das Ergebnis der Beurteilungen in verdichteter Form aufzulisten; so zeigt man auf, ob ein Vorgesetzter dazu neigt, nur überdurchschnittliche oder lediglich unterdurchschnittliche Bewertungen abzugeben, oder ob er allzu stark nivelliert, was darauf schließen lässt, dass er ein differenziertes Urteil scheut. Eventuell kann man den Beurteilungsprozess auch fördern, wenn das System vor der Prozedur die Ergebnisse der vergangenen Einstufungen in geeigneter Form ausgibt. Allerdings werden hierzu verschiedene Auffassungen vertreten, weil die neue Äußerung möglicherweise zu stark durch die historischen Beurteilungen beeinflusst wird.

Für das betriebliche Aus- und Weiterbildungswesen leisten IV-Systeme die folgenden Hilfen:

a) Aus dem Wachstum der Unternehmung resultieren Aus- und Weiterbildungsanforderungen (siehe oben Punkt 2.).

b) In der Gegenüberstellung von Arbeitsplatz- und Mitarbeiterprofil werden Aus- und Weiterbildungsanforderungen sichtbar. Dies kann z. B. im System **ERP** der **SAP AG** mithilfe der Komponente Qualifikationen/Anforderungen erfolgen [SAP 98]. Der Baustein „**SAP HR Personalentwicklung**" (HR steht für Human Resources) liefert eine detaillierte Bilanz der geforderten und vorhandenen (oft auch zeitlich befristeten) Qualifikationen. Mit einfachen Bedienungsfunktionen lassen sich beliebige Fach-, Methoden- und Sozialkompetenzen durch Verknüpfung mit Ausprägungsskalen in einem Qualifikationskatalog abbilden sowie Positionen und Mitarbeitern zuordnen. Darüber hinaus mögen den Mitarbeitern so rechtzeitig und vorausschauend Entwicklungsperspektiven aufgezeigt und ihre fachliche und soziale Kompetenz gefördert werden.

c) Die Beurteilungen von Kursen und Dozenten durch die Teilnehmer können in einer Datenbank gesammelt und ausgewertet werden.

Zur Personalpflege rechnet man schließlich auch eine Statistik der angegebenen Kündigungsgründe.

4. Informationen zur Entwicklung der betrieblichen Altersversorgung.
   In vielen Unternehmungen besteht das Problem, dass als Folge einer unausgewogenen Altersstruktur die Zuführung zu den Pensionsrückstellungen und die damit über Steuerersparnisse verbundenen Liquiditätsvorteile einerseits und die Zahlungsverpflichtungen andererseits vorübergehend oder für eine längere Zeit aus dem Gleichgewicht geraten können. Um derartigen Tendenzen rechtzeitig gegenzusteuern bzw. für einen Ausgleich in der finanziellen Sphäre zu sorgen, sind die voraussichtlichen Entwicklungen als Verknüpfung von Informationen aus den Bereichen Finanzen/Steuern und Personal

offenzulegen. Alternativrechnungen, z. B. mit unterschiedlichen Annahmen über Auf-/ Abbau der Belegschaft oder steuerrechtliche Änderungen, können nützlich sein. Beispiele enthält [SCHE 90].

Eine große Schwierigkeit liegt darin, im Personalbereich neben Mengen- (einschließlich Zeit-)Kennzahlen auch die zugehörigen Kosten zu liefern [HEN 99]. Fortschritte bei der Prozesskostenrechnung (Band 1) erleichtern es allerdings, Durchschnittswerte für Vorgangsketten, wie z. B. bei der Einstellung und Einarbeitung, bei der Bewältigung der Fluktuation oder bei der Weiterbildung zu errechnen.

Eine zusammenfassende Übersicht zum Informationskatalog im Personalsektor zeigt Abbildung 4.10.1/1.

4.10.2 Ausgewählte PuK-Systeme

4.10.2.1 HR Benchmarking der SAP AG

Das HR-Benchmarking ist in besonderer Weise charakteristisch für die neue Strategie der **SAP AG** bei der Entwicklung von Planungs- und Kontrollsystemen, denn es werden nicht nur Programme, sondern auch Inhalte angeboten [MEI 05]. Im Kennzahlenkatalog von **SAP SEM** (vgl. Abschnitt 2.4.2) stehen die betriebswirtschaftlichen Definitionen für rund 100 in der Personalwirtschaft häufig verwendete Kennzahlen zur Verfügung. Für die Teilnahme an einer Benchmarking-Studie eines so genannten Benchmark Providers können dessen Definitionen über einen Service-Marktplatz importiert werden. Die aktuellen innerbetrieblichen Werte der Kennzahlen werden im **SAP Business Information Warehouse** gespeichert, und zwar in einem so genannten InfoCube „HR Benchmark". Er enthält u. a. den Personalbestand, die Fluktuationsquote und die Krankheitsquote. Der Satz dieser Daten wird über eine XML-Schnittstelle an den Benchmark Provider übertragen, der die Ergebnisse des Vergleiches wiederum über eine XML-Schnittstelle zurücksendet. Diese Werte können in einem anderen InfoCube in verdichteter Form gespeichert und zu eigenen Analysen herangezogen werden. Abbildung 4.10.2.1/1 zeigt das HR-Benchmarking im Überblick.

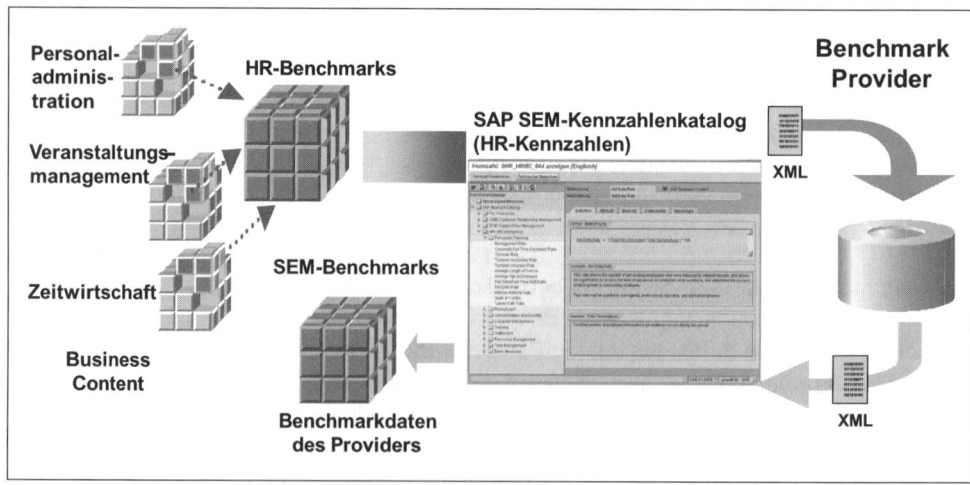

Abb. 4.10.2.1/1   HR-Benchmarking-Szenario

4.10.2.2 Planung und Kontrolle beim Geschäftsreisemanagement

Soweit der Industriebetrieb ein Geschäftsreisemanagementsystem (Travel-Management-System, vgl. Band 1) installiert hat, stehen zahlreiche Informationen zur Verfügung, die in einem eigenen Travel Data Warehouse [MEY 98/MEY 01] organisiert werden können. Darauf greifen Kontrollfunktionen zu. Beispielsweise werden so die Reisekostenbudgets in den einzelnen Unternehmensbereichen oder die unternehmensinternen Reisekostenregelungen (z. B. Berechtigung zum Flug in der ersten Klasse) überwacht. Für die Kontrolle der Reisedienstleister, z. B. auf Rabattschwellen, Ausnutzung von Rahmenverträgen etc., gelten ähnliche Überlegungen, wie sie für die Lieferanten physischer Güter (vgl. Kapitel 4.3) beschrieben wurden.

4.10.2.3 Weiterbildungsplanung

Für die unternehmensinterne und -externe Weiterbildung lassen sich aus der integrierten IV Planungshilfen geben. Bei der **VW Coaching GmbH**, einer Tochter der **Volkswagen AG**, sind externe Weiterbildungsangebote in einer Datenbank organisiert, die nach Kursbesuchen durch Mitarbeiter des Unternehmens bewertet werden [HAA 08]. Bei der **DATEV eG** existiert eine Personalentwicklungsdatenbank mit Seminarplanung (Terminierung, Raum-, Ausstattungs-, Lehrmittelplanung). Für die vergangenen Schulungsmaßnahmen werden im Sinne eines Kontrollsystems unter anderem Listen der am wenigsten und der am meisten von den Mitarbeitern nachgefragten Veranstaltungen („Hitliste") gespeichert [GES 97/ HAU 08].

Nr.	Informationsart	Typische Untergliederung	Kriterien	Darstellung, insbes. zeitl. (Legende siehe unten)	Benötigt für … (typische Maßnahmen und Entscheidungen)	Daten liefernde Funktionen/ Teilfunktionen
1.	Personalstand	Mitarbeitergruppen, organisatorische Einheiten, Beschäftigungsverhältnisse	Entwicklung der Mitarbeiterzahl, Zahl der Einstellungen und Kündigungen	BP, VV, VO, T	Personalplanung, Ausbildungsmaßnahmen	
2.	Personalkosten (einschl. Kosten der Personalabteilungen)	Abteilung, Kostenarten	Kosten im Vergleich zur Mitarbeiterzahl, Zahl der Einstellungen, Beförderungen, Kündigungen, Soll-, Plankostenabweichungen, übertarifliche Bezahlung	BP, AK, VV, VN, VP, VO, T	Kostenkontrolle, Anreizsysteme	Kostenstellenrechnung
3.	Fluktuation	Mitarbeitergruppen, organisatorische Einheiten, Alter	Durchschnittliche Betriebszugehörigkeit der Mitarbeiter im Unternehmen, Fluktuationskosten, angegebene Austrittsgründe, Anteil der Frühfluktuation (kurz nach Arbeitsbeginn)	BP, VN, VO	Änderung der Mitarbeiterauswahl, Maßnahmen der sozialen Betriebsführung, Änderung des Entlohnungssystems	Entgeltabrechnung
4.	Anwesenheitszeiten	Mitarbeitergruppen, organisatorische Einheiten	Anteile bezogen auf eine Soll-Anwesenheitszeit	BP, VN, VV, VO	Änderung der Mitarbeiterauswahl, Änderung des Entlohnungssystems	Entgeltabrechnung
5.	Fehlzeiten	Mitarbeitergruppen, organisatorische Einheiten	Anteile bezogen auf die Anwesenheitszeit, Kosten	BP, VN, VO	Änderung der Mitarbeiterauswahl, Kündigung, Änderung des Entlohnungssystems	Entgeltabrechnung

				BP, AK, VV, VN, VP, VO		
6.	Über-stunden	Organisatorische Einheiten, Mitarbeiter	Zahl der Überstunden		Änderung der Produktionsplanung, Einstellungen	Entgeltabrechnung
7.	Urlaubs-rückstände	Organisatorische Einheiten, Mitarbeiter	Noch nicht in Anspruch genommener Urlaub	S	Kapazitätsplanung	Entgeltabrechnung
8.	Gleitzeit-überhang	Organisatorische Einheiten, Mitarbeiter	Gleitzeitguthaben, Gleitzeitschulden	S, VO	Kapazitätsplanung	Entgeltabrechnung
9.	Zusammen-setzung des Mit-arbeiter-stamms	Organisatorische Einheiten, Kriterien (s. nebenstehend)	Alter, Dienstalter, Geschlecht, Einzugsgebiet, Nationalität, Vorbildung (Gelernte, Ungelernte, Facharbeiter, Fachhochschulabsolventen, Hochschulabsolventen)	S, VV, VO	Änderung der Mitarbeiterauswahl, Beförderungen, Personalauswahl zur Beförderung, Personalauswahl zur Besetzung freier Posten, betriebliche Sozialmaßnahmen, Ausbildungsmaßnahmen, Rekrutierungsmaßnahmen	Entgeltabrechnung
10.	Personal-bedarfs-prognose	Organisatorische Einheiten, Mitarbeitertypen	Zahl der benötigten Mitarbeiter eines bestimmten Typs in den Zukunftsperioden	VO, Z	Personalplanung, Personalrekrutierung, Ausbildungsmaßnahmen	Personalplanung
11.	Potenzielle Mitarbeiter	Merkmalsgruppen	Alter, Gehaltsforderungen, Kündigungsfrist	S	Personalrekrutierung	Personalplanung

Abb. 4.10.1/1 Zusammenfassende Übersicht zum Informationskatalog im Personalsektor

Nr.	Informationsart	Typische Untergliederung	Kriterien	Darstellung, insbes. zeitl. (Legende siehe unten)	Benötigt für … (typische Maßnahmen und Entscheidungen)	Daten liefernde Funktionen/Teilfunktionen
12.	Bewerber	Merkmalsgruppen	Anzahl der Bewerber, Bewerbungsgründe, Bewerbungsergebnisse, Ablehnungsgründe, Bewerbungskosten	BP, VV, VO	Personalrekrutierung, Maßnahmen der Personalwerbung, Werbeerfolgskontrolle	Personalplanung, Prozesskostenrechnung
13.	Profil des einzelnen Mitarbeiters	Merkmalsgruppen	Alter, Geschlecht, Ausbildung, Fähigkeits-/Charaktermerkmale, Aufstieg, innerbetriebliche Position, Bezahlung, Abweichung vom Arbeitsplatzprofil	S, VO	Beförderungen, Suche nach Kandidaten für eine zu besetzende Position	Aus- und Weiterbildung
14.	Mitarbeiterbeurteilungsergebnis	Mitarbeiter, organisatorische Einheiten	Punktzahlen der Beurteilungskategorien	BP, VV, VO	Beförderungen, Beurteilung von Vorgesetzten	Aus- und Weiterbildung
15.	Ausbildungsmaßnahmen	Organisatorische Einheiten	Angebot an Ausbildungsmaßnahmen, Nachfrage nach Ausbildungsmaßnahmen, Beurteilung der Kurse und Dozenten	BP, VV	Ausbildungsplan, Einrichtung und Streichung von Kursen, Laufbahnplanung	Aus- und Weiterbildung
16.	Altersversorgung	Mitarbeitergruppen	Langfristige Personalplanung	S, VV	Bilanzpolitik (Pensionsrückstellungen), Frühpensionierungs-Aktionen	Rentenabrechnung

17.	Zahl und Annahmequote von Verbesserungsvorschlägen	Organisatorische Einheiten, Mitarbeitergruppen	Bearbeitungszeit, Erfolgsquoten, Ablehnungsgründe	BP, VV, VO	Qualitätssicherung, Kostensenkungsaktionen, Gestaltung von Balanced Scorecards, Verbesserung von Durchlaufzeiten, Veränderung von Prämienregelungen	Betriebliches Vorschlagswesen
18.	Dienstreisekosten	Organisatorische Einheiten, Mitarbeitergruppen	Kosten und Wegstrecke pro Mitarbeiter, Aufteilung auf Verkehrsmittel und Klassen (z. B. First-/ Business-/ Economy-Class)	BP, VV, VO	Kostensenkungsaktionen, Vertragsgestaltung mit Reise-Dienstleistern	Geschäftsreisemanagement

AK = Akkumulierte Werte für Berichtszeitraum, BP = Berichtsperiode, S = Stichtag, T = Trend, VN = Vergleich mit Normwert, VP = Vergleich mit Plan, VV = Vergleich mit Vorperiode bzw. entsprechendem Vergangenheitszeitpunkt, Z = Zukunft

Abb. 4.10.1/1   Zusammenfassende Übersicht zum Informationskatalog im Personalsektor (Fortsetzung)

4.10.3 Anmerkungen zu Kapitel 4.10

[BEL 90]   Bellgardt, P., EDV-Einsatz im Personalwesen, Heidelberg 1990.

[DAL 75]   Hinweise zum Einsatz von Verfahren zur Prognose des Personalbedarfs
                   (z. B. Regressionsanalyse) finden sich im Übersichtsaufsatz von Dall, O. F.
                   und Pilz, V. F., Prognose des Personalbedarfs für den Bereich der indus-
                   triellen Produktion - Methoden, Fristigkeiten, Lösungsansätze, Zeitschrift für
                   wirtschaftliche Fertigung 70 (1975) 5, S. 242-248.

[GES 97/HAU 08]   Gestaltmeyr, K., Integrierter Einsatz von Informationstechnologie - Beispiel:
                   Das Personalwesen der DATEV eG, Nürnberg, Personalführung o.Jg.
                   (1997) 6, S. 486-493; persönliche Auskunft von Herrn M. Hau, DATEV eG,
                   2008.

[HAA 08]   Persönliche Auskunft von Herrn J. Haase, Volkswagen Coaching GmbH,
                   2008.

[HEI 79 u.a.]   Heinrich, L. J. und Pils, M., Betriebsinformatik im Personalbereich, Würz-
                   burg-Wien 1979, S. 56-57; Edwards, J. S., A Survey of Manpower Planning
                   Models and their Application, Journal of the Operational Research Socie-
                   ty 34 (1983) o.A., S. 1031-1040; Bartholomew, D. J. und Forbes, A. F., Stati-
                   stical Techniques for Manpower Planning, Chichester 1979.

[HEN 99]   Hentze, J. und Kammel, A., Aufbau und Anwendungsbereiche personalwirt-
                   schaftlicher Kennzahlensysteme im Rahmen eines wertorientierten Per-
                   sonalcontrolling, in: Schmeisser, W. Clermont, A. und Protz, A. (Hrsg.), Per-
                   sonalinformationssysteme, Personalcontrolling, Neuwied 1999, S. 213-225.

[MEI 05]   Meier, M. C., Sinzig, W. und Mertens, P., SAP Enterprise Management with
                   SAP SEM/Business Analytics, 2. Aufl., Berlin u.a. 2005.

[MEY 98/MEY 01]   Meyer, S. und Schumann, P., Travel Management - Anforderungen an die
                   integrierte Informationsverarbeitung, WIRTSCHAFTSINFORMATIK 40
                   (1998) 5, S. 386-396; Meyer, S., Travel-Management-System (TMS), in:
                   Mertens, P. u.a., (Hrsg.), Lexikon der Wirtschaftsinformatik, 4. Aufl., Berlin
                   u.a. 2001, S. 481.

[SAP 98]   SAP AG (Hrsg.), Online Dokumentation zum System R/3, Release 4.0 B,
                   Walldorf 1998.

[SCHE 90]   Scheffler, W., Betriebliche Altersversorgung, Wiesbaden 1990.

[SCHO 91]   Anregungen zur Organisation und Verwaltung von Bewerberdaten erhält
                   man bei: Scholz, C., Leitfaden PC im Personalbereich: Hardware, Software,
                   Checklisten, Beispiele, Köln 1991, S. 150-160.

[SEI 81 u.a.]   Der an weiteren Typologien interessierte Leser wird auf den Beitrag von
                   Seibt, D. und Mülder, W. (Rechnergestützte Personalinformationssysteme -
                   Definitionen, Versuche zur Typisierung und Entwicklungsstufenbildung,
                   Angewandte Informatik 23 (1981) o.A., S. 245-253) verwiesen; eine umfang-
                   reiche Übersicht findet man bei: Grünefeld, H.-G., Personalberichterstattung
                   mit Informationssystemen, Möglichkeiten, Methoden, Beispiele, Wiesba-
                   den 1987.

4.11 Anlagenmanagement

4.11.1 Überblick über den Informationskatalog

Gegenstand des Anlagenmanagements sind in erster Linie Gebäude, aber auch andere große Objekte, die mehr sind als einzelne Maschinen und Fahrzeuge, werden dazu gerechnet, so z. B. Raffinerie- oder Güterumschlagsanlagen und ganze Bergwerke. Aber auch Vorratsgrundstücke, Nutzer (z. B. Sparten, Tochtergesellschaften) und Verträge (vor allem Miet- und Pachtverträge) können Objekt der Planung und Kontrolle sein.

In vielen Großunternehmen verändern sich die Geschäftsfelder, die Zuweisung von Funktionen (z. B. Fertigung einzelner Produktgruppen, Zuständigkeiten von Vertriebseinheiten für Regionen und Großkunden) und auch die rechtlichen Strukturen (z. B. Verselbstständigung eines großen Unternehmensbereichs als börsennotierte Aktiengesellschaft) relativ häufig. Nicht immer werden in gleichem Maße auch Immobilien erworben und veräußert. Die Folge ist, dass diese Immobilien in unter Umständen rascher Folge anderen Zwecken zugeführt werden. Dies erschwert es, den Überblick zu wahren (vgl. z. B. [BAR 98]). Da Gebäudekomplexe beträchtliche Kostentreiber sind, kann durch eine gut geplante Kapazitätsausnutzung zur Wettbewerbsstärke eines Unternehmens viel beigetragen werden. Zusammengefasst ergeben sich erhebliche Herausforderungen für Planungs- und Kontrollsysteme.

Gerade beim Anlagenmanagement bietet es sich an, moderne Techniken der rechnergestützten Visualisierung einzusetzen (Computer Aided Facility Management (CAFM)). So kann man ähnlich wie bei Geo-Informationssystemen (vgl. Abschnitt 3.4.8) veranschaulichen, welche Eigenschaften bestimmte Gebäude, Stockwerke, Flächen o. Ä. haben (werden) [BRA 07/MAY 06/NÄV 00]. Beispielsweise lassen sich durch unterschiedliche Farben oder Schraffuren Klassen von Kapazitätsauslastungen (z. B. „Kleiner 50 %", „51 bis 100 %", „Größer 100 %"), Kostengrößenordnungen (z. B. „Kleiner 10 €/Quadratmeter und Monat", „11 bis 15 €/Quadratmeter und Monat", „Größer 5 €/Quadratmeter und Monat"), Ausstattungsmerkmale und rechtliche Verhältnisse (Eigentum, geleast, gemietet, gepachtet, vermietet, verpachtet) darstellen. Ergänzend können Grundbucheintragungen gezeigt werden, die den Wert oder die Chance einer Vermarktung beeinträchtigen, wie z. B. Auflagen, Dienstbarkeiten oder Hypotheken.

Einfache CAD-Systeme erleichtern die Planung. Beispielsweise lassen sich so Flächen und Räume zu Mieteinheiten zusammenfassen oder die Konsequenzen abschätzen, die sich aus der Verschiebung von Leichtbauwänden ergeben.

In großen Unternehmen und Konzernen drängt es sich auf, das Facility Management getrennter Objekte durch die Verantwortungsträger zu vergleichen.

Eine zusammenfassende Übersicht zum Informationskatalog im Sektor Anlagenmanagement zeigt Abbildung 4.11.1/1.

Nr.	Informationsart	Typische Untergliederung	Kriterien	Darstellung, insbes. zeitl. (Legende siehe unten)	Benötigt für ... (typische Maßnahmen und Entscheidungen)	Daten liefernde Funktionen/ Teilfunktionen
1.	Bestand	Anlagentyp, Orte	Ort, Größe, Buchwert, Versicherungswert, Art (z. B. Einzelbüro, Groß-, Sanitätsraum), Ausstattungsmerkmale (z. B. Bodenbelastbarkeit bei Produktionsstätten, Feuer-, Zugangsschutz, Infrastruktur für Rechenanlagen)	S, VV, VO	Kostenplanung, Restrukturierungsentscheidungen	Anlagenbuchhaltung, Anlagenverwaltung
2.	Kapazität/ Auslastung		Zahl der Arbeitsplätze, besetzte Arbeitsplätze	S, VV, VO	Planung von Ortsverlagerungen, neuen Geschäftszweigen	Anlagenbuchhaltung, Anlagenverwaltung
3.	Kosten/Erträge absolut und pro Raum-/Flächeneinheit	Anlagentyp	Kosten, Deckungsbeiträge, Gewinne, Vergleichsmieten, Miet- und Pachterträge (extern erwirtschaftete oder unternehmensintern über Verrechnungspreise kalkulierte)	BP, VV, VO	Kostenkontrolle	Kostenstellenrechnung, Debitorenbuchhaltung, Kreditorenbuchhaltung
4.	Kennzahlen zur Verkehrsanbindung	Orte	Weg/Zeit bis zum nächsten Bahnhof, Flughafen oder Autobahnanschluss	S	Verhandlungen mit Kommunen und Verkehrsträgern	Anlagenverwaltung

BP = Berichtsperiode, S = Stichtag, VP = Vergleich mit Plan, VV = Vergleich mit Vorperiode bzw. entsprechendem Vergangenheitszeitpunkt

Abb. 4.11.1/1   Zusammenfassende Übersicht zum Informationskatalog im Sektor Anlagenmanagement

4.11.2 Anmerkungen zu Kapitel 4.11

[BAR 98] Barret, P., Facility-Management: Optimierung der Gebäude- und Anlagenverwaltung, Wiesbaden-Berlin 1998.

[BRA 07/MAY 06/ NÄV 00] Braun, H.-P., Oesterle, E. und Haller, P., Facility Management, Erfolg in der Immobilienbewirtschaftung, 5. Aufl., Berlin u.a. 2007; May, M. (Hrsg.), IT im Facility Management erfolgreich einsetzen, 2. Aufl., Berlin u.a. 2006; Nävy, J., Facility Management: Grundlagen, Computerunterstützung, Einführungsstrategie, Praxisbeispiele, 2. Aufl., Berlin u.a. 2000.

5 Funktionsbereich- und Prozess-übergreifende Integrationskomplexe

5.1 Produktlebenszyklus-Management

5.1.1 Überblick, Methoden

Bei Erzeugnissen mit sehr kurzer Lebensdauer (von z. B. 18 Monaten), wie sie etwa in der **Elektronikindustrie** oder in der **Telekommunikation** vorkommen, ist es nicht sinnvoll, sich im Rechnungswesen streng an Kalenderperioden zu orientieren. Die Aussagekraft eines Abschlusses zum 31.12. eines Jahres ist gering, wenn das Produkt zuvor zehn Monate „gelebt" hat und im neuen Jahr nur noch acht Monate „leben" wird. Daher wird die Forderung laut, ein Rechnungswesen-Instrument bereitzustellen, das von einer ganzheitlichen Sichtweise für das Produktmanagement ausgeht. Die Planung und Kontrolle von Kosten und Erlösen bzw. Erfolgen sollen über alle Phasen des Produktlebens, von der Produktentwicklung bis zu den Nachsorgeverpflichtungen durch Garantie- und Serviceleistungen, unterstützt werden. Beispielsweise wünscht man sich Hilfe bei folgenden Fragestellungen bzw. Entscheidungen (vgl. auch [GÖT 00]):

1. Wird ein Fabrikat seine (voraussichtlichen) direkten Entwicklungskosten erwirtschaften?

2. Reichen die aufgelaufenen Deckungsbeiträge eines Produkts aus, um die Entwicklungskosten für ein Nachfolgeerzeugnis zu decken?

3. Wie sollen Wartungspreispolitik, Ersatzteilpolitik oder Rückkaufaktionen den Ersatz eines alten Erzeugnisses durch die Nachfolgegeneration steuern?

4. Welche Kosten sind abbaubar bzw. entfallen, wenn ein Produkt aus dem Programm genommen wird, und in welchem Maße ist mit „Überläufern" der betreffenden Kunden-Zielgruppe auf ein anderes eigenes Produkt zu rechnen?

Zu Beginn des Lebenszyklus, also bei der Entwicklung und Markteinführung, sind die typischen Informationen des Projektcontrolling (zeitlicher Fortschritt, kritische Pfade auf dem Netzplan, Kapazitätsauslastung und Projektkosten) besonders wichtig (vgl. Kapitel 4.1).

In den weiteren Stadien empfehlen sich Produkterfolgsrechnungen (vgl. Band 1). Hierzu zählen die aufgelaufenen Erlöse aus dem Verkauf des Erzeugnisses und die in Zeiten, Absatzmengen oder Umsätzen gemessenen Entfernungen zu zwei wichtigen Ereignissen im Produktleben, und zwar der Gewinnschwelle (Break-even-Punkt) und dem Erreichen des von der Unternehmensleitung vorgegebenen Kapitalrendite-Ziels. Geeignete Werkzeuge stellt beispielsweise das **Product Lifecycle Costing** (PLC) des **SAP**-Systems **Product Lifecycle Management** (PLM) bereit [EIS 04].

Die Kapitalbasis, die als Grundlage einer Rentabilitätsrechnung dient, kann aus der rechnergestützten Investitionsplanung (vgl. Abschnitt 4.8.2.2) übernommen werden. Die genannten Entfernungen zu den „Meilensteinen" ergeben sich aus einer Hochrechnung, die in erster Näherung von einem linearen Wachstum ausgehen mag, in eleganteren Versionen aber eine für die Produktgruppe typische Lebenskurve zugrunde legt, wobei vor allem an die Logistische Funktion zu denken ist [MER 94], vgl. auch Abbildung 5.1.1/3.

Back-Hock hat den Prototyp eines Produktlebenszyklus-Controlling entworfen [BAC 88]. Grundlage ist das integrierte Produktlebenszyklus-Modell (vgl. Abbildung 5.1.1/1). Für das

Produktlebenszyklus-Controlling benötigt man eine besondere Typisierung der Kosten und Erlöse (vgl. Abbildung 5.1.1/2).

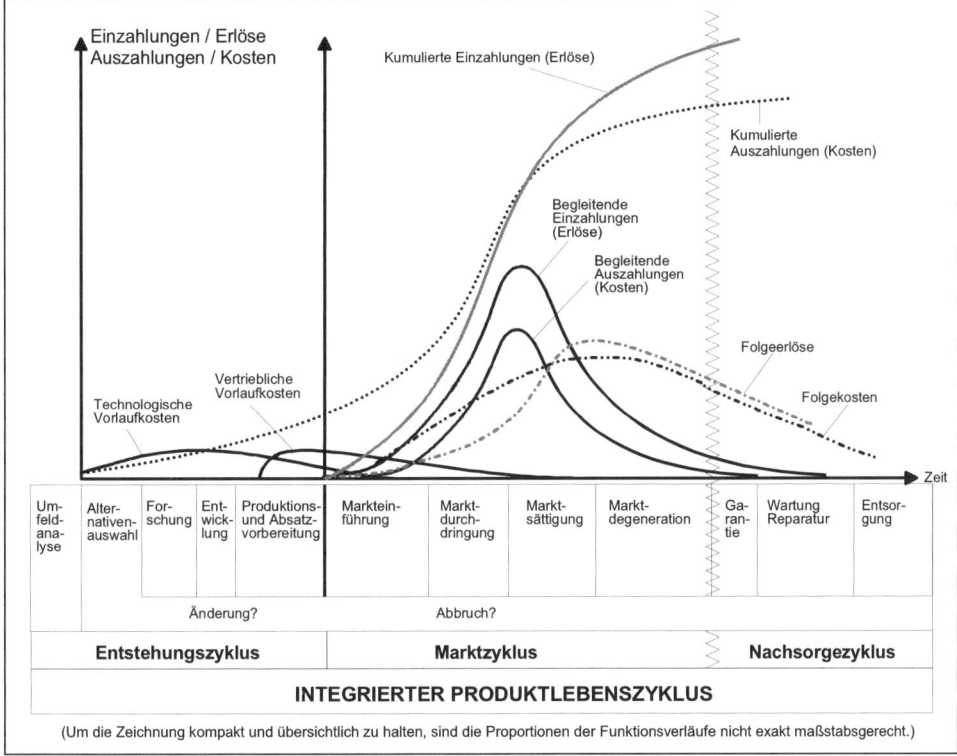

Abb. 5.1.1/1   Modell des integrierten Produktlebenszyklus (in Anlehnung an Pfeiffer [PFE 81])

In der Gliederung der Methodenbank folgt Back-Hock einer von Sherif und Kolarik vorgeschlagenen Systematik [SHE 81] in integrierte Lebenszyklus-, Entstehungszyklus-, Marktzyklus- und Nachsorgezyklusmodelle.

Als Beispiel einer für das Produktlebenszyklus-Controlling typischen Methode soll hier die Planung von Erlösverläufen skizziert werden: Man geht davon aus, dass der Planer aufgrund seiner Erfahrung bzw. seines Fachwissens eine Vorstellung von der Entwicklung der Erlösdaten im Zeitablauf hat. Das Dialogprogramm bietet dem Anwender eine Reihe von Verlaufsmustern in Form mathematischer Funktionen zur Auswahl an; diese kann er durch wiederholtes Durchschreiten der Dialogsequenz wie Bausteine zum gedachten Verlauf der zu planenden Größe zusammensetzen. Diese so genannte „freie Planung" ist vor allem für neue Produkte bzw. für die mittel- bis langfristige Vorhersage konzipiert.

<table>
<tr><td>

Vorlaufkosten
technologische Vorlaufkosten
 - Forschung (Grundlagen)
 - Produktentwicklung
 - Verfahrensentwicklung
vertriebliche Vorlaufkosten
 - Marktforschung
 - Markterschließung
 - Sonstige
sonstige Vorlaufkosten
 - Organisation
 - Logistik
 - Sonstige
Anpassungs-/Änderungskosten
 - Produktverbesserung
 - Verfahrensverbesserung

</td><td>

Vorlauferlöse
Subventionen für F&E-Projekte
Steuervergünstigungen durch
F&E-Projekte (kalkulatorisch)

</td></tr>
<tr><td>

Begleitende Kosten
Einführungskosten
 - Ersteinführung
 - Relaunch
laufende Kosten
Auslaufkosten

</td><td>

Begleitende Erlöse
Aktionserlöse
laufende Erlöse
Abbauerlöse

</td></tr>
<tr><td>

Folgekosten
Wartungskosten
Reparaturkosten
Garantiekosten
sonstige Folgekosten
 (z. B. Ersatzteilhaltung,
 Entsorgungskosten)

</td><td>

Folgeerlöse
Wartungserlöse
Reparaturerlöse
sonstige Folgeerlöse
 (z. B. Ersatzteilerlöse,
 Lizenzeinnahmen)

</td></tr>
</table>

Abb. 5.1.1/2   Lebenszyklus-Kosten- und -Erlös-Kategorien

In Abbildung 5.1.1/3 sind die Funktionstypen dargestellt, aus denen ein Plan-Erlös-Verlauf zusammengesetzt werden mag. Die linearen und exponentiellen Verlaufsmuster können unabhängig voneinander für die Zeitreihe der Absatzmengen und die der Absatzpreise gewählt werden. Für die Mengenzeitreihe werden zusätzlich die Sättigungsmodelle „Logistische Funktion" und „Gompertz-Funktion" angeboten [MER 05].

Für die schwierige Einschätzung des Produkterfolgs über der Lebensdauer kommen vor allem die Zeitreihen ähnlicher Erzeugnisse in der Vergangenheit („Like Modelling") infrage. Interessant sind die Auswirkungen besonderer Ereignisse. So lässt der Verlauf des Absatzes eines Fabrikats nach Einführung einer zusätzlichen Variante Schlüsse auf Kannibalisierungseffekte zu.

In einer Reihe von Branchen kennt man Erfahrungskurven und operiert beispielsweise mit der Faustregel: „Nach Verdoppelung der Produktionsmenge verringern sich die direkten Herstellkosten auf 80 % des Ausgangswerts, nach Vervierfachung der Produktionsmenge auf 80 % von 80 % gleich 64 % usw." In solchen Branchen kann überwacht werden, ob man sich in gewissen Toleranzgrenzen auf der Erfahrungskurve bewegt.

Die Methodenbank **APO** von **SAP** (vgl. Abschnitt 3.2.6) erlaubt im Modul Time Series Management, Zeitreihenprofile zu definieren, abzuspeichern, aufzurufen und in gleicher oder modifizierter Form wiederzuverwenden [DIC 06/DIC 07].

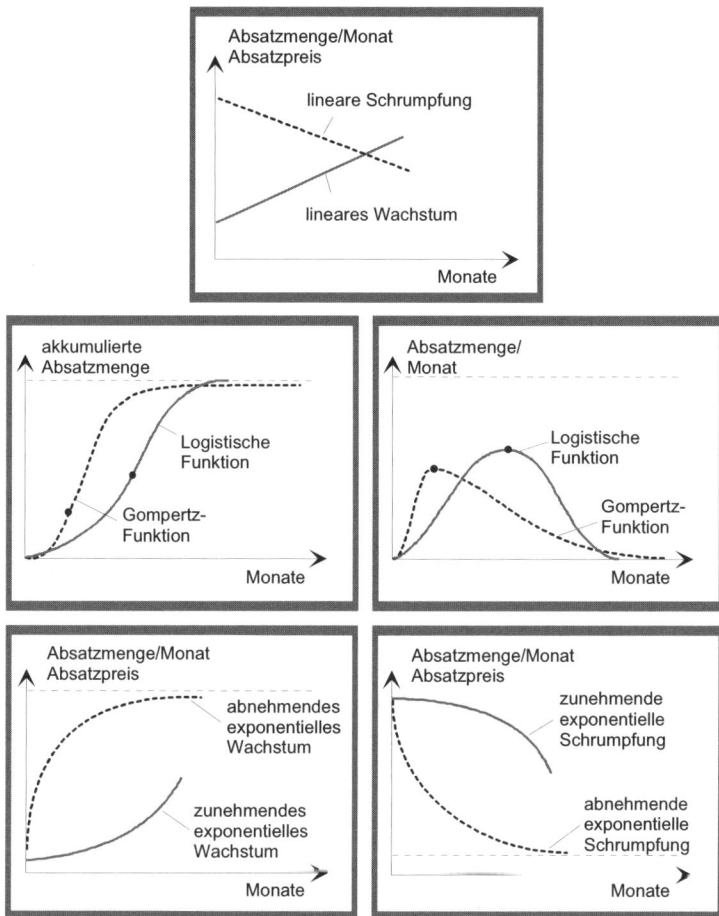

Abb. 5.1.1/3   Funktionstypen als Verlaufsmuster für die Erlösentwicklung

Eine andersartige Unterstützung der strategischen Planung bieten Systeme, bei denen der Computer mithilfe von Prognosemodellen, insbesondere Sättigungsmodellen, die Absatzkurven aller Produkte des Betriebs vorhersagt und diese überlagert. Die so entstehende Funktion des Gesamtabsatzes über der Zeit ist der Ausgangspunkt einer Erfolgsrechnung, bei der unter Berücksichtigung von gespeicherten oder errechneten Kostenverläufen die Erträge, die Deckungsbeiträge und die Liquiditätssituation prognostiziert werden.

Es konnte z. B. anhand der Daten eines **Automobilunternehmens** gezeigt werden, dass es möglich ist, die Kostenverläufe mit für Modelle dieses Typs ausreichender Genauigkeit über Regressionsfunktionen aus den Absatzverläufen herzuleiten [MER 79]. Empfindlichkeitsanalysen mit solchen Daten, insbesondere die Verschiebung von Umsatzprofilen, lassen sich gut visualisieren. Man kann dann rasch alternative Annahmen durchrechnen, z. B. optimistische oder pessimistische Schätzungen über den Anfangserfolg eines neuen Produkts, das an die Stelle eines auslaufenden treten soll, oder über Absatzverluste durch Markteintritte von Konkurrenten.

Hauptziel derartiger Modelle ist es, mögliche Krisensituationen vorherzusehen, wenn z. B. ein Hauptprodukt früher als geplant in die Degenerationsphase gerät und das Nachfolgeerzeugnis zu spät marktreif wird. Abbildung 5.1.1/4 zeigt schematisch das Prinzip solcher Planungsmodelle für die Umsatzverläufe (Kosten und Gewinne sind aus Gründen der Übersicht nicht eingezeichnet).

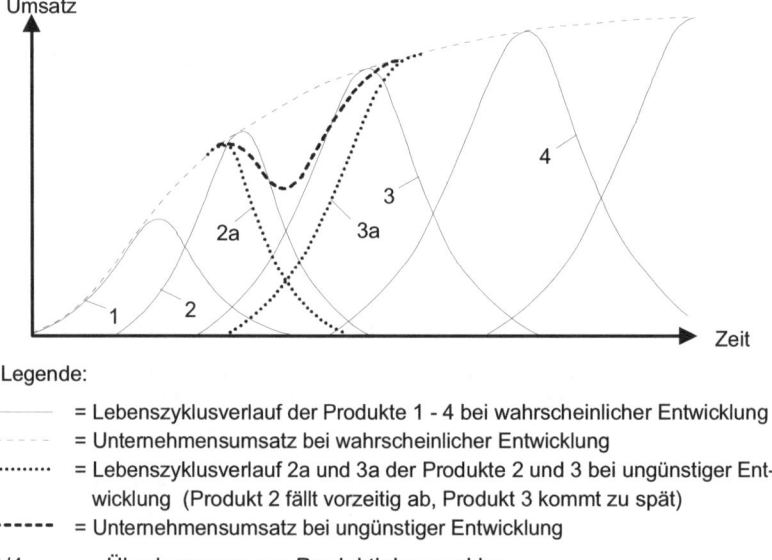

Legende:

⎯⎯⎯   = Lebenszyklusverlauf der Produkte 1 - 4 bei wahrscheinlicher Entwicklung
‐ ‐ ‐ ‐   = Unternehmensumsatz bei wahrscheinlicher Entwicklung
··········   = Lebenszyklusverlauf 2a und 3a der Produkte 2 und 3 bei ungünstiger Entwicklung (Produkt 2 fällt vorzeitig ab, Produkt 3 kommt zu spät)
‐‐‐‐‐   = Unternehmensumsatz bei ungünstiger Entwicklung

Abb. 5.1.1/4   Überlagerung von Produktlebenszyklen

Gegen Ende des Produktlebenszyklus bricht oft die statistische Basis für Vorhersageverfahren weg, die wiederum die Grundlage für die Produktionsplanung ist. Daher sollte das System Frühwarnsignale geben, wenn signifikant weniger Verkäufe oder Auftragseingänge als bislang gemeldet werden, damit von maschineller auf personelle Planung umgeschaltet wird. Die Planer können dann z. B. rechtzeitig Sorge tragen, dass keine Überbestände auf den Lagern für die fremdbezogenen Teile und für die Fertigerzeugnisse entstehen und dass keine Kapazitäten vergeudet werden.

5.1.2 Ein ausgewähltes PuK-System: Am Produktlebenszyklus orientiertes Berichtswesen der Hettich International GmbH

Die **Hettich International GmbH** ist Zulieferer der **Möbelindustrie**. Sie produziert unter anderem Türbeschläge und Schubkastensysteme. Man hat sich unternehmensweite Artikelklassifikationen geschaffen. Ein Beispiel ist LRODI (Abbildung 5.1.2/1), in der die Position eines Artikels im Produktlebenszyklus zum Ausdruck kommt. Abhängig von der Eingruppierung wird in der Logistik differenziert disponiert, z. B. was die Lagerbevorratung angeht. Das automatische Berichtswesen ist an den gleichen Kategorien orientiert; so werden etwa D- und O-Bestände separat ausgewiesen oder es wird gezeigt, welche Artikel im letzten Monat in die Kategorie O eingetreten sind [GUI 04].

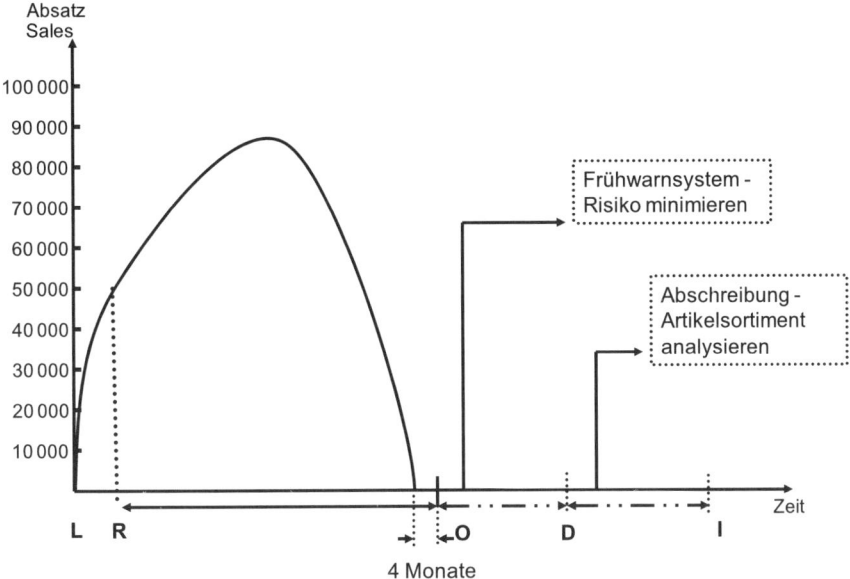

Abb. 5.1.2/1: LRODI-Klassifizierung [GUI 04]

5.2 Customer Relationship Management

Sinzig weist darauf hin, dass das Controlling der Kundenbeziehungen eine größere Bedeutung haben mag als das der Produkte, wenn er Paul Riebel mit den Worten zitiert: „Produkte kommen und gehen; Kundenbeziehungen bleiben bestehen" [SIN 01].

Dem Wesen des CRM (Customer Relationship Management) entsprechend, kommt es vor allem darauf an, Kennzahlen aus den Sektoren Vertrieb (einschließlich Marketing) und Kundendienst zusammenzutragen und integriert zu betrachten. Eine relativ robuste Lösung besteht darin, mehrere Indikatoren auf einem Portal verfügbar zu machen, das ein Call-Center-Mitarbeiter sieht, wenn ein Kunde anruft; möglicherweise werden in Abhängigkeit von dem Kennzahlen-Profil vom System Anhaltspunkte geliefert, in welche Richtung das Gespräch zu lenken ist („Call-Center-Script"). Dieser Weg mag beschritten werden, wenn im Call-Center viele Aushilfskräfte beschäftigt werden bzw. die Fluktuation hoch ist, sodass man weniger auf die Erfahrung und das Gedächtnis setzen darf.

Je mehr Nachrichten zwischen Mitarbeitern des liefernden Unternehmens, die an der Betreuung des Kunden im weitesten Sinne beteiligt sind, und zwischen Mitarbeitern und Instanzen des Kundenbetriebs über elektronische Post ausgetauscht werden, desto reizvoller wird es, die wichtigsten Informationen aus diesen elektronischen Briefen zu extrahieren und der Marktdatenbank zuzuführen. Hierzu ist noch Grundlagenforschung zu leisten. Es würde dann eine Kundendatenbank entstehen, die alle „Äußerungen" gegenüber dem Kunden bzw. in umgekehrter Richtung aufnimmt.

Interessant und in einer integrierten Informationsverarbeitung verhältnismäßig leicht bereitzustellen sind Informationen über Fortschritte und Rückschläge bei Kunden, mit denen man unterschiedlich lange Zeit zusammenarbeitet. So kann man aufzeigen, wie die Erfolgsentwicklung bei neu gewonnenen Kunden ist oder wie viele Kunden in der jüngeren Vergangenheit ausgeschieden sind.

Um zu entscheiden, für welche Kundenbeziehung ein höherer oder ein geringerer Aufwand betrieben werden soll, müssen die Möglichkeiten der Integrierten IV genutzt werden, um Kundenwerte zu bestimmen. Hierzu eignen sich insbesondere Deckungsbeiträge zweiter Stufe (Deckungsbeitrag I abzüglich Kunden-Einzelkosten). Ergänzend können die Ergebnisse von Prozesskostenrechnungen, z. B. zum Aufwand für Reklamationen, herangezogen werden (vgl. Kapitel 4.9). Zur Abschätzung des „Customer Lifetime Value" (CLTV) werden Maßstäbe für die Gewinnträchtigkeit eines Kundensegmentes auf der Zeitachse abgebildet. Im Unterschied zu einer klassischen Betrachtung trägt man aber auf der Abszisse nicht mehr kalendarische Perioden, sondern die Dauer der Kundenbindung ab. So mag deutlich werden, dass der Wert des Kunden in Abhängigkeit vom „Alter" der Beziehung unterschiedlich ist [MEI 05].

Obwohl auch allgemein für den Vertriebssektor (vgl. Kapitel 4.2) brauchbar, spielt gerade im CRM die Verbleibquote oder Kundenbindungsrate („**retention rate**) bzw. ihr Komplement, die Abwanderungsquote („**churn rate**), eine wichtige Rolle [GER 01 u.a.]. Die Verbleibquote gibt an, wie viel Prozent der Geschäftspartner, die am Ende einer Periode existieren, schon zu Beginn Kunden des Unternehmens waren.

Wertvolle Beiträge zur Planung und Kontrolle von Kundenbeziehungen werden mit Data Mining und Empfehlungssystemen (vgl. Abschnitt 3.2.3) gewonnen, etwa wenn man sog. Cross-Selling-Potenziale aufdeckt (dem Kunden können gezielt die ergänzenden Artikel angeboten werden, um den Anteil am Einkaufsumsatz des Abnehmers zu erhöhen).

Soweit das Unternehmen seine Kunden über verschiedene Kanäle anspricht („Multi-Channel-Prinzip", vgl. Band 1) interessiert die Aufteilung seiner Reaktionen auf diese unterschiedlichen Ansprachen.

5.3   Computer Integrated Manufacturing

Ein Charakteristikum von Computer Integrated Manufacturing (CIM) ist der hohe Automationsgrad, verbunden mit Fixkostenintensität und einer Gewinnschwelle, die erst bei hoher Kapazitätsauslastung erreicht wird. Daher empfiehlt es sich, ein Kontrollsystem vor allem auf die Auslastung zu fokussieren.

Ein anderer Ansatz sieht CIM als Investition, die der Investitionserfolgskontrolle (Abschnitt 4.8.2.5) zugänglich ist, wobei freilich schwer quantifizierbare Wechselwirkungen mit der langfristigen Unternehmensstrategie nicht zu vernachlässigen sind [SLA 95].

Ein zweites Merkmal stellt der hohe Integrationsgrad dar. So liegt es nahe, das Funktionieren der verschiedenen Integrationsformen zu überwachen. Wenn beispielsweise im Lager eine wachsende Zahl von Teile-Nummern mit jeweils geringen Beständen zu verzeichnen ist, könnte dies ein Symptom dafür sein, dass sich die Konstrukteure zu wenig über die Stücklisten und Teileverwendungen der existierenden Materialien informieren.

5.4   Supply Chain Management

Welche Besonderheiten die Planung in Liefernetzen bietet, zeigt exemplarisch das Modul **APO Collaborative Planning** der **SAP AG**. Dieses erlaubt es Unternehmen, innerhalb des Liefernetz-Managements unter Nutzung des Internet gemeinsam zu planen. Die Partner mögen Hersteller, deren Lieferanten und Kunden oder auch Transportdienstleister sein.

Die Unternehmen im Netz tauschen bestimmte Planungsinformationen aus, nutzen Internet-Browser zum Lesen und Ändern von Daten, wobei dies mithilfe definierter Berechtigungen auf bestimmte Bereiche beschränkt werden kann, und überwachen Ausnahmesituationen. Mindestens einer der Partner muss ein **APO-System** (vgl. Abschnitt 3.2.6) implementiert haben, die anderen werden dann Daten über den Web-Browser ansehen und ändern.

Auf der Grundlage ausgetauschter Absatz- und Bestandsdaten können Industriebetriebe, deren Lieferanten und Kunden „konsensbasierte Prognosen" erstellen (vgl. dazu auch die Ausführungen zu CPFR) in Abschnitt 4.3.2.3). Innerhalb der gemeinsamen Absatzplanung werden die abgestimmten Prognosen auf der Grundlage neuerer Informationen modifiziert.

Zur kooperierenden Absatzplanung werden im Rahmen des **APO** vier Kennzahlen genutzt: Ist-Absatz, geschätzter Absatz des Lieferanten, eigene Prognosen des Kunden und Abweichung zwischen den beiden Vorhersagen (sie dient dazu, die Güte der Prognose zu überprüfen) [BAR 02].

In einer Planungsmappe werden die Merkmale und Kennzahlen definiert (z. B. Bezug zu einzelnen Produkten und deren Varianten) sowie Makros zur Berechnung der Kennzahlen und Abweichungen („Alert-Generierung"), also z. B. des Toleranzkorridors, bestimmt.

Nach der Anmeldung im Internet wählt der Benutzer aus den ihm zur Einsicht freigegebenen Daten und Informationen einige aus. Möglicherweise sind sie im Rahmen der Vereinbarungen bereits vom Daten liefernden Partnerbetrieb vorab selektiert worden. Auf der Grundlage der Ist-Zahlen kann das System eine statistische Prognose erstellen. Der Benutzer mag jetzt eine eigene Vorhersage oder auch Plan-Daten, die er als realistisch einschätzt, für die einzelnen Punkte oder Abschnitte der Zeitreihe personell oder aus einem eigenen IV-System heraus ergänzen, und **APO** würde dann die Differenzen berechnen und ausweisen. Die Partner können nun personell Änderungen der Zeitreihen, z. B. wegen eines Bedarfsstoßes oder wegen Kapazitätsproblemen in der Produktion, auf einer gemeinsamen Plattform im Internet bearbeiten.

Begreift man Supply Chain Management als Vernetzung von Vertriebs-, Beschaffungs-, Produktions-, Lagerhaltungs- und Versandfunktionen und -prozessen verschiedener Unternehmen, so lassen sich zwar die üblichen logistischen Kennzahlen, wie z. B. Über-/Fehlbestände in einzelnen Lagern, Falschlieferungen, Lieferverspätungen, auch bei der Überwachung von Liefernetzen verwenden. Letztlich kommt es aber darauf an, möglichst das ganze Netz oder zumindest Ausschnitte daraus, welche mehrere Betriebe umfassen, zu kontrollieren.

Im Rahmen ihres Konzepts eines „Supply Chain Performance Measurement" empfehlen Persson und Olhager Kennzahlen für die Ressourcenseite, den Output und die Flexibilität vor [PER 02]. Für die Ressourcen werden die Kennzahlen Kosten und Lagerhaltungsmengen verwendet; letztere haben einen Einfluss auf die Lieferfähigkeit und auf das gebundene Kapital. Als Kennzahlen für den Bereich Output schlagen sie Qualität, durchschnittliche

Durchlaufzeit und Schwankungen der Durchlaufzeit vor; mithilfe dieser Kennzahlen bewerten die Autoren auch die Flexibilität eines Logistiknetzwerks [WER 03]. Weber kombiniert z. B. die Instrumente Beziehungscontrolling (Qualität der Vertrauensbasis in der Partnerschaft), Prozesskostenrechnung und Kennzahlen und führt sie in einer Balanced Scorecard zusammen [WEB 02].

Die gewählten Kennzahlen können in modernen SCM-Systemen elegant zugänglich gemacht werden. Zum Beispiel erlaubt es das Supply Chain Cockpit des **SAP APO**, einzelne Knoten und Kanten des modellierten Netzes anzuklicken und darauf bezogene Informationen abzurufen oder einzelne Objekte vom System überwachen zu lassen (Monitoring). Mithilfe einer Ampelfunktionalität (vgl. Abschnitt 3.4.1) wird angezeigt, ob das Objekt im roten, gelben oder grünen Bereich ist, und das System kann elektronische „Alerts" versenden.

Weitere spezifische Elemente der Kontrolle von Supply Chains sind:

1. Die im Wege des CPFR (vgl. Abschnitt 4.3.2.3) gewonnenen Gemeinschaftsprognosen werden den Vorhersagen der teilnehmenden Betriebe gegenübergestellt.

2. Man kontrolliert, ob einzelne Kanten oder Knoten in der Aktivität zu- oder abnehmen, z. B. ob innerhalb eines Liefernetzes eine Transportbeziehung (Kante) oder ein gemeinsames Regionallager (Knoten) vermehrt in Anspruch genommen wird.

3. Besonderes Augenmerk gilt der Flussoptimierung als einem zentralen Anliegen der Logistik [KLA 99/OTT 02]: Man verfolgt, ob sich an neuralgischen Stellen oft Staus im zwischenbetrieblichen Güter- oder auch Informationsaustausch bilden.

4. Die auf der Grundlage eines „Information by Exception" gefundenen Symptome werden um Diagnosen, Therapievorschläge und Therapieprognosen ergänzt, wie es für das Supply Chain Event Management (vgl. Band 1) charakteristisch ist [ZEL 05/ZIM 06]. Vor allem gilt es, die Auswirkungen von gravierenden Zwischenfällen – etwa eines Produktionsausfalls – in Richtung auf den Markt („downstream") oder auf die Zulieferer („upstream") zu simulieren, um zu erkennen, ob die Störung in benachbarten Puffern aufgefangen wird oder Kettenreaktionen auslöst. Im Zusammenhang mit PuK-Systemen ist wesentlich, dass die Maßnahmen nicht nur auf einzelne Zwischenfälle beschränkt bleiben, sondern aus der Häufigkeit auch Konsequenzen für die Umplanung bzw. Umkonfiguration der Netze gezogen werden, wobei großflächige Simulationen nützlich sein können.

5. Wegen der zumindest mittelfristigen Bindung der Teilnehmer bietet es sich an, einige Kennzahlen untereinander zu vergleichen [CHR 98/KLE 03].

Als Datengrundlage dieser und ähnlicher Systembausteine wird zuweilen ein Data Warehouse angeregt, in das alle Teilnehmer Daten einlagern. Es treten sowohl bei der Speicherung als auch bei der Auswertung nicht zu unterschätzende Abgrenzungsprobleme auf, nicht zuletzt deshalb, weil ein Betrieb an mehreren Liefernetzen teilnehmen kann [BOD 01].

5.5 Anmerkungen zu Kapitel 5

[BAC 88] Back-Hock, A., Lebenszyklusorientiertes Produktcontrolling, Berlin u.a. 1988.

[BAR 02] Bartsch, H. und Bickenbach, P., Supply Chain Management mit SAP APO, 2. Aufl., Bonn 2002, insbes. S. 362-366.

[BOD 01] Bodendorf, F., Butscher, R. und Zimmermann, R., Agentengestützte Auftragsüberwachung in Supply-Chains, Industrie Management 17 (2001) 6, S. 26-29.

[CHR 98/KLE 03] Christopher, M., Logistics and Supply Chain Management, 2. Aufl., London u.a. 1998; Kleijnen, J. P. C. und Smits, M. T., Performance metrics in supply chain management, Journal of the Operational Research Society 54 (2003) 5, S. 507-514, http://www.supply-chain.org/cs/benchmarking, Abruf am 2008-08-01.

[DIC 06/DIC 07] Dickersbach, J., Supply Chain Management with APO, 2. Aufl., Berlin u.a. 2006, Kapitel 4; Dickersbach, J., Service Parts Planning with mySAP SCMTM, Berlin-Heidelberg 2007, Kapitel 5.

[EIS 04] Eisert, U., Geiger, K., Hartmann, G., mySAP Product Lifecycle Management, 2. Aufl., Bonn 2004.

[GER 01 u.a.] Gerth, N., Zur Bedeutung eines neuen Informationsmanagements für den CRM-Erfolg, in: Link, J. (Hrsg.), Customer Relationship Management, Berlin u.a. 2001, S. 103-116, insbes. S. 111-112; Knauer, M., Kundenbindung in der Telekommunikation: Das Beispiel T-Mobil, in: Bruhn, M. und Homburg, C. (Hrsg.), Handbuch Kundenbindungsmanagement, 5. Aufl., Wiesbaden 2005, S. 511-526; Zipser, A., Business Intelligence im CRM, in: Link, J., (Hrsg.), Customer Relationship Management, Berlin u.a. 2001, S. 35-57, insbes. S. 51-52.

[GÖT 00] Götze, U., Lebenszykluskosten, in: Fischer, T. M. (Hrsg.), Kostencontrolling, Stuttgart 2000, S. 265-289.

[GUI 04] Guimet, J. und Müller-Dauppert, B., PLCM im W2B-Bereich: Optimale Verfügbarkeit und Bestände durch Planung und Berücksichtigung der Produktlebensphasen, Information Management & Consulting 19 (2004) 3, S. 27-31.

[KLA 99/OTT 02] Klaus, P., Jenseits einer Funktionenlogistik: Der Prozessansatz, in: Isermann, H. (Hrsg.), Logistik: Gestaltung von Logistiksystemen, 2. Aufl., Landsberg/Lech 1999, S. 61-78; Otto, A., Management und Controlling von Supply Chains, Wiesbaden 2002.

[MEI 05] Meier, M. C., Sinzig, W. und Mertens, P., SAP Enterprise Management with SAP SEM/Business Analytics, 2. Aufl., Berlin u.a. 2005.

[MER 79] Mertens, P. und Rackelmann, G., Konzept eines Frühwarnsystems auf der Basis von Produktlebenszyklen, in: Albach, H., Hahn, D. und Mertens, P. (Hrsg.), Frühwarnsysteme, Zeitschrift für Betriebswirtschaft 49 (1979) Ergänzungsheft 2, S. 70-88.

[MER 94] Mertens, P., Neuere Entwicklungen des Mensch-Computer-Dialoges in Berichts- und Beratungssystemen, Zeitschrift für Betriebswirtschaft 64 (1994) 1, S. 35-56.

[MER 05]   Zur Einführung in Sättigungsmodelle vgl. Mertens, P. und Falk, J., Mittel-
                und langfristige Absatzprognose auf der Basis von Sättigungsmodellen, in:
                Mertens, P. und Rässler, S. (Hrsg.), Prognoserechnung, 6. Aufl., Heidelberg
                2005, S. 169-204.

[PER 02]   Persson, F. und Olhager, J., Performance simulation of supply chain
                designs, International Journal of Production Economics 77 (2002) 3, S. 231-
                245.

[PFE 81]   Pfeiffer, W. und Bischof, P., Produktlebenszyklen - Instrument jeder strate-
                gischen Produktplanung, in: Steinmann, H. (Hrsg.), Planung und Kontrolle,
                München 1981, S. 133-166.

[SHE 81]   Sherif, Y. S. und Kolarik, W. J., Life Cycle Costing: Concept and Practice,
                OMEGA 9 (1981) 3, S. 287-296.

[SIN 01]   Sinzig, W., Moderne DV-Unterstützung für das Ergebnis- und Vertriebs-
                controlling, Kostenrechnungspraxis o.Jg. (2001) Sonderheft 3, S. 108-110.

[SLA 95]   Slagmulder, R., Bruggeman, W. und van Wassenhove, L., An empirical
                study of capital budgeting practices for strategic investments in CIM techno-
                logies, International Journal of Production Economics 40 (1995) 2, S. 121-
                152.

[WEB 02]   Weber, J., Logistik- und Supply-Chain-Controlling, 5. Aufl., Stuttgart 2002.

[WER 03]   Werners, B., Thorn, J. und Freiwald, S., Performance-Kriterien für das
                Supply Chain Design, Supply Chain Management 3 (2003) 3, S. 7-16.

[ZEL 05/ZIM 06] Zeller, A. J., Automatisierung von Diagnose und Therapie beim Controlling
                von Liefernetzen, Aachen 2005; Zimmermann, R., Winkler, S. und
                Bodendorf, F., Supply Chain Event Management with Software Agents, in:
                Kirn, S., Herzog, O., Lockemann, P. und Spaniol, O. (Hrsg.), Multiagent
                Engineering, Theory and Application in Enterprises, Berlin-Heidelberg 2006,
                S. 157-175.

6 Planung und Kontrolle des Gesamtunternehmens

In Ergänzung zu den in den Kapiteln 4 und 5 beschriebenen Planungs- und Kontrollsystemen werden in diesem Kapitel Modellansätze zur Planung und Kontrolle auf der Ebene des Gesamtunternehmens vorgestellt. Die notwendige Aggregation kann über Wertgrößen, die aus Bilanz und Erfolgsrechnung des Unternehmens stammen, geschehen (vgl. Kapitel 6.1). Je nach Branche mögen aber auch andere Gesichtspunkte, z. B. die Überlagerung von Produktlebenszyklen (vgl. Abschnitt 5.1), eine wichtige Rolle spielen.

6.1 Wertorientierte Unternehmensführung

Eine Herausforderung für die Gestalter von PuK-Systemen ist es, die wertorientierte Unternehmensführung zu unterstützen. Durch die Akzentverlagerung der Führungsfunktionen auf die Wertorientierung haben einige Informationen im Vergleich zu früher an Bedeutung gewonnen. Viele Ansätze zur Wertbestimmung basieren auf dem Cashflow oder ähnlichen Größen [KNO 98]. Als Beispiel wählen wir den Vorschlag von Rappaport, der den Shareholder Value als rechnerischen Marktwert des Eigenkapitals begreift. Dabei werden die Cashflows diskontiert. Der Residualwert entspricht dem Gegenwartswert der Cashflows nach dem fünf bis zehn Jahre umfassenden Planungszeitraum [RAP 99/MEI 05]. Es ergibt sich folgende Beziehung:

Shareholder Value	=	Unternehmenswert – Fremdkapital; mit:
Unternehmenswert	=	Gegenwartswert der betrieblichen Cashflows
		während der Prognoseperiode
	+	Residualwert
	+	Marktwert handelsfähiger Wertpapiere

Abb. 6.1/1   Shareholder Value

Die verschiedenen Erscheinungsformen von Cashflows lassen sich durch eine Gegenüberstellung von Ein- und Auszahlungen oder durch eine Korrektur einer erfolgswirtschaftlichen Saldogröße (Jahresüberschuss, Betriebsergebnis u. Ä.) um nicht erfasste Zahlungen und nicht zahlungsbezogene Posten ableiten. Ausgangspunkt kann eine Finanzrechnung, der Jahresabschluss oder die Kosten- und Erlösrechnung sein.

Beispielsweise ermittelt sich der Free-Cashflow vereinfacht aus einer Finanzrechnung wie in Abbildung 6.1/2 gezeigt.

Eine andere Möglichkeit liegt darin, Cashflow-Größen aus der Gewinn- und Verlustrechnung (GuV), also aus dem Jahresabschluss, herzuleiten. Knorren [KNO 98] unterscheidet eine direkte Methodik bzw. progressive Ableitung des Cashflows von einer indirekten Methodik bzw. retrograden Ableitung. Bei der direkten Methode werden die einzelnen Positionen der GuV hinsichtlich ihrer Zahlungswirksamkeit untersucht und entsprechend korrigiert. Bei der indirekten Methode addiert man zum Jahresüberschuss als Saldogröße der GuV zahlungsunwirksame Aufwendungen und subtrahiert zahlungsunwirksame Erträge sowie die in der GuV nicht erfassten Einzahlungen bzw. Auszahlungen, um einen Zahlungsüberschuss zu bestimmen. Abbildung 6.1/3 zeigt das Rechenschema.

	Einzahlungen (aus Leistungserstellung)
./.	Auszahlungen (aus Leistungserstellung)
=	**Operativer Cashflow**
./.	Auszahlungen für Investitionen in das Anlagevermögen
./.	Auszahlungen für Investitionen in das Umlaufvermögen
+	Einzahlungen durch Erhöhung der unverzinslichen Verbindlichkeiten (Abzugskapital)
./.	Steuerzahlungen
=	**Free-Cashflow**

Abb. 6.1/2   Ermittlung des Free-Cashflows aus einer Finanzrechung

Cashflow-Größen können auch aus der Kosten- und Erlösrechnung gewonnen werden. Knorren gibt die hierzu notwendigen Formeln an. Als Vorteil dieses Ansatzes erweist sich, dass die Kosten- und Erlösrechnung bei deutschen Unternehmen meistens differenziert ausgebaut ist; so kann sie sich auf Produkte, Produktbereiche oder Prozesse beziehen. Es sind jedoch eine Vielzahl von Überleitungsposten zu berücksichtigen, um die Kosten-/Erlösgrößen in solche der Zahlungsmittelebene zu überführen. Von daher sind der Automation gewisse Grenzen gesetzt, sodass Dialogsysteme vorgezogen werden müssen. Die Überleitungsrechnungen werden weniger kompliziert, wenn die traditionelle Trennung zwischen internem und externem Rechnungswesen teilweise oder ganz aufgegeben wird [OEH 99]. So entwickelt die **Siemens AG** die internen Steuerungsgrößen aus den Werten des handelsrechtlichen Abschlusses und verzichtet mit Ausnahme kalkulatorischer Zinsen auf den Ansatz kalkulatorischer Kosten [ZIE 94]. Eine derartige Annäherung wird erleichtert, wenn die vorgeschriebene Abschlussrechnung nicht auf Basis des HGB, sondern des US-GAAP erfolgt, da sich die letztgenannten Vorschriften weniger ausgeprägt am Grundsatz des Gläubigerschutzes orientieren und den Periodenerfolg wirklichkeitsnäher darstellen.

Für eine wertorientierte Planung werden die zukünftigen Free-Cashflows aller Objekte benötigt, für die eine Wertberechnung und eine Analyse der Wertsteigerungsmöglichkeiten erfolgen. Dabei wird es sich in der Regel um Organisationseinheiten unterhalb des Gesamtunternehmens, beispielsweise um Geschäftsfelder, handeln. Da in Deutschland die Finanzplanung zumeist nur auf der Ebene des Unternehmens durchgeführt wird, sind in vielen Betrieben erhebliche Modifikationen notwendig, um die erforderlichen Ein- und Auszahlungsinformationen automatisch in der notwendigen Differenzierung zu generieren. Besonders in Konzernen, in denen immer wieder Unternehmensteile hinzuerworben und verkauft werden, ergeben sich schwierige Aufgaben bei der Vereinheitlichung von Definitionen bzw. Abgrenzungen; oft müssen spezielle Programme zur Überbrückung der Differenzen zwischen den Konzerngesellschaften geschrieben werden [SCHU 01].

	Jahresüberschuss lt. GuV (nach Steuern)
+	Zinsaufwand
–	Erhöhung (+ Verminderung) des Anlagevermögens
–	Erhöhung (+ Verminderung) des Umlaufvermögens
–	Erhöhung (+ Verminderung) der aktiven Rechnungsabgrenzungsposten
+	Erhöhung (– Verminderung) von Schecks, Kassenbestand etc.
+	Erhöhung (– Verminderung) der unverzinsl. Verbindlichkeiten (Abzugskapital)
+	Zunahme (– Verminderung) der Rückstellungen
+	Erhöhung (– Verminderung) passive Rechnungsabgrenzungsposten
=	Free-Cashflow

Abb. 6.1/3   Ermittlung des Free-Cashflows aus der Gewinn- und Verlustrechnung

Einige Beispiele zu den Rechen- und Planungsmethoden bei wertorientierter Führung von Konzernen (**Siemens AG**, **VEBA AG**, **Franz Haniel & Cie. GmbH**) sind bei Hahn u. a. beschrieben [HAH 99]. Zur Einbettung des Shareholder-Value-Ansatzes in ein Führungsinformationssystem der **Georg Fischer AG** vergleiche [VÖL 95].

Rechnergestützte PuK-Systeme werden immer nur als „Zuträger" der Wertermittlung infrage kommen. Es ist zumindest gegenwärtig noch schwer vorstellbar, die Prozedur vollständig zu automatisieren (siehe oben). Eine Schwierigkeit ist beispielsweise die Ermittlung der relevanten Eigen- und Fremdkapitalkostensätze, die zusammen mit der Kapitalstruktur die für die Wertbestimmung anzusetzenden Kapitalkosten bestimmen. Bei Aktiengesellschaften entspricht der Eigenkapitalkostensatz der erwarteten Rendite der Aktionäre, die wiederum von der Risikoposition des Unternehmens beeinflusst wird (ausgedrückt im so genannten Beta-Wert).

6.2 Methodische Grundlagen

6.2.1 Kennzahlen- und Werttreiberbäume

Vielfach wird man in der Unternehmensgesamtplanung auf interaktive Systeme setzen müssen, bei denen nach Art von What-if- und How-to-achieve-Analysen unterschiedliche Annahmen verarbeitet werden. Hilfreich sind im System hinterlegte Strukturen in Gestalt von Kennzahlen- oder Werttreiberbäumen.

Abbildung 6.2.1/1 zeigt den wohl bekanntesten Kennzahlenbaum nach DuPont, Abbildung 6.2.1/2 einen bei **SAP** benutzten Werttreiberbaum [MEI 05]. Ein wesentlicher Unterschied zwischen den beiden Instrumenten liegt darin, dass die Größen der Kennzahlenbäume im Allgemeinen nur durch die vier Grundrechenarten verbunden werden, während bei den Werttreiberbäumen auch Verknüpfungen durch Regelwerke, funktionale Beziehungen (z. B. Regressionsfunktion, Logistische Funktion) oder Mechanismen wie den Decision Calculus (vgl. Abschnitt 4.2.2.5) hergestellt werden. Diese Differenzierung ist gerade in der Praxis aber nicht immer trennscharf (siehe dazu auch das Beispiel zur Unternehmensplanung der

Boehringer Ingelheim GmbH in Kapitel 6.4). In der Abb. 6.2.1/2 markieren die Balken in der ersten Spalte von links den Einfluss, den das eigene Unternehmen auf den Werttreiber hat (z. B. wird der Marktanteil sehr stark von Aktionen der Wettbewerber determiniert). In der zweiten Spalte von links ist symbolisiert, ob ein Faktor (etwa die Produktionskosten) die Größe weiter rechts (den Stückpreis) stark oder weniger stark „treibt". Hier ist noch erhebliche Forschungsarbeit zu leisten.

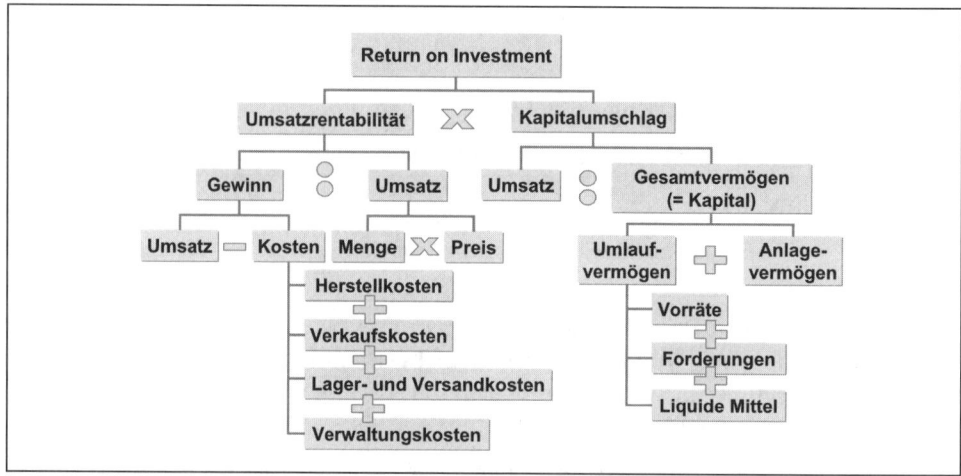

Abb. 6.2.1/1   DuPont-Kennzahlenbaum

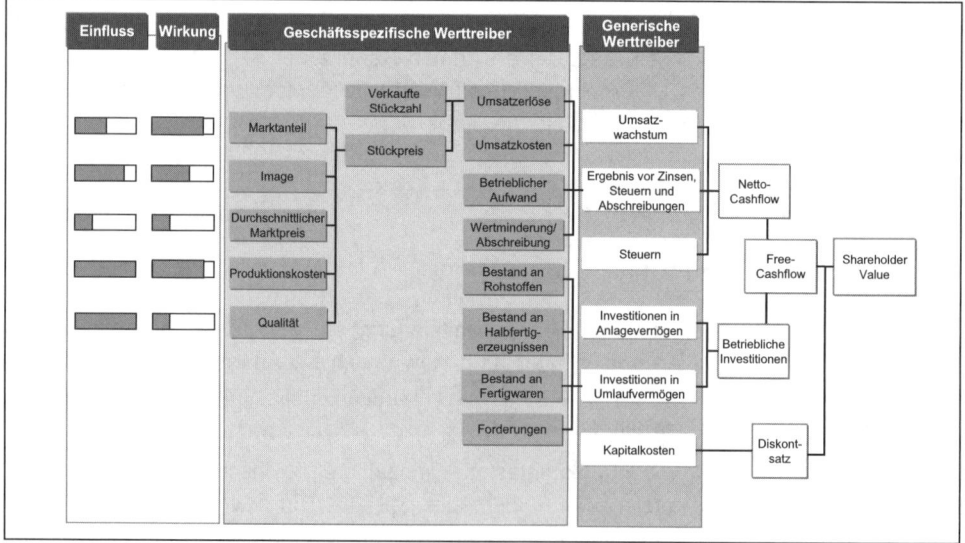

Abb. 6.2.1/2   Werttreiberbaum nach SAP

6.2.2 Gleichungsmodelle

Die in der Praxis wichtigste Ausprägung der deterministischen Modelle sind Gleichungs-systeme. Dabei sind die einzelnen Gleichungen meist relativ einfach. Das Gleichungssys-tem, das zwischen 20 und mehreren tausend Gleichungen umfasst, ist jedoch so komplex, dass man es ohne Computer nicht behandeln kann. **Thyssen-Krupp Steel** verwendet beispielsweise ein Gleichungssystem, das zur Berechung des Oberziels „Betriebsergebnis" rund 2,6 Millionen Gleichungen umfasst [ZWI 08]. Gleichungsmodelle sind besonders cha-rakteristisch für jene Modelle, die die finanzielle Situation des Unternehmens abbilden, denn die Beziehungen zwischen den wichtigsten finanziellen Größen, insbesondere zwischen den Positionen des Jahresabschlusses, lassen sich recht gut in die Form eines Gleichungsan-satzes bringen.

Man kann – teilweise in Anlehnung an Rosenkranz – folgende Gleichungstypen unterschei-den [ROS 99]:

1. Definitionsgleichungen.

    Sie zeigen gesicherte Zusammenhänge auf. Ein bekanntes Beispiel ist die Formel:

    Gesamtkapital = Eigenkapital + Fremdkapital

2. Verhaltensgleichungen.

    Hier gehen bestimmte Annahmen über das Verhalten von Menschen und Institutionen ein. Ein Beispiel ist die Ermittlung des Debitorenbestands in dem unten abgebildeten Gleichungssystem: Dieser Debitorenbestand ist zum einen eine Funktion der Umsätze in den zurückliegenden Perioden, zum anderen aber auch abhängig von dem Zahlungs-verhalten der Kundschaft.

3. Technologische Gleichungen.

    Sie bilden den Prozess bei der Kombination der Produktionsfaktoren ab. Beispielsweise beschreibt

    $$Q_{R1} = 2 * Q_{F1} + 4 * Q_{F2} \, ,$$

    dass sich der mengenmäßige Bedarf an einem Rohstoff R1 aus der mit 2 bzw. 4 multiplizierten Menge der zu produzierenden Fertigerzeugnisse F1 und F2 ergibt.

4. Institutionelle Gleichungen.

    Institutionelle Beziehungen verbinden Variablen, die durch die Umgebung des Betriebs bestimmt werden. Beispiele sind die Berechnung der Körperschaftsteuer und die der Gewerbesteuer aus dem Gewinn einer AG (vgl. Abbildung 6.2.2/1).

5. Logische Beziehungen.

    Sie schreiben Variablen fort, insbesondere auf der Zeitachse. Ein für Planungsmodelle wichtiger Fall ist die Lagerfortschreibung:

    $$Q_{neu} = Q_{alt} + \text{Zugang} + \text{Abgang}.$$

BILANZPOSITIONEN

Anlagenwert (n)   = **Anlagenwert (n–1)** + Anlagenzugänge (n) – Anlagenabgänge (n)

                                    – Abschreibungen auf Anlagen (n)

Lagerbestand (n)   = **Lagerbestand (n–1)** + Lagerzugänge (n) – Lagerabgänge (n)

                                    – Abschreibungen auf Lagerbestand (n)

Debitorenbestand (n)   = a_0 Umsatz (n) + a_1 **Umsatz (n-1)** + a_2 **Umsatz (n–2)** + . . .

                                    + a_m **Umsatz (n–m)**

$$a_j = 1 - \sum_{i=0}^{j} c_i \text{ für alle j von 0 bis m}$$

Kreditorenbestand (n)   = b_0 Einkäufe (n) + b_1 **Einkäufe (n–1)** + b_2 **Einkäufe (n–2)** + . . .

                                    + b_p **Einkäufe (n–p)**

$$b_j = 1 - \sum_{i=0}^{j} d_i \text{ für alle j von 0 bis p}$$

Kredite (n)   = **Kredite (n–1)** + Neuaufnahme Kredite (n) – Rückzahlung Kredite (n)

Kassen-/Bankbestand (n)   = **Kassen-/Bankbestand (n–1)** + Kassen-/Bank-Einzahlungen (n)

                                    – Kassen-/Bank-Auszahlungen (n)

Rücklagen (n)   = **Rücklagen (n–1)** + Rücklagenzuführung (n)

                                    – Rücklagenauflösung (n)

Kassen-/Bank-   = c_0 Umsatz (n) + c_1 **Umsatz (n–1)** + c_2 **Umsatz (n–2)** + . . .

Einzahlungen (n)   + c_m **Umsatz (n-m)** + Neuaufnahme Kredite (n)

Kassen-/Bank-   = d_0 Einkäufe (n) + d_1 **Einkäufe (n–1)** + d_2 **Einkäufe (n–2)** + . . .

Auszahlungen (n)   + d_p **Einkäufe (n–p)** + Ausgabenwirksame Kosten (n)

                                    + Körperschaftsteuer (n) + Rückzahlungen Kredite (n)

                                    + **Ausschüttungen (n–1)**

Eigenkapital (n)   = **Eigenkapital (n–1)** + Gewinn nach Steuern (n) – Ausschüttung (n)

KOSTEN UND GEWINN VOR STEUERN

Zinsaufwand (n) $= \dfrac{\text{Kredite (n)} + \textbf{Kredite (n-1)}}{2} * Durchschnittszinssatz$

Variable Verk.kosten (n)   = Umsatz (n) * *Verkaufskostenfaktor*

Ausgabenwirksame   = Variable Verkaufskosten (n) + Zinsaufwand (n)
Kosten (n)   + Sonstige variable Kosten (n)

Abschreibungen auf
Anlagen (n)   = **Anlagenwert (n–1)** * *Abschreibungsfaktor Anlagen*

Abschreibungen auf
Lagerbestand (n)   = **Lagerbestand (n–1)** * *Abschreibungsfaktor Lagerbestand*

Gewinn vor Steuern (n)   = Umsatz (n) – Ausgabenwirksame Kosten (n)
                                    – Abschreibungen auf Anlagen (n)
                                    – Abschreibungen auf Lagerbestand (n) – Restliche Fixkosten (n)

Abb. 6.2.2/1   Gleichungssystem

Wir stellen in der Folge beispielhaft ein einfaches System linearer Gleichungen dar (vgl. Abbildung 6.2.2/1), das als Finanzmodell einer Unternehmung in der Rechtsform einer AG oder einer GmbH begriffen werden kann. Die in den Gleichungen erscheinenden Größen lassen sich in folgende Kategorien einteilen:

STEUERN UND GEWINN NACH STEUERN

Körperschaftsteuer (n) = 0,25 ∗ Körperschaftsteuerpflichtiges Einkommen (n)

Körperschaftsteuer- = Gewinn vor Steuern − (Gewerbesteuer (n)
pflichtiges Einkommen (n) + Verlustabzug (n))

Gewerbesteuer (n) = Gewinn vor Steuern (n) ∗ *Durchschnittssatz Gewerbesteuer*

Gewinn nach Steuern (n) = Gewinn vor Steuern (n) − (Körperschaftsteuer (n)
  + Gewerbesteuer (n))

Legende:

   Errechnete Planposition

   Eingabewert

   Gespeicherter Wert

   Vom System überwachter und fortgeschriebener Parameter

n   : Periodenindex

m   : Zahl der Perioden, die höchstens vergehen, bis eine Kundenforderung (Debitorenposition)
       beglichen wird

p   : Zahl der Perioden, die höchstens vergehen, bis eine Lieferverbindlichkeit (Kreditorenposition)
       beglichen wird

c_i : Anteil der Umsatzwerte, die i Perioden nach der Fakturierung bezahlt werden
       (c_0 = Anteil der Barzahlung)

d_i : Anteil der Einkaufswerte, die I Perioden nach Erhalt der Ware bezahlt worden
       (d_0 = Anteil der Barzahlung)

Abb. 6.2.2/1   Gleichungssystem (Fortsetzung)

1. Gespeicherte Vergangenheitswerte.
   Hierbei handelt es sich vor allem um die Bilanzposten des Vorjahres. Da die Positionen des betrachteten Jahres gleichzeitig im nächsten Jahr die gespeicherten Positionen des vergangenen Jahres sein werden, kann man das Modell auch über mehrere Perioden berechnen.

2. Eingegebene bzw. vom System selbst fortgeschriebene Parameter, wie z. B. der Verkaufskostenfaktor, der angibt, wie hoch der Anteil der direkt vom Verkauf abhängigen Kosten am Umsatz ist.

3. Vom System selbst berechnete Größen (Unbekannte).

4. Stets neu einzugebende Daten.
   Die stets neu einzugebenden Daten stellen in der Regel die Parameter dar, die während der Simulation verändert werden, insbesondere sind dies:

   - Die Anlagenzu- und -abgänge (Investitionen und Desinvestitionen),

- die Veränderungen der Lagerbestände,

- die Periodenumsätze,

- die Einkäufe in der Periode bzw. in den Perioden,

- die Aufnahme und Rückzahlung von Krediten,

- die Zuführung zu den Rücklagen,

- die Summe der „sonstigen variablen Kosten", i. S. v. Kostenelementen, die im Gleichungssystem nicht durch eigene Positionen vertreten sind,

- die Summe der Fixkosten, soweit diese nicht im Gleichungssystem in Abhängigkeit von anderen Größen errechnet werden (wie die Abschreibungen).

Für die Darstellung des Gleichungssystems gelten die folgenden Vereinbarungen: Die Betrachtungsperiode bzw. der zugehörige Stichtag trägt den Index n, die vorhergehende Periode (bei Finanzmodellen wird das in der Regel ein Jahr sein) den Index n-1 usw. Bei Zeitpunktgrößen, also bei allen Bilanzpositionen, besagt der Index n, dass es sich um den Wert zum Ende der Periode n handelt, usw.

Selbstverständlich mag das System auch anders aufgebaut werden als hier vorgeschlagen. Zunächst ist eine Vergröberung möglich, etwa indem man die einzelnen Steuerpositionen global schätzt und nicht durch eigene Gleichungen ausdrückt. Andererseits kann man aber auch die gegenseitige Abhängigkeit einzelner Größen stärker formalisieren. In dem in Abschnitt 4.9.2.4 beschriebenen Simultanmodell zur Handelsbilanzpolitik muss man z. B. mit mehreren (Un-)Gleichungen und Unbekannten arbeiten, weil ein großer Teil der Steuerzahlungen vom Gewinn, der Gewinn aber wiederum von den Steuerzahlungen abhängt (vgl. hierzu auch [FRE 90]). Schließlich besteht noch die Möglichkeit, dass im Sinne einer integrierten Konzeption andere Teilmodelle als „Datenzuträger" des Finanzmodells dienen. Beispielsweise lässt sich über ein Modell, das die Produktionsplanung abbildet, der Einkaufsbedarf aus dem geplanten Umsatz ableiten und auch der Umsatz oder die Fixkosten können aus entsprechenden Planungs- und Prognosemodulen stammen.

Wichtige Anwendungen von Modellen wie dem skizzierten sind:

1. Die Zukunftsbilanz kann für unterschiedliche Annahmen über die zu ergreifenden Finanzierungsmaßnahmen, insbesondere im Hinblick auf die Fremdfinanzierung, geschätzt werden.

2. Die Auswirkungen alternativer Ausschüttungspolitiken lassen sich studieren.

3. Der Bedarf an neuem Fremdkapital bzw. die Möglichkeit von Fremdkapitalrückzahlungen wird rechtzeitig erkannt.

4. Die Auswirkungen unterschiedlicher Kapitalstrukturen, insbesondere der Relation Eigen- zu Fremdkapital, können geprüft werden.

5. Man kann bestimmte steuerpolitische Alternativen simulieren.

6.2.3   Inkrementale Zielplanung

Gleichungssysteme lassen sich auch mit Budgetierungssystemen (vgl. Abschnitt 4.9.2.1) verbinden. Ein Beispiel ist das System **INZPLA** (**In**krementale **Z**iel**pla**nung) von Zwicker

[ZWI 98]. Inkrementale Zielplanung beginnt stets auf der Ebene einer Jahresplanung. Diese führt zu bestimmten Vorgabewerten für Verantwortungsbereiche. Die Ergebnisse der Jahresplanung werden unterjährig in Monatsvorgaben umgesetzt. Auf Monatsebene vergleicht man rollierend Soll und Ist. Mit rollierenden Vorschaurechnungen wird in **INZPLA** überprüft, ob die Jahresvorgaben eingehalten werden können. Nach Ablauf des Planjahres wird auf Jahresbasis eine Abweichungsanalyse durchgeführt, die zeigen soll, welcher Verantwortungsbereich und welche Einflussgrößen die Soll-Ist-Differenzen generiert haben.

In einem solchen Verfahren können sich auf den unteren Verdichtungsebenen sehr große Gleichungssysteme ergeben. Die personelle Eingabe stößt nun an Grenzen. Man braucht dann einen Konfigurator, welcher erlaubt, die Modellbeziehungen zu spezifizieren, ohne die Gleichungen eingeben zu müssen. Diese werden viel mehr durch Parametrisierung eines Hyperstrukturmodells vom Konfigurationssystem generiert. Das **SAP-System** besitzt ein solches; es ist für die innerbetriebliche Leistungsverrechnung gedacht.

6.2.4 Matrizenmodelle

Aus den für die operative Informationsverarbeitung benötigten Dateien werden Matrizen aufgebaut, die die wichtigsten Unternehmensdaten in verdichteter Form enthalten, sodass bei erträglichem Speicher- und Rechenzeitaufwand simuliert werden kann.

1. Aus den gespeicherten Erzeugnisstrukturen lässt sich eine Gesamtbedarfsmatrix erstellen, die zeigt, welche Teile in welcher Zahl in welche Enderzeugnisse eingehen (Abbildung 6.2.4/1, [MÜL 73]). Da auch Montageprozesse Kapazitäten und Kosten, insbesondere von manuellen Arbeitsplätzen, beanspruchen, müssen sie als fiktive Teile definiert werden.

2. Mithilfe der Fertigungsvorschriftendatei kann das Verdichtungsprogramm eine Matrix (Kapazitätsbedarfsmatrix, Vorstufe) generieren, in der in den Zeilen die Teile, in den Spalten die Betriebsmittel und manuellen Arbeitsplätze sowie als Matrixelemente die zur Herstellung einer Einheit des Teils mit diesem Betriebsmittel bzw. an diesem Arbeitsplatz erforderlichen Zeiten eingetragen sind (Abbildung 6.2.4/2).

3. Durch Multiplikation dieser Kapazitätsbedarfsmatrix mit der Gesamtbedarfsmatrix (Abbildung 6.2.4/1) gewinnt man eine weitere Tabelle, die in den Zeilen die Fertigerzeugnisse, in den Spalten jedoch die Betriebsmittel und Arbeitsplätze enthält. Die Elemente sind jetzt die Kapazitätsbelastungen der Betriebsmittel und Arbeitsplätze durch die Herstellung einer Einheit des Fertigfabrikats (Kapazitätsbedarfsmatrix, Abbildung 6.2.4/3).

Fertig- erzeugnis \ Teil	T_1	T_2	T_3	...	T_m	M_1	M_2	...	M_r
F_1	$m(F_1/T_1)$					$n(F_1/M_1)$			
F_2									
F_3									
...									
F_n									

$m(F_1/T_1)$ ist die Gesamtmenge, mit der das Teil T_1 in eine Einheit des Fertigerzeugnisses F_1 eingeht. $n(F_1/M_1)$ ist die Zahl der Montageprozesse vom Typ M_1, die erforderlich sind, um eine Einheit F_1 herzustellen. $n(F_1/M_1)$ wird in der Regel = 1 sein.

Abb. 6.2.4/1   Gesamtbedarfsmatrix

Teil \ Kapazitäts- einheit	B_1	B_2	...	B_p	A_1	A_2	...	A_q
T_1	$z(T_1/B_1)$				$z(T_1/A_1)$			
T_2								
...								
T_m								
M_1								
...								
M_r								

$z(T_1/B_1)$ ist die Zeit, die die Herstellung einer Einheit des Teils T_1 auf dem Betriebsmittel B_1 benötigt. Entsprechend ist $z(T_1/A_1)$ die Zeit, die der manuelle Arbeitsplatz A_1 zur Herstellung einer Einheit des Teils T_1 in Anspruch genommen wird.

Abb. 6.2.4/2   Kapazitätsbedarfsmatrix (Vorstufe)

4. Werden die in der Gesamtbedarfsmatrix enthaltenen Teile mit den in den Material-stammsätzen gespeicherten Anschaffungs- oder Herstellkosten bewertet, so erhält man die Materialkosten. Multipliziert man in der Kapazitätsbedarfsmatrix die Arbeitszeiten mit den variablen Kosten pro Zeiteinheit (z. B. mit dem variablen Maschinenstundensatz), so resultieren die variablen Fertigungskosten.

Kapazitäts-einheit / Fertig-erzeugnis	B_1	B_2	...	B_p	A_1	A_2	...	A_q
F_1	$z(F_1/B_1)$				$z(F_1/A_1)$			
F_2								
F_3								
...								
F_n								

$z(F_1/B_1)$ ist die Zeit, die das Betriebsmittel B_1 für die Herstellung einer Einheit des Fertigerzeugnisses F_1 in Anspruch genommen wird. Entsprechend ist $z(F_1/A_1)$ die Zeit, die der manuelle Arbeitsplatz A_1 zur Produktion einer Einheit F_1 benötigt.

Abb. 6.2.4/3   Kapazitätsbedarfsmatrix

5. Nun lässt sich eine Matrix aufstellen, die in den Zeilen die Endprodukte und in den Elementen sowohl die variablen Kosten der in Anspruch genommenen Betriebsmittel und Arbeitsplätze als auch die Anschaffungs- oder Herstellkosten der Teile enthält. Die Zeilensumme ist die Summe der variablen Herstellkosten. Trägt man in einer weiteren Spalte die variablen Vertriebskosten und in einer letzten Spalte die Erlöse ein, so ergeben sich in einer Differenzspalte die Deckungsbeiträge pro Produkteinheit (Erfolgsmatrix, Abbildung 6.2.4/4).

Anwendungen des Matrizenmodells sind:

1. Es lassen sich durch Multiplikation der Erfolgsmatrix mit dem Vektor verschiedener Produktionsprogramme die gesamten Deckungsbeiträge bei unterschiedlichen Produktionsprogrammen ermitteln.

2. Nimmt man die Kapazitätsbedarfs- und die Erfolgsmatrix und dazu die maximal verfügbaren Betriebsmittelkapazitäten und Fremdbezugsteile, so liegen Daten vor, die benötigt werden, um das gewinnmaximale Produktionsprogramm zu berechnen, das dann mithilfe der Sensitivitätsanalyse weiter untersucht werden kann. Auch eignet sich ein Matrizenmodell als Vorstufe für Ansätze der Linearen Programmierung.

3. Durch Multiplikation der Kapazitätsbedarfsmatrix mit dem Vektor des Produktions- bzw. Absatzprogramms ist es möglich, den gesamten Kapazitätsbedarf bei den einzelnen Betriebsmitteln und Arbeitsplätzen festzustellen und herauszufinden, wo Investitionen oder Desinvestitionen angebracht sind (vgl. hierzu auch die Ausführungen zu MRP II in Band 1).

Fertig-erzeugnis	B_1	....	B_p	A_1	....	A_q	Σ Var.-Fert.-kosten	T_1	....	T_m	Σ Mat.-kosten	Σ Var.Vertr.-kosten	Σ Var.Kosten	Erlös	Deckungs-beitrag
F_1	$k(F_1/B_1)$			$k(F_1/A_1)$				$k(F_1/T_1)$							
F_2															
...															
F_n															
Σ															

$k(F_1/B_1)$ sind die variablen Fertigungskosten, die bei der Herstellung einer Einheit des Fertigerzeugnisses F_1 durch Inanspruchnahme des Betriebsmittels B_1 entstehen. $k(F_1/A_1)$ sind die variablen Fertigungskosten, die bei der Herstellung einer Einheit F_1 durch Inanspruchnahme des manuellen Arbeitsplatzes A_1 anfallen. $k(F_1/T_1)$ sind die Materialkosten der Teile (ohne Kosten der Bearbeitung im Betrieb).

Abb. 6.2.4/4   Erfolgsmatrix

4. Es lassen sich die Auswirkungen von Veränderungen der Faktorpreise oder Erlöse auf die Deckungsbeiträge bei unterschiedlichem Produktionsprogramm ermitteln [LAN 80].

5. Vor allem kann man einzelne Daten (Faktorkosten, Absatzmengen der einzelnen Produkte, erzielbare Erlöse) mit Wahrscheinlichkeiten versehen und dann die verschiedenen Möglichkeiten simulieren, um so die wahrscheinliche Kapazitätsausnutzung und die wahrscheinliche Höhe der Deckungsbeiträge zu erhalten. Diese Simulation ist dann wiederum für verschiedene Produktionsprogramme durchführbar.

6. Schließlich kann man Ex-post-Daten der Faktorpreise, der Absatzmengen und der Erlöse eingeben und dann die mit diesen Daten vom Modell errechneten Herstellkosten, Kapazitätsauslastungen und Deckungsbeiträge den tatsächlich gemessenen gegenüberstellen. Dies ist zweckmäßig, um Ausgangspunkte für die Abweichungsanalyse zu erhalten und auch um die Input-Daten des Modells zu überprüfen [EIC 68].

Für ein Unternehmen, das **Haushaltsgeräte** mit im Durchschnitt ca. hundert Tagen Durchlaufzeit produziert, ist das beschriebene Modell um eine dritte Dimension erweitert worden: Hinzugefügt wird die Zeitachse. So entsteht aus der Kapazitätsbedarfsmatrix ein Kapazitätsbedarfswürfel (vgl. Abbildung 6.2.4/5).

Vertiefende Ausführungen zu Matrizenmodellen findet man bei Gluchowski [GLU 93].

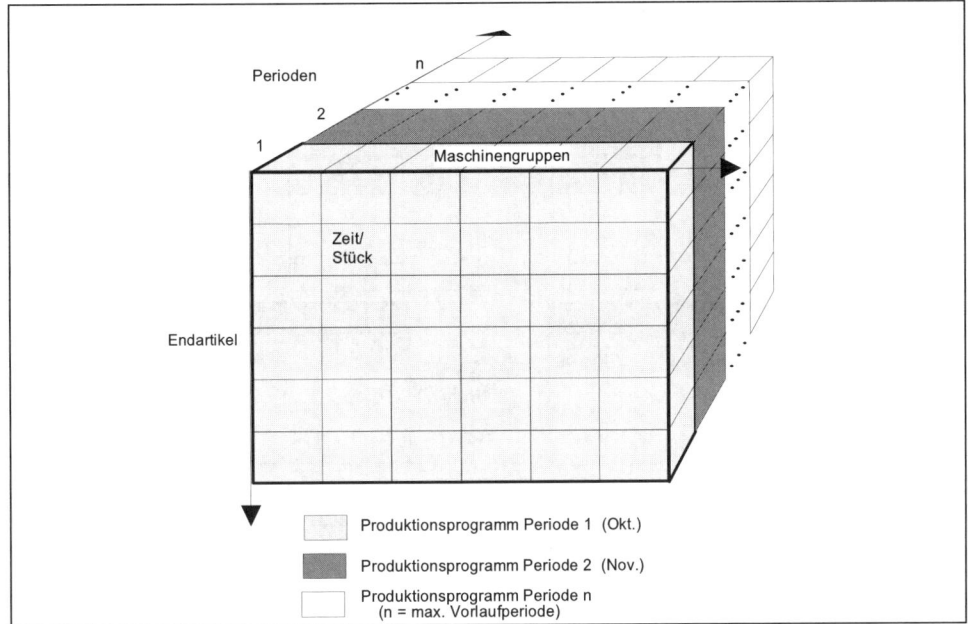

Abb. 6.2.4/5   Kapazitätsbedarfswürfel

6.2.5 Balanced Scorecard

Die **B**alanced **Sc**orecard (BSC) wurde entwickelt, um die von der Unternehmensleitung formulierte Strategie im Unternehmen zu kommunizieren, in kontrollierbare Aktionen umzusetzen und mit der Budgetierung zu verbinden. Die Methode BSC spiegelt auch wider, dass bei der Informationsversorgung für die obere Führungsebene die Fokussierung auf ein Oberziel allein nicht befriedigend ist [HOR 98/WEB 00]. Daher gliedert man die Indikatoren in vier „Perspektiven", und zwar „Finanzwirtschaftliche", „Kunden-", „Geschäftsprozess-" und „Innovations- und Lern-Perspektive", und versucht, über geschickte Grafiken die vier Kategorien gleichzeitig ins Blickfeld zu rücken (vgl. Abbildung 6.2.5/1). Die **finanzwirtschaftliche Perspektive** misst im Wesentlichen die Ergebnisse aus der Sicht der Anteilseigner (Shareholder). Bei der **Kunden-Perspektive** konzentriert man sich auf Kundenzufriedenheit, Wiederholkaufraten und Marktanteile. Die **Geschäftsprozess-Perspektive** hat die Effizienz der Funktionen und Prozesse zum Gegenstand, etwa Produktivität, Durchlaufzeiten und Kosten. Die vierte Kategorie **Innovations- und Lern-Perspektive** bezieht sich auf die Mitarbeiter bzw. auf die Humanressourcen. Indikatoren sind z. B. Wissensentwicklung oder Innovationen. Eine Beschränkung auf vier Perspektiven ist nicht zwingend. Beispielsweise mag in Betrieben mit kürzeren Produktlebenszyklen als fünfte Karte eine Produkt-Perspektive hinzugefügt werden.

Bei weitem nicht alle Indikatoren sind quantifizierbar. Daher werden auch qualitative Urteile, z. B. Rankings und Texte, eingebracht. Beispielsweise lässt sich dann, wenn auf der Karte „Geschäftsprozess-Perspektive" der Anteil von Reklamationen ausgewiesen wurde (siehe Abbildung 6.2.5/2), eine Information hinzufügen, dass eine exzeptionelle Steigerung auf einen einmaligen Ausreißer bei der Qualität zurückzuführen ist und daher für die nächste Periode wieder eine Normalisierung erwartet wird.

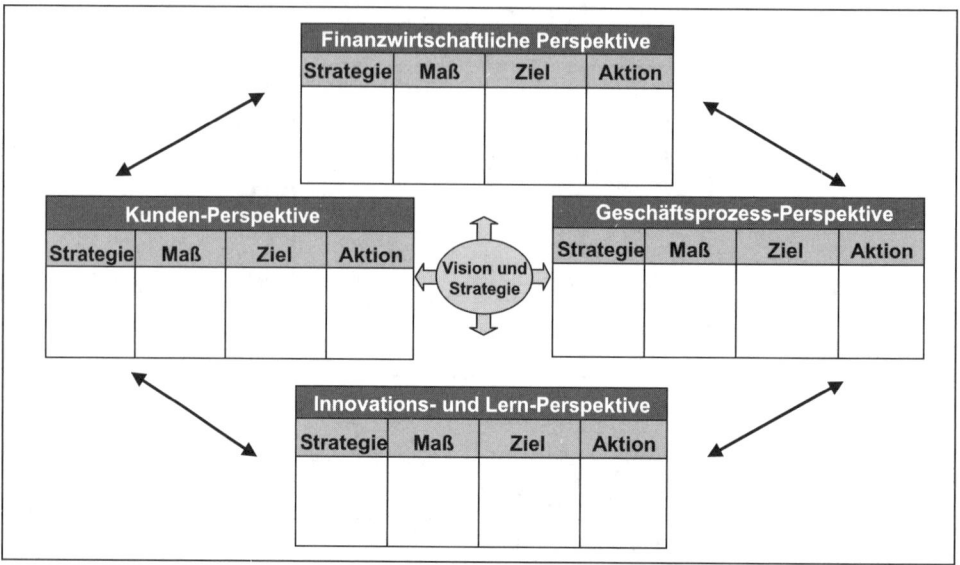

Abb. 6.2.5/1   Grundidee der BSC (in Anlehnung an [KAP 96])

Abbildung 6.2.5/2 zeigt Beispiele dafür, wie aus den administrativen Systemen Messgrößen zu den Indikatoren innerhalb der Perspektiven zusammengetragen werden können.

Wesentliche Elemente der IV-Unterstützung einer BSC-Methodik sind:

1. Aggregation von Detaildaten (z. B. Marktausschöpfung, Kostenentwicklungen, Durchlaufzeiten) zu den „Schlüsselindikatoren" im Bottom-up-Verfahren.

2. Analyse von Entwicklungen der verdichteten Werte, um ihre Ursachen zu finden (Top-down-Verfahren).

3. Zeitreihenanalyse.

4. Erfassen der Ergebnisse von strukturierten Befragungen im Betrieb und bei Externen, z. B. zur Kundenzufriedenheit.

5. Modellierung von Abhängigkeiten, z. B. „kürzere Durchlaufzeit bei der Reklamationsbearbeitung ⇨ höhere Kundenzufriedenheit ⇨ stärkere Kundentreue (mehr Wiederholkäufe) ⇨ höherer Marktanteil ⇨ höherer Umsatz ⇨ höherer Gewinn". Diese Ketten bzw. Netze können als Grundlage der Analyse gemäß Punkt 2 dienen.

6. Optisch aussagekräftige Darstellung von Stand und Entwicklung bei der Zielerreichung bzw. bei den Abweichungen.

7. Auslösen von Warnmeldungen bei ungeplanter Entwicklung von Zielgrößen und Generieren von Warnungen („Alerts"), die z. B. per E-Mail an die Verantwortlichen geleitet werden.

8. Unterstützung von Durchsetzungs-Aktionen. Beispielsweise kann das Ziel gesteckt werden, den Prozentsatz der Reklamationen, die nicht binnen zehn Tagen beantwortet wurden, in einem Zeitraum von w Wochen von x auf y zu reduzieren. Das IV-System muss die Möglichkeit bieten, Meilensteine im Sinne des Projektmanagements zu setzen und zu kontrollieren sowie neue Messergebnisse zu einem Wiedervorlagetermin zu präsentieren.

Es liegt nahe, die zur Versorgung der Karten erforderlichen Daten in einem Data Mart abzulegen. Da die Zeilen in den Perspektiv-Karten in kürzeren Abständen wechseln dürften, ist die Datenversorgung aus den operativen Systemen nicht einfach [HOR 07].

Finanzwirtschaftliche Perspektive	Kunden-Perspektive	Geschäftsprozess-Perspektive	Innovations- und Lern-Perspektive
- Cashflow - Eigenkapital-Rentabilität - Gesamtkapital-Rentabilität	- Marktanteile in verschiedenen Produktbereichen und Regionen - Kunden, die vor höchstens zwei Jahren erstmals orderten und inzwischen mindestens u € Umsatz gebracht haben - Kunden, die im letzten Jahr weniger als 50 % des Umsatzes im vorletzten Jahr gebracht haben	- Durchlaufzeit - Anteil der Reklamationen an den ausgelieferten Aufträgen	- Verlorene Angebote, soweit als Begründung technische Überlegenheit von Konkurrenten angegeben wurde - Kundenbesuche je Mitarbeiter

Abb. 6.2.5/2   Messgrößen innerhalb der BSC-Perspektiven

Teilweise wird die Methodik der BSC auch in einzelne Funktionsbereiche hineingetragen, etwa in den Personalsektor [BEC 01] oder in die Logistik [BAR 00].

Die BSC darf man von der Idee und der erstaunlichen Durchsetzung in der betrieblichen Praxis [BIS 01/SPE 00] zu den wichtigsten Innovationen in der Unternehmensführung und Wirtschaftsinformatik rechnen.

Die Division **PKW-Reifen** der **Continental AG** hat mit einem mittelständischen Reifenfachhändler, der mehrere Niederlassungen in Deutschland unterhält, ein gemeinsames Balanced-Scorecard-System entwickelt. Dieses ist wiederum Bestandteil eines gemeinsamen ECR-Projekts (ECR = **E**fficient **C**onsumer **R**esponse).

Abbildung 6.2.5/3 zeigt die drei Perspektiven zusammen mit den strategischen Zielen und den Messgrößen.

Perspektive	Strategisches Ziel	Messgröße
Finanzen	Verbesserung des Cashflow	Cash-to-Cash Cycle
Kunden	Steigerung Absatzvolumen	Sales Index
	Erhöhung Kundenzufriedenheit	Complaint Quota
Prozesse	Verbesserung Qualität Lagernachschubprozesse	Availability
		Stockouts
	Steigerung Qualität Absatzprognose	Forecast Accuracy
	Verbesserung Preiskonsistenz und Transparenz	Credit Notes
	Verbesserung Auftragsabwicklung	Online-Volume

Abb. 6.2.5/3   Strategische Ziele und Messgrößen in der Automotive Supply Chain

Auf die Lern- und Entwicklungsperspektive wurde in diesem Fall verzichtet. Eine Besonderheit liegt darin, dass innerhalb der ECR-Initiative eine Hierarchie von Balanced Scorecards für die einzelnen Projekte aufgebaut wurde (vgl. Abbildung 6.2.5/4).

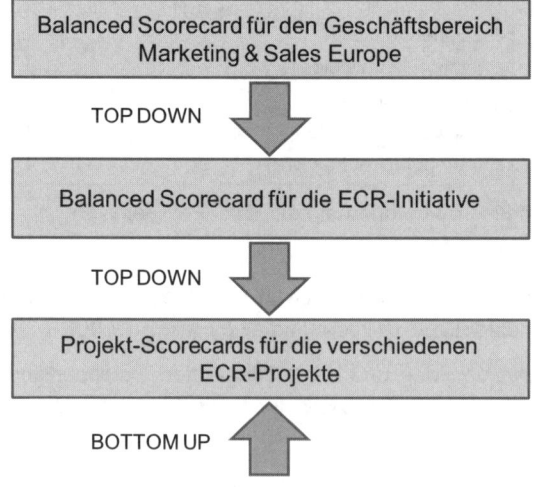

Abb. 6.2.5/4   Scorecards für die Efficient-Consumer-Response-Projekte

Von den sieben Messgrößen sind zwei unternehmensübergreifend. Hierbei handelt es sich zum einen um den so genannten Cash-to-Cash Cycle. Er setzt sich aus den Kreditoren- und Debitorentagen von **Continental** und der Lagerreichweite der **Reifenhandelsfachgesellschaft (RFG)** zusammen. Hierbei sind die Debitorentage von Continental gleichzeitig die

Kreditorentage der **RFG**. Entsprechend wird das Maß aus Daten beider Unternehmen gebildet: Die Kreditoren- und Debitorentage stellt **Continental** bereit, die Lagerreichweite wird von der **RFG** geliefert. Die zweite unternehmensübergreifende Messgröße ist die Prognosegenauigkeit. Die Daten für die Absatzprognose liefert die **RFG**, die Absatzzahlen werden von **Continental** zur Verfügung gestellt [ZIM 07].

6.2.6 Risikomanagement

Versuche, das Risikomanagement von Industrieunternehmen mit der IV zu unterstützen, haben zwei Wurzeln:

1. Methoden, die von Banken und Versicherungen entwickelt wurden, nachdem dort Verluste als Folge falscher Dispositionen besonders offenkundig werden und auch gesetzliche Vorgaben zum Risikoausweis existieren, lassen sich bedingt auf den Industriebetrieb übertragen.

2. Die für die Investitionsplanung entwickelten Risikoanalysen (vgl. Abschnitt 4.8.2.2) können bis zu einem gewissen Grad für das Gesamtunternehmen verallgemeinert werden.

Ansätze für die Rechnerunterstützung des Risikomanagements sind [KAG 98]:

1. Barwert-Ermittlung.

   Der aktuelle (Markt-)Wert aller Zahlungsströme wird auf Basis zeitnaher Marktdaten berechnet. Hier muss das System externe Informationen hinzuziehen. Beispiele sind Währungsrelationen zur Bewertung von Forderungen an ausländische Kunden oder durchschnittliche Marktpreise von Massenerzeugnissen (z. B. Chips in der **Elektronikindustrie**).

2. Value-at-Risk-Kennzahlen.

   Man berechnet systematisch den potenziellen Wertverlust bei Schwankungen von Parametern (z. B. signifikante Erhöhung der Forderungsausfälle, Abwertungen in Exportländern).

3. Betrachtung des Unternehmens als Portfolio von Produktgruppen, Kundengruppen oder strategischen Geschäftsfeldern.

   Auf diese Portfolios werden die Erfahrungen aus der Analyse von Wertpapierdepots angewandt. In sie fließen zum einen die Schwankungen der einzelnen Objekte (z. B. Erträge in den Produktgruppen) ein, die sich z. B. auf der Grundlage von Auf- und Abwärtsbewegungen in der Vergangenheit quantifizieren lassen. Zum anderen ist durch Beta-Faktoren (vgl. Kapitel 6.1) abzuschätzen, ob sich die einzelnen Geschäftsfelder in gleicher oder in entgegengesetzter Richtung bewegen. Beispielsweise würde in einem **Elektronik-Konzern** ein Abschwung in einem Geschäftsbereich, welcher elektronische Geräte herstellt, auch auf den Absatz von **Halbleitern** ausstrahlen. Umgekehrt könnte die Aufwertung einer Fremdwährung positive Einflüsse auf ein Geschäftsfeld haben, das in das Fremdwährungsgebiet exportiert, während sich die Materialkosten eines anderen Bereiches, der in diesem Land einkauft, erhöhen.

Auf dem Gebiet des Risikomanagements ist noch erhebliche Forschungsarbeit notwendig. Abgesehen von der Adaption von Algorithmen aus der Finanzwirtschaft dürfte der Beitrag der Wirtschaftsinformatik vor allem darin liegen, robuste, einfach zu überschauende Empfindlichkeitsanalysen zu entwickeln.

Es gilt, die Anwendungssysteme so zu modularisieren, dass sie an Veränderungen der Aufbauorganisation, wie z. B. Hinzukauf eines neuen Geschäftsfeldes in Gestalt einer Tochtergesellschaft oder Zusammenlegung zweier kleinerer Geschäftsfelder, mit erträglichen Kosten angepasst werden können.

Die Komponente **Market Risk Analyzer (TRM-MR)** des Systems **SAP Treasury and Risk Management** ermöglicht die Berechnung des Preisänderungsrisikos wesentlicher Finanztitel. Grundlage bildet eine sog. Datafeed-Schnittstelle, über die zeitnahe Informationen beispielsweise zu Währungs-, Wertpapierkursen, Zinssätzen oder Volatilitäten von externen Diensten bezogen werden. Der Aufbau von Hierarchien erlaubt die Gliederung und getrennte Berechnung des Unternehmensgesamtrisikos z. B. aus Zins-, Aktien- und Währungsgeschäften. In die Analyse können entweder nur Finanzgeschäfte aus dem Bestand des **SAP**-Moduls **Treasury** (TR) eingehen, oder man integriert auch zukünftige Zahlungen aus betrieblichen Vorgängen (bspw. Bezug oder Lieferung von Gütern). Das System erlaubt die Analyse sowohl als reine Bestandsbewertung der Finanzpositionen als auch in Form einer so genannten Profit/Loss-Auswertung bei verschiedenen Marktszenarios (What-if-Simulation). Als einheitliche Risikomaßzahl gelangt der „Value at Risk" zum Einsatz, der entweder über eine Simulation historischer Preisänderungen oder einen Varianz/Kovarianz-Ansatz (Erfassung von Schwankungen einzelner Positionen, z. B. Aktien und deren Abhängigkeiten) berechenbar ist. Die notwendigen Daten hierzu können aus Quellen wie **JPMorgan Chase & Co.**, insbesondere aus deren **RiskMetrics™-System**, übernommen werden. Zu den finanzwirtschaftlichen Instrumenten, die das MRM bewertet, zählen unter anderem Aktien, Anleihen, Darlehen, Devisenkassa- und -termingeschäfte, Optionen, Swaps oder Forward Rate Agreements [SAP 08].

6.2.7   Portfolioanalyse

In der strategischen Unternehmensplanung wird festgelegt, wie die Ressourcen eines Unternehmens auf seine verschiedenen Produkte, Produktgruppen, Divisionen, Geschäftsfelder o. Ä. aufzuteilen sind. Ein wichtiges Hilfsmittel hierzu ist eine Klassifikation der Produkte in einem Marktportfolio, beispielsweise wie in Abbildung 6.2.7/1 skizziert. Es werden vier Gruppen gebildet, denen man „Normstrategien" zuordnet. Das Unternehmen wird als „Portfolio von strategischen Geschäftseinheiten" begriffen, und es gilt, die knappen Mittel, vor allem die finanziellen, so aufzuteilen, dass eine geeignete Mischung zustande kommt [WAG 89/GRI 89].

In einer ersten Stufe der IV-Unterstützung sind die für die Klassifikation benötigten Daten, vor allem die Absatzdaten, bereitzustellen, variabel zu aggregieren und mit statistischen Verfahren, wie etwa der Regressions- oder der Clusteranalyse, zu behandeln. Besonders wichtig sind gerade im Zusammenhang mit strategischer Planung Daten aus externen Informationsbanken (vgl. Abschnitt 2.2.1.2). Man kann auch Grafiken produzieren, die die Position von Produkten in den Feldern zeigen.

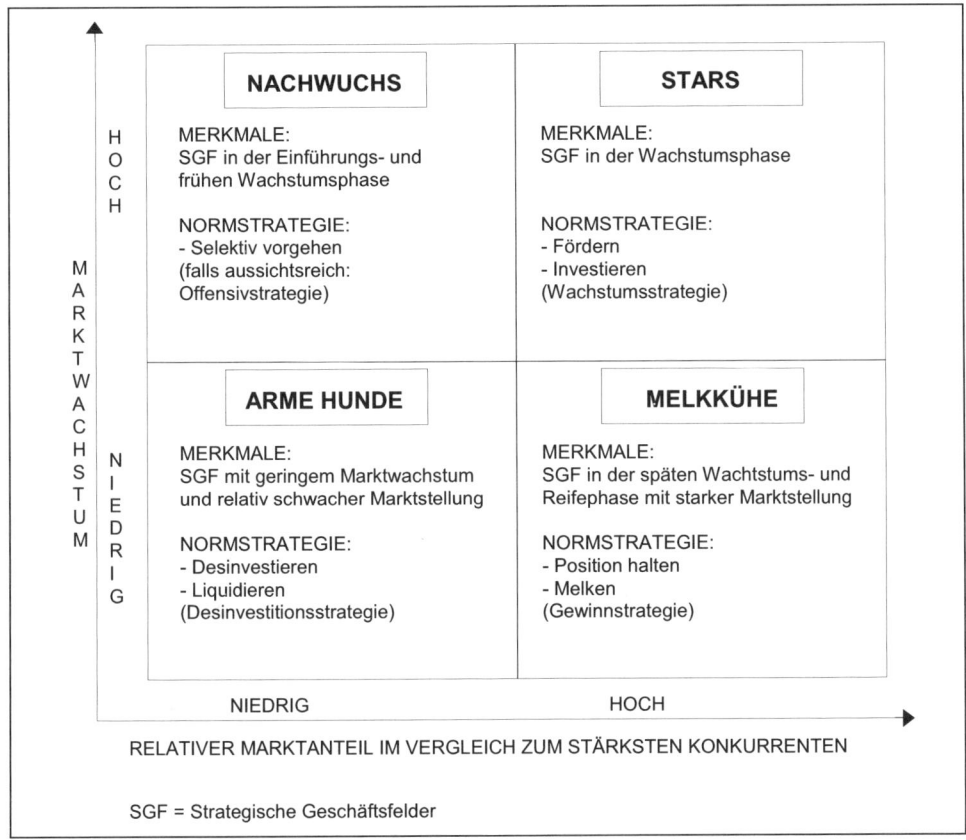

Abb. 6.2.7/1   Marktportfolio und Normstrategien

Ein kommerzielles System, das eine Portfoliodarstellung zur Grundlage hat, ist **Portfolio Plus** von **Strategic Dynamics Ltd.** Es führt den Benutzer Schritt für Schritt durch unterschiedliche Analysemethoden [STR 08]. Beispielsweise lässt sich der Erfolg einer Produkteinführung folgendermaßen überprüfen:

1. **Portfolio Plus** zeigt zunächst die Ausgangsposition und die Ist-Positionierung in einer Portfoliodarstellung. Anschließend bietet das System dem Anwender verschiedene Analysewege an.

2. Entscheidet sich der Benutzer, die bereits angefallenen Kosten seit der Produkteinführungsentscheidung zu untersuchen, so empfiehlt **Portfolio Plus** eine Lebenszyklusbetrachtung (vgl. Kapitel 5.1) und leitet die Analyse.

3. Daraufhin wird eine Renditebetrachtung vorgeschlagen.

4. Zuletzt regt **Portfolio Plus** an, das Risiko für die weiteren Produktlebensabschnitte zu erfassen. Die Ergebnisse sind dann der Ausgangspunkt für die Planung operativer Maßnahmen.

6.2.8   Beteiligungscontrolling

6.2.8.1   Beteiligungscontrolling mit qualitativen Elementen

In großen Unternehmen mit Hunderten von Beteiligungen, die hinsichtlich Betriebstyp, Branche, Region und Rechtsform sehr heterogen zusammengesetzt sind, funktioniert das Controlling auf der Grundlage von quantitativen Daten nur bedingt. Eine sorgfältige Integration der lokalen Berichtssysteme in das globale IV-System des Konzerns scheitert oft an einer Reihe von Detailproblemen, wie z. B. unterschiedlichen Betriebssystemplattformen, Datenbanksystemen, nicht abgestimmten Nummernsystemen, unterschiedlichen Währungen und Metriken, inkompatiblen organisatorischen Strukturen (z. B. bei der Abgrenzung von Funktionsbereichen), nicht normierten Kennzahlen (z. B. bei der Definition von Stufen-Deckungsbeiträgen, Teilzeit-Beschäftigungen) oder Bewertungsmethoden [KAG 98].

Meist kennen die Führungskräfte vor Ort die Situation viel besser, z. B. weil sie wissen, dass ein großer Auftrag kurz vor dem Abschluss steht, der die geschäftliche Situation der Tochtergesellschaft bald zum Besseren wenden wird. (In den Auftragseingangs- und erst recht in den Umsatzzahlen sowie den daraus folgenden Kennziffern, etwa zur Rentabilität, schlägt sich dieser Sachverhalt noch nicht nieder.)

Kuno Rechkemmer hat bei derartigen Konstellationen ein Verfahren vorgeschlagen, das dem **IFO-Konjunkturtest** nachempfunden ist [REC 98/REC 99]. Die Geschäftsleitung der Beteiligungsgesellschaft wird zu vier Erfolgsmaßstäben um eine Einschätzung gebeten, die zwischen - 1 (schlecht) und + 1 (gut) liegt (siehe Abbildung 6.2.8.1/1). Diese Einschätzung ist nicht nur für die gegenwärtige Situation abzugeben, sondern auch als Vorhersage für die nächsten sechs Monate. Die vier Zahlen für die aktuelle Situation und die Zukunft werden addiert. Aus den beiden Summen wird wiederum der Mittelwert gebildet und als „Klima" bezeichnet. Damit hat man die „General-Situation" der Beteiligung in einem Wert quantifiziert. Periodisch ermittelte „Klimazahlen" können grafisch als Zeitreihe dargestellt werden, sodass man die Verbesserung oder die Verschlechterung der Situation vor Ort erkennt.

Es besteht die Gefahr, dass vor allem Manager, deren Verantwortungsbereich in Bedrängnis geraten ist, ihre Bewertung „schönen", um Eingriffe der Muttergesellschaft zu verzögern. Daher ist es wichtig, ex-post die Schätzungen aufgrund des Rechnungswesens mit den Ist-Werten zu vergleichen und gravierende Abweichungen besonders zu signalisieren.

Aufgabe der IV ist es, die Schätzungen bei den Tochtergesellschaften periodisch abzurufen, die (einfachen) Rechenoperationen durchzuführen, die Zeitreihen fortzuschreiben und im Sinne des „Information by Exception" Signale zu geben.

6.2.8.2   Geschlossenes Controlling-System bei der Adolf Würth GmbH & Co. KG

Ein geschlossenes Controlling-System auf Kennzahlen-Basis besitzt die **Adolf Würth GmbH & Co. KG**. Das Unternehmen arbeitet in den Bereichen **Montage-**, **Befestigungs-** und **Verbindungstechnik**. Die Gruppe umfasst 411 selbstständige Tochtergesellschaften in über 86 Ländern [LUM 08].

Die Besonderheit des unternehmensweiten Systems liegt darin, dass die einzelnen organisatorischen Gliederungen einander konsequent gegenübergestellt werden. Damit soll die

Grundlage für eine Stärken- und Schwächen-Analyse geschaffen werden. Man vergleicht möglichst „alle quantifizierbaren Sachverhalte". Es werden – auch mithilfe von Grafiken – Ranglisten ermittelt, beispielsweise anhand der Kriterien „Gewinn pro Mitarbeiter", „Aufträge pro Außendienstmitarbeiter", „Logistikkosten pro Auftrag", „Auftragsdurchlaufzeit", „Reklamations- und Gutschriftsdurchlaufzeit", „Debitorentage" oder „Anzahl Pickpositionen pro Logistik-Mitarbeiter".

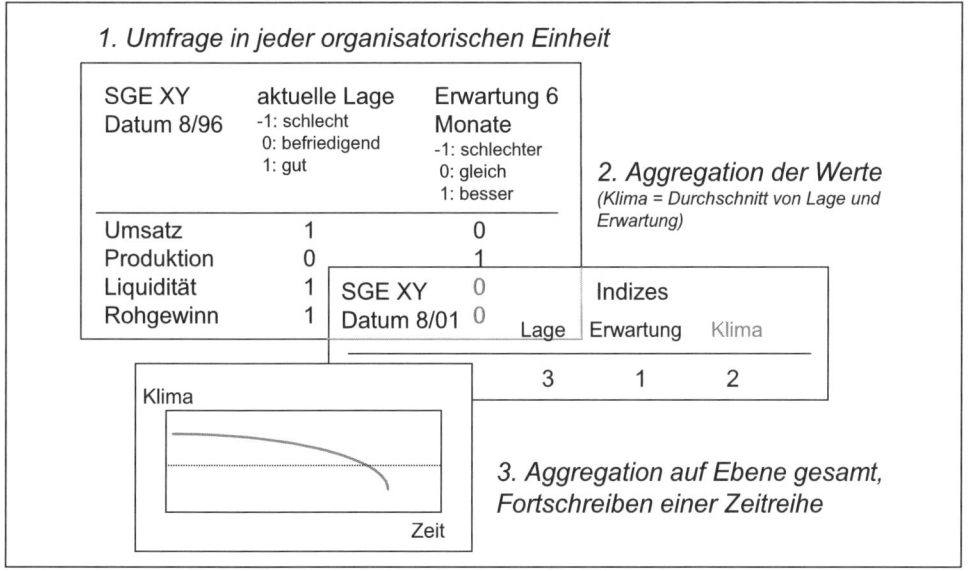

Abb. 6.2.8.1/1   „Rechkemmer-Ansatz"

6.2.8.3 Cockpit zum Beteiligungscontrolling bei EnBW

Die EnBW **Energie Baden-Württemberg AG** ist einer der größten **Energieversorger** Deutschlands. Zum Konzern gehören rund 270 Gesellschaften. Um deren Potenzial transparent zu machen, zu analysieren und die Beteiligungen wertorientiert zu steuern, wurde von **Horváth & Partners** ein Management Cockpit (vgl. Abschnitt 3.4.3) entwickelt. Zunächst wählte man jene 165 Konzerngesellschaften aus, welche die höchste Bedeutung im Rahmen der Konzernentwicklung haben. Aus ihnen wurden Cluster mit vergleichbaren Gesellschaften gebildet, zum Beispiel mit kommunalen Stadtwerken ähnlicher Größe. Das Management Cockpit erlaubt den Vergleich innerhalb der Cluster. Hierzu werden wertorientierte Kennzahlen benutzt, die sowohl die Kapitalseite als auch die Ergebnisse vor Zinsen und Steuern (EBIT) und den Cashflow sowie damit berechnete Änderungen des Unternehmenswerts reflektieren. Zur verfeinerten Analyse können die Führungskräfte die verdichteten Daten disaggregieren und auch grafisch darstellen lassen. Diese Ergebnisse werden automatisch für Präsentationen und Tischvorlagen aufbereitet. Zur Datenverwaltung wird eine Datenbank auf Basis von **Microsoft Office** eingesetzt, die an das konzerneigene **Business Information Warehouse** von **SAP** angebunden werden kann [OV 06/KIE 08].

6.2.9   Spezielle Planungs- und Kontrollsysteme für Konzerne

Lange Zeit hatten IV-Systeme in der Konzernführung die Funktion, sich an das Gesamt-optimum des Unternehmensgebildes anzunähern. Hierzu sind z. B. die Wechselwirkungen zwischen Finanzierungs- und Investitionsentscheidungen einerseits und den daraus resul-tierenden Steuerwirkungen andererseits zu modellieren. Dem Problem, dass in großen Kon-zernen die Modelle sehr umfangreich werden, begegnet man durch hohe Aggregation. Ein Beispiel ist das in Abschnitt 6.2.2 skizzierte Gleichungsmodell.

In den letzten Jahren war eine Akzentverschiebung hin zu einer stärker dezentralisierten Führung zu beobachten. Charakteristisch ist ein Politikwechsel in der **Siemens AG**: Wäh-rend früher alle Investitionsanträge ab einer gewissen Höhe nach konzerneinheitlichen Vor-gaben („Investitionshandbuch") dem Vorstand über seine Stabsstellen vorgelegt werden mussten, werden jetzt Teilbereiche wie Tochtergesellschaften und Divisionen aufgrund be-stimmter Spitzenkennzahlen beurteilt, wobei die wertorientierte Führung (vgl. Kapitel 6.1) das Berichtswesen prägt. Abgesehen von Investitionen, die Querschnittscharakter haben, sodass die Konzernführung auf die „Ernte der Synergieeffekte" zu achten hat, befinden die dezentra-len Einheiten über die Investitionsprozeduren; infolgedessen besteht auch kein Bedarf an einer Vereinheitlichung der IV-Systeme.

Gewisse Unterschiede ergeben sich zwischen Finanz- und Management-Holdings. In Finanz-Holdings dominiert das in Abschnitt 6.2.8 behandelte Beteiligungscontrolling. Die Überwachung der Geschäftsfelder tritt dahinter zurück.

Hingegen stellt sich einer Management-Holding die Aufgabe, die Geschäftsfelder über die juristischen Grenzen von Tochtergesellschaften hinweg zu koordinieren. In vielen Unter-nehmensgruppen sind die Funktion, die vorgehaltenen Ressourcen und die Kosten der Holdings umstritten. Sowohl die Gesellschafter als auch die Führungskräfte der Unter-gesellschaften wünschen sich daher diesbezügliche Kontrollberichte (vgl. das Beispiel der **Boehringer Ingelheim GmbH** in Kapitel 6.4). Kraege [KRA 98] hat dazu Schemata vorge-legt, von denen einige in den Abbildungen 6.2.9/1 bis 6.2.9/4 in modifizierter Form wieder-gegeben sind.

Abbildung 6.2.9/1 zeigt zum einen, dass die Konzernführung die Beteiligungen überwacht, und zum anderen das Kapital als einzige in einer Finanz-Holding zentral zu beschaffende, zu planende und zu kontrollierende Ressource. Ein Beispiel sind die Liquiditätsreserven bei einem zentralen Cash-Management (siehe Band 1).

Abbildung 6.2.9/2 zeigt Informationsobjekte. Man sieht, dass die Geschäftsfelder unterhalb der Beteiligungen getrennt betrachtet werden.

In Abbildung 6.2.9/3 und 6.2.9/4 erkennt man die entsprechenden Strukturen für einen Konzern mit Management-Holding. Die zentral zu planenden und zu kontrollierenden Res-sourcen spielen eine ungleich größere Rolle als bei der Finanz-Holding. Konzernbereiche mögen darin eine Zusammenfassung von Geschäftsfeldern und/oder Beteiligungen sein.

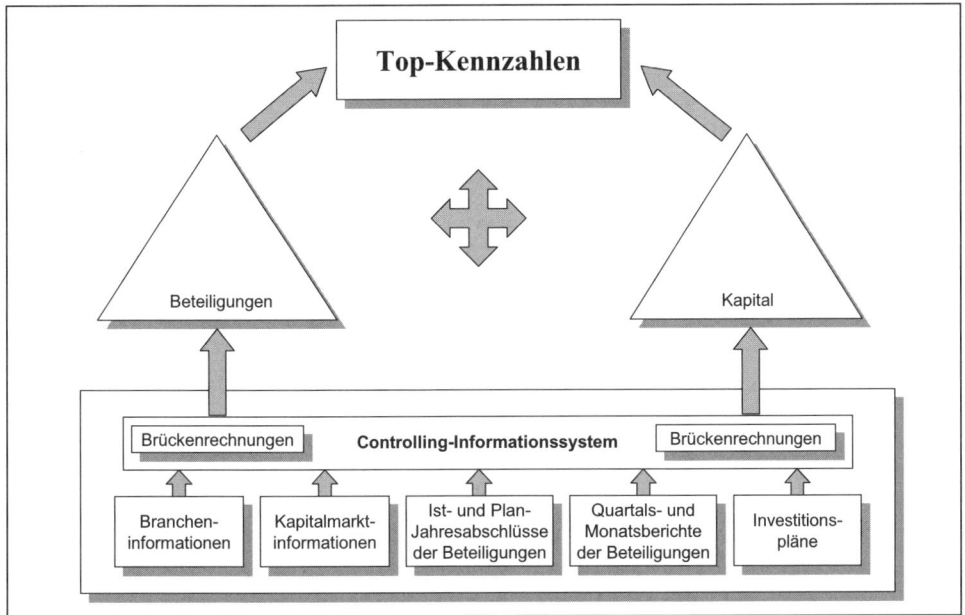

Abb. 6.2.9/1   Idealtypische Struktur des Führungsinformationssystems für eine Finanz-Holding

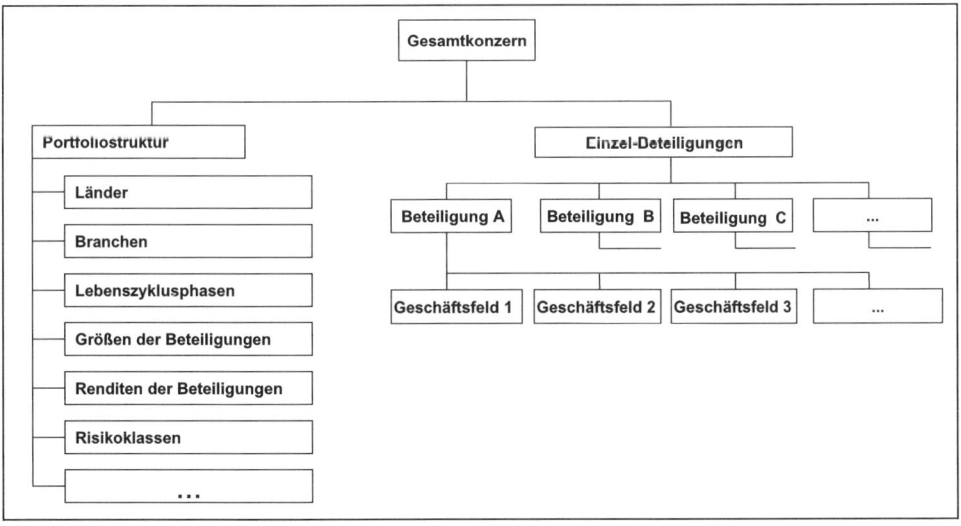

Abb. 6.2.9/2   Struktur der organisatorischen Betrachtungsdimension in einer Finanz-Holding

Das rechnergestützte Kontrollsystem für die Holding selbst wird seinen Schwerpunkt bei den Funktionsbereichen Forschung und Entwicklung, Vertrieb, Beschaffung, Rechnungswesen, Personal und Anlagenmanagement haben, soweit solche Aufgaben in der Zentrale eine wesentliche Rolle spielen. Die PuK-Systeme unterscheiden sich insofern nicht fundamental von denen in Einzelbetrieben.

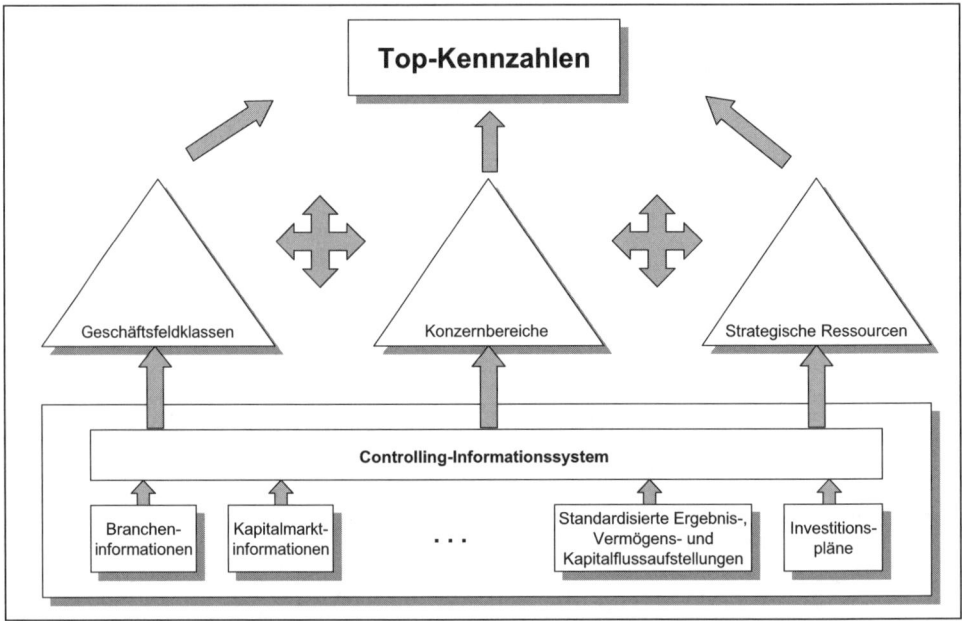

Abb. 6.2.9/3   Idealtypische Struktur des Führungsinformationssystems für eine Management-Holding

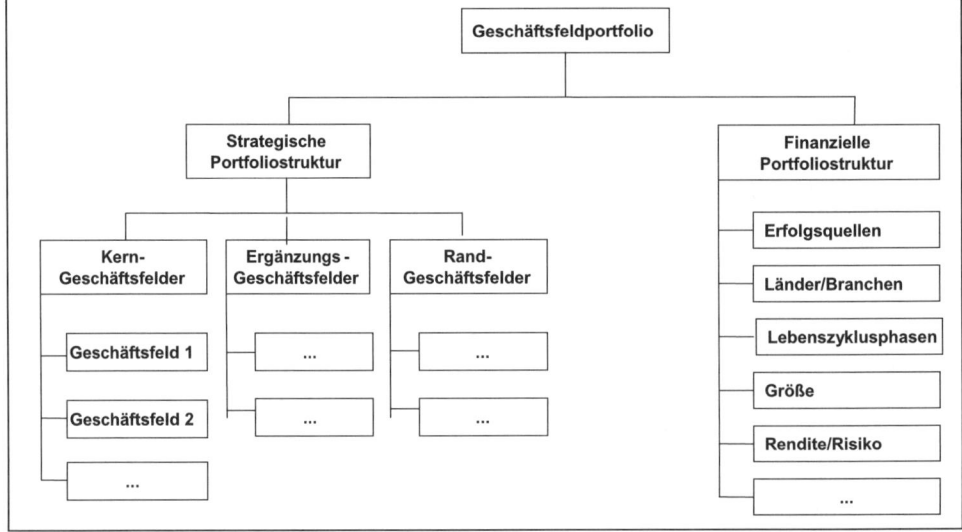

Abb. 6.2.9/4   Struktur der marktbezogenen Betrachtungsdimension in einer Management-Holding

6.3 Aufsichtsratsinformationssysteme

Nach einer empirischen Studie über börsennotierte Aktiengesellschaften im Jahr 2005/06 wird für die Informationsversorgung von Aufsichtsräten bisher noch wenig IT benutzt [FIS 07, S. 53]. Naturgemäß ist vornehmlich an jene Angaben zu denken, zu denen die Aktiengesellschaft berichtspflichtig ist. Nach § 90, Abs. 1, Satz 1, Nr. 2 AktG müssen jährlich Angaben zur Rentabilität der Gesellschaft gemacht werden. In einem Aufsichtsrats-Informations-System bietet es sich an, die oberen Stufen des DuPont-Kennzahlenbaums (vgl. Abschnitt 6.2.1) darzustellen. Infrage kommen ferner die Entwicklung der Kritischen Erfolgsfaktoren oder Daten zur Überwachung besonders wichtiger und/oder risikoreicher Projekte (beispielsweise Anlauf strategischer Produkte, Großbaustellen, Integration zugekaufter Konzerngesellschaften (Post-Merger-Integration)). Generell werden nach der oben genannten Studie von den Aufsichtsräten mehr Informationen zur Unternehmensplanung gewünscht [FIS 07, S. 83]. Einer der wesentlichen Gründe ist die Verschärfung von Vorschriften, wie beispielswese dem Gesetz zur Unternehmensintegrität und Modernisierung des Anfechtungsrechts (UMAG). Es gibt insbesondere vor, dass Aufsichtsräte ggf. Schadensersatz leisten müssen, wenn für ihr Handeln oder Nicht-Handeln eine angemessene Informationsgrundlage fehlt [REC 08]. Oft fordern daher auch Mitglieder des Aufsichtsrats, die sich ja nur wenige Tage im Unternehmen aufhalten, Informationen zu den höheren Führungskräften bzw. Rollenträgern. Unter den externen Informationen haben solche zur Entwicklung der Branche einen hohen Stellenwert.

Viel beschäftigte Aufsichtsräte sind besonders darauf angewiesen, dass die ihnen gelieferten Informationen stark gefiltert werden, um eine Informationsüberflutung zu vermeiden. Daher kommt die Technik des „Information by Exception" (vgl. Kapitel 1.2) besonders infrage, ferner die Ereignisorientierung. Solche Ereignisse sind z. B. eine sich rasch verschlechternde Bonität und Liquidität, aber auch Betriebsstörungen [FIS 07, S. 96].

Zahlreiche Vorkommnisse, bei denen Vorstände ihre Kontrollgremien getäuscht haben, lassen es geraten erscheinen, Aufsichtsrat-Informationssysteme möglichst zu automatisieren bzw. zu kapseln: Die kontrollierten Führungskräfte dürfen nicht die Möglichkeit haben, den Datenfluss von den operativen Systemen (z. B. Auftragseingang, Zahlungsausgang) im Sinne der vertikalen Integration (Band 1) personell zu beeinflussen oder gar zu verfälschen.

6.4 Unternehmensplanung bei Boehringer Ingelheim GmbH

Boehringer Ingelheim ist ein forschungsgetriebener Unternehmensverband, ausgerichtet auf die Erforschung, Entwicklung und Produktion sowie den Vertrieb von **Arzneimitteln** zur Verbesserung von Gesundheit und Lebensqualität. Zu den wichtigsten Tätigkeitsgebieten des Unternehmensverbands zählen verschreibungspflichtige Präparate, die Selbstmedikation, die **Biopharmazie** und die **Tiergesundheit**. Dabei konzentriert sich **Boehringer Ingelheim** auf innovative Medikamente und Behandlungsmethoden, die einen therapeutischen Fortschritt darstellen.

Boehringer Ingelheim, mit 135 verbundenen Unternehmen in aller Welt, beschäftigt mehr als 39.800 Mitarbeiter und erzielte in 2007 Umsatzerlöse von rund 11 Mrd. €. Forschungs- und Entwicklungseinrichtungen werden in weltweit zehn und Produktionsstätten in mehr als

20 Ländern betrieben. Die Aufwendungen für Forschung und Entwicklung bei den verschreibungspflichtigen Medikamenten liegen mit rund 19 % der Gesamterlöse dieses Geschäftsbereichs weit über dem Durchschnitt der Industrie. Daher spielen Stufendeckungsbeiträge im rechnergestützten Controlling eine besondere Rolle. (In Abbildung 6.4/4 sind dies Contribution I, IA, II usw.)

Die **Boehringer Ingelheim GmbH** als Managementgesellschaft steuert und koordiniert die weltweiten Aktivitäten des Unternehmensverbands. Zu ihren Kernaufgaben zählen Strategieentwicklung, Ressourcenallokation und die Verantwortung für ordnungsgemäße Unternehmensführung („Corporate Governance"). Die Aufbauorganisation der **Boehringer Ingelheim GmbH** folgt einer funktionalen Struktur (siehe Abbildung 6.4/1).

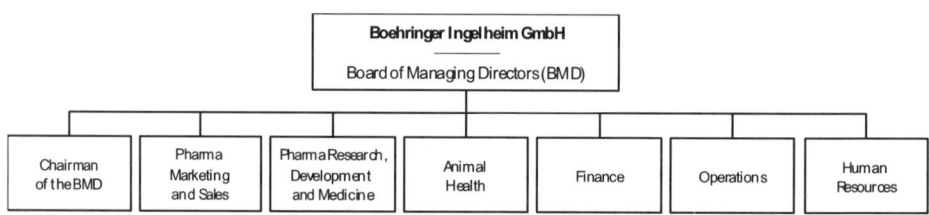

Abb. 6.4/1   Führungsstruktur der Boehringer Ingelheim GmbH

Ergänzt um die regionale Sicht ergibt sich für den Konzern eine klassische Matrix aus Geschäfts- und Funktionsbereichen sowie Ländern, deren einzelne Elemente gleichzeitig die Basis für ein integriertes Datenmodell darstellen. Die für eine moderne Finanz- und Controllingorganisation notwendige flexible Ableitung von differenzierten Erfolgsmaßstäben macht dieses Modell erforderlich. Die für die Unternehmenssteuerung relevanten Informationen und Kennzahlen werden innerhalb des Datenmodells definiert und können in adäquater Weise über Geschäfts- und Funktionsbereiche sowie Länder verdichtet, konsolidiert und aufbereitet werden.

Ein effizientes Element zur Steuerung des Boehringer-Konzerns ist die in Abbildung 6.4/2 aufgeführte elegante Verknüpfung von Teilergebnissen (z. B. Endbestand „Finanzmittel" oder „Ergebnis nach Steuern") und Teilrechnungen (Kapitalflussrechnungen und Finanzrechnung bzw. Ergebnisrechnung und Gewinn- und Verlustrechnung).

Die Bedeutung des integrierten Ansatzes wird insbesondere am Beispiel des Konzepts „Boehringer Ingelheim Value Added" (BIVA) deutlich. In Anlehnung an das EVA®-Konzept [ZIR 02] ist die BIVA-Kennzahl die zentrale Wert-Kenngröße für die Messung der finanziellen Gesamt-Leistung („Performance") des Unternehmensverbands und zeigt die Veränderung des Unternehmenswerts innerhalb einer Periode. Bei der BIVA-Berechnung wird die Differenz aus dem operativen Ergebnis und den Kosten des eingesetzten Kapitals, welches zur Erzielung des Ergebnisses benötigt wurde, gebildet. Der BIVA-Ansatz ist somit ein Residual- bzw. Übergewinnkonzept, welches darauf abzielt, eine Aussage über die periodenbezogene Wertschaffung, d. h. den Wertbeitrag, des Unternehmensverbands zu machen.

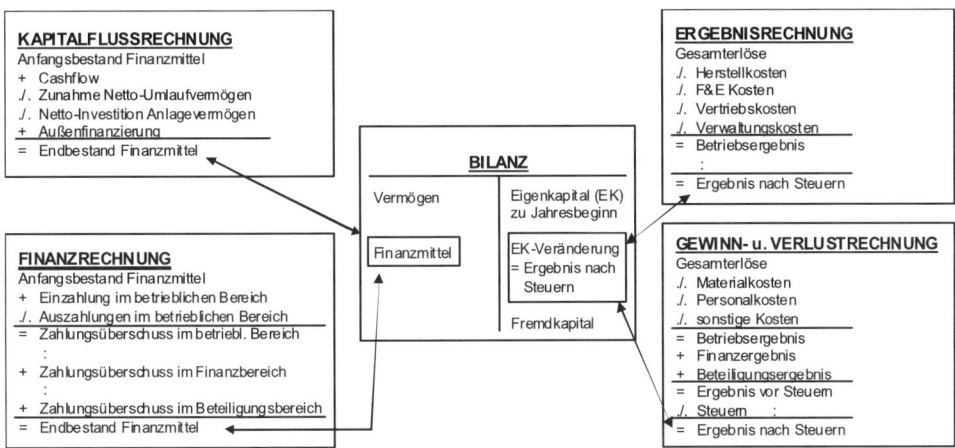

Abb. 6.4/2   Finanzielles Basisberichtsystem

Beeinflusst wird der BIVA durch Werttreiber, die auf verschiedenen Ebenen der Organisation (Geschäfte, Funktionen und Länder) ermittelt werden. Ein schematischer Überblick dieser Werttreiber ist in Abbildung 6.4/3 dargestellt.

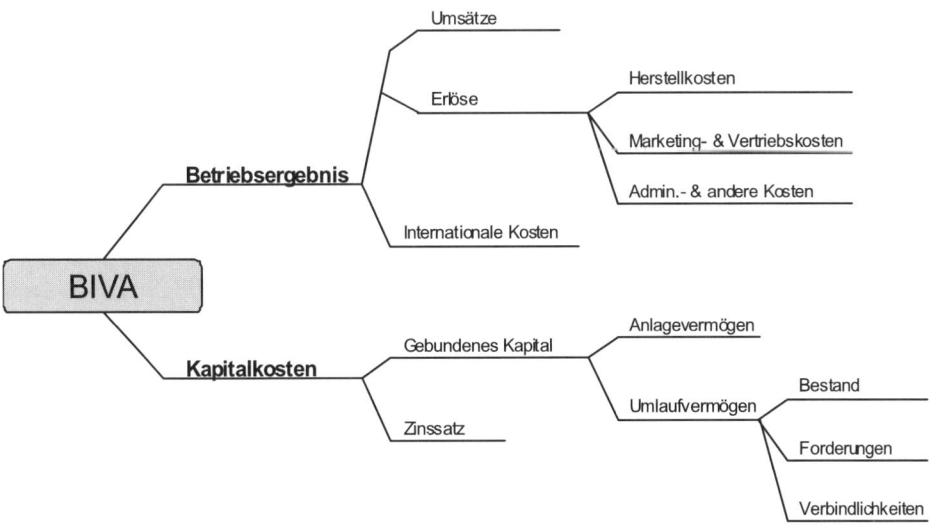

Abb. 6.4/3   Beeinflussung des BIVA durch Werttreiber

Die Ermittlung des Betriebsergebnisses für den Unternehmensverband erfolgt über das in Abbildung 6.4/5 dargestellte Deckungsbeitragsschema, welches in seinen Stufen weit gehend den Elementen des Werttreiberbaums entspricht. Die Deckungsbeitragsrechnung erlaubt die transparente Verdichtung und Darstellung des Betriebsergebnisses über die Geschäfts- und Funktionsbereiche sowie Länder hinweg.

Die einzelnen Verdichtungsstufen können Abbildung 6.4/4 entnommen werden. Bemerkenswert ist, dass die Verdichtung über die Unternehmensleitung hinaus bis zu den Anteilseignern reicht. Man mag insoweit von einem Shareholder-Informations-System sprechen. [ALB 08]

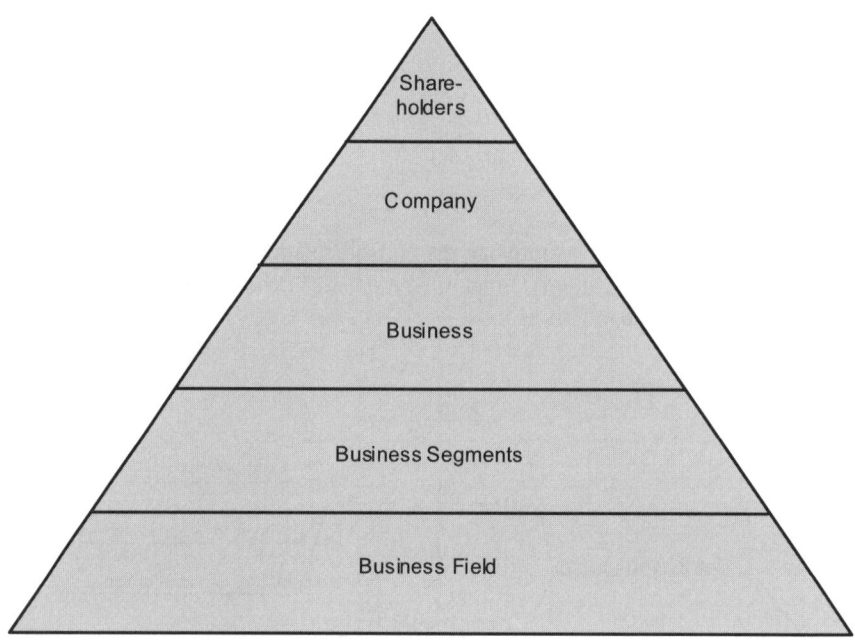

Abb. 6.4/4　　　　　Verdichtungspyramide

Multi-stage Contribution Statement			Allocation					
Calcul. rules	PNR	Name of PNR	Stock Keeping Unit	Product Group	Business Field	Business Segment	Business	Company
			.A2	.A1	.E4	.E3	.E2	.E1
+	8030	Gross Sales of Goods						
-	8050	Sales Discounts						
-	8060	Translation/-action Differ. from Receivables						
+	8080	Royalty Income						
+	8090	Other Income						
=	**8100**	**NET SALES**						
-	8200	Standard Cost of Goods Sold						
-	8210	Direct Cost of Distribution						
-	8220	Royalties						
=	**8300**	**CONTRIBUTION I**						
-	8320	Direct Promotion Cost						
-	8321	Direct Scientific Product Support						
-	8340	Cost of Free Goods and Samples						
=	**8500**	**CONTRIBUTION I A**						
-	8502	Own Field Force						
-	8503	Rented Field Force						
-	8504	Commission Co.-Promotion						
=	**8505**	**CONTRIBUTION II**						
-	8510	General Promotion – Activities						
-	8520	Marketing and Sales Organization						
-	8540	Indirect Cost of Distribution						
-	8550	Research and Development I						
-	8560	Medicine I						
-	8610	Administration Cost						
-	8629	Variances Cost of Goods						
-	8630	Variances from oth. Int. Serv. Charges						
-	8640	Income/Expenses I						
+	8650	Cash Subsidies/ Adjustment Payments						
-	8660	Other Translation/Transaction Differences						
=	**8700**	**CONTRIBUTION III**						
-	8733	Marketing II						
-	8735	Process Development						
-	8737	Cost of Reserved Capacity						
-	8738	Cost of Idle Cap.						
-	8739	Variances Production						
-	8742	Income/Expenses II						
-	8743	Other Expenses in Production						
=	**8755**	**CONTRIBUTION IV**						
-	8758	Research II						
-	8759	Development II						
-	8757	Medicine II						
-	8762	Income/Expenses III						
=	**8800**	**OPERATING INCOME**						
+	8810	Financial Income/Expenses						
+	8820	Holding Income/Expenses						
=	**8900**	**INCOME BEFORE TAXES**						
-	8910	Taxes						
=	**8990**	**INCOME AFTER TAXES**						

Abb. 6.4/4   Zusammenhang von Deckungsbeitragsschemata und Verdichtungsobjekten

6.5   Wertorientierte Führungsinformationen im Volkswagenkonzern

Im Teilkonzern **Volkswagen PKW** als größtem Glied der **Volkswagen AG** wird mit Unterstützung durch **Horváth & Partners** ein Informationssystem eingeführt, welches zum einen die obersten Führungsebenen im Fokus hat und konsequenterweise betont wertorientiert ist [SCHN 08]. Abbildung 6.5/1 zeigt die Verdichtungshierarchie [SCHN 02].

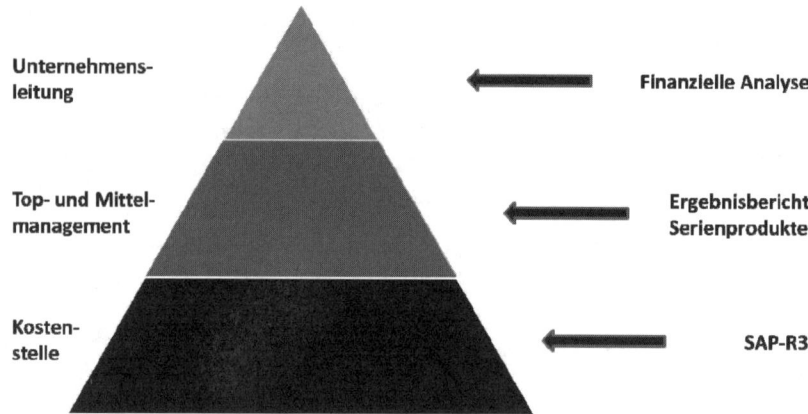

Abb. 6.5/1   Die finanzorientierte MIS-Pyramide der Marke VW PKW

Das System arbeitet nicht vollautomatisch. Zwar werden die Berichte für die Mitglieder der Leitungsebene vom System ausgedruckt, jedoch in Präsentationssitzungen von Controlling-Spezialisten kommentiert.

Das Ist-Ergebnis stellt man dem budgetierten Ergebnis gegenüber. Anschließend wird der Ausblick auf das in den drei Folgemonaten und am Jahresende zu erwartende Ergebnis („Vorschauergebnis") geliefert, wobei man neben dem Ist-Ergebnis erwartete Entwicklungen bei Preisen und Erlösen, Einzel- und Gemeinkosten sowie (wegen des hohen Exportanteils) die Wechselkurse vorhersagt. Die mit diesen Prognosen verbundenen Detailrechnungen erfolgen maschinell. Das Vorschauergebnis stellt man wiederum dem Budgetergebnis gegenüber. Das Budget ist eine Plangröße und im Rahmen der Mittelfristplanung zu sehen: Es gilt für das erste Jahr der sich über die nächsten drei Jahre erstreckenden Mittelfristplanung.

Abbildung 6.5/2 bringt das Ist für die abgelaufenen Monate Januar und Februar. Für die Monate März, April und Mai wird die Vorschau (VS) detailliert gezeigt, für die verbleibenden sieben Monate des Jahres nicht für Einzelmonate aufgeblendet. Das Unternehmensergebnis unterscheidet sich vom Operativen Ergebnis in der Berücksichtigung von Größen der Finanzsphäre, z. B. von Gewinnen und Verlusten aus Beteiligungen oder dem Zinsergebnis. Der im unteren Teil der Beispiel-Grafik erkennbare Einbruch bei der Netto-Liquidität ist auf die im August stattfindenden Werksferien zurückzuführen.

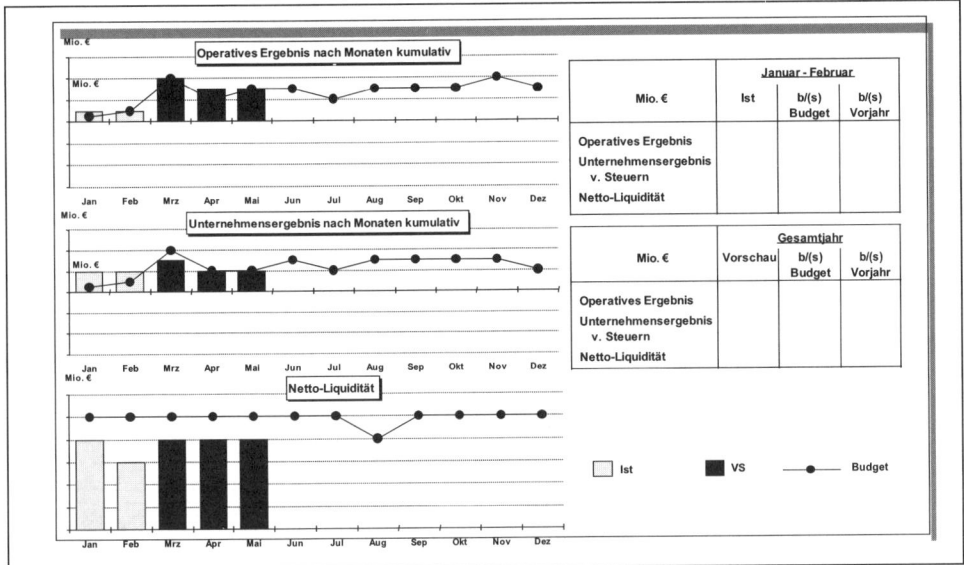

Abb. 6.5/2   Unternehmensergebnis vor Steuern

Abbildung 6.5/3 verdeutlicht die Methodik für die Abweichungsanalyse beim Unternehmensergebnis vor Steuern: Bei den Positionen Vertriebsleistung, Materialkosten, Fabrikkosten
(alle durch die Fabriken zu beeinflussenden Kosten) und Fixkosten Sonstige (Personalwesen, Finanzierungssektor, Beschaffung etc.) hat man eine günstige Abweichung (in der
Realität durch grüne Farbe gekennzeichnet), bei der Position Sonstiges (z. B. Bestands-
veränderung, Ergebnisveränderung durch Währungsschwankungen) eine ungünstige, die
auf den Ausdrucken in roter Farbe erscheint.

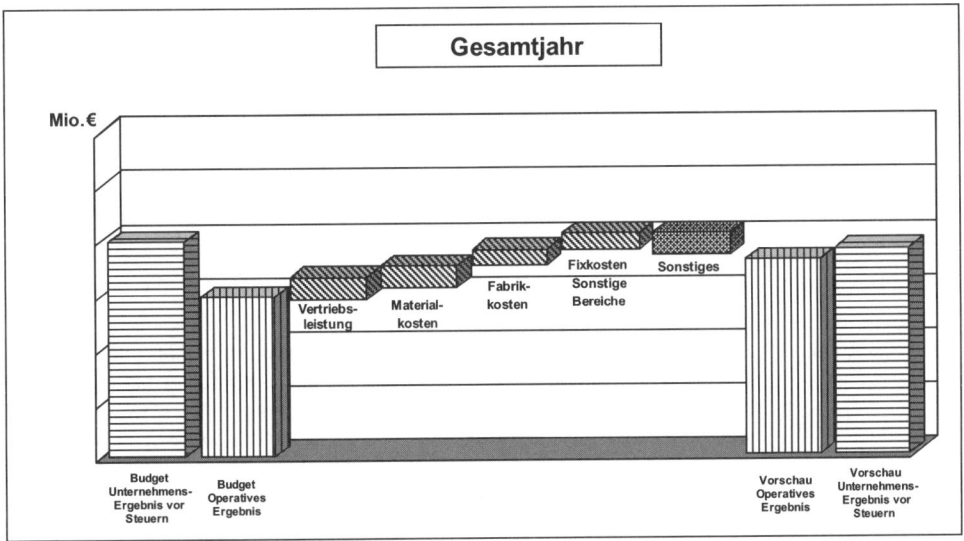

Abb. 6.5/3   Abweichungsanalyse Unternehmensergebnis vor Steuern

In Abbildung 6.5/4 wird die Abweichungsanalyse für die Vertriebsleistung betont. Diese ist nicht nur durch die Absatzmengen definiert, sondern durch Werte, insbesondere die Deckungsbeiträge aus dem Verkauf der von VW produzierten und importierten Fahrzeuge und Ersatzteile.

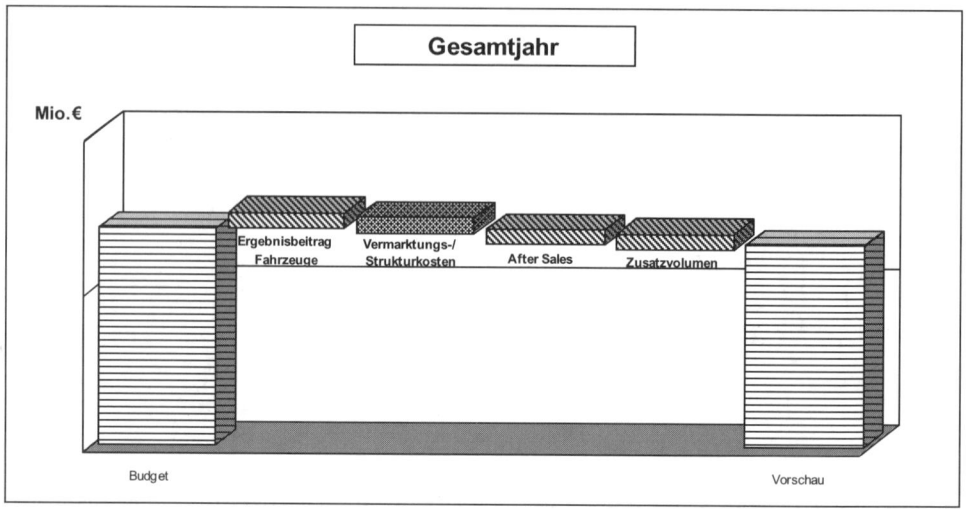

Abb. 6.5/4   Vertriebsleistung

Zur vertieften Betrachtung liefert das Controlling über die hier gezeigten Berichtsbeispiele hinaus eine Vielzahl von anders organisierten Reports, z. B. ein Soll-Ist-Länderportfolio, einen Ergebnisbericht Serienprodukte oder Zeitreihen für einzelne Märkte und Fahrzeuge.

Auf der operativen Ebene sind **SAP-Systeme** die Grundlage.

6.6   Anmerkungen zu Kapitel 6

[ALB 08]   Persönliche Auskunft von Herrn Chr. Albrecht, Boehringer Ingelheim GmbH, 2008.

[BAR 00]   Baresel, A., Distel, S., Klaus, P., Prockl, G., Stein, A., Zimmermann, R., Integrated Suppliers, in: ECR Europe and Fraunhofer AVK (Hrsg.), ECR Europe - Integrated Suppliers, Nürnberg 2000, S. 69.

[BEC 01]   Becker, B. E., Huselid, M. A. und Ulrich, D., The HR-Scorecard, Boston 2001.

[BIS 01/SPE 00]   Bischof, J. und Speckbacher, G., Personalmanagement und Balanced Scorecard – theoretischer Anspruch und praktische Realität: eine empirische Untersuchung, in: Grötzinger, M. und Uepping, H. (Hrsg.), Balanced Scorecard, Neuwied-Kriftel 2001, S. 3-20; Speckbacher, G. und Bischof, J., Die Balanced Scorecard als innovatives Managementsystem, Die Betriebswirtschaft 60 (2000) 4, S. 795-810.

[EIC 68] Unsere Darstellung geht auf eine Anregung von H. Eichenberger zurück. Das von ihm konzipierte Modell wurde in der schweizerischen Nahrungsmittelindustrie mit Erfolg benutzt (Eichenberger, H., Operative Planungsmodelle in Management-Informationssystemen, Die Unternehmung 22 (1968) o.A., S. 258-275.).

[FIS 07] Fischer, T. M. und Beckmann, St., Die Informationsversorgung der Mitglieder des Aufsichtsrats – Ergebnisse einer empirischen Studie deutscher börsennotierter Aktiengesellschaften, Arbeitsbericht, Lehrstuhl für BWL, insb. Rechnungswesen und Controlling, Universität Erlangen-Nürnberg, Erlangen-Nürnberg 2007.

[FRE 90] Freidank, C.-C., Einsatzmöglichkeiten simultaner Gleichungssysteme im Bereich der computergestützten Rechnungslegungspolitik, Zeitschrift für Betriebswirtschaft 60 (1990) 3, S. 261-279.

[GLU 93] Gluchowski, P., Konzeption einer matrizenbasierten Planungssprache und Datenbank zur Erstellung betrieblicher Planungs- und Kontrollsysteme, Bochum 1993.

[HAH 99] Hahn, D., Mirow, M., Siegert, T. und Pfeil, A. C., Kapitalwertorientierte Geschäftsfeldplanung im Konzern, in: Hahn, D. und Taylor, B. (Hrsg.), Strategische Unternehmensplanung - strategische Unternehmensführung: Stand und Entwicklungstendenzen, 8. Aufl., Heidelberg 1999, S. 490-522.

[HOR 98/WEB 00] Horváth, P. und Kaufmann, L., Balanced Scorecard - ein Werkzeug zur Umsetzung von Strategien, Harvard Business Manager 20 (1998) 5, S. 39-48; Weber, J. und Schäffer, U., Balanced Scorecard & Controlling: Implementierung - Nutzen für Manager und Controller - Erfahrungen in deutschen Unternehmen, 3. Aufl., Wiesbaden 2000.

[HOR 07] Horváth & Partner (Hrsg.), Balanced Scorecard umsetzen, 4. Aufl., Stuttgart 2007.

[KAG 98] Kagermann, H. und Sinzig, W., Unternehmenscontrolling, in: Lachnit, L., Lange, C. und Palloks, M. (Hrsg.), Zukunftsfähiges Controlling: Konzeption, Umsetzungen, Praxiserfahrungen, Prof. Dr. Thomas Reichmann zum 60. Geburtstag, München 1998, S. 363-387.

[KAP 96] Kaplan, R. S. und Norton, D. P., Using the Balanced Scorecard as a Strategic Management System, Harvard Business Review 74 (1996) 1, S. 75-85.

[KNO 98] Knorren, N., Wertorientierte Gestaltung der Unternehmensführung, Wiesbaden 1998.

[KRA 98] Kraege, T., Informationssysteme für die Konzernführung - Funktion und Gestaltungsempfehlungen, Wiesbaden 1998; Ausgestaltung von FIS für unterschiedliche Konzernführungskonzeptionen, WIRTSCHAFTSINFORMATIK 40 (1998) 6, S. 520-526.

[LAN 80] Vergleiche dazu auch ein Matrizensystem der Hoechst AG bei: Langer, H., AKIS - ein Kosteninformationssystem der Hoechst AG, in: Stahlknecht, P. (Hrsg.), Online-Systeme im Finanz- und Rechnungswesen, Berlin u.a. 1980, S. 416-432.

[LUM 08] Persönliche Auskunft von Frau T. Lumpp-Rißler, Adolf Würth GmbH & Co. KG, 2008.

[MEI 05] Meier, M. C., Sinzig, W. und Mertens, P., SAP Enterprise Management with SAP SEM/Business Analytics, 2. Aufl., Berlin u.a. 2005.

[MÜL 73]　　　　　Diese Matrix kann man auch als Gozinto-Matrix auffassen und dann die zugehörige Theorie anwenden; vgl. Müller-Merbach, H., Operations Research, 3. Aufl., Berlin-München 1973, S. 259.

[OEH 99]　　　　　Oehler, K., Integration von Zweckrechnungen in einem Standardsoftwaresystem für das Rechnungswesen, Aachen 1999, S. 38-41.

[OV 06/KIE 08]　　Ohne Verfasser, Management-Cockpit: Besser steuern dank größerem Durchblick, The Performance Architect 28 (2006) 8, S. 11; persönliche Auskunft von Herrn M. Kieninger, Horváth & Partners, 2008.

[RAP 99/MEI 05]　Rappaport, A., Shareholder Value – Ein Handbuch für Manager und Investoren, Stuttgart 1999, S. 39-60; Meier, M. C., Sinzig, W. und Mertens, P., SAP Enterprise Management with SAP SEM/Business Analytics, 2. Aufl., Berlin u.a. 2005.

[REC 98/REC 99]　Rechkemmer, K., Qualitatives Rechnungswesen – Grundzüge aus Sicht der Wirtschaftsinformatik, WIRTSCHAFTSINFORMATIK 40 (1998) 5, S. 380-385; Rechkemmer, K., Topmanagement-Informationssysteme: betriebswirtschaftliche Grundlagen, Stuttgart 1999.

[REC 08]　　　　　Rechkemmer, K., Aufsichtsratsinformation: Neue Lösungen für einen mehr denn je kritischen Erfolgsfaktor, unveröffentlichtes Manuskript, o.O. 2008.

[ROS 99]　　　　　Rosenkranz, F., Unternehmensplanung: Grundzüge der modell- und computergestützten Planung mit Übungen, 3. Aufl., München-Wien 1999.

[SAP 08]　　　　　SAP AG (Hrsg.), Market Risk Analyzer, http://help.sap.com/erp2005_ehp_03/helpdata/DE/e8/de6939a49e623fe10000000a114084/frameset.htm, Abruf am 2008-07-30.

[SCHN 02]　　　　Schneider, W. und Pichler, B., Der Einsatz Controlling-orientierter Management-Informationssysteme bei der Volkswagen AG, Controlling 14 (2002) 11, S. 655-663.

[SCHN 08]　　　　Persönliche Auskunft von Herrn W. Schneider und Herrn H. Kalmbach, Volkswagen AG, 2008.

[SCHU 01]　　　　Schumann, M., DV-Unterstützung des wertorientierten Controllings, Kostenrechnungspraxis 45 (2001) Sonderheft 3, S. 106-107.

[STR 08]　　　　　Strategic Dynamics Ltd. (Hrsg.), Portfolio Plus - A Strategic Thinking Tool, http://www.gensight.com/, Abruf am 2008-07-28.

[VÖL 95]　　　　　Völker, R., Erfolgsmessung und Steuerung von Geschäftsfeldern - Der Shareholder-Value-Ansatz als integraler Bestandteil eines Management-Informationssystems, in: Hichert, R. und Görke, M. (Hrsg.), Management-Informationssysteme - praktische Anwendungen, 2. Aufl., Berlin u.a. 1995, S. 298-308.

[WAG 89/GRI 89]　Wagner, H.-P., EDV-gestützte strategische Portfolioanalyse, Information Management 4 (1989) 4, S. 62-67; Anregungen für die Aufbereitung und Ausgabe weiterer Portfolios erhält man bei: Grill, E., Kaschewski, P. und König, R., Strategische Unternehmensplanung: computergestützte Informationsanalyse und Visualisierung durch Portfolios, Hallbergmoos 1989.

[ZIE 94]　　　　　Ziegler, H., Neuordnung des internen Rechnungswesens für das Unternehmenscontrolling im Hause Siemens, Zeitschrift für betriebswirtschaftliche Forschung 46 (1994) 2, S. 177-180.

[ZIM 07]   Zimmermann, K. und Kohl, M., Supply Chain Balanced Scorecard – Eine Fallstudie aus der Automobilindustrie, Supply Chain Management 7 (2007) 1, S. 23-29.

[ZIR 02]   Zirkler, B., Der Economic Value Added (EVA®) als Konzept für den Mittelstand, Kostenrechnungspraxis 46 (2002) Sonderheft 1, S. 98-104.

[ZWI 98]   Zwicker, E., INZPLA - ein System zur Gesamtplanung und Kontrolle von Unternehmen, Arbeitspapier des Fachgebietes System- und Planungstheorie der TU Berlin 1998-11-20, Berlin 1998.

[ZWI 08]   Zwicker, E., Integrierte Zielverpflichtungsplanung und -kontrolle, unveröffentlichtes Manuskript, Berlin 2008.

Stichwortverzeichnis

Mehr wissen – weiter kommen

Fortschrittliche IV-Lösungen
für den Industriebetrieb

Wesen der Integrierten Informationsverarbeitung –
Integrationsmodelle und Informationsarchitekturen
– Funktionen und Prozesse in den Bereichen des
Industriebetriebs – Funktionsbereich- und prozess-
übergreifende Integrationskomplexe

Dieses Buch enthält kompakte Beschreibungen
aller wesentlichen Informationsverarbeitungs-
Systeme im Industriebetrieb. Neben Standardan-
wendungen wird besonderer Wert auf interessante
Einzelideen sowie branchentypische Besonderheiten gelegt, wenn diese hohen Anregungswert
für Praxis und Wissenschaft haben.
Alle Teilsysteme sind in ein integriertes Unter-
nehmensmodell (Referenzmodell) mit verbalen
Beschreibungen, tabellarischen Übersichten und
Funktionsbäumen eingeordnet. Der Datenaus-
tausch zwischen den betriebswirtschaftlichen und
technischen Programmen ist ebenso berücksichtigt
wie der zwischenbetriebliche Datenverkehr
(„E-Business"). Das Buch enthält ferner grundsätzliche Überlegungen zu Typen, Zielen, Konzeptions-
regeln und besonderen Problemen der integrierten
Informationsverarbeitung, zu Architekturen sowie
eine Fülle praktischer Beispiele. Wegen der weltweiten Bedeutung wird vielfach auf SAP-Systeme
Bezug genommen.
Der IT-Praktiker wird das Werk auch als Checkliste
heranziehen, um die Vollständigkeit seines „Gene-
ralbebauungsplanes" zu überprüfen und Nutzeffekte zu erkennen. Die Funktionsbeschreibungen
eignen sich zur Vertiefung des betriebswirtschaftlichen Wissens von Studenten.

Peter Mertens
**Integrierte
Informationsverarbeitung 1**
Operative Systeme in der Industrie
16., überarb. Aufl. 2007.
XII, 292 S.
Br. EUR 29,90
ISBN 978-3-8349-0626-7

Änderungen vorbehalten. Stand: September 2008.
Erhältlich im Buchhandel oder beim Verlag.
Gabler Verlag . Abraham-Lincoln-Str. 46 . 65189 Wiesbaden . www.gabler.de

GABLER